内 容 简 介

本书是《21 世纪高等院校数学规划系列教材》之《微积分》. 本书根据教育部颁发的《本科经济数学基础教学大纲》,紧紧围绕21 世纪大学数学课程教学改革与创新这一主题,并结合作者长期讲授经济数学微积分课程的成功教学经验编写而成. 全书共分十章,内容包括: 函数与极限,导数与微分,微分中值定理与导数的应用,不定积分与定积分,多元函数微分学,二重积分,无穷级数,微分方程与差分方程等. 每节配有习题,供布置作业使用;每章配有复习题,供复习提高使用;书末附有习题答案与提示,以便读者参考.

本书以实际例子与数形结合的方法引出微积分的一些基本概念、基本理论和计算方法. 通过结构调整,适度降低抽象理论的难度,加强数学思维能力和应用能力的培养,以使内容更适合于经济类、管理类学生选用.

本书结构严谨,思路清晰,讲解透彻,阐述简明扼要,逻辑推理适度,注重直观描述和实际背景,叙述深入浅出、通俗易懂,例题丰富,便于教学与自学.

本书适用面广,既可作为高等院校经济类、管理类各专业本科生微积分课程的教材或教学参考书,也可作为自学成才读者的一本极为有益的无师自通的自学教材.

21 世纪

高等院校数学规划系列教材 / 主编　肖筱南

微　积　分

编著者　曹镇潮　宣飞红

单福奎　李清桂

图书在版编目(CIP)数据

微积分/曹镇潮,宣飞红,单福奎,李清桂编著. —北京:北京大学出版社,2009.8
(21世纪高等院校数学规划系列教材)
ISBN 978-7-301-05597-7

Ⅰ.微… Ⅱ.①曹… ②宣… ③单… ④李… Ⅲ.微积分—高等学校—教材 Ⅳ.O172

中国版本图书馆CIP数据核字(2009)第154061号

书　　名:微积分
著作责任者:曹镇潮　宣飞红　单福奎　李清桂　编著
责 任 编 辑:曾琬婷
标 准 书 号:ISBN 978-7-301-05597-7/O·0546
出 版 发 行:北京大学出版社
地　　址:北京市海淀区成府路205号　100871
网　　址:http://www.pup.cn　电子信箱:zpup@pup.pku.edu.cn
电　　话:邮购部62752015　发行部62750672　理科编辑部62752021　出版部62754962
印 刷 者:三河市博文印刷有限公司
经 销 者:新华书店
787mm×960mm　16开本　20.5印张　456千字
2009年8月第1版　2017年11月第7次印刷
印　　数:20001—24500册
定　　价:40.00元

《21世纪高等院校数学规划系列教材》书目

高等数学(上册)	林建华等编著
高等数学(下册)	林建华等编著
微积分	曹镇潮等编著
线性代数	林大兴等编著
新编概率论与数理统计(第2版)	肖筱南等编著

前　言

随着我国高等教育改革的不断深入，根据2009年教育部关于要求全国高等学校认真实施本科教学质量与教学改革工程的通知精神，为了更好地适应21世纪对高等院校培养复合型高素质人才的需要，北京大学出版社计划出版一套对国内高等院校本科大学数学课程教学质量与教学改革起到积极推动作用的《21世纪高等院校数学规划系列教材》．应北京大学出版社的邀请，我们这些长期在教学第一线执教的教师，经过统一策划、集体讨论、反复推敲、分工执笔编写了这套教材，其中包括：《高等数学(上册)》、《高等数学(下册)》、《微积分》、《线性代数》、《新编概率论与数理统计(第二版)》．

在结合编写者长期讲授本科大学数学课程所积累的成功教学经验的同时，本套教材紧扣教育部本科大学数学课程教学大纲，紧紧围绕21世纪大学数学课程教学改革与创新这一主题，立足大学数学课程教学改革新的起点、新的高度狠抓了教材建设中基础性与前瞻性、通俗性与创新性、启发性与开拓性、趣味性与科学性、直观性与严谨性、技巧性与应用性的和谐与统一的“六突破”．实践将会有力证明，符合上述先进理念的优秀教材，将会深受广大学生的欢迎．

本套教材的特点还体现在：在编写过程中，我们按照本科数学基础课要“加强基础，培养能力，重视应用”的改革精神，对传统的教材体系及教学内容进行了必要与精心的调整和改革，在遵循本学科科学性、系统性与逻辑性的前提下，尽量注意贯彻深入浅出、通俗易懂、循序渐进、融会贯通的教学原则与直观形象的教学方法．既注重数学基本概念、基本定理和基本方法的本质内涵的辩证、多侧面的剖析与阐述，特别是对它们的几何意义、物理背景、经济解释以及实际应用价值的剖析，又注意学生基本运算能力的训练与综合分析问题、解决问题能力的培养，以达到便于教学与自学之目的；既兼顾教材的前瞻性，注意汲取国内外优秀教材的优点，又注意到数学基础课与相关专业课的联系，为各专业后续课程打好坚实的基础．

为了帮助各类学生更好地掌握本课程内容，加强基础训练和基本能力的培养，本套教材紧密结合概念、定理和运算法则配置了丰富的例题，并做了深入的剖析与解答．每节配有适量习题，每章配有复习题，以供读者复习、巩固所学知识；书末附有习题答案与提示，以便读者参考．

本套规划系列教材的编写与出版，得到了北京大学出版社及厦门大学嘉庚学院的大力支持与帮助，刘勇副编审与责任编辑曾琬婷为本套教材的出版付出了辛勤劳动，在此一并表示诚挚的谢意.

本书第一、三章由曹镇潮编写,第二、六章由单福奎编写,第四、五、七章由宣飞红编写,第八、九、十章由李清桂编写.全书先由蔡忠俄、宣飞红负责修改与统稿,最后由肖筱南负责审稿、定稿.

限于编者水平,书中难免有不妥之处,恳请读者指正!

编　者

2009 年 5 月

目　　录

第一章 函数与极限

函数是微积分研究的主要对象，极限是研究函数的基本工具．本章由预备知识开始，复习中学阶段所学过的有关函数的内容，详细介绍了极限的概念、性质、计算方法，并由此导出函数连续的概念和连续函数在闭区间上的性质．它为从中学到大学数学学习的过渡起着承上启下的作用．

§1.1 函　　数

一、预备知识

1. 实数与数轴

全体实数的集合，全体有理数的集合，全体整数的集合，全体自然数的集合及全体正整数的集合，习惯上分别用字母 $\mathbf{R},\mathbf{Q},\mathbf{Z},\mathbf{N}$ 及 $\mathbf{N}^{+}$ 来表示．

数轴是具有方向、原点和单位长度的有向直线，实数与数轴上的点是一一对应的，所以数 x_0 与点 x_0 意义相同．

2. 区间与邻域

设 $a<b$，则有

开区间　$(a,b)=\{x|a<x<b\}$；

闭区间　$[a,b]=\{x|a\leqslant x\leqslant b\}$；

半开半闭区间　$[a,b)=\{x|a\leqslant x<b\}$ 或 $(a,b]=\{x|a<x\leqslant b\}$．

无穷区间

$$(a,+\infty)=\{x|a<x<+\infty\};$$

类似可定义无穷区间 $[a,+\infty),(-\infty,b),(-\infty,b]$；

特别地，$\mathbf{R}=(-\infty,+\infty)=\{x|-\infty<x<+\infty\}$ 表示全体实数．

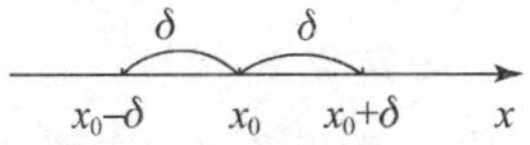

图　1-1

定义 1　设 $\delta>0$，开区间 $(x_0-\delta,x_0+\delta)$ 称为点 x_0 的 δ **邻域**，记为 $U_\delta(x_0)$，其中点 x_0 称为**邻域的中心**，δ 称为**邻域的半径**（如图 1-1）．

开区间$(x_0-\delta,x_0)$称为点 x_0 的左 δ 邻域;开区间$(x_0,x_0+\delta)$称为 x_0 的右 δ 邻域.把$(x_0-\delta,x_0)\cup(x_0,x_0+\delta)$称为点 x_0 的 δ **空心邻域**,记为$\mathring{U}_\delta(x_0)$.

3. 绝对值不等式

常用的绝对值不等式有

$$|x|\geqslant 0;\quad -|x|\leqslant x\leqslant |x|;\quad |x|<a\Leftrightarrow -a<x<a,\text{其中 } a>0;$$

$$|x|+|y|\geqslant|x+y|;\quad ||x|-|y||\leqslant|x-y|.$$

邻域 $U_\delta(x_0)$ 可用绝对值不等式表示为 $|x-x_0|<\delta$,空心邻域$\mathring{U}_\delta(x_0)$表示为 $0<|x-x_0|<\delta$.

4. 平均值不等式

设 $x_1,x_2,\cdots,x_n$ 为 n 个正数,则其算术平均值不小于其几何平均值,即

$$\sqrt[n]{x_1x_2\cdots x_n}\leqslant\frac{x_1+x_2+\cdots+x_n}{n}.$$

5. 几个常用等式(公式)

(1) $a^n-b^n=(a-b)(a^{n-1}+a^{n-2}b+\cdots+ab^{n-2}+b^{n-1})$;

(2) $(a+b)^n=a^n+\mathrm{C}_n^1a^{n-1}b+\cdots+\mathrm{C}_n^ka^{n-k}b^k+\cdots+\mathrm{C}_n^{n-1}ab^{n-1}+b^n$,其中

$$\mathrm{C}_n^k=\frac{n(n-1)\cdots(n-k+1)}{k!}\quad(k=0,1,\cdots,n);$$

(3) $$\sin x-\sin x_0=\sin\left(\frac{x+x_0}{2}+\frac{x-x_0}{2}\right)-\sin\left(\frac{x+x_0}{2}-\frac{x-x_0}{2}\right)=2\sin\frac{x-x_0}{2}\cdot\cos\frac{x+x_0}{2};$$

(4) $$2\sin a\sin b=(\cos a\cos b+\sin a\sin b)-(\cos a\cos b-\sin a\sin b)=\cos(a-b)-\cos(a+b);$$

(5) $$2\sin a\cos b=(\sin a\cos b+\cos a\sin b)+(\sin a\cos b-\cos a\sin b)=\sin(a+b)+\sin(a-b).$$

二、函数的概念

1. 函数的定义

定义 2 设 X 是一个非空实数集合,如果 $\forall x\in X$(读做任意给定 X 中的一个元素 x),按照某一确定的对应法则 f,都存在唯一确定的实数 y 与 x 对应,则称该对应法则 f 是定义在 X 上的**函数**,记为 $y=f(x),x\in X$,其中 x 称为函数的**自变量**,x 的取值范围 X 称为函数的**定义域**,记为 D_f;y 称为函数的**因变量**,y 的取值范围称为函数的**值域**,记做 Z_f,即 $Z_f=\{y|y=f(x),$

$x \in X\}$.

定义域和对应法则是函数定义中的两个要素. 求定义域的常用依据有：

(1) 偶次根式$\sqrt[2n]{f(x)}$要求被开方数 $f(x) \geqslant 0$；

(2) 分式$\dfrac{g(x)}{f(x)}$要求分母 $f(x) \neq 0$；

(3) 对数 $\log_a f(x)$要求真数 $f(x) > 0$；

(4) 反正弦(或反余弦)函数 $\arcsin f(x)$(或 $\arccos f(x)$)要求$|f(x)| \leqslant 1$.

2. 基本初等函数

最简单的函数是下面的基本初等函数. 基本初等函数是指下列六类函数：

(1) **常数函数** $y=C$(C 为常数).

(2) **幂函数** $y=x^a$(a 为实数), $x \in X$, X 随 a 而异, 但在$(0,+\infty)$上总有定义.

(3) **指数函数** $y=a^x$($a>0$ 且 $a \neq 1$), $D_f=\mathbf{R}$, $Z_f=\mathbf{R}^+=(0,+\infty)$.

(4) **对数函数** $y=\log_a x$($a>0$ 且 $a \neq 1$), $D_f=\mathbf{R}^+$, $Z_f=\mathbf{R}$.

以 e(e $\approx$2.71828)为底的对数称为**自然对数**. 自然对数函数记为 $y=\ln x$.

(5) **三角函数**：

正弦函数 $y=\sin x$, $D_f=\mathbf{R}$, $Z_f=[-1,1]$.

余弦函数 $y=\cos x$, $D_f=\mathbf{R}$, $Z_f=[-1,1]$.

正切函数 $y=\tan x$, $D_f=\left\{x \,\middle|\, x \neq n\pi+\dfrac{\pi}{2}, n \in \mathbf{Z}\right\}$, $Z_f=\mathbf{R}$.

余切函数 $y=\cot x$, $D_f=\{x \mid x \neq n\pi, n \in \mathbf{Z}\}$, $Z_f=\mathbf{R}$.

还有**正割函数** $y=\sec x=\dfrac{1}{\cos x}$和**余割函数** $y=\csc x=\dfrac{1}{\sin x}$.

(6) **反三角函数**：

反正弦函数 $y=\arcsin x$, $D_f=[-1,1]$, $Z_f=\left[-\dfrac{\pi}{2},\dfrac{\pi}{2}\right]$.

反余弦函数 $y=\arccos x$, $D_f=[-1,1]$, $Z_f=[0,\pi]$.

反正切函数 $y=\arctan x$, $D_f=\mathbf{R}$, $Z_f=\left(-\dfrac{\pi}{2},\dfrac{\pi}{2}\right)$.

反余切函数 $y=\operatorname{arccot} x$, $D_f=\mathbf{R}$, $Z_f=(0,\pi)$.

以上四个反三角函数的图形(它们的图形分别与其对应的三角函数的图形关于直线 $y=x$ 为对称)如图 1-2 所示.

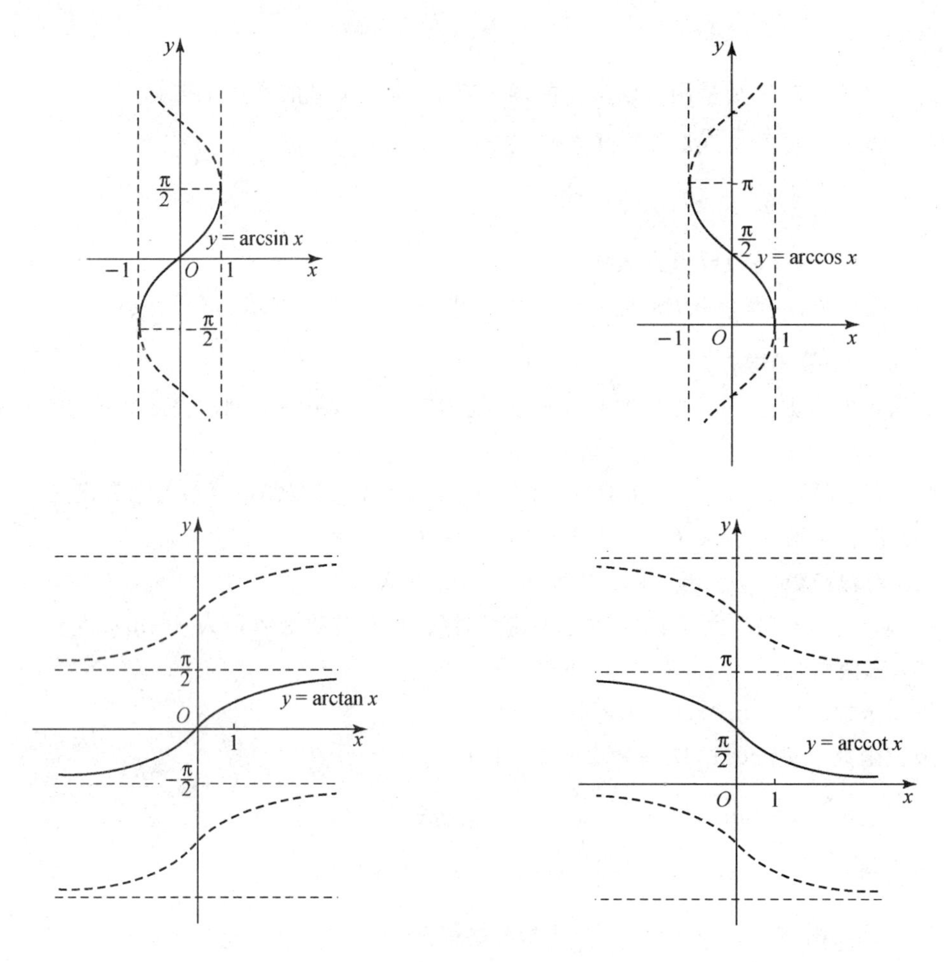

图 1-2

3. 分段函数

如果一个函数在其定义域的不同部分要用不同的数学式子来表示,这样的函数称为**分段函数**. 以下两个例子都是分段函数.

例 1　取整函数 $y=[x]=n,\ n\leqslant x<n+1, n\in \mathbf{Z}$(如图 1-3).

如 $[2.7]=2,[-2.7]=-3$. 一般地,有$[x]\leqslant x<[x]+1$.

例 2　符号函数 $f(x)=\operatorname{sgn}x=\begin{cases}-1, & x<0,\\ 0, & x=0,\\ 1, & x>0,\end{cases}$ $D_f=\mathbf{R}, Z_f=\{-1,0,1\}$(如图 1-4).

对于任意实数 x,都有 $x=|x|\operatorname{sgn}x$ 成立.

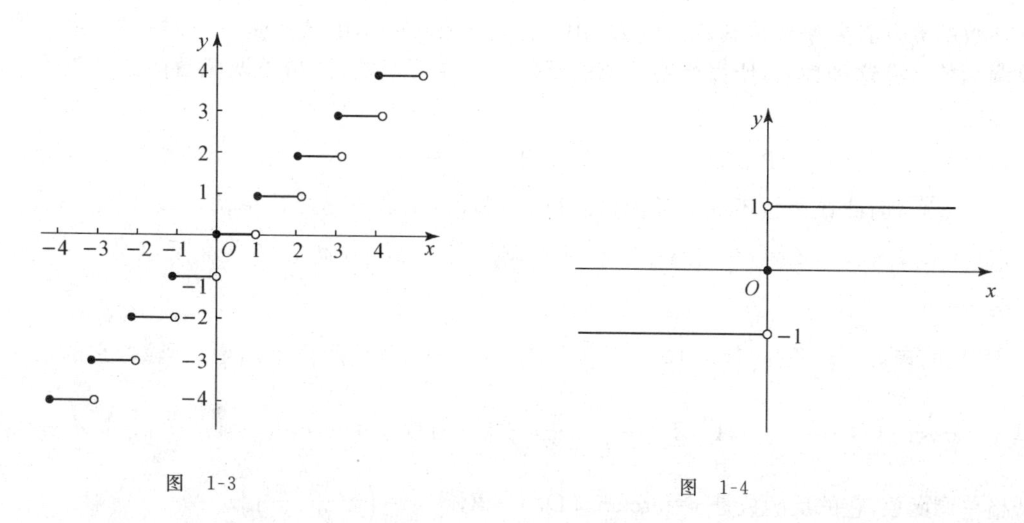

图 1-3　　　　图 1-4

分段函数的定义域是各段定义域的并集. 如上述例 1 中,$D_f=\mathbf{R}$. 分段函数的函数值要按照各段不同定义域的对应关系来求得,例如,设函数 $f(x)=\begin{cases}x+1, & -1\leqslant x\leqslant 0,\\ x^2, & 0<x\leqslant 1,\end{cases}$ 则 $D_f=[-1,1]$,$f(0)=0+1=1$,而不能为 $f(0)=0^2=0$.

4. 反函数

定义 3　设函数 $y=f(x)$ 的定义域是 D_f,值域是 Z_f,如果 $\forall\, y\in Z_f$,都有唯一确定的 $x\in D_f$ 与 y 对应,且满足 $y=f(x)$,这样就得到一个以 Z_f 为定义域和以 y 为自变量的函数,它称为函数 $y=f(x)$ 的**反函数**,记为 $x=f^{-1}(y)$,$y\in Z_f$. 有时也把 $y=f(x)$ 称为 $x=f^{-1}(y)$ 的**直接函数**.

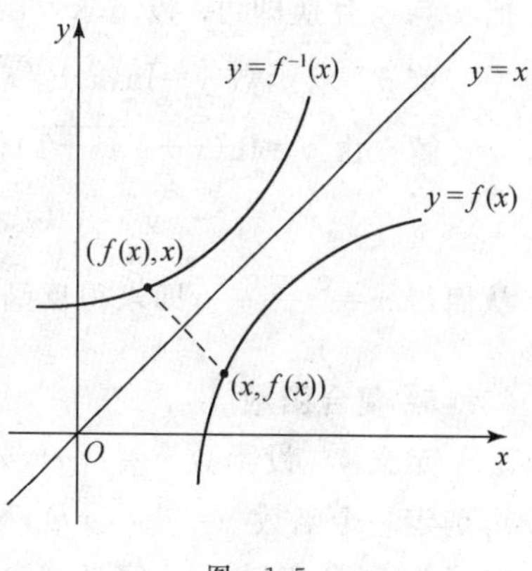

图 1-5

由于习惯上常用 x 作为自变量,用 y 作为因变量,因此 $y=f(x)$ 的反函数 $x=f^{-1}(y)$ 也常记为 $y=f^{-1}(x)$,$x\in Z_f$.

我们特别要强调两点:一是反函数的定义域等于其直接函数的值域,而反函数的值域等于其直接函数的定义域;二是在平面直角坐标系 Oxy 中,函数 $y=f(x)$ 的图形与其反函数 $y=f^{-1}(x)$ 的图形关于直线 $y=x$ 对称(如图 1-5). 例如,要作 $y=\sqrt[3]{x}$($x\in\mathbf{R}$)的图形,可以先作 $y=x^3$ 的图形,再作此图形关于直线 $y=x$ 的对称图形即可. 再如,要作 $y=\arctan x$($x\in\mathbf{R}$)的图形,可先作 $y=\tan x$,$x\in\left(-\dfrac{\pi}{2},\dfrac{\pi}{2}\right)$ 的图形,再作此图形关于直线 $y=x$ 的对称图形即可.

那么,满足什么条件的函数才存在反函数呢? 从反函数的定义中可看出,$y=f(x)$ 具有反函数的充分必要条件是其定义域 D_f 中的点与其值域 Z_f 中的点是一一对应的. 由于严格单调函数具有这种性质,所以严格单调的函数必存在反函数(严格单调函数的定义见本节下面的定义 5).

例如,$y=x^2, D_f=\mathbf{R}, Z_f=[0,+\infty)$,对于点 $y_0\in(0,+\infty)$,可对应两个点 $x_1=\sqrt{y_0}$ 和 $x_2=-\sqrt{y_0}$,因此该函数不存在反函数. 可以证明,该函数不是严格单调函数. 但是函数 $y=x^2, D_f=[0,+\infty), Z_f=[0,+\infty)$ 是严格单调增加函数,因此它必存在反函数 $x=\sqrt{y}$,或记为 $y=\sqrt{x}$.

再如,函数 $y=\sin x\left(D_f=\left[-\frac{\pi}{2},\frac{\pi}{2}\right], Z_f=[-1,1]\right)$ 是严格单调增加函数,它的反函数是 $y=\arcsin x\left(D_{f^{-1}}=[-1,1], Z_{f^{-1}}=\left[-\frac{\pi}{2},\frac{\pi}{2}\right]\right)$;函数 $y=\tan x\left(D_f=\left(-\frac{\pi}{2},\frac{\pi}{2}\right), Z_f=\mathbf{R}\right)$ 是严格单调函数,它的反函数是 $y=\arctan x\left(D_{f^{-1}}=\mathbf{R}, Z_{f^{-1}}=\left(-\frac{\pi}{2},\frac{\pi}{2}\right)\right)$.

注 若函数 $f(x)(X\in D_f)$ 存在反函数 f^{-1},则

$$f^{-1}(f(x))=x,\ x\in D_f;\quad f(f^{-1}(x))=x,\ x\in D_{f^{-1}}.$$

例如

$$\arcsin(\sin x)=x,\quad x\in\left[-\frac{\pi}{2},\frac{\pi}{2}\right];\quad \sin(\arcsin x)=x,\quad x\in[-1,1].$$

设函数 $y=f(x)$ 存在反函数,求其反函数的步骤是:从 $y=f(x)$ 中解出 $x=f^{-1}(y)$,再把 x 与 y 互换即可. 以下求反函数的例中,假设反函数存在.

例 3 求函数 $y=\ln(x+\sqrt{x^2+1})(x\in\mathbf{R})$ 的反函数.

解 由 $y=\ln(x+\sqrt{x^2+1})$ 得 $e^y=x+\sqrt{x^2+1}$,于是

$$-y=\ln(\sqrt{x^2+1}-x),\quad 得\quad e^{-y}=\sqrt{x^2+1}-x,$$

从而得 $x=\frac{e^y-e^{-y}}{2}$,即求得反函数为 $y=\frac{e^x-e^{-x}}{2}, x\in\mathbf{R}$.

5. 复合函数

定义 4 设函数 $y=f(u), u\in D_f, y\in Z_f, u=g(x), x\in D_g, u\in Z_g$. 如果 $D_f\cap Z_g\neq\varnothing$,则可确定一个函数 $y=f(g(x))$,称其为函数 $y=f(u)$ 和 $u=g(x)$ 复合而成的**复合函数**,其因变量为 y,自变量为 x,定义域为 $D=\{x|g(x)\in D_f\}$,而其中的 u 称为**中间变量**. 事实上,复合函数 $y=f(g(x))$ 是将 $u=g(x)$ 代入 $y=f(u)$ 而得到的. 通常称 $f(u)$ 是**外层函数**,$g(x)$ 为**内层函数**.

由复合函数的定义可知,并不是任何两个函数都能复合成复合函数. 例如,函数

$$y=f(u)=\ln(u^2-1),\quad u\in D_f=\{u\,|\,|u|>1\}$$

与

$$u=g(x)=\sin x,\quad x\in D_g=\mathbf{R},\quad u\in Z_g=\{u\,|\,|u|\leqslant 1\}$$

就不能复合，这是因为 $D_f\cap Z_g=\varnothing$.

例 4 求由函数 $y=\ln(u^2-1)$ 与 $u=\sqrt{x+2}$ 复合而成的复合函数的定义域.

解 复合成的函数为 $y=\ln((\sqrt{x+2})^2-1)=\ln(x+1)$. 由 $x+1>0$ 即得复合函数的定义域为 $D=(-1,+\infty)$.

事实上，由 $D_f=\{u\,|\,|u|>1\}$，$Z_g=\{u\,|\,u\geqslant 0\}$，有 $D_f\cap Z_g\neq\varnothing$，所以所给的两个函数可以复合成复合函数.

例 5 设函数 $f(\sqrt{x}+2)=2x$，求函数 $f(x)$.

解 方法 1(拼凑法) 因为

$$f(\sqrt{x}+2)=2x=2(\sqrt{x}+2-2)^2=2[(\sqrt{x}+2)^2-4(\sqrt{x}+2)+4],$$

所以
$$f(x)=2(x^2-4x+4)=2(x-2)^2,\ x\in[2,+\infty).$$

方法 2(变量替换法) 令 $\sqrt{x}+2=u$，$u\in[2,+\infty)$，则 $x=(u-2)^2$. 所以

$$f(u)=2(u-2)^2,$$

即
$$f(x)=2(x-2)^2,\quad x\in[2,+\infty).$$

例 6 函数 $y=\mathrm{e}^{\sin^2\sqrt{x}}$ 是由哪几层基本初等函数复合而成的?

解 从最外层到最内层逐层分解，可得

$$y=\mathrm{e}^u,\quad u=v^2,\quad v=\sin w,\quad w=\sqrt{x}.$$

三、初等函数

由六类基本初函数经过有限次四则运算或有限次复合所构成的能用一个式子表达的函数统称为**初等函数**. 不是初等函数的称为非初等函数.

值得注意的是，函数 $y=[f(x)]^{g(x)}$ $(f(x)>0)$ 称为**幂指函数**，它是初等函数，因为它可以写成

$$[f(x)]^{g(x)}=\mathrm{e}^{g(x)\ln f(x)}.$$

微积分学主要研究的函数包括初等函数和非初等函数两类. 本书所讨论的函数绝大多数是初等函数. 分段函数、隐函数、变限积分函数、幂级数等也都是本书今后要研究的函数.

四、函数的几何特性

1. 单调性

定义 5 设函数 $y=f(x)$，如果对 $\forall\, x_1,x_2\in D$，且 $x_1<x_2$，$D\subset D_f$，都有 $f(x_1)<f(x_2)$ (或 $f(x)_1>f(x_2)$)，则称 $f(x)$ 在 D 上是**严格单调增加(或减少)的**；如果都有 $f(x_1)\leqslant f(x_2)$ (或 $f(x_1)\geqslant f(x_2)$)，则称 $f(x)$ 在 D 上是**单调增加(或减少)的**，也称 $f(x)$ 在 D 上是**不减(或不增)的**.

比如 $y=\sin x$ 在 $\left[-\frac{\pi}{2},\frac{\pi}{2}\right]$ 上是严格单调增加的，$y=\cos x$ 在 $[0,\pi]$ 上是严格单调减少的.

(严格)单调增加函数和(严格)单调减少函数统称为**(严格)单调函数**.

2. 有界性

定义 6 设函数 $y=f(x)$，如果存在正数 M，使得 $|f(x)|\leqslant M$，$\forall x\in D\subset D_f$，则称 $f(x)$ 在 D 上是**有界函数**(如图 1-6)；否则称 $f(x)$ 在 D 上是**无界函数**.

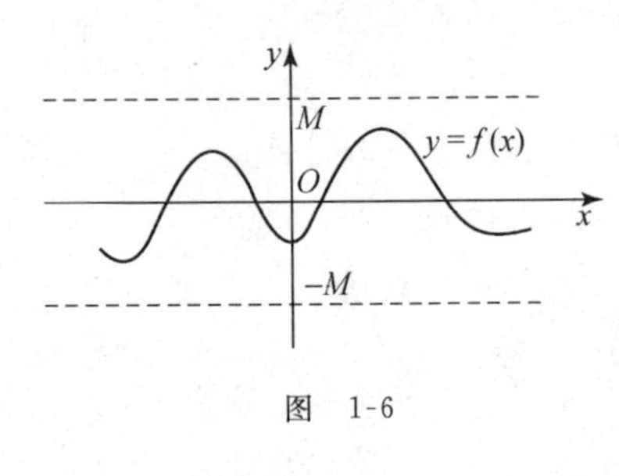

图 1-6

如果存在常数 B(或 A)，使得 $f(x)\leqslant B$(或 $f(x)\geqslant A$)，$\forall x\in D\subset D_f$，则称 $f(x)$ 在 D 上是有**上界的**(或**下界的**)，其中 B(或 A)称为 $f(x)$ 的一个**上界**(或**下界**). 显然，在 $D\subset D_f$ 上，存在正常数 M，使得 $|f(x)|\leqslant M\Leftrightarrow$ 存在常数 A,B，使得 $A\leqslant f(x)\leqslant B$.

例如 $y=\arctan x$ 在 $\mathbf{R}$ 上是有界的，因为 $|\arctan x|<\frac{\pi}{2}$，$\forall x\in\mathbf{R}$，而 $y=\frac{1}{x}$ 在 $(0,1)$ 上是无界的.

3. 奇偶性

定义 7 设函数 $f(x)$ 的定义域 D_f 是关于原点对称的区间，如果 $\forall x\in D_f$(从而也有 $-x\in D_f$)，都有 $f(-x)=f(x)$(或 $f(-x)=-f(x)$)，则称 $f(x)$ 为**偶函数**(或**奇函数**).

例如，当 $a\neq 0$ 时，$y=ax^2+b$，$y=\sqrt{a^2-x^2}$ 和 $y=\cos x$ 都是偶函数，$y=\frac{a}{x}$，$y=x^3$ 和 $y=\sin x$ 都是奇函数，而 $y=x^3+1$，$y=\frac{a}{x}+1$ 和 $y=\mathrm{e}^x$ 都是非奇非偶函数.

注 偶函数的图形是关于 y 轴对称的(如图 1-7(a))，而奇函数的图形是关于原点对称的(如图 1-7(b)).

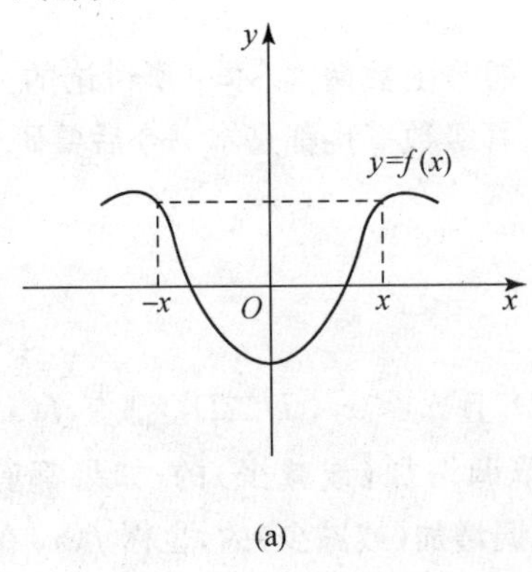

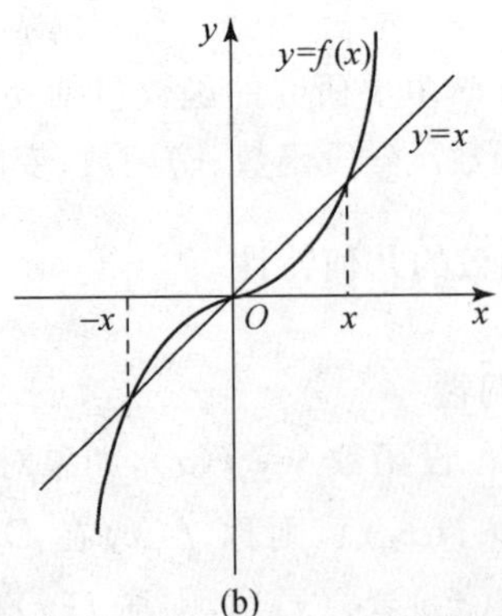

图 1-7

4. 周期性

定义 8 设函数 $f(x)$ 的定义域为 D_f，如果存在一个正数 l，使得对 $\forall x\in D_f$，有 $(x+l)\in D_f$ 且 $f(x+l)=f(x)$ 恒成立，则称 $f(x)$ 为**周期函数**，其中 l 称为 $f(x)$ 的**周期**.

通常我们说周期函数的周期是指最小正周期，习惯上记为 T.

例 7 判别下列函数的奇偶性：

(1) $f(x)=\ln(\sqrt{x^2+1}+x)$； (2) $f(x)=\dfrac{e^x-1}{e^x+1}$； (3) $f(x)=\begin{cases}1-x, & x\leqslant 0,\\ 1+x, & x>0.\end{cases}$

解 (1) 因为

$$f(-x)=\ln(\sqrt{x^2+1}-x)=\ln\frac{1}{\sqrt{x^2+1}+x}=-f(x),$$

所以 $f(x)$ 为奇函数.

(2) 因为

$$f(-x)=\frac{e^{-x}-1}{e^{-x}+1}=\frac{1-e^x}{1+e^x}=-f(x),$$

所以 $f(x)$ 为奇函数.

(3) 因为

$$f(-x)=\begin{cases}1-(-x), & -x\leqslant 0,\\ 1+(-x), & -x>0\end{cases}=\begin{cases}1+x, & x\geqslant 0,\\ 1-x, & x<0\end{cases}=f(x),$$

所以 $f(x)$ 为偶函数.

习 题 1.1

1. 求下列函数的定义域：

(1) $y=\dfrac{x-2}{\ln x}+\sqrt{4-x^2}$； (2) $y=\dfrac{\sqrt{x+2}}{|x|-x}$；

(3) $y=\arcsin\dfrac{x-3}{2}$； (4) $y=\ln\sin x$.

2. (1) 设函数 $f(x)=(x-2)(8-x)$，求 $f(f(3))$.

(2) 设函数 $f(x)=\begin{cases}3, & x<2,\\ 1, & x\geqslant 2,\end{cases}$ 求 $f(f(f(6)))$.

3. 设函数 $f(x)=\begin{cases}2x, & x<1,\\ x^2+1, & x\geqslant 1,\end{cases}$ 求 $f(x-1)$.

4. 设函数 $f\left(\dfrac{1}{x}-1\right)=\dfrac{1}{2x-1}$，求函数 $f(x)$.

*5. 设函数 $f(x)=\begin{cases}-1, & x<0,\\ 0, & x=0,\\ 1, & x>0,\end{cases}$ $g(x)=e^x$，求复合函数 $f(g(x))$，$g(f(x))$，$f(f(x))$，

$g(g(x))$.

6. 下列函数由哪几层基本初等函数复合而成?

(1) $y=\ln\sin\sqrt{x}$; (2) $y=\mathrm{e}^{\cos^2\frac{1}{x}}$; (3) $y=x^{\ln x}$.

7. 作出下列函数的图形,其中 $a\neq0$:

(1) $y=ax+b$; (2) $y=ax^2$; (3) $x=ay^2$;

(4) $y=\dfrac{a}{x}$; (5) $y=\sqrt{a^2-x^2}$.

§1.2 数列的极限

一、数列极限的定义

定义 1 设函数 $y=f(n),n\in\mathbf{N}^+$,把该函数的无穷多个函数值依自变量(正整数)由小到大的顺序排成一列,称之为**数列**:

$$f(1),\ f(2),\ f(3),\ \cdots,\ f(n),\ \cdots,$$

通常记为

$$x_1,\ x_2,\ x_3,\ \cdots,\ x_n,\ \cdots,$$

其中第 n 项 $x_n=f(n)$ 称为数列的**通项**. 我们也常把此数列记为 $\{x_n\}$.

例如:

(1) $1,\dfrac{1}{2},\dfrac{1}{3},\cdots,\dfrac{1}{n},\cdots$,其通项为 $x_n=\dfrac{1}{n}$;

(2) $1,-1,1,\cdots,(-1)^{n-1},\cdots$,其通项为 $x_n=(-1)^{n-1}$;

(3) $2,\dfrac{3}{2},\dfrac{4}{3},\cdots,\dfrac{n+1}{n},\cdots$,其通项为 $x_n=\dfrac{n+1}{n}$;

(4) $c,c,c,\cdots,c,\cdots$,其通项为 $x_n=c$,c 为某一常数;

(5) $1,\sqrt{2},\sqrt{3},\cdots,\sqrt{n},\cdots$,其通项为 $x_n=\sqrt{n}$.

定义 2 设有数列 $\{x_n\}$,如果存在某个正数 M,对 $\forall n$ 都有 $|x_n|\leqslant M$,则称数列 $\{x_n\}$ 为**有界数列**. 如果存在某个常数 B,对 $\forall n$ 都有 $x_n\leqslant B$,则称数列 $\{x_n\}$ 有**上界**. 如果存在某个常数 A,对 $\forall n$ 都有 $A\leqslant x_n$,则称数列 $\{x_n\}$ 有**下界**.

容易证明,数列 $\{x_n\}$ 有界 $\Leftrightarrow$ 数列 $\{x_n\}$ 既有上界又有下界.

对于数列 $\{x_n\}$,我们要研究的是,当 n 无限增大时(记为 $n\to\infty$),其通项 x_n 是否会趋于某个常数 A,即 x_n 与 A 的距离 $|x_n-A|$ 是否趋于零.

数列极限的直观定义 设有一数列 $\{x_n\}$ 和一常数 A,如果当 n 无限增大(即 $n\to\infty$)时,x_n 无限接近 A,即 x_n 与 A 的距离 $|x_n-A|$ 会任意小,小于预先给定的无论怎样小的正数,我们就称 A 是数列 $\{x_n\}$ 的**极限**,记为

$$\lim_{n\to\infty}x_n=A \quad 或 \quad x_n\to A\ (n\to\infty).$$

如果 $n\to\infty$ 时，x_n 不趋于任何一个常数 A，我们就说数列 $\{x_n\}$ 极限不存在.

通常称极限存在的数列为**收敛数列**，极限不存在的数列为**发散数列**.

例如，在上面所列举的五个数列中，当 $n\to\infty$ 时，$\left|\frac{1}{n}-0\right|$，$\left|\frac{n+1}{n}-1\right|$，$|c-c|$ 都可以任意小，因此 $\lim\limits_{n\to\infty}\frac{1}{n}=0$，$\lim\limits_{n\to\infty}\frac{n+1}{n}=1$，$\lim\limits_{n\to\infty}c=c$，数列 $\left\{\frac{1}{n}\right\}$，$\left\{\frac{n+1}{n}\right\}$ 和 $\{c\}$ 为收敛数列. 而对任意的常数 A，$|(-1)^{n-1}-A|$ 和 $|\sqrt{n}-A|$ 都不可能任意小，$\{(-1)^{n-1}\}$ 和 $\{\sqrt{n}\}$ 的极限均不存在，所以它们是发散数列.

由数列极限的直观定义，可得下面几个常见的极限：

(1) 当 $\alpha>0$ 时，$\lim\limits_{n\to\infty}\frac{1}{n^\alpha}=0$(因为分母随着 n 的增大越来越大)；

(2) 当 $|q|<1$ 时，$\lim\limits_{n\to\infty}q^n=0\left(\text{因为当 } q\neq 0 \text{ 时，} q^n=\frac{1}{(1/q)^n} \text{ 的分母绝对值 } \left|\frac{1}{q}\right|^n \text{ 随着 } n \text{ 的增大越来越大}\right)$；

(3) 当 $a>0$ 时，$\lim\limits_{n\to\infty}\sqrt[n]{a}=1\left(\text{因为} \sqrt[n]{a}=a^{\frac{1}{n}}\text{，而} \frac{1}{n} \text{趋于 } 0\right)$.

例 1 设 $x_n=(-1)^{n-1}$，证明数列 $\{x_n\}$ 发散.

证 首先 1 和 -1 不是 $\{x_n\}$ 的极限，因为 $x_{2k}(k\in\mathbf{N})$ 和 -1 的距离为 2，x_{2k-1} 与 1 的距离也为 2，不会任意小；其次，对 $\forall A\neq -1$，x_{2k} 与 A 的距离 $|(-1)^{2k-1}-A|=|A+1|$ 是不为零的正常数，不会任意小. 所以任意常数都不是 $\{x_n\}$ 的极限.

数列极限的直观定义中，"n 无限增大"和"$|x_n-A|$ 可任意小"的严格含义是什么呢？说 $|x_n-A|$ 可任意小，小于预先给定的无论怎样小的正数 ε(记为 $\forall\varepsilon>0$)，我们并不要求数列所有的项 x_n 都满足 $|x_n-A|<\varepsilon$，因为这是要有条件"n 无限增大"的. 换句话说，只要在某一正整数 N 之后的所有项满足不等式 $|x_n-A|<\varepsilon$ 即可(如图 1-8).

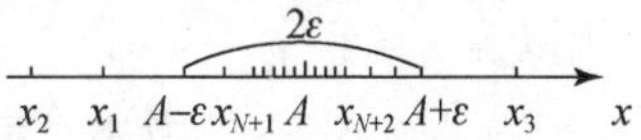

图 1-8

例如数列 $\{x_n\}$，其中 $x_n=\frac{n+1}{n}$. 由表 1.1 可见，无论预先给定的正数 ε(称为**距离指标**)怎样小，总可找到一个正整数 N(称为**时刻指标**)，使得当 $n>N$ 时(即从第 $N+1$ 项所有的项 x_n)，满足 $|x_n-1|<\varepsilon$. 这就精确地表达了当 n 无限增大时(即当 $n\to\infty$ 时) x_n 无限接近 1 的性态. 由此可得

数列极限的"ε-N"语言定义 设有一数列 $\{x_n\}$ 和常数 A，如果对任意给定的正数 ε(不论它多么小)，总存在正整数 N，使得当 $n>N$ 时，恒有 $|x_n-A|<\varepsilon$ 成立，则称 A 为数列 $\{x_n\}$ 的**极限**，或称数列 $\{x_n\}$ **收敛于** A，记为 $\lim\limits_{n\to\infty}x_n=A$.

表 1.1

预先给定的 $\varepsilon>0$	要使 $\lvert x_n-1\rvert=\frac{1}{n}<\varepsilon$	只要 $n>N$（从第 $N+1$ 项起）	N 的值
10^{-2}	$\lvert x_n-1\rvert<10^{-2}$	$n>10^2$	10^2
10^{-8}	$\lvert x_n-1\rvert<10^{-8}$	$n>10^8$	10^8
ε	$\lvert x_n-1\rvert<\varepsilon$	$n>\frac{1}{\varepsilon}$	$\left[\frac{1}{\varepsilon}\right]+1$

顺便指出，上面定义中，时刻指标 N 是和距离指标 ε 有关的. 一般地，ε 越小，时刻 N 越大. 另外，如果 N 存在，则不唯一，比它大的任何时刻都可以作为 N.

特别要指出的是，如果已知 $\lim\limits_{n\to\infty}x_n=A$，那么，对任何一个正数 a，必存在某时刻 N，使得 x_N 后面所有的项 x_n 都满足不等式 $|x_n-A|<a$.

可用"ε-N"语言证明前面由直观定义所得到的数列极限的结论.

二、收敛数列的性质

性质 1(唯一性) 如果数列 $\{x_n\}$ 收敛，则它的极限是唯一的.

证 用反证法. 设 $\lim\limits_{n\to\infty}x_n=A$ 和 $\lim\limits_{n\to\infty}x_n=B$，且 $A\neq B$. 不妨设 $A<B$. 由于 A,B 都是 x_n 的极限，所以对正数 $\frac{B-A}{4}$，必存在一个时刻 N，使得当 $n>N$ 时，有

$$|x_n-A|<\frac{B-A}{4} \quad 和 \quad |x_n-B|<\frac{B-A}{4},$$

所以有

$$\begin{aligned}B-A&=|x_n-A-x_n+B|\leqslant|x_n-A|+|x_n-B|\\&<\frac{B-A}{4}+\frac{B-A}{4}=\frac{B-A}{2},\end{aligned}$$

矛盾. 故 $A=B$.

性质 2(有界性) 如果数列 $\{x_n\}$ 收敛，则 $\{x_n\}$ 必为有界数列，即存在常数 $M>0$，对 $\forall n$，使得 $|x_n|\leqslant M$.

证 设 $\lim\limits_{n\to\infty}x_n=A$，则对正数 $\varepsilon=1$，存在时刻 N，当 $n>N$ 时，有 $|x_n-A|<1$，从而当 $n>N$ 时，有

$$|x_n|=|x_n-A+A|\leqslant|x_n-A|+|A|<1+|A|.$$

取 $M=\max\{|x_1|,|x_2|,\cdots,|x_N|,1+|A|\}$，则对 $\forall n$，都有 $|x_n|\leqslant M$，即 $\{x_n\}$ 是有界数列.

注 有界数列未必收敛. 例如 $|(-1)^{n-1}|\leqslant 1$，但是数列 $\{(-1)^{n-1}\}$ 发散.

性质 3(保号性) 如果 $\lim\limits_{n\to\infty}x_n=A>0$（或 $A<0$），那么存在时刻 N，当 $n>N$ 时，都有

$x_n>0$(或 $x_n<0$).

证 只证 $A>0$ 的情况,对 $A<0$ 时类似可得.因为 $\lim\limits_{n\to\infty}x_n=A>0$,对 $\varepsilon=\dfrac{A}{2}$,存在时刻 N,当 $n>N$ 时,恒有 $|x_n-A|<\dfrac{A}{2}$ 成立,即 $A+\dfrac{A}{2}>x_n>A-\dfrac{A}{2}=\dfrac{A}{2}>0$.

推论 如果数列 $\{x_n\}$ 收敛于 A,且从某项起恒有 $x_n\geqslant 0$(或 $x_n\leqslant 0$),则必有 $A\geqslant 0$(或 $A\leqslant 0$).

注 (1) 如果 $\lim\limits_{n\to\infty}x_n=A$,则 $\lim\limits_{n\to\infty}|x_n|=|A|$.这是因为 $||x_n|-|A||\leqslant|x_n-A|$ 之故.

(2) 如果 $\lim\limits_{n\to\infty}|x_n|$ 存在,未必有 $\lim\limits_{n\to\infty}x_n$ 存在.例如 $\lim\limits_{n\to\infty}|(-1)^{n-1}|=1$,但 $\lim\limits_{n\to\infty}(-1)^{n-1}$ 不存在.但可以推出:$\lim\limits_{n\to\infty}x_n=0\Leftrightarrow\lim\limits_{n\to\infty}|x_n|=0$.这是因为 $||x_n|-0|=|x_n-0|$ 之故.

性质 4(数列与子数列的关系) 数列 $\{x_n\}$ 收敛的充要条件是子数列 $\{x_{2n}\}$ 与 $\{x_{2n+1}\}$ 都收敛,且收敛于相同的值,即

$$\lim_{n\to\infty}x_n=a\Leftrightarrow\lim_{n\to\infty}x_{2n}=\lim_{n\to\infty}x_{2n+1}=a.$$

证明略.

三、数列极限的四则运算

由定义容易证明数列极限满足以下的四则运算法则:

定理 设 $\lim\limits_{n\to\infty}x_n=A$,$\lim\limits_{n\to\infty}y_n=B$($A,B$ 为常数),则

(1) $\lim\limits_{n\to\infty}(x_n\pm y_n)=A\pm B$;

(2) $\lim\limits_{n\to\infty}(x_n\cdot y_n)=A\cdot B$;

(3) 当 $B\neq 0$ 时,$\lim\limits_{n\to\infty}\dfrac{x_n}{y_n}=\dfrac{A}{B}$.

作为上述定理(2)的推广,可以得到以下结论:

推论 1 若 $\lim\limits_{n\to\infty}x_n=A$($A$ 为常数),则 $\lim\limits_{n\to\infty}(x_n)^k=A^k$($k\in\mathbf{N}^+$).

推论 2 若 $\lim\limits_{n\to\infty}x_n=A$($A$ 为常数),则对 $\forall k\in\mathbf{N}^+$,$\lim\limits_{n\to\infty}\sqrt[2k-1]{x_n}=\sqrt[2k-1]{A}$;而当 $A>0$ 时,$\lim\limits_{n\to\infty}\sqrt[k]{x_n}=\sqrt[k]{A}$.

例 2 求极限 $\lim\limits_{n\to\infty}(\sqrt{n+1}-\sqrt{n})\sqrt{n}$.

解 因为 $\sqrt{n+1}-\sqrt{n}=\dfrac{1}{\sqrt{n+1}+\sqrt{n}}=\dfrac{1}{\sqrt{n}}\cdot\dfrac{1}{\sqrt{1+1/n}+1}$,所以

$$\lim_{n\to\infty}(\sqrt{n+1}-\sqrt{n})\sqrt{n}=\lim_{n\to\infty}\frac{1}{\sqrt{1+1/n}+1}=\frac{1}{\sqrt{1}+1}=\frac{1}{2}.$$

例 3 求极限$\lim\limits_{n\to\infty}\dfrac{3^{n+1}-(-2)^n}{2\cdot 3^n+3\cdot 2^n}$.

解 $\lim\limits_{n\to\infty}\dfrac{3^{n+1}-(-2)^n}{2\cdot 3^n+3\cdot 2^n}=\lim\limits_{n\to\infty}\dfrac{3^n[3-(-2/3)^n]}{3^n(2+3\cdot(2/3)^n)}=\dfrac{3-0}{2+3\cdot 0}=\dfrac{3}{2}$.

例 4 设 $a_0\neq 0, b_0\neq 0, k,m\in\mathbf{N}^+$, 求极限$\lim\limits_{n\to\infty}\dfrac{a_0n^k+a_1n^{k-1}+\cdots+a_k}{b_0n^m+b_1n^{m-1}+\cdots+b_m}$.

解 $\lim\limits_{n\to\infty}\dfrac{a_0n^k+a_1n^{k-1}+\cdots+a_k}{b_0n^m+b_1n^{m-1}+\cdots+b_m}$

$$=\lim_{n\to\infty}\frac{n^k}{n^m}\cdot\frac{a_0+a_1\cdot\dfrac{1}{n}+\cdots+a_k\cdot\dfrac{1}{n^k}}{b_0+b_1\cdot\dfrac{1}{n}+\cdots+b_m\cdot\dfrac{1}{n^m}}=\begin{cases}0, & k<m,\\ \dfrac{a_0}{b_0}, & k=m,\\ \infty, & k>m.\end{cases}$$

四、数列极限存在的两个准则

准则 1(夹逼准则) 设数列$\{x_n\},\{y_n\},\{z_n\}$满足条件:

(1) $y_n\leqslant x_n\leqslant z_n$;

(2) $\lim\limits_{n\to\infty}y_n=\lim\limits_{n\to\infty}z_n=A$,

则数列$\{x_n\}$收敛且$\lim\limits_{n\to\infty}x_n=A$.

证 对$\forall\varepsilon>0$,由条件(2),存在时刻 N,使得当 $n>N$ 时,恒有

$$|y_n-A|<\varepsilon \quad 和 \quad |z_n-A|<\varepsilon,$$

从而有

$$A-\varepsilon<y_n \quad 和 \quad z_n<A+\varepsilon.$$

再由条件(1),当 $n>N$ 时,有

$$A-\varepsilon<y_n\leqslant x_n\leqslant z_n<A+\varepsilon, \quad 即 \quad |x_n-A|<\varepsilon,$$

因此$\lim\limits_{n\to\infty}x_n=A$.

例 5 对$\forall a>0$,证明$\lim\limits_{n\to\infty}\sqrt[n]{a}=1$.

证 当 $a=1$ 时,命题显然成立.

当 $a>1$ 时,记 $\delta_n=\left|\sqrt[n]{a}-1\right|=\sqrt[n]{a}-1$,即 $\sqrt[n]{a}=1+\delta_n$,于是有

$$a=(1+\delta_n)^n=1+n\cdot\delta_n+\cdots>n\cdot\delta_n, \quad 0<\delta_n<\frac{a}{n},$$

而$\lim\limits_{n\to\infty}\dfrac{a}{n}=0$,由夹逼准则得$\lim\limits_{n\to\infty}\delta_n=0$. 所以

$$\lim_{n\to\infty}\sqrt[n]{a}=\lim_{n\to\infty}(\delta_n+1)=\lim_{n\to\infty}\delta_n+1=0+1=1.$$

当 $0<a<1$ 时,$\dfrac{1}{a}>1$, $\sqrt[n]{1/a}\to 1$,所以 $\lim\limits_{n\to\infty}\sqrt[n]{a}=\lim\limits_{n\to\infty}\dfrac{1}{\sqrt[n]{1/a}}=\dfrac{1}{1}=1$.

注 类似地可证 $\lim\limits_{n\to\infty}\sqrt[n]{n}=1$.

例 6 设 $x_n=\dfrac{1}{\sqrt{n^4+n^2+1}}+\dfrac{2}{\sqrt{n^4+n^2+2}}+\cdots+\dfrac{n}{\sqrt{n^4+n^2+n}}$,求极限$\lim\limits_{n\to\infty}x_n$.

解 因为 $\dfrac{1+2+\cdots+n}{\sqrt{n^4+n^2+n}}<x_n<\dfrac{1+2+\cdots+n}{\sqrt{n^4+n^2+1}}$,又

$$\lim_{n\to\infty}\frac{1+2+\cdots+n}{\sqrt{n^4+n^2+1}}=\lim_{n\to\infty}\frac{1}{2}\cdot\frac{n(n+1)}{\sqrt{n^4+n^2+1}}$$

$$=\lim_{n\to\infty}\frac{1}{2}\cdot\frac{n^2}{n^2}\cdot\frac{1+1/n}{\sqrt{1+1/n^2+1/n^4}}=\lim_{n\to\infty}\frac{1}{2}\cdot\frac{1+0}{\sqrt{1}}=\frac{1}{2},$$

$$\lim_{n\to\infty}\frac{1+2+\cdots+n}{\sqrt{n^4+n^2+n}}=\lim_{n\to\infty}\frac{1}{2}\cdot\frac{n^2}{n^2}\cdot\frac{1+1/n}{\sqrt{1+1/n^2+1/n^3}}=\frac{1}{2}\cdot\frac{1+0}{\sqrt{1}}=\frac{1}{2},$$

所以由夹逼准则有 $\lim\limits_{n\to\infty}x_n=1/2$.

定义 3 如果数列$\{x_n\}$满足条件 $x_1\leqslant x_2\leqslant\cdots\leqslant x_n\leqslant x_{n+1}\leqslant\cdots$,则称数列$\{x_n\}$为**单调递增数列**;如果满足条件 $x_1\geqslant x_2\geqslant\cdots\geqslant x_n\geqslant x_{n+1}\geqslant\cdots$,则称数列$\{x_n\}$为**单调递减数列**.

准则 2 单调有界数列必收敛.

准则的证明从略.由于单调递增的数列$\{x_n\}$必有下界 x_1,从而单调递增有上界的数列是单调有界数列,故必收敛;由于单调递减的数列$\{x_n\}$必有上界 x_1,从而单调递减有下界的数列是单调有界数列,故必收敛.

例 7(重要极限之一) 设 $x_n=\left(1+\dfrac{1}{n}\right)^n$,则数列$\{x_n\}$必收敛,其极限记为 e,即

$$\lim_{n\to\infty}\left(1+\frac{1}{n}\right)^n=\mathrm{e}.$$

证 由于 $n+1$ 个正数 $1,\underbrace{1+\dfrac{1}{n},\cdots,1+\dfrac{1}{n}}_{n\text{个}}$的几何平均值为 $\sqrt[n+1]{1\cdot\left(1+\dfrac{1}{n}\right)^n}$,而其算术平均值为$\dfrac{1+n(1+1/n)}{n+1}=\dfrac{n+2}{n+1}$,因此由平均值的不等式有

$$1+\frac{1}{n+1}=\frac{n+2}{n+1}\geqslant\sqrt[n+1]{1\cdot\left(1+\frac{1}{n}\right)^n},$$

所以
$$\left(1+\frac{1}{n+1}\right)^{n+1}\geqslant\left(1+\frac{1}{n}\right)^n,$$

即 $x_{n+1}\geqslant x_n$.所以$\{x_n\}$单调递增.

又因为 $n+2$ 个正数$\dfrac{1}{2},\dfrac{1}{2},\underbrace{1+\dfrac{1}{n},\cdots,1+\dfrac{1}{n}}_{n\text{个}}$的几何平均值是 $\sqrt[n+2]{\dfrac{1}{2}\cdot\dfrac{1}{2}\cdot\left(1+\dfrac{1}{n}\right)^n}$,算

术平均值是$\dfrac{1/2+1/2+n(1+1/n)}{n+2}=1$,因此有

$$1\geqslant\sqrt[n+2]{\frac{1}{4}\cdot\left(1+\frac{1}{n}\right)^n},\quad 即\quad \frac{1}{4}\cdot\left(1+\frac{1}{n}\right)^n\leqslant 1,$$

于是 $x_n\leqslant 4$. 因此$\{x_n\}$为单调递增有上界的数列,所以$\lim\limits_{n\to\infty}x_n$ 存在. 我们把该极限值记为 e,即

$$\lim_{n\to\infty}\left(1+\frac{1}{n}\right)^n = \mathrm{e}.$$

例 8 设 $0<|q|<1$,证明$\lim\limits_{n\to\infty}q^n=0$.

证 只要证数列$\{|q^n|\}$的极限为 0,则$\{q^n\}$的极限也为 0.

因为$|q^{n+1}|=|q^n|\cdot|q|<|q^n|$,所以$\{|q^n|\}$单调递减. 又$|q^n|>0$,所以$\{|q^n|\}$有下界,从而$\{|q^n|\}$收敛,记$\lim\limits_{n\to\infty}|q^n|=A$. 因为$|q^{n+1}|=|q^n|\cdot|q|$,所以

$$\lim_{n\to\infty}|q^{n+1}|=\lim_{n\to\infty}|q^n|\cdot|q|=A\cdot|q|.$$

而$\lim\limits_{n\to\infty}|q^{n+1}|=\lim\limits_{n\to\infty}|q^n|=A$,故 $A=0$. 于是$\lim\limits_{n\to\infty}q^n=0$.

习 题 1.2

1. 求下列极限:

(1) $\lim\limits_{n\to\infty}\left(1+\dfrac{1}{2}+\dfrac{1}{2^2}+\cdots+\dfrac{1}{2^n}\right)$;　(2) $\lim\limits_{n\to\infty}\left(\dfrac{1}{1\cdot 3}+\dfrac{1}{3\cdot 5}+\cdots+\dfrac{1}{(2n-1)(2n+1)}\right)$;

(3) $\lim\limits_{n\to\infty}\dfrac{(n+1)(2n+1)(3n+1)}{(3n^2+1)(n+3)}$;　(4) $\lim\limits_{n\to\infty}\dfrac{3^{n+1}+(-2)^n}{3^n+(-1)^{n+1}}$;

(5) $\lim\limits_{n\to\infty}n(\sqrt{n^2+2}-\sqrt{n^2-1})$;　(6) $\lim\limits_{n\to\infty}(n-\sqrt[3]{n^3-n^2})$.

2. 利用夹逼准则求数列$\{x_n\}$的极限,其中

(1) $x_n=\dfrac{1}{\sqrt{n^2+1}}+\dfrac{1}{\sqrt{n^2+2}}+\cdots+\dfrac{1}{\sqrt{n^2+n}}$;

(2) $x_n=\dfrac{1}{n^2+n+1}+\dfrac{2}{n^2+n+2}+\cdots+\dfrac{n}{n^2+n+n}$;

(3) $x_n=\dfrac{\sin nx}{n}$,x 为任意实数;

(4) $x_n=\sqrt[n]{A_1^n+A_2^n+\cdots+A_k^n}$,这里 $A_1>A_2>\cdots>A_k>0$.

3. 用准则 2 证明数列$\{x_n\}$收敛,其中

(1) $x_n=\dfrac{a^n}{n!}\ (a>1)$;　(2) $x_n=\dfrac{1}{1^2}+\dfrac{1}{2^2}+\cdots+\dfrac{1}{n^2}$;　(3) $x_n=1+\dfrac{1}{1!}+\dfrac{1}{2!}+\cdots+\dfrac{1}{n!}$.

§1.3 函数极限

前面我们讨论了数列$\{x_n\}=\{f(n)\}$的极限，其实就是讨论了特殊的函数 $y=f(n)(n\in \mathbf{N}^+)$当自变量 $n\to\infty$时函数 $f(n)$的极限$\lim\limits_{n\to\infty}f(n)$.

本节我们要讨论一般的函数 $y=f(x)(x\in D_f)$当自变量 x 在定义域 D_f 内按某种趋势变化时，相应函数值 $f(x)$的变化趋势. 相对于正整数 $n\to\infty$而言，实数 x 的变化趋势有以下六种形式：

(1) x 沿数轴正方向趋于无穷大，记为 $x\to+\infty$；

(2) x 沿数轴负方向趋于无穷大，记为 $x\to-\infty$；

(3) $|x|$趋于无穷大，记为 $x\to\infty$；

(4) x 趋于点 x_0，但 $x\neq x_0$，记为 $x\to x_0$；

(5) $x>x_0$，且 x 从 x_0 的右侧趋于 x_0，记为 $x\to x_0^+$；

(6) $x<x_0$，且 x 从 x_0 的左侧趋于 x_0，记为 $x\to x_0^-$.

一、$x\to\infty$时函数的极限

以下定义完全类似数列极限的定义，不同的是数列极限定义中的时刻 N 是正整数(因为自变量 n 是正整数)，而下面的时刻 $X>0$ 是正实数(因为自变量 x 是实数).

直观定义 1 设函数 $y=f(x)$，$D_f=(a,+\infty)$，A 为某一常数. 如果当 x 沿 x 轴正方向无限增大(即 $x\to+\infty$)时，$f(x)$无限接近 A，即 $f(x)$与 A 的差的绝对值$|f(x)-A|$能任意小，小于预先给定的无论怎样小的正数，我们就称 A 为 $f(x)$**当 $x\to+\infty$时的极限**，记为

$$\lim_{x\to+\infty}f(x)=A \quad 或 \quad f(x)\to A\ (x\to+\infty).$$

例如，从函数图形(如图 1-9(a)，(b))可看出：

$$\lim_{x\to+\infty}\frac{1}{x}=0,\quad \lim_{x\to+\infty}\mathrm{e}^{-x}=0.$$

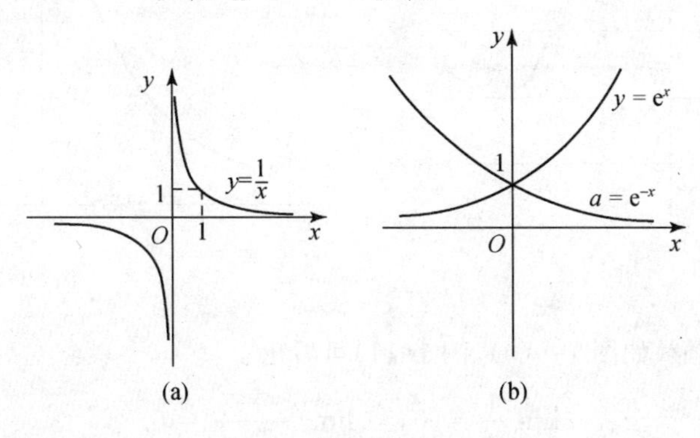

图 1-9

定义 1　设函数 $y=f(x)$，$D_f=(a,+\infty)$，A 为某一常数．对 $\forall\varepsilon>0$，如果存在时刻 $X>0$，使得当 $x>X$ 时，恒有 $|f(x)-A|<\varepsilon$ 成立，则称 A 为 $f(x)$**当** $x\to+\infty$**时的极限**，记为

$$\lim_{x\to+\infty}f(x)=A\quad 或\quad f(x)\to A\ (x\to+\infty).$$

由定义 1 容易证明 $\lim\limits_{x\to+\infty}\dfrac{1}{x}=0$，$\lim\limits_{x\to+\infty}e^{-x}=0$ 成立．

直观定义 2　设函数 $y=f(x)$，$D_f=(-\infty,b)$，A 为某一常数．如果当 x 沿 x 轴负方向趋于负无穷大（即 $x\to-\infty$）时，$f(x)$ 无限接近于 A，即 $f(x)$ 与 A 的差的绝对值 $|f(x)-A|$ 能任意小，小于预先给定的无论怎样小的正数，我们就称 A 为 $f(x)$**当** $x\to-\infty$ **时的极限**，记为

$$\lim_{x\to-\infty}f(x)=A\quad 或\quad f(x)\to A\ (x\to-\infty).$$

例如，从函数图形（如图 1-9(a)，(b)）可看出：

$$\lim_{x\to-\infty}\frac{1}{x}=0,\quad \lim_{x\to-\infty}e^{x}=0.$$

定义 2　设函数 $y=f(x)$，$D_f=(-\infty,b)$，A 为某一常数．对 $\forall\varepsilon>0$，如果存在时刻 $X>0$，使得当 $x<-X$ 时，恒有 $|f(x)-A|<\varepsilon$ 成立，则称 A 为 $f(x)$**当** $x\to-\infty$**时的极限**，记为

$$\lim_{x\to-\infty}f(x)=A\quad 或\quad f(x)\to A\ (x\to-\infty).$$

由定义 2 可以证明 $\lim\limits_{x\to-\infty}\dfrac{1}{x}=0$，和 $\lim\limits_{x\to-\infty}e^{-x}=0$ 也是成立的．

直观定义 3　设函数 $y=f(x)$，$D_f=\{x\,|\,|x|>a,a>0\}$，A 为某一常数．如果当 $|x|$ 无限增大（即 $x\to\infty$）时，$f(x)$ 无限接近于 A，即 $f(x)$ 与 A 的差的绝对值 $|f(x)-A|$ 能任意小，小于预先给定的无论怎样小的正数，我们就称 A 为 $f(x)$**当** $x\to\infty$**时的极限**（如图 1-10），记为

$$\lim_{x\to\infty}f(x)=A\quad 或\quad f(x)\to A\ (x\to\infty).$$

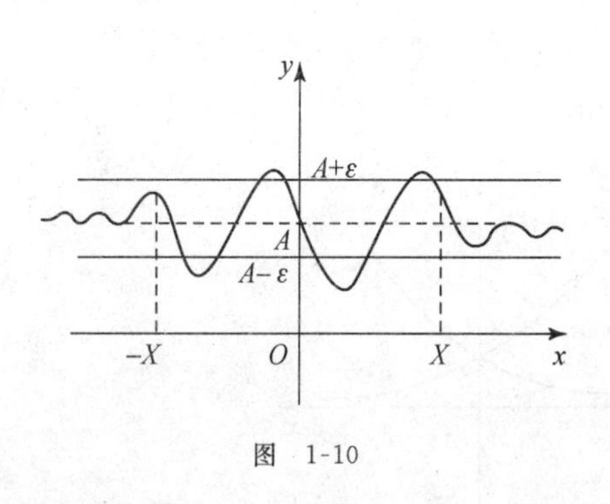

图　1-10

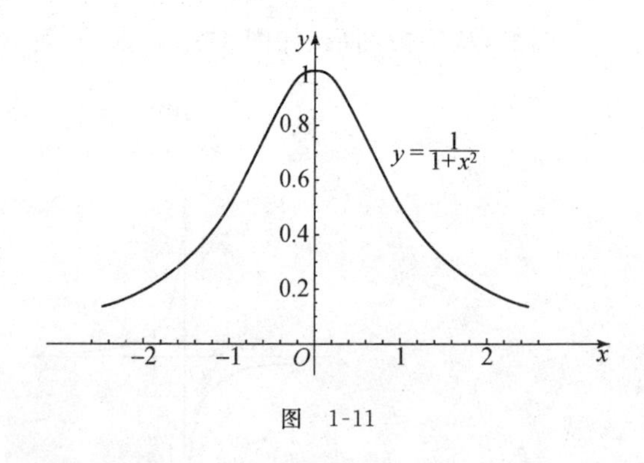

图　1-11

例如，从函数图形（如图 1-9(a)，图 1-11）可看出：

$$\lim_{x\to\infty}\frac{1}{x}=0,\quad \lim_{x\to\infty}\frac{1}{1+x^2}=0.$$

定义 3 设函数 $y=f(x)$，$D_f=\{x \mid |x|>a, a>0\}$，$A$ 为某一常数. 对 $\forall \varepsilon>0$，如果存在时刻 $X>0$，使得当 $|x|>X$ 时，恒有 $|f(x)-A|<\varepsilon$ 成立，则称 A 为 $f(x)$**当** $x\to\infty$ **时的极限**，记为

$$\lim_{x\to\infty} f(x)=A \quad \text{或} \quad f(x)\to A\ (x\to\infty).$$

从定义 3 容易看出，$\lim\limits_{x\to\infty} f(x)=A \Leftrightarrow \lim\limits_{x\to+\infty} f(x)=\lim\limits_{x\to-\infty} f(x)=A$.

同样由定义 3 容易证明 $\lim\limits_{x\to\infty}\dfrac{1}{x}=0$，$\lim\limits_{x\to\infty}\dfrac{1}{1+x^2}=0$ 成立.

二、$x\to x_0$ 时函数的极限

先观察当 $x\to1$ 时，函数 $f(x)=\dfrac{x^2-1}{x-1}$ 的变化趋势. 当 $x=1$ 时，$f(x)$ 没有定义；当 $x\neq1$ 时，$f(x)=\dfrac{x^2-1}{x-1}=x+1$. 从图 1-12 不难看出，当 $x\to1$，且 $x\neq1$ 时，函数值 $f(x)$ 无限接近于 2. 通常我们就称 2 为 $f(x)$ 当 $x\to1$ 时的极限.

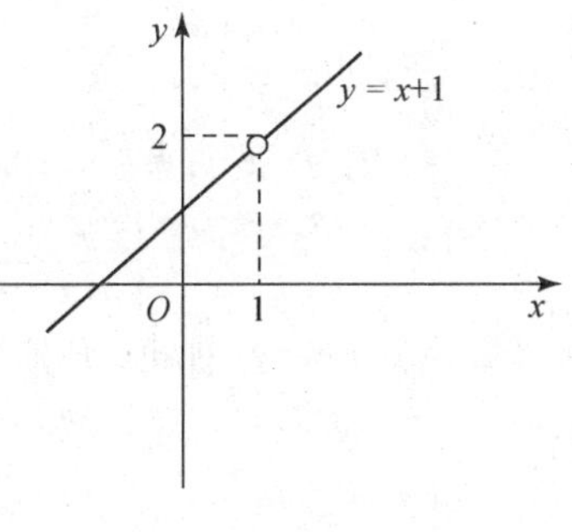

图 1-12

直观定义 4 设 A 为某一常数，函数 $f(x)$ 在点 x_0 的某个空心邻域内有定义(在点 x_0 可以没有定义). 如果当 $x\to x_0$，且 $x\neq x_0$ 时，$f(x)$ 无限接近 A，即函数值 $f(x)$ 与 A 的差的绝对值 $|f(x)-A|$ 可以任意小，小于预先给定的无论怎样小的正数，我们就称 A 为 $f(x)$**当** $x\to x_0$ **时的极限**，记为

$$\lim_{x\to x_0} f(x)=A \quad \text{或} \quad f(x)\to A\ (x\to x_0).$$

例如，函数 $f(x)=\dfrac{x^2-1}{x+1}=x-1$ 当 $x\to-1$ 时的极限为 -2. 这是因为当 $x\neq-1$ 时，

$$\left|\frac{x^2-1}{x+1}-(-2)\right|=|x-1+2|=|x-(-1)|,$$

只要 x 充分接近点 -1(即 $|x-(-1)|$ 充分小)，那么函数值 $f(x)$ 与 -2 的差的绝对值 $|f(x)-(-2)|$ 就能任意小，小于预先给定的无论怎样小的正数，所以 $\lim\limits_{x\to-1}\dfrac{x^2-1}{x+1}=-2$.

定义 4 设 A 为某一常数，函数 $f(x)$ 在点 x_0 的某个空心邻域内有定义(可以在点 x_0 没有定义). 对 $\forall\varepsilon>0$，如果存在时刻 $\delta>0$，使得只要 x 落在 $\mathring{U}_\delta(x_0)=\{x \mid 0<|x-x_0|<\delta\}$ 内，恒有 $|f(x)-A|<\varepsilon$ 成立，则称 A 为 $f(x)$**当** $x\to x_0$ **时的极限**(如图 1-13)，记为

$$\lim_{x\to x_0} f(x)=A \quad \text{或} \quad f(x)\to A\ (x\to x_0).$$

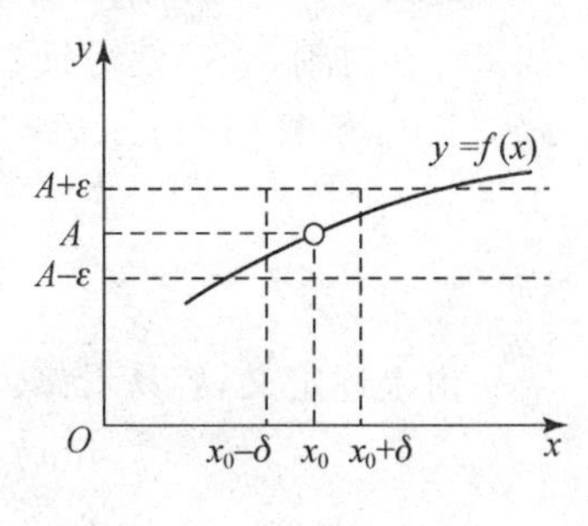

图 1-13

与数列极限的定义类似，这里时刻 δ 与指标 ε 是有关的.

一般地，ε 越小，时刻 δ 就越小(即 x 越靠近 x_0)；另外，如果时刻 δ 存在，则不唯一，任意一个小于 δ 的正数 δ_1 都可以作为时刻，因为$\mathring{U}_{\delta_1}(x_0)\subset\mathring{U}_{\delta}(x_0)$.

定义 4 可用"ε-δ"语言简单地表示如下：$\lim\limits_{x\to x_0}f(x)=A\Leftrightarrow\forall\varepsilon>0$，存在 $\delta>0$，当 $0<|x-x_0|<\delta$ 时，恒有 $|f(x)-A|<\varepsilon$ 成立.

例 1 用"ε-δ"语言证明：

(1) $\lim\limits_{x\to x_0}C=C$ (C 为常数)； (2) $\lim\limits_{x\to x_0}x=x_0$； (3) $\lim\limits_{x\to 1}\dfrac{x^2-1}{2(x-1)}=1$.

证 (1) 对 $\forall\varepsilon>0$，恒有 $|C-C|=0<\varepsilon$ 成立，故 $\lim\limits_{x\to x_0}C=C$.

(2) 对 $\forall\varepsilon>0$，取 $\delta=\varepsilon$，当 $|x-x_0|<\delta$ 时，恒有

$$|x-x_0|<\varepsilon$$

成立，所以 $\lim\limits_{x\to x_0}x=C$.

(3) 对 $\forall\varepsilon>0$，当 $x\neq 1$ 时，要使

$$\left|\frac{x^2-1}{2(x-1)}-1\right|=\left|\frac{x+1}{2}-1\right|=\frac{1}{2}|x-1|<\varepsilon,$$

只需 $|x-1|<2\varepsilon$ 即可，因此对 $\forall\varepsilon>0$，取 $\delta=2\varepsilon$，当 $0<|x-1|<\delta$ 时，恒有

$$\left|\frac{x^2-1}{2(x-1)}-1\right|<\varepsilon$$

成立，所以 1 为函数$\dfrac{x^2-1}{2(x-1)}$当 $x\to 1$ 时的极限，即

$$\lim_{x\to 1}\frac{x^2-1}{2(x-1)}=1.$$

由于有的函数只在点 x_0 的单侧(右侧或左侧)有定义(如 $f(x)=\sqrt{x}$，只当 $x\geqslant 0$ 有定义)，有的函数在点 x_0 的两侧的解析表达式不同(如分段函数在分段点 x_0 的两侧)，因此我们有必要研究 x 从 x_0 的右侧趋于 x_0(即 $x\to x_0^+$)或者 x 从 x_0 的左侧趋于 x_0(即 $x\to x_0^-$)时函数 $f(x)$ 的单侧极限.

定义 5 设 A 为某一常数，函数 $f(x)$ 在点 x_0 的某个右侧(或左侧)邻域有定义. 对 $\forall\varepsilon>0$，如果存在时刻 $\delta>0$，使得只要 x 落在 x_0 的某个右 δ 邻域 $0<x-x_0<\delta$(或左 δ 邻域 $-\delta<x-x_0<0$)内，恒有 $|f(x)-A|<\varepsilon$，则称 A 为 $f(x)$ **当** $x\to x_0^+$ (**或** $x\to x_0^-$) **时的右极限(或左极限)**，记为

$$\lim_{x\to x_0^+}f(x)=A\quad(\text{或}\lim_{x\to x_0^-}f(x)=A).$$

由上述定义，容易看出：

$$\lim_{x\to x_0}f(x)=A\Leftrightarrow\lim_{x\to x_0^+}f(x)=\lim_{x\to x_0^-}f(x)=A.$$

例 2 设函数 $f(x)=\begin{cases} x+1, & x<0, \\ x^2, & x>0. \end{cases}$ 由图 1-14 可看出：

$$\lim_{x\to0^+}f(x)=\lim_{x\to0^+}x^2=0,$$

$$\lim_{x\to0^-}f(x)=\lim_{x\to0^-}(x+1)=1.$$

因为 $f(x)$ 在 $x=0$ 处的左、右极限不相等，所以极限 $\lim\limits_{x\to0}f(x)$ 不存在.

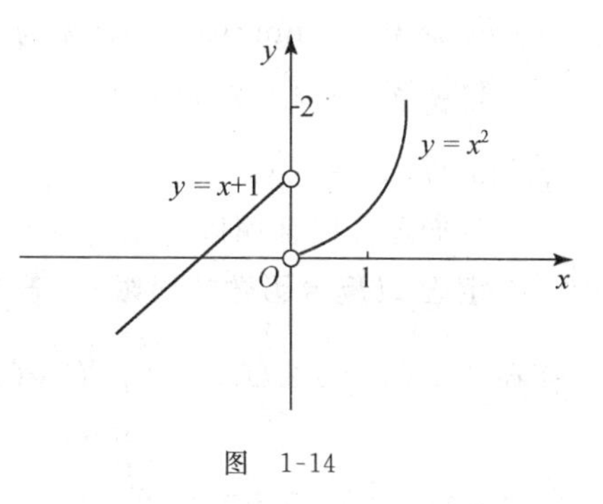

图 1-14

三、函数极限的性质

函数极限性质的证明与数列极限性质的证明类似，只需把数列中的时刻 N 改为时刻 X 或者时刻 δ，并修改相应的叙述即可.

性质 1（唯一性） 若极限 $\lim\limits_{x\to x_0}f(x)$ 存在，则其极限唯一.

性质 2（局部有界性） 若极限 $\lim\limits_{x\to x_0}f(x)$ 存在，则 $f(x)$ 在 x_0 的某个空心邻域内有界.

性质 3（局部保号性） 若极限 $\lim\limits_{x\to x_0}f(x)=A>0$（或 $A<0$），则在 x_0 的某个空心邻域内 $f(x)>0$（或 $f(x)<0$）.

推论 若在 x_0 的某个空心邻域内有 $f(x)\geqslant0$（或 $f(x)\leqslant0$），且 $\lim\limits_{x\to x_0}f(x)=A$，则 $A\geqslant0$（或 $A\leqslant0$）.

注 （1）若 $\lim\limits_{x\to x_0}f(x)=A$，则 $\lim\limits_{x\to x_0}|f(x)|=|A|$.

（2）如果 $\lim\limits_{x\to x_0}|f(x)|$ 存在，未必有 $\lim\limits_{x\to x_0}f(x)$ 存在. 例如 $f(x)=\begin{cases} -1, & x<0, \\ 1, & x>0, \end{cases}$ 当 $x\to0$ 时，$|f(x)|$ 的极限存在；而当 $x\to0$ 时，$f(x)$ 的极限不存在.

（3）$\lim\limits_{x\to x_0}f(x)=0\Longleftrightarrow\lim\limits_{x\to x_0}|f(x)|=0$.

四、函数极限的四则运算

以下我们把 $\lim\limits_{x\to x_0}f(x)$，$\lim\limits_{x\to x_0^\pm}f(x)$，$\lim\limits_{x\to\infty}f(x)$，$\lim\limits_{x\to\pm\infty}f(x)$ 统一简记为 $\lim f(x)$.

类似于数列极限的四则运算，我们也有

定理 1 设在同一极限过程中 $\lim f(x)=A$，$\lim g(x)=B$（A,B 为常数），则

（1）$\lim[f(x)\pm g(x)]=A\pm B$；

（2）$\lim[f(x)\cdot g(x)]=A\cdot B$；

（3）当 $B\neq0$ 时，$\lim\dfrac{f(x)}{g(x)}=\dfrac{A}{B}$.

推论 1 若 $\lim f(x)=A$(A 为常数),则 $\lim[f(x)]^n=A^n, n\in\mathbf{N}^+$.

推论 2 若 $\lim f(x)=A$(A 为常数),则对 $\forall k\in\mathbf{N}^+$, $\lim\sqrt[2k-1]{f(x)}=\sqrt[2k-1]{A}$;如果 $A>0$,则 $\lim\sqrt[k]{f(x)}=\sqrt[k]{A}$.

我们还可以证明以下结论:

定理 2(复合函数的极限) 若当 $x\to x_0$ 时,$u=g(x)\to u_0$, $\lim\limits_{u\to u_0}f(u)=A$($A$ 为常数),且存在 $\delta_0>0$,当 $x\in\mathring{U}_\delta(x_0)$ 时,有 $g(x)\neq u_0$,则

$$\lim_{x\to x_0}f(g(x))\xlongequal{\text{令 } u=g(x)}\lim_{u\to u_0}f(u)=A.$$

例 3 求极限 $\lim\limits_{x\to 2}(3x^2-5x+6)$.

解 原式 $=\lim\limits_{x\to 2}3x^2-\lim\limits_{x\to 2}5x+\lim\limits_{x\to 2}6$

$$=3\cdot(\lim_{x\to 2}x)^2-5\cdot\lim_{x\to 2}x+6=3\cdot 2^2-5\cdot 2+6=8.$$

例 4 求极限 $\lim\limits_{x\to 2}\dfrac{x^2+2x-3}{x^2+x-2}$.

解 由于 $\lim\limits_{x\to 2}(x^2+x-2)=2^2+2-2=4\neq 0$,所以

$$\lim_{x\to 2}\frac{x^2+2x-3}{x^2+x-2}=\frac{\lim\limits_{x\to 2}(x^2+2x-3)}{\lim\limits_{x\to 2}(x^2+x-2)}=\frac{2^2+2\cdot 2-3}{2^2+2-2}=\frac{5}{4}.$$

例 5 求极限 $\lim\limits_{x\to 1}\dfrac{x^2+2x-3}{x^2+x-2}$.

解 这里当 $x\to 1$ 时,分母的极限为 0,分子的极限也为 0. 这时可把分母、分子分解因式,消去"零"因子后再计算:

$$\lim_{x\to 1}\frac{x^2+2x-3}{x^2+x-2}=\lim_{x\to 1}\frac{(x-1)(x+3)}{(x-1)(x+2)}=\lim_{x\to 1}\frac{x+3}{x+2}=\frac{1+3}{1+2}=\frac{4}{3}.$$

例 6 求极限 $\lim\limits_{x\to 1}\left(\dfrac{1}{1-x}-\dfrac{3}{1-x^3}\right)$.

解 当 $x\to 1$ 时,$\dfrac{1}{1-x}$ 和 $\dfrac{1}{1-x^3}$ 的极限都不存在,不能进行四则运算,所以要先通分再计算:

$$\lim_{x\to 1}\left(\frac{1}{1-x}-\frac{3}{1-x^3}\right)=\lim_{x\to 1}\frac{1+x+x^2-3}{(1-x)(1+x+x^2)}=\lim_{x\to 1}\frac{(x-1)(x+2)}{(1-x)(1+x+x^2)}$$

$$=-\lim_{x\to 1}\frac{x+2}{1+x+x^2}=-\frac{1+2}{1+1+1^2}=-1.$$

例 7 求极限 $\lim\limits_{x\to 2}\dfrac{\sqrt{3-x}-\sqrt{x-1}}{\sqrt{x+2}-2}$.

解 当 $x\to 2$ 时,分母、分子的极限都是 0,可以先有理化,再消去分子、分母的"零"

因子：

$$\lim_{x\to 2}\frac{\sqrt{3-x}-\sqrt{x-1}}{\sqrt{x+2}-2}=\lim_{x\to 2}\frac{(\sqrt{3-x}-\sqrt{x-1})(\sqrt{3-x}+\sqrt{x-1})(\sqrt{x+2}+2)}{(\sqrt{x+2}-2)(\sqrt{x+2}+2)(\sqrt{3-x}+\sqrt{x-1})}$$

$$=\lim_{x\to 2}\frac{2(2-x)(\sqrt{x+2}+2)}{(x-2)(\sqrt{3-x}+\sqrt{x-1})}=-2\ \frac{\lim\limits_{x\to 2}(\sqrt{x+2}+2)}{\lim\limits_{x\to 2}(\sqrt{3-x}+\sqrt{x-1})}$$

$$=\frac{-2(\sqrt{4}+2)}{\sqrt{3-2}+\sqrt{2-1}}=-4.$$

例 8 求极限 $\lim\limits_{x\to\infty}\dfrac{(2x-3)^{10}\sqrt{x^4-2x+5}}{(x+5)^6(4x^2-3)^3}$.

解 当 $x\to\infty$ 时，分子、分母都趋于无穷大，可把分子、分母“最高次幂”提出再计算：

$$\lim_{x\to\infty}\frac{(2x-3)^{10}\sqrt{x^4-2x+5}}{(x+5)^6(4x^2-3)^3}=\lim_{x\to\infty}\frac{x^{10}\cdot x^2}{x^6\cdot x^6}\cdot\frac{(2-3/x)^{10}\sqrt{1-2/x^3+5/x^4}}{(1+5/x)^6(4-3/x^2)^3}$$

$$=\frac{\lim\limits_{x\to\infty}(2-3/x)^{10}\sqrt{1-2/x^3+5/x^4}}{\lim\limits_{x\to\infty}(1+5/x)^6(4-3/x^2)^3}$$

$$=\frac{(2-0)^{10}\sqrt{1-0+0}}{(1+0)^6(4-0)^3}=16.$$

例 9 设 $k,m\in\mathbf{N}^+$，$a_0\neq 0$，$b_0\neq 0$，求极限 $\lim\limits_{x\to\infty}\dfrac{a_0x^k+a_1x^{k-1}+\cdots+a_k}{b_0x^m+b_1x^{m-1}+\cdots+b_m}$.

解 仍然是把分子、分母“最高次幂”提出再计算：

$$\lim_{x\to\infty}\frac{a_0x^k+a_1x^{k-1}+\cdots+a_k}{b_0x^m+b_1x^{m-1}+\cdots+b_m}=\lim_{x\to\infty}\frac{x^k}{x^m}\cdot\frac{a_0+a_1\cdot\dfrac{1}{x}+\cdots+a_k\cdot\dfrac{1}{x^k}}{b_0+b_1\dfrac{1}{x}+\cdots+b_m\cdot\dfrac{1}{x^m}}$$

$$=\begin{cases}0, & k<m,\\ \dfrac{a_0}{b_0}, & k=m,\\ \infty, & k>m.\end{cases}$$

五、函数极限的夹逼准则和两个重要极限

和数列极限的夹逼准则完全一样，可以证明如下结论：

定理 3(夹逼准则) 设 A 为某一常数，$f(x)$，$g(x)$ 和 $h(x)$ 在 x_0 的某个空心邻域内有定义，且满足：

(1) $g(x)\leqslant f(x)\leqslant h(x)$；

(2) $\lim\limits_{x\to x_0}g(x)=\lim\limits_{x\to x_0}h(x)=A$，

则$\lim\limits_{x\to x_0} f(x)=A$.

下面应用函数极限的夹逼准则来推导出两个重要极限.

重要极限1 $\lim\limits_{x\to\infty}\left(1+\dfrac{1}{x}\right)^x=\mathrm{e}$.

证 先考虑$x\to+\infty$,不妨设$x>1$.因为$[x]\leqslant x<[x]+1$,所以

$$\left(1+\frac{1}{[x]+1}\right)^{[x]}\leqslant\left(1+\frac{1}{x}\right)^x<\left(1+\frac{1}{[x]}\right)^{[x]+1}.$$

又当$x\to+\infty$时,整数$[x]\to+\infty$,由夹逼准则和$\lim\limits_{n\to\infty}\left(1+\dfrac{1}{n}\right)^n=\mathrm{e}$即得

$$\lim_{x\to+\infty}\left(1+\frac{1}{x}\right)^x=\mathrm{e}.$$

当$x\to-\infty$时,令$t=-x$,则$t\to+\infty$,此时

$$\left(1+\frac{1}{x}\right)^x=\left(1-\frac{1}{t}\right)^{-t}=\left(\frac{t}{t-1}\right)^t=\left(1+\frac{1}{t-1}\right)^{t-1}\left(1+\frac{1}{t-1}\right),$$

所以

$$\lim_{x\to-\infty}\left(1+\frac{1}{x}\right)^x=\lim_{t\to+\infty}\left(1+\frac{1}{t-1}\right)^{t-1}\left(1+\frac{1}{t-1}\right)=\mathrm{e}\cdot 1=\mathrm{e}.$$

故

$$\lim_{x\to\infty}\left(1+\frac{1}{x}\right)^x=\mathrm{e}.$$

注 令$\dfrac{1}{x}=t\to 0$,可得$\lim\limits_{x\to\infty}\left(1+\dfrac{1}{x}\right)^x=\mathrm{e}$的等价形式$\lim\limits_{x\to 0}(1+x)^{\frac{1}{x}}=\mathrm{e}$.对这一重要极限,在实际应用时,可将所要求的极限配凑成标准形式:

$$\lim_{\alpha(x)\to\infty}\left(1+\frac{1}{\alpha(x)}\right)^{\alpha(x)}=\mathrm{e}\quad 或\quad \lim_{\alpha(x)\to 0}(1+\alpha(x))^{\frac{1}{\alpha(x)}}=\mathrm{e}.$$

例10 求极限$\lim\limits_{x\to\infty}\left(1-\dfrac{2}{x}\right)^{3x}$.

解 $\lim\limits_{x\to\infty}\left(1-\dfrac{2}{x}\right)^{3x}=\lim\limits_{x\to\infty}\left(1+\dfrac{2}{-x}\right)^{\frac{-x}{2}(-6)}=\mathrm{e}^{-6}$.

例11 求极限$\lim\limits_{x\to\infty}\left(\dfrac{x-1}{x+1}\right)^x$.

解 *方法1* $\lim\limits_{x\to\infty}\left(\dfrac{x-1}{x+1}\right)^x=\lim\limits_{x\to\infty}\left(1-\dfrac{2}{x+1}\right)^x=\lim\limits_{x\to\infty}\left(1+\dfrac{-2}{x}\right)^{\frac{x}{-2}(-2)}=\mathrm{e}^{-2}$,

方法2 令$-\dfrac{2}{x}=t$,当$x\to\infty$时,$t\to 0$,所以

$$\lim_{x\to\infty}\left(\frac{x-1}{x+1}\right)^x=\lim_{t\to 0}(1+t)^{-\frac{1}{t}\cdot 2}=\mathrm{e}^{-2}.$$

方法 3 $\lim\limits_{x\to\infty}\left(\dfrac{x-1}{x+1}\right)^x=\lim\limits_{x\to\infty}\dfrac{(1-1/x)^x}{(1+1/x)^x}=\dfrac{\mathrm{e}^{-1}}{\mathrm{e}}=\mathrm{e}^{-2}$.

例 12 (1)(**连续复利问题**)现有本金 A_0(称为现在值),年利率为 r,以连续复利计息,求 t 年后的本息之和 A_t(称为未来值);

(2)(**贴现问题**)已知未来值 A_t,求现在值 A_0.

解 (1) 连续复利就是计息的时间间隔任意小,并且前一期的利息计入本期的本金,进行重复计息. 设 1 年计息 n 期(即分 n 个时间段),则每期利率为 $\dfrac{r}{n}$,1 年后本息之和为 $A_0\left(1+\dfrac{r}{n}\right)^n$,$t$ 年后本息之和为 $A_0\left(1+\dfrac{r}{n}\right)^{nt}$. 令 $n\to\infty$,得

$$A_t=\lim_{n\to\infty}A_0\left(1+\frac{r}{n}\right)^{nt}=\lim_{n\to\infty}A_0\left(1+\frac{r}{n}\right)^{\frac{n}{r}\cdot rt}=A_0\mathrm{e}^{rt},$$

即有**连续复利公式** $A_t=A_0\mathrm{e}^{rt}$.

(2) 设 1 年分为 n 期贴现,每期贴现率为 $\dfrac{r}{n}$,则有 $A_0=A_t\left(1+\dfrac{r}{n}\right)^{-nt}$. 若以连续计息贴现,即令 $n\to\infty$,可得

$$A_0=\lim_{n\to\infty}A_t\left(1+\frac{r}{n}\right)^{\frac{n}{r}(-rt)}=A_t\mathrm{e}^{-rt},$$

即有**贴现公式** $A_0=A_t\mathrm{e}^{-rt}$.

重要极限 2 $\lim\limits_{x\to 0}\dfrac{\sin x}{x}=1$.

先证一个重要不等式 $|\sin x|<|x|$, $\forall x\neq 0$ (当 $x=0$ 时, $|\sin x|=|x|=0$).

当 $|x|\geqslant\dfrac{\pi}{2}>1\geqslant|\sin x|$ 时,显然不等式成立. 以下证 $0<|x|<\dfrac{\pi}{2}$ 的情况.

先看 $0<x<\dfrac{\pi}{2}$. 如图 1-15,在单位圆中,AD 为圆的切线. 因为

$$\triangle AOB \text{ 面积} < \text{扇形}\,\widehat{AOB}\text{ 面积} < \triangle AOD \text{ 面积},$$

即

$$\sin x < x < \tan x.$$

由上式得 $1<\dfrac{x}{\sin x}<\dfrac{1}{\cos x}$,即

$$\cos x<\frac{\sin x}{x}<1,\quad \forall x\in\left(0,\frac{\pi}{2}\right).$$

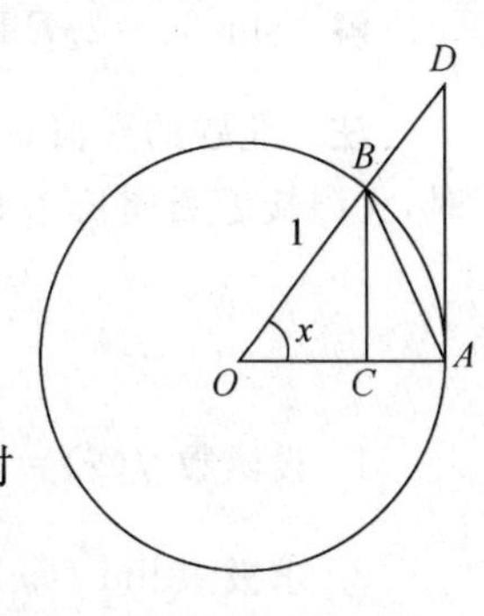

图 1-15

当 $-\dfrac{\pi}{2}<x<0$ 时,在上式中用 $-x$ 代替 x,不等式不变,所以对 $\forall 0<|x|<\dfrac{\pi}{2}$,有

$$\cos x < \frac{\sin x}{x} < 1.$$

特别地，此时$\frac{\sin x}{x}=\left|\frac{\sin x}{x}\right|<1$，即$|\sin x|<|x|$.

以下用夹逼准则证明$\lim\limits_{x\to 0}\frac{\sin x}{x}=1$. 先证$\lim\limits_{x\to 0}\cos x=1$，即要证$\lim\limits_{x\to 0}(1-\cos x)=0$. 因为

$$0 \leqslant 1-\cos x = 2\left|\sin\frac{x}{2}\right|^2 \leqslant 2\left|\frac{x}{2}\right|^2 \to 0 \quad (x\to 0),$$

所以$\lim\limits_{x\to 0}(1-\cos x)=0$，从而$\lim\limits_{x\to 0}\cos x=1$. 又$\lim\limits_{x\to 0}1=1$，由夹逼准则即可证得

$$\lim_{x\to 0}\frac{\sin x}{x}=1.$$

注 (1) 在运用$\lim\limits_{x\to 0}\frac{\sin x}{x}=1$这一重要极限时，可将所要求的极限化为如下的标准形式是：

$$\lim_{\alpha(x)\to 0}\frac{\sin\alpha(x)}{\alpha(x)}=1 \quad 或 \quad \lim_{\alpha(x)\to 0}\frac{\alpha(x)}{\sin\alpha(x)}=1.$$

(2) 由上述证明可得到$\lim\limits_{x\to 0}\sin x=0$，$\lim\limits_{x\to 0}\cos x=1$，$\lim\limits_{x\to 0}\tan x=\lim\limits_{x\to 0}\frac{\sin x}{\cos x}=\frac{0}{1}=0$.

例 13 求极限$\lim\limits_{x\to 0}\frac{\tan x}{x}$.

解 $\lim\limits_{x\to 0}\frac{\tan x}{x}=\lim\limits_{x\to 0}\frac{\sin x}{x}\cdot\frac{1}{\cos x}=1\cdot\frac{1}{1}=1.$

例 14 求极限$\lim\limits_{x\to 0}\frac{\sin 3x}{\sin 5x}$.

解 $\lim\limits_{x\to 0}\frac{\sin 3x}{\sin 5x}=\lim\limits_{x\to 0}\frac{\sin 3x}{3x}\cdot\frac{5x}{\sin 5x}\cdot\frac{3}{5}=1\cdot 1\cdot\frac{3}{5}=\frac{3}{5}.$

例 15 设$x_n=n\cdot 2R\sin\frac{\pi}{n}$，$R>0$，求极限$\lim\limits_{n\to\infty}x_n$.

解 $\lim\limits_{n\to\infty}x_n=2\pi R\lim\limits_{n\to\infty}\frac{\sin(\pi/n)}{\pi/n}=2\pi R\cdot 1=2\pi R.$

注 此题的几何意义是：半径为R的圆内接正n边形的边长之和，当边数n无限增多时，无限接近圆周长$2\pi R$.

习 题 1.3

1. 设函数$f(x)=\begin{cases}1, & x\neq 0,\\ 0, & x=0,\end{cases}$ 求极限$\lim\limits_{x\to 0}f(x)$.

2. 求极限$\lim\limits_{x\to 1^+}f(x)$，$\lim\limits_{x\to 1^-}f(x)$，并判断$\lim\limits_{x\to 1}f(x)$是否存在，其中

(1) $f(x)=\begin{cases}1/x, & x\geqslant 1,\\ x^2, & x<1;\end{cases}$ (2) $f(x)=\dfrac{|x-1|}{x-1}$.

3. 求下列极限：

(1) $f(x)=\dfrac{x^2+x-2}{x^3-x^2+x-1}$，求 $\lim\limits_{x\to -1}f(x)$ 和 $\lim\limits_{x\to 1}f(x)$；

(2) $\lim\limits_{x\to 2}\dfrac{\sqrt{x+2}-\sqrt{6-x}}{x^2-4}$； (3) $\lim\limits_{x\to 1}\left(\dfrac{x}{x-1}-\dfrac{2}{x^2-1}\right)$；

(4) $\lim\limits_{x\to -\infty}\dfrac{\sqrt{4x^2+3x-4}}{\sqrt[3]{x^3-5x^2+6}}$； (5) $\lim\limits_{x\to +\infty}(\sqrt{x^2-4x+1}-\sqrt{x^2+2x-5})$；

(6) $\lim\limits_{x\to \infty}\dfrac{(2x+1)^{10}(x-2)^8}{(x^2-5)^4(4x^2+3)^5}$； (7) $\lim\limits_{x\to +\infty}\dfrac{\sqrt{x+\sqrt{x+\sqrt{x}}}}{\sqrt{4x+1}}$；

(8) $\lim\limits_{x\to 0}\dfrac{2x+x^2-x^3}{x-4x^2+5x^4}$； (9) $\lim\limits_{x\to \infty}\dfrac{2x+x^2-x^3}{x-4x^2+5x^4}$.

4. 求下列极限：

(1) $\lim\limits_{x\to 0}\dfrac{\tan 3x}{x}$； (2) $\lim\limits_{x\to 0}\dfrac{\sin\alpha x}{\sin\beta x}$（$\alpha,\beta$ 为非零的常数）； (3) $\lim\limits_{x\to \pi}\dfrac{\sin x}{\pi-x}$；

(4) $\lim\limits_{x\to 0^+}\dfrac{x}{\sqrt{1-\cos x}}$； (5) $\lim\limits_{x\to 0}\dfrac{1-\cos x}{x^2}$； (6) $\lim\limits_{x\to 0}\dfrac{\arctan x}{x}$；

(7) $\lim\limits_{x\to a}\dfrac{\sin x-\sin a}{x-a}$； (8) $\lim\limits_{x\to a}\dfrac{\cos x-\cos a}{x-a}$.

5. 求下列极限：

(1) $\lim\limits_{x\to 0}\sqrt[x]{1-3x}$； (2) $\lim\limits_{x\to \infty}\left(\dfrac{x+1}{x+2}\right)^x$； (3) $\lim\limits_{x\to 0}\left(\dfrac{x+1}{2x+1}\right)^{\frac{1}{x}}$；

(4) $\lim\limits_{x\to 2}\left(\dfrac{x}{2}\right)^{\frac{x}{x-2}}$； (5) $\lim\limits_{x\to 1}(1-2\ln x)^{\frac{1}{\ln x}}$； (6) $\lim\limits_{x\to 0}\dfrac{e^x-1}{x}$.

6. 设极限 $\lim\limits_{x\to 1}f(x)$ 存在，且 $f(x)=\dfrac{x^2+4x-5}{x^2-1}+\dfrac{\sin(2-2x)}{x-1}\lim\limits_{x\to 1}f(x)$，求 $\lim\limits_{x\to 1}f(x)$.

7. 试说明极限 $\lim\limits_{x\to\infty}\sin x$，$\lim\limits_{x\to\infty}\cos x$，$\lim\limits_{x\to 0}\sin\dfrac{1}{x}$ 和 $\lim\limits_{x\to 0}\cos\dfrac{1}{x}$ 都不存在.

§1.4 无穷小量阶的比较

一、无穷小量与无穷大量

以下仍把 $\lim\limits_{x\to x_0}f(x)$，$\lim\limits_{x\to x_0^{\pm}}f(x)$，$\lim\limits_{x\to\infty}f(x)$，$\lim\limits_{x\to\pm\infty}f(x)$ 统一简记为 $\lim f(x)$.

定义 1 若 $\lim f(x)=0$,则称 $f(x)$是相应极限过程下的**无穷小量**.

例如,当 $x\to 0$ 时,$\sin x$,e^x-1,$\ln(1+x)$等都是无穷小量;当 $x\to-\infty$时,e^x 为无穷小量;当 $x\to 0^-$ 时,$e^{\frac{1}{x}}$ 为无穷小量.

注 由极限的四则运算可知,有限个无穷小量的和与积仍是无穷小量.

定理 1 无穷小量与有界量的乘积仍是无穷小量.

证 设 $\lim f(x)=0$,$|g(x)|\leqslant M$($M>0$ 为常数),则

$$0\leqslant |f(x)g(x)|\leqslant M|f(x)|.$$

而 $\lim f(x)=0$,故由夹逼准则知 $\lim[f(x)g(x)]=0$.

例如,当 $x\to\infty$ 时,虽然 $\lim\limits_{x\to\infty}\sin x$ 不存在,但 $|\sin x|\leqslant 1$ 是有界量,且 $\lim\limits_{x\to\infty}\dfrac{1}{x}=0$,因此有 $\lim\limits_{x\to\infty}\dfrac{\sin x}{x}=0$ $\left(注意区别\lim\limits_{x\to 0}\dfrac{\sin x}{x}=1\right)$.

定理 2 极限 $\lim f(x)$存在且等于 A 的充分必要条件是函数 $f(x)$可表示为

$$f(x)=A+\alpha,$$

其中 α 为同一极限过程下的无穷小量.

证 以 $x\to x_0$ 为例,其他极限过程的证明类似.

必要性 设 $\lim\limits_{x\to x_0}f(x)=A$,则对 $\forall\varepsilon>0$,存在 $\delta>0$,当 $0<|x-x_0|<\delta$ 时,恒有

$$|f(x)-A|=|(f(x)-A)-0|<\varepsilon$$

成立,因此 $\lim\limits_{x\to x_0}(f(x)-A)=0$,即 $f(x)-A$ 为当 $x\to x_0$ 时的无穷小量. 记 $f(x)-A=\alpha$,则有

$$f(x)=A+\alpha.$$

充分性 设 $f(x)=A+\alpha$,其中 α 为当 $x\to x_0$ 时的无穷小量,即 $\lim\limits_{x\to x_0}\alpha=0$,则对 $\forall\varepsilon>0$,存在 $\delta>0$,当 $0<|x-x_0|<\delta$ 时,恒有

$$|\alpha-0|=|f(x)-A|<\varepsilon$$

成立,因此 $\lim\limits_{x\to x_0}f(x)=A$.

定义 2 在某一极限过程中,如果$|f(x)|$无限增大,则称 $f(x)$为相应极限过程下的**无穷大量**,记为 $\lim f(x)=\infty$. 在某一极限过程中,如果 $f(x)>0$,且 $f(x)$无限增大,则称 $f(x)$为相应极限过程下的**正无穷大量**,记为 $\lim f(x)=+\infty$. 在某一极限过程中,如果 $f(x)<0$,且$-f(x)$无限增大,则称 $f(x)$为相应极限过程下的**负无穷大量**,记为 $\lim f(x)=-\infty$.

例如,当 $x\to 0$ 时,$\dfrac{1}{x}$是无穷大量,$\dfrac{1}{x^2}$是正无穷大量;当 $x\to 0^+$ 时,$\ln x$ 是负无穷大量,$e^{\frac{1}{x}}$ 是正无穷大量.

由定义容易得到

定理 3 在同一极限过程中,$f(x)\neq 0$ 是无穷小量$\Leftrightarrow\dfrac{1}{f(x)}$是无穷大量.

例 1 (1) 因为 $\lim\limits_{x\to1^-}\ln(1-x)=-\infty$，所以 $\lim\limits_{x\to1^-}\dfrac{1}{\ln(1-x)}=0$；

(2) 因为 $\lim\limits_{x\to2}\dfrac{x^2-4}{x^2+4}=0$，所以 $\lim\limits_{x\to2}\dfrac{x^2+4}{x^2-4}=\infty$.

二、无穷小量阶的比较和等价无穷小量

定义 3 设在同一极限过程中，$\lim f(x)=0$，$\lim g(x)=0$，且 $g(x)\neq0$.

(1) 如果 $\lim\dfrac{f(x)}{g(x)}=0$，则称 $f(x)$ 是 $g(x)$ 的**高阶无穷小量**(或称 $g(x)$ 是 $f(x)$ 的**低阶无穷小量**)，记做 $f(x)=o(g(x))$.

(2) 如果 $\lim\dfrac{f(x)}{g(x)}=a\neq0$，则称 $f(x)$ 与 $g(x)$ 是**同阶无穷小量**，记做 $f(x)=O(g(x))$；

(3) 如果 $\lim\dfrac{f(x)}{g(x)}=1$，则称 $f(x)$ 与 $g(x)$ 是**等价无穷小量**，记做 $f(x)\sim g(x)$；

(4) 如果 $\lim\dfrac{f(x)}{g(x)}=\infty$，则称 $f(x)$ 是 $g(x)$ 的**低阶无穷小量**(或称 $g(x)$ 是 $f(x)$ 的**高阶无穷小量**).

例如，因为 $\lim\limits_{x\to0}\dfrac{x^2}{\sin x}=\lim\limits_{x\to0}\dfrac{x}{\sin x}\cdot x=0$，所以当 $x\to0$ 时，x^2 是 $\sin x$ 的高阶无穷小量(或 $\sin x$ 是 x^2 的低阶无穷小量). 又因为 $\lim\limits_{x\to0}\dfrac{\sin2x}{x}=2$，所以当 $x\to0$ 时，$\sin2x$ 是 x 的同阶无穷小量. 而 $\lim\limits_{x\to0}\dfrac{\sin x}{x}=1$，所以当 $x\to0$ 时，$\sin x$ 是 x 的等价无穷小量，即 $\sin x\sim x\,(x\to0)$.

以下是常用的等价无穷小量(当 $x\to0$ 时)：

(1) $\sin x\sim x$，$\tan x\sim x$，$\arcsin x\sim x$，$\arctan x\sim x$；

(2) $1-\cos x\sim\dfrac{1}{2}x^2$；

(3) $\ln(1+x)\sim x$(标准形式：$\ln(1+\alpha)\sim\alpha$，其中 α 是无穷小量)；

(4) $e^x-1\sim x$(标准形式：$e^\alpha-1\sim\alpha$，其中 α 是无穷小量)，$a^x-1\sim x\ln a\,(a>0$ 且 $a\neq1)$；

(5) $\sqrt[n]{1+x}-1\sim\dfrac{1}{n}x$(标准形式：$\sqrt[n]{1+\alpha}-1\sim\dfrac{1}{n}\alpha$，其中 α 是无穷小量，n 为正整数).

它们是等价的无穷小量，这是因为

$$\lim_{x\to0}\frac{\arcsin x}{x}\xlongequal{令\ \arcsin x=t}\lim_{t\to0}\frac{t}{\sin t}=1,$$

$$\lim_{x\to0}\frac{\mathrm{arctg}\,x}{x}\xlongequal{令\ \mathrm{arctg}\,x=t}\lim_{t\to0}\frac{t}{\mathrm{tg}\,t}=1,$$

$$\lim_{x\to0}\frac{1-\cos x}{\frac{1}{2}x^2}=\lim_{x\to0}\frac{2\sin^2\frac{x}{2}}{2\left(\frac{x}{2}\right)^2}=1.$$

$$\lim_{x\to0}\frac{\ln(1+x)}{x}=\lim_{x\to0}\ln(1+x)^{1/x}\xlongequal{令(1+x)^{1/x}=t}\lim_{t\to e}\ln t=\ln e=1.$$

$$\lim_{x\to0}\frac{e^x-1}{x}\xlongequal{令e^x-1=t}\lim_{t\to0}\frac{t}{\ln(1+t)}=1.$$

$$\lim_{x\to0}\frac{a^x-1}{x\ln a}=\lim_{x\to0}\frac{e^{x\ln a}-1}{x\ln a}\xlongequal{令x\ln a=t}\lim_{t\to0}\frac{e^t-1}{t}=1.$$

$$\lim_{x\to0}\frac{\sqrt[n]{1+x}-1}{\frac{1}{n}x}=\lim_{x\to0}\frac{[(1+x)^{\frac{1}{n}}-1][(1+x)^{\frac{n-1}{n}}+(1+x)^{\frac{n-2}{n}}+\cdots+1]}{\frac{1}{n}x[(1+x)^{\frac{n-1}{n}}+(1+x)^{\frac{n-2}{n}}+\cdots+1]}$$

$$=\lim_{x\to0}\frac{1+x-1}{\frac{1}{n}x[(1+x)^{\frac{n-1}{n}}+(1+x)^{\frac{n-2}{n}}+\cdots+1]}=\frac{1}{\frac{1}{n}\cdot n}=1.$$

下面的定理告诉我们，在求极限 $\lim f(x)$时，可将结构比较复杂的函数 $f(x)$，用它的等价无穷小量来代替，从而方便于求极限.

定理 4 设在同一极限过程中，$f(x)\sim\alpha$，$g(x)\sim\beta$，且 $\lim\frac{\alpha}{\beta}=A$，则

$$\lim\frac{f(x)}{g(x)}=\lim\frac{\alpha}{\beta}=A.$$

证 $\lim\frac{f(x)}{g(x)}=\lim\frac{f(x)}{\alpha}\cdot\frac{\beta}{g(x)}\cdot\frac{\alpha}{\beta}=1\cdot1\cdot\lim\frac{\alpha}{\beta}=A.$

在求极限时，应用定理 4，乘积因子(乘除运算)可以用其等价无穷小量来替代，从而简化计算.

例 2 求极限 $\lim\limits_{x\to0}\frac{\tan 3x}{\sin 5x}$.

解 $\lim\limits_{x\to0}\frac{\tan 3x}{\sin 5x}=\lim\limits_{x\to0}\frac{3x}{5x}=\frac{3}{5}$ (因为当 $x\to0$ 时，$\mathrm{tg}3x\sim3x$，$\sin5x\sim5x$).

例 3 求极限 $\lim\limits_{x\to0}\frac{e^{x^2}-1}{\ln(1-2x^2)}$.

解 $\lim\limits_{x\to0}\frac{e^{x^2}-1}{\ln(1-2x^2)}=\lim\limits_{x\to0}\frac{x^2}{-2x^2}=-\frac{1}{2}$.

例 4 求极限 $\lim\limits_{x\to0}\frac{\sqrt{1+2x^2}-1}{\sin^2 x}$.

解 $\lim\limits_{x\to0}\frac{\sqrt{1+2x^2}-1}{\sin^2 x}=\lim\limits_{x\to0}\frac{\frac{1}{2}\cdot2x^2}{x^2}=1.$

例 5 求极限 $\lim\limits_{x\to 0}[1+\ln(1+2x-x^2)]^{\frac{1}{\sin x}}$.

解 $\lim\limits_{x\to 0}[1+\ln(1+2x-x^2)]^{\frac{1}{\sin x}}=\lim\limits_{x\to 0}\mathrm{e}^{\frac{\ln[1+\ln(1+2x-x^2)]}{\sin x}}=\mathrm{e}^{\lim\limits_{x\to 0}\frac{\ln[1+\ln(1+2x-x^2)]}{\sin x}}$

$$=\mathrm{e}^{\lim\limits_{x\to 0}\frac{\ln(1+2x-x^2)}{x}}=\mathrm{e}^{\lim\limits_{x\to 0}\frac{2x-x^2}{x}}=\mathrm{e}^2.$$

例 6 求极限 $\lim\limits_{x\to 0}\dfrac{\tan x-\sin x}{x^3}$.

解 $\lim\limits_{x\to 0}\dfrac{\tan x-\sin x}{x^3}=\lim\limits_{x\to 0}\dfrac{\sin x}{x}\cdot\dfrac{\left(\dfrac{1}{\cos x}-1\right)}{x^2}$

$$=\lim_{x\to 0}\frac{\sin x}{x}\cdot\frac{1}{\cos x}\cdot\frac{(1-\cos x)}{x^2}=1\cdot\frac{1}{1}\cdot\frac{1}{2}=\frac{1}{2}.$$

本例说明,若在求极限式子中含有加减运算,要将其化为乘积的形式才能用等价无穷小量替代来化简计算.

习 题 1.4

1. 求下列极限:

(1) $\lim\limits_{x\to 0}\dfrac{\ln(1+2x^2)}{\sin^2 x}$;

(2) $\lim\limits_{x\to 0}\dfrac{(\mathrm{e}^{\sin x}-1)^2}{\sqrt{1+x\tan x}-1}$;

(3) $\lim\limits_{x\to 0}\dfrac{\ln(1+x\mathrm{e}^x)}{\ln(x+\mathrm{e}^x)}$;

(4) $\lim\limits_{x\to 0}(1+2x-3x^2)^{1/x}$;

(5) $\lim\limits_{n\to\infty}n(\sqrt[n]{a}-1)$ $(a>0,a\neq 1)$ $\left(提示:\sqrt[n]{a}-1\sim\dfrac{1}{n}\ln a\right)$;

(6) $\lim\limits_{x\to+\infty}x(a^{\frac{1}{x}}-b^{\frac{1}{x}})$ (a,b 为不等于 1 的正数).

2. 极限$\lim\limits_{x\to 0}(x\sin\dfrac{1}{x}+\dfrac{x}{\sin x}+\dfrac{x}{\cos x})=$______,$\lim\limits_{x\to\infty}\left(x\sin\dfrac{1}{x}+\dfrac{\sin x}{x}+\dfrac{\cos x}{x}\right)=$______.

3. 已知当 $n\to\infty$时,$\sin\dfrac{1}{n^k}\sim\ln\left(1+\dfrac{1}{n^2}\right)$,则 $k=$______.

4. 设当 $x\to 0$ 时,$(1-ax^2)^{\frac{1}{4}}-1\sim\sin x^2$,则 $a=$______.

§1.5 函数的连续性

一、函数的连续性

在§1.3 中,由定义 4 我们得知,当 $x\to x_0$ 时,函数 $f(x)$的极限是否存在与函数值$f(x_0)$没有关系. 本节讨论函数的连续性,则反映了极限值与函数值之间的关系.

定义 1　设函数 $y=f(x)$，$U_\delta(x_0)\subset D_f$. 如果 $\lim\limits_{x\to x_0}f(x)=f(x_0)$，则称 $f(x)$ 在点 x_0 **连续**.

定义 2　设 δ 为某个正常数，函数 $y=f(x)$ 在 $[x_0,x_0+\delta)$（或 $(x_0-\delta,x_0]$）上有定义. 如果 $\lim\limits_{x\to x_0^+}f(x)=f(x_0)$（或 $\lim\limits_{x\to x_0^-}f(x)=f(x_0)$），则称 $f(x)$ 在点 x_0 **右连续（或左连续）**.

显然，$f(x)$ 在点 x_0 连续 $\Leftrightarrow f(x)$ 在点 x_0 右连续且左连续.

定义 3　设函数 $y=f(x)$ 在 (a,b) 内每一点均连续，则称 $f(x)$ **在区间 (a,b) 内连续**，也称 $f(x)$ 是 (a,b) 上的**连续函数**. 如果 $f(x)$ 在 (a,b) 内连续，在点 a 右连续，在点 b 左连续，则称 $f(x)$ 在**闭区间 $[a,b]$ 上连续**.

例 1　证明函数 $y=\sin x$ 在 $(-\infty,+\infty)$ 内连续.

证　对 $\forall x_0\in(-\infty,+\infty)$，因为

$$\begin{aligned}0\leqslant|\sin x-\sin x_0|&=\left|2\sin\frac{x-x_0}{2}\cos\frac{x+x_0}{2}\right|\\&\leqslant 2\left|\sin\frac{x-x_0}{2}\right|\leqslant 2\,\frac{|x-x_0|}{2}\to 0\quad(x\to x_0),\end{aligned}$$

由夹逼准则即知 $\lim\limits_{x\to x_0}\sin x=\sin x_0$，又 x_0 是 $(-\infty,+\infty)$ 内任意一点，所以函数 $y=\sin x$ 在 $(-\infty,+\infty)$ 内连续.

例 2　设 $n\in\mathbf{N}^+$，证明函数 $y=x^n$ 在 $(-\infty,+\infty)$ 内连续.

证　对 $\forall x_0\in(-\infty,+\infty)$，有 $\lim\limits_{x\to x_0}x^n=(\lim\limits_{x\to x_0}x)^n=x_0^n$，所以 $y=x^n$ 在 $(-\infty,+\infty)$ 连续.

定理 1　六类基本初等函数在其定义域内是连续的.

定理 2（连续函数的四则运算）　设函数 $f(x)$，$g(x)$ 在区间 I 上连续，则

(1) $f(x)\pm g(x)$ 也在 I 上连续；

(2) $f(x)\cdot g(x)$ 也在 I 上连续；

(3) 如果在区间 $I_0\subset I$ 上，$g(x)\neq 0$，则 $\dfrac{f(x)}{g(x)}$ 也在 I_0 上连续.

定理 3（复合函数的连续性）　设函数 $y=f(u)$ 在点 u_0 连续，$u=g(x)$ 在点 x_0 连续且 $g(x_0)=u_0$，那么复合函数 $y=f(g(x))$ 在点 x_0 连续.

定理 4（反函数的连续性）　设函数 $y=f(x)$ 在区间 I 上严格单调且连续，那么其反函数 $x=f^{-1}(y)$ 在相应区间上也严格单调且连续.

综合上述定理，即可知：

定理 5　初等函数在其定义区间内连续（所谓定义区间是指包含在定义域内的区间）.

由此，我们可根据初等函数的连续性来求极限. 例如：

$$\lim_{x\to e}\ln x=\ln e=1,\qquad \lim_{x\to 1}\sqrt{x+3}=\sqrt{1+3}=2,$$

$$\lim_{x\to x_0}e^x=e^{x_0},\qquad \lim_{x\to x_0}(\sin x+\cos x)=\sin x_0+\cos x_0.$$

二、函数的间断点

由函数的连续性定义,我们知道 $y=f(x)$ 在点 x_0 连续,必须满足下列三个条件(前提是 $f(x)$ 在某个 $\mathring{U}_\delta(x_0)$ 有定义):

(1) $f(x)$ 在点 x_0 有定义;

(2) $\lim\limits_{x\to x_0}f(x)$ 存在,即 $\lim\limits_{x\to x_0^+}f(x)=\lim\limits_{x\to x_0^-}f(x)$;

(3) $\lim\limits_{x\to x_0}f(x)=f(x_0)$;

上述三个条件中只要有一个不满足,函数 $f(x)$ 在点 x_0 就不连续,此时也称 $f(x)$ 在点 x_0 **间断**,x_0 为 $f(x)$ 的**间断点**.

函数的间断点分为第一类间断点和第二类间断点,其中左、右极限都存在的间断点称为**第一类间断点**;不是第一类间断点的间断点称为**第二类间断点**.

例如,函数 $f(x)=\dfrac{\sin x}{x}$ 和 $f(x)=\begin{cases}\dfrac{\sin x}{x}, & x\neq 0,\\ 0, & x=0,\end{cases}$ 当 $x\to 0$ 时,它们都是以 1 为极限,但前一函数在 $x=0$ 处没有定义,后一函数在 $x=0$ 处的极限值≠函数值,所示 $x=0$ 是这两个函数的间断点,且属于第一类间断点.这类第一类间断点又称为可去间断点,因为可通过补充定义 $f(0)=1$,或者重新定义 $f(0)=1$,使函数在 $x=0$ 处连续,即这种间断点是“可去”的.一般地,使 $\lim\limits_{x\to x_0}f(x)$ 存在的间断点 x_0 被称为**可去间断点**.

又如,函数 $f(x)=\dfrac{|x-1|}{x-1}$ 在点 $x=1$ 的右极限存在等于 1,左极限存在等于 -1,即虽然左、右极限存在但不相等,所以 $x=1$ 是函数 $f(x)$ 的第一类间断点.这种第一类间断点又称为**跳跃间断点**(其图形在间断点处产生跳跃现象).

再如,函数 $f(x)=e^{1/x}$,因为 $\lim\limits_{x\to 0^+}e^{1/x}=+\infty$,$\lim\limits_{x\to 0^-}e^{1/x}=0$,虽然在 $x=0$ 处函数的左极限存在,但右极限不存在,因此 $x=0$ 是第二类间断点.对于函数 $f(x)=\sin\dfrac{1}{x}$,当 $x\to 0$ 时,函数值在 1 和 -1 之间无数次震荡,因此,在 $x=0$ 处函数的左、右极限都不存在,这种第二类间断点称为**振荡间断点**(如图 1-16).对于函数 $f(x)=\dfrac{1}{x}$,因为 $\lim\limits_{x\to 0}\dfrac{1}{x}=\infty$,所以在 $x=0$ 处函数的左、右极限都不存在.但当 $x\to 0$ 时,$\dfrac{1}{x}$ 为无穷大量,这类第二类间断点称为**无穷间断点**.

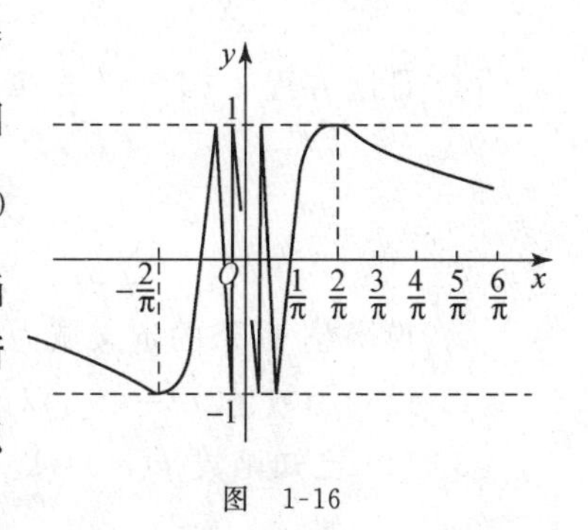

图 1-16

三、闭区间上连续函数的性质

以下介绍闭区间上连续函数的性质,证明从略.

定理 6 设函数 $f(x)$在$[a,b]$上连续,那么 $f(x)$在$[a,b]$上有界.

定理 7 设函数 $f(x)$在$[a,b]$上连续,那么 $f(x)$在$[a,b]$上必有最大值M 和最小值m,即存在 $x_1,x_2\in[a,b]$,使得 $m=f(x_1)\leqslant f(x)\leqslant f(x_2)=M,x\in[a,b]$.

定理 8(零点存在定理) 设函数 $f(x)$在$[a,b]$上连续,且 $f(a)\cdot f(b)<0$,则一定存在 $x_0\in(a,b)$,使得 $f(x_0)=0$(称使得 $f(x)=0$ 的 x 为 $f(x)$的**零点**).

定理 9(介值定理) 设函数 $f(x)$在$[a,b]$上连续,且设 m,M 分别为 $f(x)$在$[a,b]$上的最小值和最大值,则对任何 $c\in[m,M]$,一定存在 $x_0\in[a,b]$,使得 $f(x_0)=c$(由此可知 $f(x)$在$[a,b]$上的值域为$[m,M]$).

习 题 1.5

1. 试确定 a 的取值,使得以下函数在 $x=0$ 连续:

(1) $f(x)=\begin{cases}\ln(1+2x), & x\geqslant 0,\\ \dfrac{\sin x}{x}+a, & x<0;\end{cases}$　　(2) $f(x)=\begin{cases}a\ln(1+x), & x\geqslant 0,\\ \dfrac{\sin x}{x}-1, & x<0.\end{cases}$

2. 求函数 $f(x)=\lim\limits_{n\to\infty}\dfrac{x(x^{2n}-1)}{x^{2n}+1}$的连续区间和间断点.

3. 求下列函数的间断点并说明其类型:

(1) $y=\mathrm{e}^{\frac{1}{x}}$;　　(2) $f(x)=\sin x\sin\dfrac{1}{x}$;

(3) $f(x)=\dfrac{|x|}{x}$;　　(4) $f(x)=\dfrac{x^2-x}{|x|(x^2-1)}$.

4. 证明方程 $x\cdot 2^x=1$ 至少有一个小于 1 的正根.

复习题一

1. 设函数 $f(x)$的定义域为$[0,1]$,求 $f(x+a)$和 $f(x)+f(x+a)$的定义域.

2. 已知函数 $f(x)=\mathrm{e}^{x^2}$,$f(g(x))=1-x$,且 $g(x)\geqslant 0$,求 $g(x)$及其定义域.

3. (1) 已知函数 $f(\mathrm{e}^x)=2^x(x^2-1)$,则 $f(x)=$________;

(2) 设函数 $f(x)=a^x$,则$\lim\limits_{n\to\infty}\dfrac{1}{n^2}[\ln f(1)f(2)\cdots f(n)]=$________;

(3) 设函数 $f(x)$连续,且$\lim\limits_{x\to 0}\left(\dfrac{f(x)}{x}-\dfrac{1}{x}-\dfrac{\sin x}{x^2}\right)$存在,则 $f(0)=$________;

(4) 已知极限$\lim\limits_{x\to 1}\dfrac{x^2+ax-2}{x-1}=A$,则 $a=$________,$A=$________;

(5) 函数 $f(x)=\lim\limits_{n\to\infty}\dfrac{x+1}{x^{2n}+1}$的连续区间是________;

(6) 设当 $x\to 0$ 时,$1-\cos(e^{x^2}-1)\sim 2^m x^k$,则 $m=$________,$k=$________.

4. 设函数 $f(x)=\dfrac{e^x-b}{(x-a)(x-1)}$,且 $x=0$ 是 $f(x)$的无穷间断点,$x=1$ 是 $f(x)$的可去间断点,求 a 和 b.

5. 求下列极限:

(1) $\lim\limits_{x\to -1}\dfrac{x^2-1}{x^2+3x+2}$;

(2) $\lim\limits_{x\to 3}\dfrac{\sqrt{x+1}-2}{\sqrt{x+13}-4}$;

(3) $\lim\limits_{x\to 0}\dfrac{\sqrt[3]{1+x^2}-1}{\sqrt{1+\sin^2 x}-1}$;

(4) $\lim\limits_{x\to 0}\left(\dfrac{2+e^{\frac{1}{x}}}{1+e^{\frac{2}{x}}}+\dfrac{\sin x}{|x|}\right)$;

(5) $\lim\limits_{x\to +\infty}\arccos(\sqrt{x^2+x}-x)$;

(6) $\lim\limits_{x\to 0}\dfrac{3\sin x+e^{x^2}-\cos x}{\tan x-\ln(1-x^3)}$;

(7) $\lim\limits_{x\to +\infty}[\sin\ln(x+1)-\sin\ln x]$;

(8) $\lim\limits_{x\to +\infty}\dfrac{1+\sqrt[3]{x}+\sqrt[4]{x}}{1+\sqrt[3]{x}+\sqrt{x}}$;

(9) $\lim\limits_{x\to +\infty}\dfrac{\ln(1+\sqrt[3]{x}+\sqrt{x})}{\ln(1+\sqrt[3]{x}+\sqrt[4]{x})}$;

(10) $\lim\limits_{x\to 0}\left(\dfrac{1+x\cdot 2^x}{1+x\cdot 3^x}\right)^{\frac{1}{x^2}}$;

(11) $\lim\limits_{x\to 0}\dfrac{x\arcsin x\sin\dfrac{1}{x}}{\ln(1-x)}$;

(12) $\lim\limits_{x\to 0}(x+e^x)^{\frac{1}{\sin x}}$;

(13) $\lim\limits_{n\to\infty}\left(\dfrac{n^2-2n}{n^2+1}\right)^n$.

第二章 导数与微分

在研究许多实际问题中，除了需要了解变量之间的函数关系外，有时还需要研究变量变化的快慢程度(即变化率). 例如求物体的运动速度，利润的变化率，成本的变化率和国民经济发展的速度等，所有这些问题可归结为数学上求函数的导数问题. 此类问题就是导数概念的实际意义. 本章主要讨论导数与微分的概念、计算公式和运算法则，高阶导数以及它们的简单应用.

§2.1 导数的概念

一、引例

我们先来看下面两个实际例子.

1. 变速直线运动的速度

物体做匀速直线运动时，它的速度不随时间而改变，在整个运动过程中是一个常数，即匀速直线运动的速度为 $v=\frac{s}{t}$，其 s 为物体移动的距离，t 为移动距离 s 所花的时间. 而自由落体运动是变速直线运动，物体的速度会随着时间的增多而变得越来越快，每个时刻的速度都在变化. 那么怎样求自由落体在 t_0 时刻的速度呢?

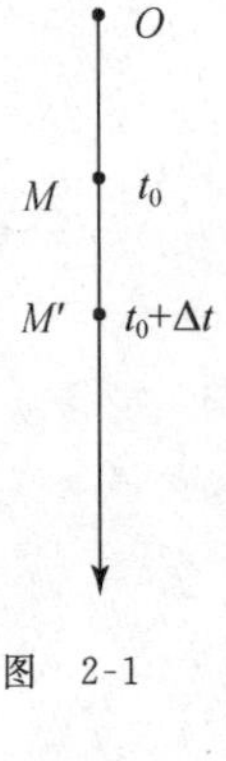

O

M t_0

M′ $t_0+\Delta t$

图 2-1

已知自由落体的运动方程是

$$s=\frac{1}{2}gt^2,$$

其中 s 表示物体下落的距离，t 表示时间，g 表示重力加速度，它是一个常数. 在很短的一小段时间 Δt 内，物体速度的变化是很小的，此时运动近似于匀速的，我们就可以利用匀速直线运动的速度公式来近似描述物体的平均速度. 如图 2-1，假设物体由点 O 开始下落，t_0 时刻落到点 M，$t_0+\Delta t$ 时刻落到点 M'，这时物体走过的距离为

$$s(t_0+\Delta t)=\frac{1}{2}g(t_0+\Delta t)^2,$$

于是在时间间隔$[t_0,t_0+\Delta t]$内，物体走过的距离为

$$\begin{aligned}\Delta s&=s(t_0+\Delta t)-s(t_0)=\frac{1}{2}g(t_0+\Delta t)^2-\frac{1}{2}g{t_0}^2\\&=gt_0\Delta t+\frac{1}{2}g(\Delta t)^2,\end{aligned}$$

平均速度是

$$\overline{v}=\frac{\Delta s}{\Delta t}=\frac{gt_0\Delta t+\frac{1}{2}g(\Delta t)^2}{\Delta t}=gt_0+\frac{1}{2}g\Delta t.$$

该平均速度可以近似地描述物体在 t_0 时刻的速度，时间间隔 Δt 愈小，近似程度愈高. 如果当时间间隔 $\Delta t\to 0$ 时 $\overline{v}$ 的极限存在，那么就定义这个极限值为自由落体运动中物体在 t_0 时刻的瞬时速度 v_0，即

$$v_0=\lim_{\Delta t\to 0}\frac{\Delta s}{\Delta t}=\lim_{\Delta t\to 0}\left(gt_0+\frac{1}{2}g\Delta t\right)=gt_0.$$

上述这种方法可用于解决一般变速直线运动的瞬时速度问题. 如果一般的变速直线运动的路程函数为 $s=s(t)$，那么，在 t 时刻的瞬时速度是

$$v=\lim_{\Delta t\to 0}\frac{\Delta s}{\Delta t}=\lim_{\Delta t\to 0}\frac{s(t+\Delta t)-s(t)}{\Delta t}.\tag{1}$$

瞬时速度 v 也叫做路程 s 对时间 t 的变化率.

2. 曲线的切线斜率

设有曲线 L 及 L 上的点 M(如图 2-2)，在点 M 外另取 L 上一点 N，作割线 MN. 当点 N 沿曲线 L 趋于点 M 时，割线 MN 绕点 M 旋转而趋于极限位置 MT，我们称 MT 为曲线 L 在点 M 处的**切线**.

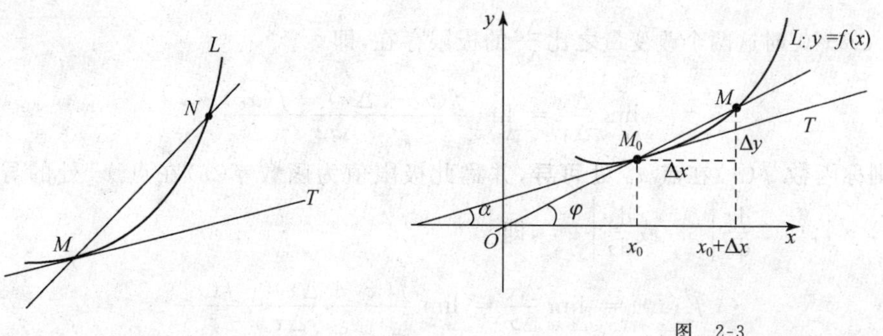

图 2-2

图 2-3

现有一条曲线 $L:y=f(x)$(如图 2-3),$M_0(x_0,y_0)$为曲线 L 上一定点,我们来求曲线 L 上点 $M_0(x_0,y_0)$处的切线 M_0T 的斜率.

在曲线 L 上任取一点 $M(x_0+\Delta x,y_0+\Delta y)$ ($\Delta x\neq 0$ 称为自变量的**改变量或增量**),而函数的相应改变量为

$$\Delta y = f(x_0+\Delta x)-f(x_0).$$

作割线 M_0M,设其倾角(即 M_0M 与 x 轴正向的夹角)为 φ,于是,割线 M_0M 的斜率为

$$\tan\varphi = \frac{\Delta y}{\Delta x} = \frac{f(x_0+\Delta x)-f(x_0)}{\Delta x}.$$

当点 M 沿着曲线 L 趋于点 M_0 时,$x\to x_0$.如果当 $x\to x_0$ 时上述式子的极限存在(记为 k),即

$$k = \lim_{\Delta x\to 0}\frac{f(x_0+\Delta x)-f(x_0)}{\Delta x} \tag{2}$$

存在,则极限 k 为割线 M_0M 斜率的极限,也就是切线 M_0T 的斜率,即

$$k = \tan\alpha,$$

其中 α 为切线 M_0T 与 x 轴正向的夹角.

上面两个实例,一个是物理学中的瞬时速度,一个是几何学中的切线斜率,这两个例子的具体含义虽然不同,但是从抽象的数量关系来看,它们的实质是一样的,都可归结为计算一个已知函数 $y=f(x)$的改变量 Δy 与自变量改变量 Δx 的比,当自变量改变量 Δx 趋向零时的极限.将它们在数量关系上的共性作抽象概括,就有下面的导数概念.

二、导数的概念

1. 导数的定义

定义 1 设函数 $y=f(x)$在 x_0 的某个邻域 $U_\delta(x_0)$内有定义,当自变量在点 x_0 处取得改变量 $\Delta x(\neq 0)$时,函数 $f(x)$取得相应的改变量

$$\Delta y = f(x_0+\Delta x)-f(x_0).$$

如果当 $\Delta x\to 0$ 时这两个改变量之比$\dfrac{\Delta y}{\Delta x}$的极限存在,即

$$\lim_{\Delta x\to 0}\frac{\Delta y}{\Delta x} = \lim_{\Delta x\to 0}\frac{f(x_0+\Delta x)-f(x_0)}{\Delta x} \tag{3}$$

存在,则称函数 $f(x)$在点 x_0 处**可导**,并称此极限值为函数 $f(x)$在点 x_0 处的**导数**,记做 $f'(x_0)$, $y'\big|_{x=x_0}$, $\dfrac{\mathrm{d}f}{\mathrm{d}x}\bigg|_{x=x_0}$ 或$\dfrac{\mathrm{d}y}{\mathrm{d}x}\bigg|_{x=x_0}$,即

$$f'(x_0) = \lim_{\Delta x\to 0}\frac{\Delta y}{\Delta x} = \lim_{\Delta x\to 0}\frac{f(x_0+\Delta x)-f(x_0)}{\Delta x}.$$

若(3)式极限不存在,则称函数 $f(x)$在 x_0 处**不可导**.

设 $x=x_0+\Delta x$,当 $\Delta x\to 0$ 时,有 $x\to x_0$,(3)式极限又可改写为

$$\lim_{\Delta x\to 0}\frac{\Delta y}{\Delta x}=\lim_{x\to x_0}\frac{f(x)-f(x_0)}{x-x_0}.$$

若极限 $\lim\limits_{x\to x_0^-}\dfrac{f(x)-f(x_0)}{x-x_0}=\lim\limits_{\Delta x\to 0^-}\dfrac{\Delta y}{\Delta x}$ 与 $\lim\limits_{x\to x_0^+}\dfrac{f(x)-f(x_0)}{x-x_0}=\lim\limits_{\Delta x\to 0^+}\dfrac{\Delta y}{\Delta x}$ 存在，则它们的极限值分别称为函数 $f(x)$ 在点 x_0 处的**左导数**和**右导数**，分别记为 $f'_-(x_0)$ 与 $f'_+(x_0)$，即

$$f'_-(x_0)=\lim_{x\to x_0^-}\frac{f(x)-f(x_0)}{x-x_0}=\lim_{\Delta x\to 0^-}\frac{\Delta y}{\Delta x},$$

$$f'_+(x_0)=\lim_{x\to x_0^+}\frac{f(x)-f(x_0)}{x-x_0}=\lim_{\Delta x\to 0^+}\frac{\Delta y}{\Delta x}.$$

左导数和右导数统称为**单侧导数**.

显然，函数 $f(x)$ 在点 x_0 处可导 $\Longleftrightarrow$ 函数 $f(x)$ 在 x_0 处的左、右导数都存在并且相等，即

$$f'(x_0)\Longleftrightarrow f'_-(x_0)=f'_+(x_0).$$

注 定义 1 中的导数 $f'(x_0)=\lim\limits_{\Delta x\to 0}\dfrac{\Delta y}{\Delta x}$ 是一个确定的数，它反映了函数在点 x_0 处的变化速度，故称为函数在点 x_0 处的**变化率**.

根据导数定义可知，引例中做变速直线运动的物体在 t_0 时刻的瞬时速度为

$$v_0=s'(t_0);$$

曲线 $y=f(x)$ 在点 x_0 处的切线斜率为

$$k=\tan\alpha=f'(x_0).$$

定义 2 若函数 $y=f(x)$ 在区间 (a,b) 内每一点 x 的都可导，则称函数 $y=f(x)$ **在区间 (a,b) 内可导**. 此时，对于区间 (a,b) 内每一点 x，都有唯一一个导数值 $f'(x)$ 与它对应，因此，$f'(x)$ 是 x 的函数，这个函数称为函数 $y=f(x)$ 在区间 (a,b) 内对 x 的**导函数**，简称为**导数**，记为 $f'(x)$，y'，$\dfrac{\mathrm{d}y}{\mathrm{d}x}$ 或 $\dfrac{\mathrm{d}f}{\mathrm{d}x}$. 若函数 $y=f(x)$ 在区间 (a,b) 可导，且在点 a 的右导数存在，在点 b 的左导数存在，则称函数 $y=f(x)$ **在闭区间 $[a,b]$ 上可导**.

因为函数 $y=f(x)$ 在点 x_0 处的导数就是导函数在该点的函数值，所以，要求函数在点 x_0 的导数，可以先求出导函数，再求该导函数在点 x_0 处的值即可，即

$$f'(x_0)=f'(x)\big|_{x=x_0}.$$

2. 求导举例

根据导数定义求函数 $y=f(x)$ 的导数，可以按下列三个步骤进行：

(1) 给自变量一个改变量 Δx，计算出函数的改变量 $\Delta y=f(x+\Delta x)-f(x)$；

(2) 计算出两个改变量的比 $\dfrac{\Delta y}{\Delta x}$；

(3) 计算极限 $\lim\limits_{\Delta x\to 0}\dfrac{\Delta y}{\Delta x}=\lim\limits_{\Delta x\to 0}\dfrac{f(x+\Delta x)-f(x)}{\Delta x}$.

例 1 求常数函数 $f(x)=C$ 的导数.

解 因为 $\Delta y=f(x+\Delta x)-f(x)=C-C=0$,所以 $\dfrac{\Delta y}{\Delta x}=\dfrac{0}{\Delta x}=0$,从而

$$\lim_{\Delta x\to 0}\frac{\Delta y}{\Delta x}=\lim_{\Delta x\to 0}\frac{f(x+\Delta x)-f(x)}{\Delta x}=0,$$

即 $C'=0$. 因此常数函数的导数等于零.

例 2 求幂函数 $f(x)=x^\alpha(\alpha\in\mathbf{R},x>0)$ 的导数.

解 因为 $\Delta y=f(x+\Delta x)-f(x)=(x+\Delta x)^\alpha-x^\alpha$,所以 $\dfrac{\Delta y}{\Delta x}=\dfrac{(x+\Delta x)^\alpha-x^\alpha}{\Delta x}$,从而

$$\begin{aligned}\lim_{\Delta x\to 0}\frac{\Delta y}{\Delta x}&=\lim_{\Delta x\to 0}\frac{(x+\Delta x)^\alpha-x^\alpha}{\Delta x}=x^\alpha\lim_{\Delta x\to 0}\frac{(1+\Delta x/x)^\alpha-1}{\Delta x}\\&\xlongequal{\text{令 } t=\Delta x/x}x^{\alpha-1}\lim_{t\to 0}\frac{(1+t)^\alpha-1}{t}=x^{\alpha-1}\lim_{t\to 0}\frac{\mathrm{e}^{\alpha\ln(1+t)}-1}{t}\\&=x^{\alpha-1}\lim_{t\to 0}\frac{\alpha\ln(1+t)}{t}=\alpha x^{\alpha-1},\end{aligned}$$

即得幂函数的导数公式

$$(x^\alpha)'=\alpha x^{\alpha-1}.$$

特别地,当 α 为正整数 n 时,有

$$(x^n)'=nx^{n-1}.$$

例 3 求正弦函数 $f(x)=\sin x$ 的导数.

解 因为 $\Delta y=f(x+\Delta x)-f(x)=\sin(x+\Delta x)-\sin x=2\cos\left(x+\dfrac{\Delta x}{2}\right)\sin\dfrac{\Delta x}{2}$,所以

$$\frac{\Delta y}{\Delta x}=\cos\left(x+\frac{\Delta x}{2}\right)\frac{\sin(\Delta x/2)}{\Delta x/2}.$$

由于 $\lim\limits_{\Delta x\to 0}\cos\left(x+\dfrac{\Delta x}{2}\right)=\cos x$, $\lim\limits_{\Delta x\to 0}\dfrac{\sin(\Delta x/2)}{\Delta x/2}=1$,因此

$$\lim_{\Delta x\to 0}\frac{\Delta y}{\Delta x}=\lim_{\Delta x\to 0}\cos(x+\Delta x/2)\cdot\lim_{\Delta x\to 0}\frac{\sin(\Delta x/2)}{\Delta x/2}=\cos x,$$

即

$$(\sin x)'=\cos x,\quad x\in\mathbf{R}.$$

用类似的方法,可求得余弦函数的导数为

$$(\cos x)'=-\sin x,\quad x\in\mathbf{R}.$$

例 4 求指数函数 $f(x)=a^x(a>0$ 且 $a\neq 1)$ 的导数.

解 因为 $\Delta y=f(x+\Delta x)-f(x)=a^{x+\Delta x}-a^x=a^x(a^{\Delta x}-1)$,所以

$$\frac{\Delta y}{\Delta x}=a^x\frac{(a^{\Delta x}-1)}{\Delta x}.$$

由于 $\lim\limits_{\Delta x\to 0}\dfrac{a^{\Delta x}-1}{\Delta x}=\ln a$,因此

$$\lim_{\Delta x\to 0}\frac{\Delta y}{\Delta x}=a^x\lim_{\Delta x\to 0}\frac{a^{\Delta x}-1}{\Delta x}=a^x\ln a,$$

即

$$(a^x)'=a^x\ln a.$$

特别地,当 $a=\mathrm{e}$ 时,有

$$(\mathrm{e}^x)'=\mathrm{e}^x.$$

例 5 求对数函数 $f(x)=\log_a x\ (x>0,a>0$ 且 $a\neq 1)$ 的导数.

解 因为

$$\Delta y=f(x+\Delta x)-f(x)=\log_a(x+\Delta x)-\log_a x=\log_a\left(1+\frac{\Delta x}{x}\right),$$

$$\frac{\Delta y}{\Delta x}=\frac{1}{\Delta x}\log_a\left(1+\frac{\Delta x}{x}\right)=\frac{1}{x}\cdot\frac{x}{\Delta x}\log_a\left(1+\frac{\Delta x}{x}\right)=\frac{1}{x}\log_a\left(1+\frac{\Delta x}{x}\right)^{\frac{x}{\Delta x}},$$

又因为对数函数连续,所以

$$\lim_{\Delta x\to 0}\frac{\Delta y}{\Delta x}=\frac{1}{x}\lim_{\Delta x\to 0}\log_a\left(1+\frac{\Delta x}{x}\right)^{\frac{x}{\Delta x}}=\frac{1}{x}\log_a\left[\lim_{\Delta x\to 0}\left(1+\frac{\Delta x}{x}\right)^{\frac{x}{\Delta x}}\right]$$

$$=\frac{1}{x}\log_a\mathrm{e}=\frac{\ln\mathrm{e}}{x\ln a}=\frac{1}{x\ln a},$$

即

$$(\log_a x)'=\frac{1}{x\ln a}.$$

特别地,当 $a=\mathrm{e}$ 时,有

$$(\ln x)'=\frac{1}{x}.$$

3. 导数的几何意义

由导数的定义可知,函数 $y=f(x)$ 在点 x_0 处的导数 $f'(x_0)$ 表示曲线 $y=f(x)$ 上点 $M_0(x_0,y_0)$ 处的切线斜率(如图 2-3),即

$$f'(x_0)=\tan\alpha=k\quad\left(\alpha\neq\frac{\pi}{2}\right).$$

这就是导数的几何意义.由此显然有:

(1) 若 $f'(x_0)$ 存在且 $f'(x_0)\neq 0$,由直线的点斜式方程得曲线 $y=f(x)$ 在点 $M_0(x_0,y_0)$ 处的切线方程与法线方程分别为

$$y-y_0=f'(x_0)(x-x_0),$$

$$y-y_0=-\frac{1}{f'(x_0)}(x-x_0).$$

(2) 若函数 $f(x)$ 在 x_0 的导数为无穷大,即 $\lim\limits_{x\to x_0}f'(x)=\infty$,此时导数不存在,但在点 $M_0(x_0,y_0)$ 处的切线方程为 $x=x_0$,其倾斜角 $\alpha=\frac{\pi}{2}$.

(3) 若 $f'(x_0)=0$,则在点 $M_0(x_0,y_0)$ 处的切线平行于 x 轴,且切线方程为 $y=y_0$.

例 6 求曲线 $y=\frac{1}{x}$在点$\left(2,\frac{1}{2}\right)$处的切线方程和法线方程.

解 先求切线的斜率.由导数的几何意义知,所求切线的斜率为 $k=f'(2)$.由幂函数的导数公式得

$$(x^{-1})'=-x^{-2}=-\frac{1}{x^2},$$

于是
$$k=f'(2)=\left(-\frac{1}{x^2}\right)\Big|_{x=2}=-\frac{1}{4},$$

故所求切线方程为

$$y-\frac{1}{2}=-\frac{1}{4}(x-2),\quad \text{即}\quad x+4y=4.$$

在曲线上点$\left(2,\frac{1}{2}\right)$处的法线斜率为$-\frac{1}{f'(2)}=4$,因此,所求法线方程为

$$y-\frac{1}{2}=4(x-2),\quad \text{即}\quad 8x-2y=15.$$

4. 可导与连续的关系

定理 若函数 $y=f(x)$在点 x_0 处可导,则函数 $y=f(x)$在点 x_0 处连续.

证 已知 $y=f(x)$在点 x_0处可导,即

$$\lim_{x\to x_0}\frac{f(x)-f(x_0)}{x-x_0}=f'(x_0),$$

则有

$$\lim_{x\to x_0}[f(x)-f(x_0)]=\lim_{x\to x_0}(x-x_0)\frac{f(x)-f(x_0)}{x-x_0}$$
$$=\lim_{x\to x_0}(x-x_0)\lim_{x\to x_0}\frac{f(x)-f(x_0)}{x-x_0}=0\cdot f'(x_0)=0,$$

于是有$\lim\limits_{x\to x_0}f(x)=f(x_0)$,即函数 $y=f(x)$在 x_0 处连续.

但是,该定理的逆定理却不成立,也就是说一个函数在某点连续,却可能在该点不可导.因此,函数在某点连续是函数在该点可导的必要条件,但不是充分条件.

例 7 易知函数 $f(x)=|x|$在点 $x=0$ 处连续,但它在点 $x=0$ 处却不可导.

事实上,因为

$$f'_-(0)=\lim_{\Delta x\to 0^-}\frac{f(0+\Delta x)-f(0)}{\Delta x}=\lim_{\Delta x\to 0^-}\frac{|\Delta x|}{\Delta x}=-1,$$
$$f'_+(0)=\lim_{\Delta x\to 0^+}\frac{f(0+\Delta x)-f(0)}{\Delta x}=\lim_{\Delta x\to 0^+}\frac{|\Delta x|}{\Delta x}=1,$$

即 $f'_-(0)\neq f'_+(0)$,所以 $f(x)=|x|$在点 $x=0$ 处不可导(如图 2-4).

例 8 函数 $f(x)=\sqrt[3]{x}$在点 $x=0$ 处是否可导?

解 函数 $f(x)=\sqrt[3]{x}$在$(-\infty,+\infty)$内连续,但在 $x=0$ 处不可导.这是因为

$$\lim_{x\to 0}\frac{f(x)-f(0)}{x}=\lim_{x\to 0}\frac{\sqrt[3]{x}-0}{x}=\lim_{x\to 0}x^{-\frac{2}{3}}=\infty,$$

即导数为无穷大,因此 $f(x)=\sqrt[3]{x}$在点 $x=0$ 处导数不存在.

例 8 的结论在几何上表现为曲线 $f(x)=\sqrt[3]{x}$在原点处具有垂直于 x 轴的切线 $x=0$(如图 2-5).

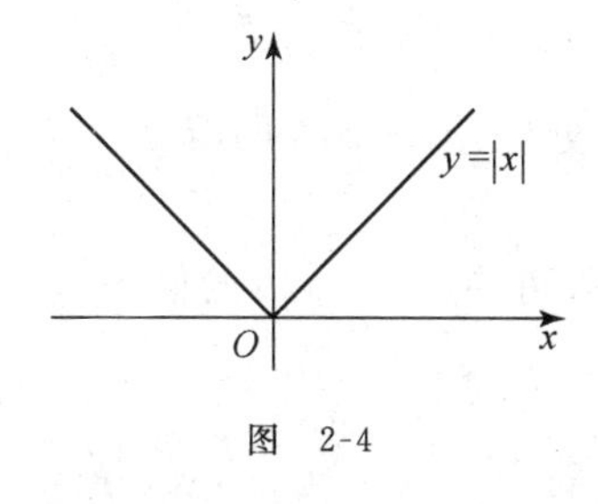

图 2-4

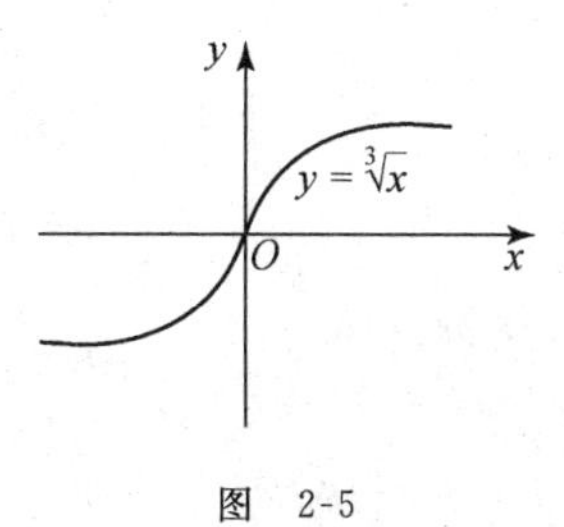

图 2-5

习 题 2.1

1. 设物体做直线运动,运动规律为 $s=s(t)$,求物体从 t 时刻到$t+\Delta t$ 时刻的平均速度和在 t 时刻的瞬时速度.若物体运动规律是 $s=2t^2+t+1$,计算物体从 $t=2$ 时刻到 $2+\Delta t$ 时刻的平均速度和在 $t=2$ 时刻的瞬时速度.

2. 利用导数定义求下列函数在指定点处的导数:

(1) $f(x)=x^2$,求 $f'(x),f'(x_0)f'(0),f'(-1),f'\left(\frac{2}{3}\right)$;

(2) $f(x)=\sqrt{x-1}$,求 $f'(2)$.

3. 用导数定义证明:

(1) $(\cos x)'=-\sin x$; (2) $(e^x)'=e^x$.

4. 求曲线 $y=\sqrt{x}$在点(1,1)处的切线方程与法线方程.

5. 设函数 $f(x)$在点 x_0 处可导,求:

(1) $\lim\limits_{\Delta x\to 0}\dfrac{f(x_0-\Delta x)-f(x_0)}{\Delta x}$; (2) $\lim\limits_{h\to 0}\dfrac{f(x_0+h)-f(x_0-h)}{h}$;

(3) $\lim\limits_{\Delta x\to 0}\dfrac{f(x_0+\Delta x))-f(x_0-2\Delta x)}{\Delta x}$.

6. 设函数 $f(x)=\begin{cases}\frac{2}{3}x^3, & x\leqslant 1,\\ x^2, & x>1,\end{cases}$则 $f(x)$在点 $x=1$ 处的(　　).

(A) 左、右导数都存在 (B) 左导数存在,右导数不存在

(D) 左导数不存在,右导数存在　　　　(C) 左、右导数都不存在

7. 求下列函数在指定点处的导数:

(1) $f(x)=\dfrac{1}{x^3}$,求 $f'(2)$;　　　　(2) $y=3^x$,求 $y'|_{x=2}$.

8. 讨论下列函数在点 $x=0$ 处的连续性与可导性:

(1) $f(x)=x|x|$;　　　　(2) $f(x)=\begin{cases} x^2\sin\dfrac{1}{x}, & x\neq 0, \\ 0, & x=0. \end{cases}$

9. 设函数 $f(x)=\begin{cases} a\ln x+b, & x\geqslant 1, \\ e^x, & x<1 \end{cases}$ 在点 $x=1$ 处可导,求 a,b 的值.

10. 设函数 $f(x)=\begin{cases} x^2, & x\leqslant 1, \\ ax+b, & x>1 \end{cases}$ 在点 $x=1$ 处可导,确定 a,b 的值.

§2.2 求 导 法 则

根据导数定义,我们可以而且已经求出一些函数的导数. 但是,对一些比较复杂的函数,用定义求它们的导数是很烦琐的. 因此,需要建立一些求导的法则,以便简化求导数的过程.

一、和、差、积、商的求导法则

定理 1 若函数 $u(x)$ 和 $v(x)$ 都在点 x 处可导,则它们的和、差、积、商(除分母为零的点外)都在点 x 处可导,并且

(1) $[u(x)\pm v(x)]'=u'(x)\pm v'(x)$;

(2) $[u(x)v(x)]'=u'(x)v(x)+u(x)v'(x)$;

(3) $\left[\dfrac{u(x)}{v(x)}\right]'=\dfrac{u'(x)v(x)-u(x)v'(x)}{v^2(x)}$ $(v(x)\neq 0)$.

证 (1) $$[u(x)\pm v(x)]'=\lim_{\Delta x\to 0}\frac{[u(x+\Delta x)\pm v(x+\Delta x)]-[u(x)\pm v(x)]}{\Delta x}$$
$$=\lim_{\Delta x\to 0}\frac{u(x+\Delta x)-u(x)}{\Delta x}\pm\lim_{\Delta x\to 0}\frac{v(x+\Delta x)-x(x)}{\Delta x}$$
$$=u'(x)\pm v'(x).$$

于是法则(1)得证.

(2) $$[u(x)v(x)]'=\lim_{\Delta x\to 0}\frac{u(x+\Delta x)v(x+\Delta x)-u(x)v(x)}{\Delta x}$$
$$=\lim_{\Delta x\to 0}\left[\frac{u(x+\Delta x)v(x+\Delta x)-v(x+\Delta x)u(x)]+[v(x+\Delta x)u(x)-u(x)v(x)}{\Delta x}\right]$$

$$=\lim_{\Delta x\to 0}\left[\frac{u(x+\Delta x)-u(x)}{\Delta x}\cdot v(x+\Delta x)+u(x)\cdot\frac{v(x+\Delta x)-v(x)}{\Delta x}\right]$$
$$=\lim_{\Delta x\to 0}\frac{u(x+\Delta x)-u(x)}{\Delta x}\lim_{\Delta x\to 0}v(x+\Delta x)+u(x)\lim_{\Delta x\to 0}\frac{v(x+\Delta x)-v(x)}{\Delta x}$$
$$=u'(x)v(x)+u(x)v'(x),$$

其中由于 $v(x)$ 可导，$v(x)$ 也具有连续性，从而 $\lim\limits_{\Delta x\to 0}v(x+\Delta x)=v(x)$. 于是法则(2)得证.

(3) $$\left[\frac{u(x)}{v(x)}\right]'=\lim_{\Delta x\to 0}\frac{\dfrac{u(x+\Delta x)}{v(x+\Delta x)}-\dfrac{u(x)}{v(x)}}{\Delta x}$$
$$=\lim_{\Delta x\to 0}\frac{\dfrac{[u(x+\Delta x)-u(x)]v(x)-u(x)[v(x+\Delta x)-v(x)]}{v(x+\Delta x)v(x)}}{\Delta x}$$
$$=\lim_{\Delta x\to 0}\frac{\dfrac{[u(x+\Delta x)-u(x)]}{\Delta x}v(x)-u(x)\dfrac{[v(x+\Delta x)-v(x)]}{\Delta x}}{v(x+\Delta x)v(x)}$$
$$=\frac{\lim\limits_{\Delta x\to 0}\dfrac{[u(x+\Delta x)-u(x)]}{\Delta x}v(x)-u(x)\lim\limits_{\Delta x\to 0}\dfrac{[v(x+\Delta x)-v(x)]}{\Delta x}}{v(x)\lim\limits_{\Delta x\to 0}v(x+\Delta x)}$$
$$=\frac{u'(x)v(x)-u(x)v'(x)}{v^2(x)},$$

即法则(3)得证.

注 (1) 法则(1)可简单地表示为

$$(u\pm v)'=u'\pm v'.$$

它可以推广到有限多个函数的情形：设函数 $f_1(x),f_2(x),\cdots,f_n(x)$ 均在点 x 处可导，则有

$$(f_1\pm f_2\pm\cdots\pm f_n)'=f_1'\pm f_2'\pm\cdots\pm f_n'.$$

(2) 法则(2)可简单表示为

$$(uv)'=u'v+uv'.$$

特别地，如果 $v(x)=a$(a 为常数)，则由 $a'=0$ 可得

$$[au(x)]'=au'(x).$$

积函数的求导法则也可以推广到有限多个函数乘积的情形，例如：设 $u(x),v(x),w(x)$ 均在点 x 处可导，则有

$$(uvw)'=u'vw+uv'w+uvw'.$$

(3) 法则(3)可简单地表示为

$$\left(\frac{u}{v}\right)'=\frac{u'v-uv'}{v^2}.$$

特别地，当 $u(x)\equiv 1$ 时，有

$$\left[\frac{1}{v(x)}\right]'=-\frac{v'(x)}{v^2(x)}.$$

例 1 求函数 $y=2\sqrt{x}+3\ln x-4\cos x$ 的导数.

解 $y'=(2\sqrt{x})'+(3\ln x)'-(4\cos x)'=2\cdot\frac{1}{2}x^{\frac{1}{2}-1}+3\cdot\frac{1}{x}-4(-\sin x)$

$$=x^{-\frac{1}{2}}+\frac{3}{x}+4\sin x=\frac{1}{\sqrt{x}}+\frac{3}{x}+4\sin x.$$

例 2 求函数 $y=\sin 2x$ 的导数.

解 由 $\sin 2x=2\sin x\cos x$ 可得

$$y'=(\sin 2x)'=(2\sin x\cos x)'=2[(\sin x)'\cos x+\sin x(\cos x)']$$
$$=2(\cos^2 x-\sin^2 x)=2\cos 2x.$$

例 3 设函数 $y=e^x\sin x+4\cdot 5^x$,求 y'.

解 由代数和及乘积的求导法则得

$$y'=(e^x\sin x+4\cdot 5^x)'=(e^x\sin x)'+(4\cdot 5^x)'$$
$$=(e^x)'\sin x+e^x(\sin x)'+4\cdot(5^x)'$$
$$=e^x\sin x+e^x\cos x+4\cdot 5^x\cdot\ln 5.$$

例 4 已知函数 $y=(\sqrt{x}+1)\left(\frac{1}{\sqrt{x}}-1\right)$,求 y'.

解 先化简再求导:

$$y=(\sqrt{x}+1)\left(\frac{1}{\sqrt{x}}-1\right)=x^{-\frac{1}{2}}-x^{\frac{1}{2}},$$

$$y'=(x^{-\frac{1}{2}}-x^{\frac{1}{2}})'=-\frac{1}{2}x^{-\frac{3}{2}}-\frac{1}{2}x^{-\frac{1}{2}}=-\frac{1}{2\sqrt{x}}\left(1+\frac{1}{x}\right).$$

例 5 求正切函数 $y=\tan x$ 的导数.

解 由于 $\tan x=\frac{\sin x}{\cos x}$,因此

$$y'=(\tan x)'=\left(\frac{\sin x}{\cos x}\right)'=\frac{(\sin x)'\cos x-\sin x(\cos x)'}{\cos^2 x}$$
$$=\frac{\cos^2 x+\sin^2 x}{\cos^2 x}=\frac{1}{\cos^2 x}=\sec^2 x,$$

即
$$(\tan x)'=\frac{1}{\cos^2 x}=\sec^2 x.$$

同理可得

$$(\cot x)'=-\frac{1}{\sin^2 x}=-\csc^2 x.$$

例 6 求正割函数 $y=\sec x$ 的导数.

解 因为 $\sec x=\frac{1}{\cos x}$,所以由商的求导法则易得

$$y'=(\sec x)'=\left(\frac{1}{\cos x}\right)'=-\frac{(\cos x)'}{\cos^2 x}=\frac{\sin x}{\cos^2 x}=\sec x\tan x,$$

即
$$(\sec x)'=\sec x\tan x.$$

同理可得
$$(\csc x)'=-\csc x\cot x.$$

到现在为止,在基本初等函数中,仅剩下反三角函数的导数公式未导出.下面我们先来讨论反函数的导数,进而推导出反三角函数的导数公式.

二、反函数的导数

定理 2 若函数 $x=\varphi(y)$ 严格单调、连续,在点 y 处可导,且 $\varphi'(y)\neq 0$,则它的反函数 $y=f(x)$ 在对应的点 x 处可导,且有

$$f'(x)=\frac{1}{\varphi'(y)} \quad 或 \quad \frac{dy}{dx}=\frac{1}{\frac{dx}{dy}}.$$

证 由于 $x=\varphi(y)$ 严格单调、连续,所以它的反函数 $y=f(x)$ 也严格单调、连续. 给自变量 x 改变量 $\Delta x\neq 0$,由 $y=f(x)$ 的单调性可知,$\Delta y=f(x+\Delta x)-f(x)\neq 0$,因而有

$$\frac{\Delta y}{\Delta x}=\frac{1}{\frac{\Delta x}{\Delta y}}.$$

由 $y=f(x)$ 的连续性,当 $\Delta x\to 0$ 时,有 $\Delta y\to 0$,而 $x=\varphi(y)$ 可导且 $\varphi'(y)\neq 0$,于是可得

$$\lim_{\Delta x\to 0}\frac{\Delta y}{\Delta x}=\lim_{\Delta y\to 0}\frac{1}{\frac{\Delta x}{\Delta y}}=\frac{1}{\lim\limits_{\Delta y\to 0}\frac{\Delta x}{\Delta y}}=\frac{1}{\varphi'(y)}.$$

这说明,$y=f(x)$ 在点 x 处可导,而且有 $f'(x)=\frac{1}{\varphi'(y)}$.

例 7 求函数 $y=a^x$ $(a>0$ 且 $a\neq 1)$ 的导数.

解 我们已经在§2.1 例 4 中用导数定义求过这个函数的导数,现在用定理 2 求可以得到同样的结果.

因为 $y=a^x$ 是 $x=\log_a y$ 的反函数,而 $x=\log_a y$ 在 $(0,+\infty)$ 内严格单调、可导,且

$$\frac{dx}{dy}=\frac{1}{y\ln a}\neq 0,$$

故有

$$y'=\frac{1}{\frac{dx}{dy}}=y\ln a=a^x\ln a.$$

例 8 求函数 $y=\arcsin x$ 的导数.

解 因为 $y=\arcsin x$ 是 $x=\sin y$ 的反函数,而 $x=\sin y$ 在 $\left(-\frac{\pi}{2},\frac{\pi}{2}\right)$ 内严格单调,且 $\frac{\mathrm{d}x}{\mathrm{d}y}=\cos y>0$,因此有

$$y'=\frac{1}{\frac{\mathrm{d}x}{\mathrm{d}y}}=\frac{1}{\cos y}=\frac{1}{\sqrt{1-\sin^2 y}}=\frac{1}{\sqrt{1-x^2}},$$

即
$$(\arcsin x)'=\frac{1}{\sqrt{1-x^2}}.$$

类似地,有

$$(\arccos x)'=-\frac{1}{\sqrt{1-x^2}}.$$

例 9 求函数 $y=\arctan x$ 的导数.

解 因为 $y=\arctan x$ 是 $x=\tan y$ 的反函数,而 $x=\tan y$ 在区间 $\left(-\frac{\pi}{2},\frac{\pi}{2}\right)$ 内单调可导,且 $\frac{\mathrm{d}x}{\mathrm{d}y}=\sec^2 y\neq 0$,因此

$$y'=\frac{1}{\frac{\mathrm{d}x}{\mathrm{d}y}}=\frac{1}{\sec^2 y}=\frac{1}{1+\tan^2 y}=\frac{1}{1+x^2},$$

即
$$(\arctan x)'=\frac{1}{1+x^2}.$$

类似地,有

$$(\operatorname{arccot} x)'=-\frac{1}{1+x^2}.$$

三、复合函数的导数

定理 3 设函数 $y=f(\varphi(x))$ 是由 $y=f(u)$ 与 $u=\varphi(x)$ 复合而成的复合函数,如果函数 $u=\varphi(x)$ 在点 x 处有导数 $\frac{\mathrm{d}u}{\mathrm{d}x}=\varphi'(x)$,函数 $y=f(u)$ 在对应点 u 处也有导数 $\frac{\mathrm{d}y}{\mathrm{d}u}=f'(u)$,则复合函数 $y=f(\varphi(x))$ 在点 x 处的导数也存在,且

$$\frac{\mathrm{d}y}{\mathrm{d}x}=\frac{\mathrm{d}y}{\mathrm{d}u}\cdot\frac{\mathrm{d}u}{\mathrm{d}x}=f'(u)\varphi'(x).$$

证 设 x 取得改变量 $\Delta x(\Delta x\neq 0)$ 时,对应的 $u=\varphi(x)$ 与 $y=f(u)$ 有相应的改变量分别为 Δu 和 Δy,则当 $\Delta u\neq 0$ 时,有

$$\frac{\Delta y}{\Delta x}=\frac{\Delta y}{\Delta u}\cdot\frac{\Delta u}{\Delta x}.$$

因为 $u=\varphi(x)$ 在点 x 处可导，则必连续，因此，当 $\Delta x\to 0$ 时，$\Delta u\to 0$. 所以

$$\lim_{\Delta x\to 0}\frac{\Delta y}{\Delta x}=\lim_{\Delta x\to 0}\left(\frac{\Delta y}{\Delta u}\cdot\frac{\Delta u}{\Delta x}\right)=\lim_{\Delta x\to 0}\frac{\Delta y}{\Delta u}\cdot\lim_{\Delta x\to 0}\frac{\Delta u}{\Delta x}=\lim_{\Delta u\to 0}\frac{\Delta y}{\Delta u}\cdot\lim_{\Delta x\to 0}\frac{\Delta u}{\Delta x},$$

于是得到

$$\frac{\mathrm{d}y}{\mathrm{d}u}=\frac{\mathrm{d}y}{\mathrm{d}u}\cdot\frac{\mathrm{d}u}{\mathrm{d}x}=f'(u)\varphi'(x).$$

当 $\Delta u=0$ 时，可以证明上式仍然成立(证明略).

定理 3 的法则也可用于多重复合情形：设 $y=f(u)$，$u=\varphi(v)$，$v=\psi(x)$ 均为可导函数，则

$$\frac{\mathrm{d}y}{\mathrm{d}x}=\frac{\mathrm{d}y}{\mathrm{d}u}\cdot\frac{\mathrm{d}u}{\mathrm{d}v}\cdot\frac{\mathrm{d}v}{\mathrm{d}x}=f'(u)\varphi'(v)\psi'(x).$$

使用复合函数求导法则求导数时应注意以下两点：

(1) 明确复合函数的复合结构与复合顺序；

(2) 从外层到内层逐层求导数，层层不漏，直至求到自变量一层为止.

例 10 求函数 $y=\operatorname{arccot}\dfrac{1}{x}$ 的导数.

解 $y'=\left(\operatorname{arccot}\dfrac{1}{x}\right)'=-\dfrac{1}{1+(1/x)^2}\left(\dfrac{1}{x}\right)'=-\dfrac{1}{1+1/x^2}\left(-\dfrac{1}{x^2}\right)=\dfrac{1}{1+x^2}.$

例 11 求函数 $y=\ln(x+\sqrt{1+x^2})$ 的导数.

解
$$y'=(\ln(x+\sqrt{1+x^2}))'=\frac{1}{x+\sqrt{1+x^2}}(x+\sqrt{1+x^2})'$$
$$=\frac{1}{x+\sqrt{1+x^2}}\left(1+\frac{2x}{2\sqrt{1+x^2}}\right)=\frac{1}{\sqrt{1+x^2}}.$$

例 12 求幂指函数 $y=x^{\sin x}\ (x>0)$ 的导数.

解 由于 $y=\mathrm{e}^{\sin x\ln x}$，因此

$$\begin{aligned}y'&=(\mathrm{e}^{\sin x\ln x})'=\mathrm{e}^{\sin x\ln x}(\sin x\ln x)'\\&=x^{\sin x}[(\sin x)'\ln x+\sin x(\ln x)']\\&=x^{\sin x}\left(\cos x\ln x+\frac{\sin x}{x}\right).\end{aligned}$$

例 13 求函数 $y=\sqrt{\dfrac{(x-1)(x-2)}{x-3)(x-4)}}\ (x>4)$ 的导数.

解 因为

$$y=\mathrm{e}^{\frac{1}{2}\{[\ln(x-1)+\ln(x-2)]-[\ln(x-3)+\ln(x-4)]\}}=\mathrm{e}^{\frac{1}{2}[\ln(x-1)+\ln(x-2)-\ln(x-3)-\ln(x-4)]},$$

所以

$$y'=\left[\mathrm{e}^{\frac{1}{2}[\ln(x-1)+\ln(x-2)-\ln(x-3)-\ln(x-4)]}\right]'$$

$$= e^{\frac{1}{2}[\ln(x-1)+\ln(x-2)-\ln(x-3)-\ln(x-4)]} \cdot \frac{1}{2}\left(\frac{1}{x-1}+\frac{1}{x-2}-\frac{1}{x-3}-\frac{1}{x-4}\right)$$

$$= \frac{1}{2}\sqrt{\frac{(x-1)(x-2)}{(x-3)(x-4)}}\left(\frac{1}{x-1}+\frac{1}{x-2}-\frac{1}{x-3}-\frac{1}{x-4}\right).$$

由例 12 和例 13 知，当函数是幂指函数或若干个因子的幂的连乘积时，用例中的方法求导数比较简便，即先将函数化为以 e 为底的复合函数，再利用复合函数求导法则求其导数.

四、导数基本公式与求导法则

1. 导数基本公式

(1) $C'=0$；　　(2) $(x^\alpha)'=\alpha x^{\alpha-1}$；

(3) $(a^x)'=a^x\ln a$ $(a>0$ 且 $a\neq 1)$，$(e^x)'=e^x$；

(4) $(\log_a|x|)'=\frac{1}{x\ln a}$ $(a>0$ 且 $a\neq 1)$，$(\ln|x|)'=\frac{1}{x}$；

(5) $(\sin x)'=\cos x$；　　(6) $(\cos x)'=-\sin x$；

(7) $(\tan x)'=\frac{1}{\cos^2 x}=\sec^2 x$；　　(8) $(\cot x)'=-\frac{1}{\sin^2 x}=-\csc^2 x$；

(9) $(\sec x)'=\sec x\cdot\tan x$；　　(10) $(\csc x)'=-\csc x\cdot\cot x$；

(11) $(\arcsin x)'=\frac{1}{\sqrt{1-x^2}}$；　　(12) $(\arccos x)'=-\frac{1}{\sqrt{1-x^2}}$；

(13) $(\arctan x)'=\frac{1}{1+x^2}$；　　(14) $(\mathrm{arccot}\, x)'=-\frac{1}{1+x^2}$.

2. 求导法则

(1) $(u\pm v)'=u'\pm v'$；　　(2) $(uv)'=u'v+uv'$；

(3) $(Cv)'=Cv'$ (C 为常数)；　　(4) $\left(\frac{u}{v}\right)'=\frac{u'v-uv'}{v^2}$ $(v\neq 0)$；

(5) $\frac{dy}{dx}=f'(u)\varphi'(x)$，其中 $y=f(u)$，$u=\varphi(x)$；　　(6) $[f^{-1}(y)]'=\frac{1}{f'(x)}$ $(f'(x)\neq 0)$.

上述公式在后面的学习过程中经常用到，所以要求熟记. 但有一点需要强调，对于分段函数，在其分段点处的导数只能用定义来求.

习　题　2.2

1. 求下列函数的导数：

(1) $y=x^4+\frac{5}{x^3}-\frac{2}{x}+\sqrt{x}+6$；　(2) $y=3x^5-2^x+2e^x$；　(3) $y=\sqrt{x\sqrt{x\sqrt{x}}}$；

(4) $y=3\cot x+\sec x+1$；　(5) $y=x^3\ln x$；　(6) $y=2e^x\cos x$；

(7) $y=\frac{\ln x}{x}$; (8) $y=\frac{e^x}{x^2}+\ln 2$; (9) $y=3^x\ln x\cos x$;

(10) $y=\frac{1-\ln x}{1+\ln x}$.

2. 求下列函数在给定点处的导数：

(1) $y=\frac{5}{3-x}+\frac{x^2}{5}$，求 $y'|_{x=2}$；

(2) $f(x)=x\tan x+\frac{1}{3}\sin x$，求 $f'\left(\frac{\pi}{4}\right)$.

3. 求曲线 $y=2\sin x+x^2$ 在点(0,0)处的切线方程与法线方程.

4. 求下列函数的导数：

(1) $y=(2x+3)^{10}$; (2) $y=\cos(3-4x)$; (3) $y=e^{\sin\frac{1}{x}}$;

(4) $y=\ln\sqrt{1+x^2}$; (5) $y=\cos^2 x$; (6) $y=\frac{\tan x}{x+\sin x}$;

(7) $y=\arctan a^x$; (8) $y=(\arcsin x)^2$; (9) $y=\ln\ln\ln x$;

(10) $y=\ln\frac{\sqrt{1+x^2}-x}{\sqrt{1+x^2}+x}$.

5. 求下列函数的导数：

(1) $y=\frac{x^2-x}{x+\sqrt{x}}$; (2) $y=\frac{\cos 2x}{\sin x+\cos x}$; (3) $y=e^{\arctan\sqrt{x}}$;

(4) $y=\arcsin(\sqrt{\sin x})$; (5) $y=\arccos\frac{1}{x}$; (6) $y=x\arctan\sqrt{x}$;

(7) $y=\ln(x+\sqrt{a^2+x^2})$; (8) $y=\arctan\sqrt{\frac{x+1}{x-1}}$; (9) $y=\ln(\sec x+\tan x)$;

(10) $y=x\sqrt{a^2-x^2}+a^2\arcsin\frac{x}{a}\ (a>0)$; (11) $y=5^{x^2+2x}$;

(12) $y=\ln\frac{e^x}{1+e^x}$; (13) $y=\sqrt{x+\sqrt{x}}$; (14) $y=x^{\frac{1}{x}}$;

(15) $y=x^{\ln x}$; (16) $y=\arctan\frac{a}{x}+\ln\sqrt{\frac{x-a}{x+a}}$.

6. 设函数 $f(x)$可导，求下列函数的导数：

(1) $y=f(1+\sqrt{x})$; (2) $y=f(e^x)e^{f(x)}$;

(3) $y=\arctan f(3x)$; (4) $y=\ln[1+f^2(x)]$.

7. 设 $f(x)$是可导的偶函数，证明 $f'(x)$为奇函数.

8. 设 $f(x)$是可导的奇函数，证明 $f'(x)$为偶函数.

9. 设 $f(x)$是可导的偶函数，且 $f'(0)$存在，证明 $f'(0)=0$.

§2.3 高阶导数

由§2.1的引例可知，自由落体运动中物体在 t 时刻的瞬时速度是距离 s 对时间 t 的导数，即

$$v = s'(t) = \left(\frac{1}{2}gt^2\right)' = gt.$$

速度 $v=s'=gt$ 也是时间 t 的函数，它对时间 t 的导数是速度对时间的变化率，称为物体在 t 时刻的瞬时加速度，即加速度 $a=\frac{\mathrm{d}v}{\mathrm{d}t}=\frac{\mathrm{d}}{\mathrm{d}t}\left(\frac{\mathrm{d}s}{\mathrm{d}t}\right)=\frac{\mathrm{d}}{\mathrm{d}t}(gt)=g$（常数）或 $a=(s')'$. 通常称加速度为距离 s 对时间 t 的二阶导数.

一般地，如果函数 $y=f(x)$ 的导数 $f'(x)$ 在点 x 处可导，则称 $f'(x)$ 在点 x 处的导数为函数 $f(x)$ 在点 x 处的**二阶导数**，记做 y'', $f''(x)$ 或 $\frac{\mathrm{d}^2 y}{\mathrm{d}x^2}$，即

$$y'' = (y')'$$

这时也称函数 $f(x)$ 在点 x 处二阶可导.

类似地，二阶导数 $y''=f''(x)$ 的导数就称做函数 $y=f(x)$ 的三阶导数，记做 y''', $f'''(x)$，或 $\frac{\mathrm{d}^3 y}{\mathrm{d}x^3}$.

一般地，我们定义函数 $y=f(x)$ 的 n 阶导数为 $n-1$ 阶导数的导数，记做 $y^{(n)}$，$f^{(n)}(x)$ 或 $\frac{\mathrm{d}^n y}{\mathrm{d}x^n}$ $(n=2,3,\cdots)$，即

$$[y^{(n-1)}]' = y^{(n)} \quad (n = 2,3,\cdots).$$

二阶和二阶以上的导数统称为**高阶导数**. 相对于高阶导数，$f'(x)$ 又称为函数 $f(x)$ 的一阶导数，函数 $f(x)$ 在点 $x=x_0$ 处的各高阶导数记做

$$f''(x_0),\ f'''(x_0),\ \cdots,\ f^{(n)}(x_0) \quad 或 \quad y''\big|_{x=x_0},\ y'''\big|_{x=x_0},\ \cdots,\ y^{(n)}\big|_{x=x_0}.$$

由高阶导数的定义可知，求函数的高阶导数，就是利用前面学过的求导数方法对函数多次接连求导数.

例 1 求函数 $y=x^5$ 的各阶导数.

解 $y'=(x^5)'=5x^4$， $y''=(5x^4)'=5\cdot 4x^3$，

$y'''=(5\cdot 4x^3)'=5\cdot 4\cdot 3x^2$， $y^{(4)}=(5\cdot 4\cdot 3x^2)'=5\cdot 4\cdot 3\cdot 2x$，

$y^{(5)}=(5\cdot 4\cdot 3\cdot 2x)'=5\cdot 4\cdot 3\cdot 2\cdot 1=5!$，

$y^{(6)}=(5!)'=0$， $y^{(7)}=y^{(8)}=\cdots=y^{(n)}=0$，

即大于5阶的各阶导数皆为零.

一般地,若 $y=a_0x^n+a_1x^{n-1}+\cdots+a_{n-1}x+a_n$,则

$$y^{(n)}=n!a_0,\quad y^{(k)}=0\ (k>n).$$

例 2 求函数 $y=\mathrm{e}^{ax}$ 的 n 阶导数.

解 因为

$$y'=(\mathrm{e}^{ax})'=a\mathrm{e}^{ax},\qquad y''=a\mathrm{e}^{ax}\cdot a=a^2\mathrm{e}^{ax},$$
$$y'''=a^2\mathrm{e}^{ax}\cdot a=a^3\mathrm{e}^{ax},\quad \cdots,$$

所以类推可得

$$y^{(n)}=a^n\mathrm{e}^{ax}.$$

例 3 求函数 $y=\sin x$ 的 n 阶导数.

解 $y'=(\sin x)'=\cos x=\sin\left(x+\frac{\pi}{2}\right)$,

$$y''=(\cos x)'=\left[\sin\left(x+\frac{\pi}{2}\right)\right]'=\cos\left(x+\frac{\pi}{2}\right)=\sin\left(x+2\cdot\frac{\pi}{2}\right),$$

$$y'''=\left[\sin\left(x+2\cdot\frac{\pi}{2}\right)\right]'=\cos\left(x+2\cdot\frac{\pi}{2}\right)=\sin\left(x+3\cdot\frac{\pi}{2}\right),$$

………………

$$y^{(n)}=\sin\left(x+n\cdot\frac{\pi}{2}\right).$$

类似地,可得

$$(\cos x)^{(n)}=\cos\left(x+n\cdot\frac{\pi}{2}\right).$$

例 4 求函数 $y=\ln(1+x)$ 的 n 阶导数.

解 $y'=[\ln(1+x)]'=\frac{1}{1+x}$,

$$y''=[\ln(1+x)]''=\left(\frac{1}{1+x}\right)'=-\frac{1}{(1+x)^2},$$

$$y'''=[\ln(1+x)]'''=[-(1+x)^{-2}]'=(-1)(-2)(1+x)^{-3}=\frac{2\cdot 1}{(1+x)^3},$$

………………

$$y^{(n)}=(-1)^{n-1}\frac{(n-1)!}{(1+x)^n}.$$

通常规定 $0!=1$,所以这个公式对 $n=1$ 也成立.

习 题 2.3

1. 求下列函数的二阶导数:

(1) $y=\ln(1-x^2)$; (2) $y=\mathrm{e}^{-x}\cos 2x$; (3) $y=\mathrm{e}^{\sin x}$;

(4) $y=(1+x^2)\arctan x$; (5) $y=\ln(x+\sqrt{1+x^2})$; (6) $y=\dfrac{1-x}{1+x}$;

(7) $y=xe^{x^2}$; (8) $y=\dfrac{\ln x}{x^2}$.

2. 求下列函数在指定点处的高阶导数：

(1) $f(x)=(x+7)^5$,求 $f'''(3)$; (2) $y=xe^{x^2}$,求 $y''|_{x=2}$.

3. 设函数 $f(x)$二阶可导,求下列函数的二阶导数$\dfrac{d^2y}{dx^2}$：

(1) $y=f(x^2)$; (2) $y=\ln[f(x)](a>0$ 且 $a\neq 1)$; (3) $y=f\left(\dfrac{1}{x}\right)$.

4. 试从$\dfrac{dx}{dy}=\dfrac{1}{y'}$推出$\dfrac{d^2x}{dy^2}=-\dfrac{y''}{(y')^3}$.

5. 求下列函数的 n 阶导数：

(1) $y=\sin^2 x$; (2) $y=a^x(a>0$ 且 $a\neq 1)$; (3) $y=x\ln x$; (4) $y=xe^x$.

§2.4 隐函数及由参数方程所确定的函数的导数

如果变量 x 与 y 之间的函数关系可以表示为 $y=f(x)$的形式,例如 $y=\sin x$ 与 $y=\sqrt{r^2-x^2}$等,通常我们将这种函数关系称为**显函数**. 除显函数外,还可以由一个二元方程 $F(x,y)=0$来确定函数关系,或由参数方程确定函数关系. 下面我们主要讨论这两类函数的求导数问题.

一、隐函数的导数

如果自变量 x 与因变量 y 之间的函数关系是由一个含有 x 与 y 的二元方程 $F(x,y)=0$ 所确定,而将 x 与 y 的依赖关系隐含在方程中,通常我们将这种函数关系称做 y 关于 x 的**隐函数**. 例如,由方程 $x+y^3-1=0$, $y-\sin y-x=0$ 等所确定的函数就是 y 关于 x 的隐函数.

把一个隐函数化成显函数,叫做**隐函数的显化**. 例如从方程 $x+y^3-1=0$ 中可解出 $y=\sqrt[3]{1-x}$,就把隐函数化成了显函数. 隐函数的显化有时是有困难的,甚至是不可能的,如由方程 $x-y+\sin y=0$ 所确定的隐函数就不能显化. 但在实际问题中,有时需要计算隐函数的导数. 因此,我们希望有一种方法,不管隐函数能否显化,都能直接由方程算出它所确定的隐函数的导数来. 事实上,其具体方法是：将确定隐函数的方程 $F(x,y)=0$ 两端对 x 求导数,再解出 y'. 但应注意,此时 y 是 x 函数,要用复合函数求导法则求导数. 下面通过具体例子来说明这种方法.

例 1 求曲线 $x^2+xy+y^2=4$ 在点$(2,-2)$处的切线方程.

解 将方程 $x^2+xy+y^2=4$ 两边对 x 求导数,得

$$2x+(y+xy')+2yy'=0,$$

解出 y' 得

$$y'=-\frac{2x+y}{x+2y},$$

则所求切线的斜率为 $k=y'\Big|_{\substack{x=2\\y=-2}}=1$. 因此所求的切线方程是

$$y-(-2)=1\cdot(x-2),\quad 即\quad y=x-4.$$

例 2 证明椭圆 $\frac{x^2}{a^2}+\frac{y^2}{b^2}=1$ 在点 $M(x_1,y_1)$ 处的切线方程为 $\frac{x_1x}{a^2}+\frac{y_1y}{b^2}=1$.

证 先求椭圆上任意一点的切线斜率. 将椭圆方程两边对 x 求导数,得

$$\frac{2x}{a^2}+\frac{2yy'}{b^2}=0,\quad 即\quad y'=-\frac{b^2x}{a^2y}.$$

再求点 $M(x_1,y_1)$ 处的切线斜率:

$$k=y'\Big|_{\substack{x=x_1\\y=y_1}}=-\frac{b^2x}{a^2y}\Big|_{\substack{x=x_1\\y=y_1}}=-\frac{b^2x_1}{a^2y_1},$$

由直线的点斜式方程可得所求的切线方程为

$$y-y_1=-\frac{b^2x_1}{a^2y_1}(x-x_1),\quad 即\quad \frac{x_1x}{a^2}+\frac{y_1y}{b^2}=1.$$

例 3 求由方程 $x-y+\sin y=0$ 所确定的隐函数的二阶导数 $\frac{\mathrm{d}^2y}{\mathrm{d}x^2}$.

解 我们把方程两边对 x 求导数,注意 $y=y(x)$,得

$$1-\frac{\mathrm{d}y}{\mathrm{d}x}+\cos y\cdot\frac{\mathrm{d}y}{\mathrm{d}x}=0,$$

从而

$$\frac{\mathrm{d}y}{\mathrm{d}x}=\frac{1}{1-\cos y},$$

上式两边再对 x 求导数,得

$$\frac{\mathrm{d}^2y}{\mathrm{d}x^2}=\frac{-\sin y\,\frac{\mathrm{d}y}{\mathrm{d}x}}{(1-\cos y)^2}=\frac{-\sin y}{(1-\cos y)^3}.$$

二、由参数方程所确定的函数的导数

设自变量 x 与因变量 y 之间的函数关系由参数方程 $\begin{cases}x=\varphi(t)\\y=\psi(t)\end{cases}$ 所确定,若 $\varphi(t)$ 与 $\psi(t)$ 都是 t 的可导函数,$x=\varphi(t)$ 严格单调、连续,且 $\varphi'(t)\neq0$,这样 $x=\varphi(t)$ 的反函数 $t=\varphi^{-1}(x)$ 存在,因此,由参数方程所确定的函数可以看成是由 $y=\psi(t)$ 与 $t=\varphi^{-1}(x)$ 复合而成的复合函数 $y=\psi(\varphi^{-1}(x))$. 根据复合函数与反函数的求导法则,有

$$\frac{\mathrm{d}y}{\mathrm{d}x}=\frac{\mathrm{d}y}{\mathrm{d}t}\cdot\frac{\mathrm{d}t}{\mathrm{d}x}=\frac{\mathrm{d}y}{\mathrm{d}t}\cdot\frac{1}{\frac{\mathrm{d}x}{\mathrm{d}t}}=\psi'(t)\cdot\frac{1}{\varphi'(t)}=\frac{\psi'(t)}{\varphi'(t)},$$

即

$$\frac{\mathrm{d}y}{\mathrm{d}x}=\frac{\psi'(t)}{\varphi'(t)}.$$

上式就是由参数方程所确定的函数的求导公式. 若 $\varphi(t)$ 与 $\psi(t)$ 都是 t 的二阶可导函数,则有

$$\frac{\mathrm{d}^2y}{\mathrm{d}x^2}=\frac{\mathrm{d}}{\mathrm{d}x}\left(\frac{\mathrm{d}y}{\mathrm{d}x}\right)=\frac{\mathrm{d}}{\mathrm{d}x}\left[\frac{\psi'(t)}{\varphi'(t)}\right]=\frac{\mathrm{d}}{\mathrm{d}t}\left[\frac{\psi'(t)}{\varphi'(t)}\right]\cdot\frac{\mathrm{d}t}{\mathrm{d}x}$$

$$=\frac{\psi''(t)\varphi'(t)-\psi'(t)\varphi''(t)}{[\varphi'(t)]^2}\cdot\frac{1}{\varphi'(t)}=\frac{\psi''(t)\varphi'(t)-\psi'(t)\varphi''(t)}{[\varphi'(t)]^3}.$$

例 4 设摆线的参数方程为

$$\begin{cases}x=a(t-\sin t),\\ y=a(1-\cos t)\end{cases}\quad(0\leqslant t\leqslant 2\pi),$$

其中 a 是常数,且 $a>0$,求:

(1) 曲线在 $t=\frac{\pi}{2}$ 处的切线方程;　　(2) $\frac{\mathrm{d}^2y}{\mathrm{d}x^2}$.

解 (1) 因为 $\frac{\mathrm{d}y}{\mathrm{d}x}=\frac{[a(1-\cos t)]'}{[a(t-\sin t)]'}=\frac{a\sin t}{a(1-\cos t)}=\cot\frac{t}{2}$,又当 $t=\frac{\pi}{2}$ 时,曲线上对应点为 $\left(a\left(\frac{\pi}{2}-1\right),a\right)$,所以在该点的切线斜率为

$$\left.\frac{\mathrm{d}y}{\mathrm{d}x}\right|_{t=\frac{\pi}{2}}=\left.\cot\frac{t}{2}\right|_{t=\frac{\pi}{2}}=1.$$

于是,所求的切线方程为

$$y-a=x-a\left(\frac{\pi}{2}-1\right),\quad \text{即}\quad y=x+a\left(2-\frac{\pi}{2}\right).$$

(2) $$\frac{\mathrm{d}^2y}{\mathrm{d}x^2}=\frac{\mathrm{d}}{\mathrm{d}x}\left(\cot\frac{t}{2}\right)=\frac{\mathrm{d}}{\mathrm{d}t}\left(\cot\frac{t}{2}\right)\frac{\mathrm{d}t}{\mathrm{d}x}=-\frac{1}{2}\csc^2\frac{t}{2}\cdot\frac{1}{\frac{\mathrm{d}x}{\mathrm{d}t}}$$

$$=-\frac{1}{2}\csc^2\frac{t}{2}\cdot\frac{1}{a(1-\cos t)}=-\frac{1}{4a}\csc^4\frac{t}{2}.$$

习 题 2.4

1. 求由下列方程所确定的隐函数的导数 $\frac{\mathrm{d}y}{\mathrm{d}x}$:

(1) $x^2+y^2-xy=3$;　(2) $y=\cos(x+y)$;　(3) $xy=\mathrm{e}^{x+y}$;　(4) $x^y=y^x$.

2. 求下列曲线在指定点处的切线方程和法线方程:

(1) $x^{\frac{2}{3}}+y^{\frac{2}{3}}=a^{\frac{2}{3}}$,在点 $\left(\frac{\sqrt{2}}{4}a,\frac{\sqrt{2}}{4}a\right)$ 处;

(2) $x^2+3xy+y^2+1=0$,在点 $(2,-1)$ 处.

3. 求由下列参数方程所确定的函数的导数$\frac{\mathrm{d}y}{\mathrm{d}x}$：

(1) $\begin{cases}x=a\cos t,\\y=b\sin t;\end{cases}$　(2) $\begin{cases}x=1-t^2,\\y=t-t^2;\end{cases}$　(3) $\begin{cases}x=\dfrac{2at}{1+t^2},\\y=\dfrac{a(1-t^2)}{1+t^2}.\end{cases}$

4. 求由下列方程所确定的隐函数的二阶导数$\frac{\mathrm{d}^2y}{\mathrm{d}x^2}$：

(1) $b^2x^2+a^2y^2=a^2b^2$；　(2) $\ln\sqrt{x^2+y^2}=\arctan\frac{x}{y}$.

5. 求由下列参数方程所确定的函数的二阶导数$\frac{\mathrm{d}^2y}{\mathrm{d}x^2}$：

(1) $\begin{cases}x=\cos t,\\y=\sin t;\end{cases}$　(2) $\begin{cases}x=\dfrac{t^2}{2},\\y=1-t;\end{cases}$

(3) $\begin{cases}x=f'(t),\\y=tf'(t)-f(t),\end{cases}$其中 $f''(t)$存在且不为零.

6. 求下列曲线在指定点处的切线方程和法线方程：

(1) $\begin{cases}x=\sin t,\\y=\cos 2t,\end{cases}$在 $t=\frac{\pi}{4}$处；　(2) $\begin{cases}x=\dfrac{3at}{1+t^2},\\y=\dfrac{3at^2}{1+t^2},\end{cases}$在 $t=2$ 处.

§2.5 微　　分

一、微分概念的引入

先看一个具体例子：一块正方形金属薄片受温度变化的影响，当其边长 x 由 x_0 变到 $x_0+\Delta x$时(如图 2-6)，问：此薄片的面积改变了多少？此薄片的面积 A 是边长 x 的函数，即 $A(x)=x^2$. 以上问题相当于求自变量在点 x_0 取得改变量 Δx 时，面积 A 取得改变量 ΔA. 我们有

$$\Delta A=(x_0+\Delta x)^2-x_0^2=2x_0\Delta x+(\Delta x)^2.$$

由此可以看出，ΔA 由两部分构成，第一部分 $2x_0\Delta x$ 是 Δx 的线性函数，即图 2-6 中带有阴影的两个矩形面积之和，第二部分 $(\Delta x)^2$ 是图 2-6 中带有斜线的小正方形的面积. 当 $\Delta x\to 0$ 时，第二部分面积$(\Delta x)^2$ 是 Δx 的高阶无穷小量，即

$$(\Delta x)^2=o(\Delta x)\quad(\Delta x\to 0).$$

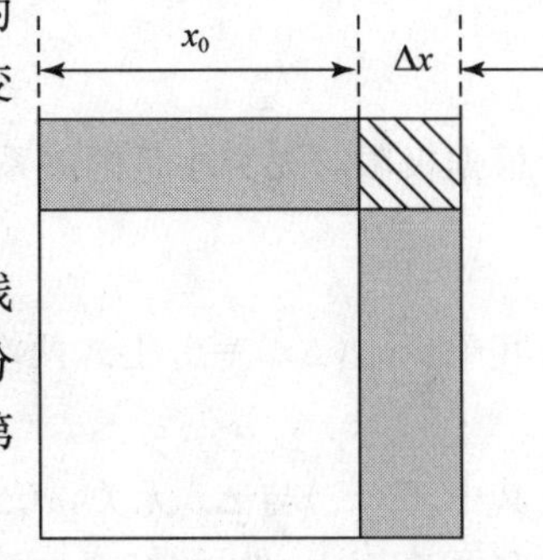

图 2-6

由此可见，当$|\Delta x|$充分小时，面积的改变量ΔA可近似地用$2x_0\Delta x$来代替，即

$$\Delta A \approx 2x_0\Delta x.$$

这样就给函数改变量Δy的计算带来了方便.

一般地，若函数$y=f(x)$的改变量$\Delta y=f(x_0+\Delta x)-f(x_0)$可以表示为

$$\Delta y = A\Delta x + o(\Delta x),$$

其中A是不依赖于Δx的常数，$o(\Delta x)$是当$\Delta x\to 0$时Δx的高阶无穷小量，则当$A\neq 0$且$|\Delta x|$很小时，Δy就可以用$A\Delta x$近似代替. 由此引出微分的概念.

二、微分的概念

定义 若函数$y=f(x)$在点x_0处的改变量$\Delta y=f(x_0+\Delta x)-f(x_0)$可以表示为

$$\Delta y=A\Delta x+o(\Delta x),$$

其中A是不依赖于Δx的常数，$o(\Delta x)$是当$\Delta x\to 0$时Δx的高阶无穷小量，则称函数$f(x)$在点x_0处**可微**，并称$A\Delta x$为函数$y=f(x)$在点x_0处相对于Δx的**微分**，记为$\mathrm{d}y\big|_{x=x_0}$，即

$$\mathrm{d}y\big|_{x=x_0} = A\Delta x.$$

由微分定义可知，微分$A\Delta x$是自变量改变量Δx的线性函数；当$\Delta x\to 0$时，微分$A\Delta x$与函数改变量Δy的差是Δx的一个高阶无穷小量. 当$A\neq 0$时，通常称微分$A\Delta x$为函数改变量Δy的**线性主部**.

那么函数$y=f(x)$在点x_0处可微的条件是什么呢？与Δx无关的常数A又等于什么？下面的定理可回答这两个问题.

定理 函数$y=f(x)$在点x_0处可微的充分必要条件是$y=f(x)$在点x_0处可导.

证 必要性 设函数$y=f(x)$在点x_0处可微，即

$$\Delta y = A\Delta x + o(\Delta x) \quad (\Delta x \to 0),$$

其中A是与Δx无关的常数. 将等式两端同时除以Δx，且令$\Delta x\to 0$求极限，得

$$\lim_{\Delta x\to 0}\frac{\Delta y}{\Delta x} = \lim_{\Delta x\to 0}\left[A+\frac{o(\Delta x)}{\Delta x}\right]= A,$$

因此，函数$y=f(x)$在点x_0处可导，且$A=f'(x_0)$，必要性得证.

充分性 设函数$y=f(x)$在点x_0处可导，即

$$\lim_{\Delta x\to 0}\frac{\Delta y}{\Delta x} = f'(x_0).$$

根据极限与无穷小量的关系，有

$$\frac{\Delta y}{\Delta x} = f'(x_0) + \alpha(\Delta x),$$

其中$\lim\limits_{\Delta x\to 0}\alpha(\Delta x)=0$. 上式两端同乘以$\Delta x$，得

$$\Delta y = f'(x_0)\Delta x + \alpha(\Delta x)\Delta x,$$

其中$f'(x_0)$与Δx无关，$\alpha(\Delta x)\Delta x$是当$\Delta x\to 0$时Δx的高阶无穷小量. 由微分的定义知，$y=f(x)$在点x_0处可微，充分性得证.

注 由上述定理可知，函数 $y=f(x)$在点 x_0 处可微与可导是等价的，并且函数的微分就是函数的导数与自变量的改变量的乘积，即

$$\mathrm{d}y\big|_{x=x_0}=f'(x_0)\Delta x.$$

当 $f'(x_0)$存在，且 $f'(x_0)\neq 0$ 时，由于

$$\lim_{\Delta x\to 0}\frac{\Delta y}{\mathrm{d}y}=\lim_{\Delta x\to 0}\frac{\Delta y}{f'(x_0)\Delta x}=\frac{1}{f'(x_0)}\lim_{\Delta x\to 0}\frac{\Delta y}{\Delta x}=1,$$

因此，当 $\Delta x\to 0$ 时，$\Delta y\sim\mathrm{d}y$. 特别地，当 $y=f(x)=x$ 时，有

$$\mathrm{d}y=\mathrm{d}f(x)=\mathrm{d}x=(x)'\Delta x=\Delta x,$$

即自变量 x 的微分就是自变量的改变量 Δx. 因此，函数 $y=f(x)$的微分可以写成

$$\mathrm{d}y=f'(x)\mathrm{d}x,$$

从而

$$\frac{\mathrm{d}y}{\mathrm{d}x}=f'(x).$$

这表明了函数的微分 $\mathrm{d}y$ 与自变量的微分 $\mathrm{d}x$ 的商等于函数的导数 $f'(x)$. 因此，我们也称导数为**微商**，并将求导数与求微分的方法统称为**微分法**.

例 1 求函数 $y=x^2$ 在 $x=1,\Delta x=0.01$ 时的改变量及微分.

解 $\Delta y=(1+0.01)^2-1^2=1.0201-1=0.0201$,

$\mathrm{d}y=(x^2)'\mathrm{d}x=2x\mathrm{d}x$, $\mathrm{d}y\big|_{\substack{x=1\\ \Delta x=0.01}}=2\times 1\times 0.01=0.02$.

例 2 已知函数 $y=\ln(1+x)$，求 $\mathrm{d}y,\mathrm{d}y\big|_{x=1}$.

解 $\mathrm{d}y=[\ln(1+x)]'\mathrm{d}x=\dfrac{1}{1+x}(1+x)'\mathrm{d}x=\dfrac{1}{1+x}\mathrm{d}x$,

$\mathrm{d}y\big|_{x=1}=\left(\dfrac{1}{1+x}\mathrm{d}x\right)\Big|_{x=1}=\dfrac{1}{2}\mathrm{d}x$.

三、微分的几何意义

设函数 $y=f(x)$在 x_0 处可导，MT 是曲线 $y=f(x)$在点 $M(x_0,y_0)$处的切线，MT 的倾角为 α，则切线 MT 的斜率为 $\tan\alpha=f'(x_0)$. 当自变量 x 有改变量 Δx 时，得到曲线上另一个点 $N(x_0+\Delta x,y_0+\Delta y)$. 从图 2-7 中可知

$$MP=\Delta x,\quad PN=\Delta y,$$

则 $PQ=MP\cdot\tan\alpha=\Delta x f'(x_0)=\mathrm{d}y$，即

$$\mathrm{d}y=PQ.$$

因此，得到微分的几何意义：当自变量 x 在 x_0 处有改变量 Δx 时，曲线 $y=f(x)$在点 $M(x_0,y_0)$处切线的纵坐标的改变量即为微分 $\mathrm{d}y$. 当 $|\Delta x|$很小时，$|\Delta y-\mathrm{d}y|=NQ$ 比 $|\Delta x|$要小得多，可以用 $\mathrm{d}y$ 来近似代替 Δy，即可以用曲线在点 $M(x_0,y_0)$处

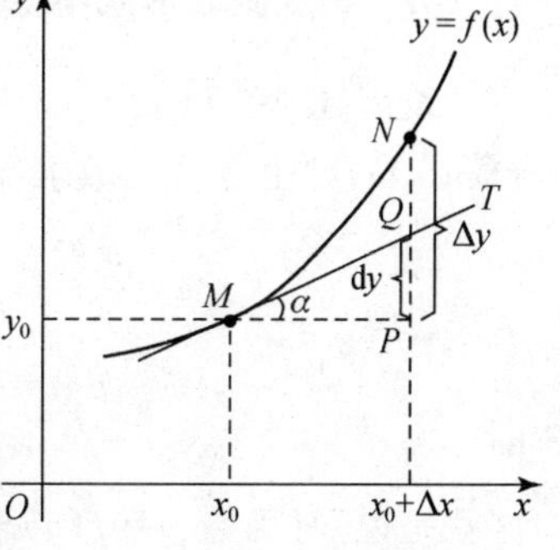

图 2-7

的切线纵坐标的改变量 PQ 来近似代替曲线本身纵坐标的改变量 PN.

四、微分基本公式与运算法则

由微分表达式 $dy=f'(x)dx$ 知,求微分 dy,只要求出导数 $f'(x)$,再乘以 dx 即可. 因此,利用导数基本公式与运算法则,要直接导出微分基本公式与运算法则.

1. 微分基本公式

(1) $dC=0$ (C 为常数);　　(2) $d(x^{\alpha})=\alpha x^{\alpha-1}dx$;

(3) $d(a^x)=a^x\ln a dx$ ($a>0$ 且 $a\neq1$), $d(e^x)=e^x dx$;

(4) $d(\log_a x)=\dfrac{1}{x\ln a}dx$ ($a>0$ 且 $a\neq1$), $d(\ln x)=\dfrac{1}{x}dx$;

(5) $d(\sin x)=\cos x dx$;　　(6) $d(\cos x)=-\sin x dx$;

(7) $d(\tan x)=\sec^2 x dx$;　　(8) $d(\cot x)=-\csc^2 x dx$;

(9) $d(\sec x)=\sec x\tan x dx$;　　(10) $d(\csc x)=-\csc x\cot x dx$;

(11) $d(\arcsin x)=\dfrac{1}{\sqrt{1-x^2}}dx$;　　(12) $d(\arccos x)=-\dfrac{1}{\sqrt{1-x^2}}dx$;

(13) $d(\arctan x)=\dfrac{1}{1+x^2}dx$;　　(14) $d(\mathrm{arccot} x)=-\dfrac{1}{1+x^2}dx$.

2. 微分运算法则

与求导法则类似,微分运算具有以下法则:

设 $u(x)$,$v(x)$皆可微,则有

(1) $d(u\pm v)=du\pm dv$;

(2) $d(uv)=vdu+udv$;

(3) $d\left(\dfrac{u}{v}\right)=\dfrac{vdu-udv}{v^2}$ ($v\neq0$).

五、一阶微分形式不变性

设函数 $y=f(u)$ 与 $u=\varphi(x)$ 分别关于 u 与 x 可导,且它们可以复合成复合函数 $y=f(\varphi(x))$,则由复合函数求导法则可得 $y=f(\varphi(x))$的导数

$$y'=(f(\varphi(x)))'=f'(\varphi(x))\varphi'(x)=f'(u)u'.$$

于是

$$dy=(f(\varphi(x)))'dx=f'(u)u'dx=f'(u)du,$$

即

$$dy=f'(u)du.$$

这就是说,对函数 $y=f(u)$求微分,不论 u 是中间变量还是自变量,函数的微分都具有 $dy=f'(u)du$这种形式. 我们将函数的这一性质称做**一阶微分形式不变性**. 利用这个性质可以简

化微分运算.

例 3 已知函数 $y=\sin(ax+b)$ (a,b 为常数),求 $\mathrm{d}y$.

解 *方法 1* 由 $\mathrm{d}y=y'\mathrm{d}x$,先求 y',再求 $\mathrm{d}y$ 得

$$\begin{aligned}\mathrm{d}y&=[\sin(ax+b)]'\mathrm{d}x=\cos(ax+b)(ax+b)'\mathrm{d}x\\&=a\cos(ax+b)\mathrm{d}x.\end{aligned}$$

方法 2 利用微分形式不变性求. 设 $u=ax+b$,则 $y=\sin u$. 所以

$$\begin{aligned}\mathrm{d}y&=(\sin u)'\mathrm{d}u=\cos u\mathrm{d}u=\cos(ax+b)\mathrm{d}(ax+b)\\&=\cos(ax+b)(ax+b)'\mathrm{d}x=a\cos(ax+b)\mathrm{d}x.\end{aligned}$$

例 4 设函数 $y=\mathrm{e}^{x^2+3x}$,求 $\mathrm{d}y$.

解 *方法 1* $\mathrm{d}y=(\mathrm{e}^{x^2+3x})'\mathrm{d}x=(\mathrm{e}^{x^2+3x})(x^2+3x)'\mathrm{d}x$

$$=(2x+3)(\mathrm{e}^{x^2+3x})\mathrm{d}x.$$

方法 2 利用微分形式不变性求. 令 $u=x^2+3x$,则有

$$\mathrm{d}y=\mathrm{e}^u\mathrm{d}u=\mathrm{e}^{x^2+3x}\mathrm{d}(x^2+3x)=(2x+3)\mathrm{e}^{x^2+3x}\mathrm{d}x.$$

注 对于例 3,例 4 的方法 2,熟练之后,可以不写出中间变量 u.

例 5 求由方程 $\ln\sqrt{x^2+y^2}=\arctan\dfrac{y}{x}$ 所确定函数 $y=f(x)$ 的微分 $\mathrm{d}y$.

解 对方程两端求微分,得

$$\mathrm{d}(\ln\sqrt{x^2+y^2})=\mathrm{d}\left(\arctan\frac{y}{x}\right),\quad 即\quad \frac{1}{\sqrt{x^2+y^2}}\mathrm{d}(\sqrt{x^2+y^2})=\frac{1}{1+(y/x)^2}\mathrm{d}\left(\frac{y}{x}\right),$$

亦即

$$\frac{1}{\sqrt{x^2+y^2}}\cdot\frac{2x\mathrm{d}x+2y\mathrm{d}y}{2\sqrt{x^2+y^2}}=\frac{1}{1+y^2/x^2}\cdot\frac{x\mathrm{d}y-y\mathrm{d}x}{x^2},$$

化简得

$$\frac{x\mathrm{d}x+y\mathrm{d}y}{x^2+y^2}=\frac{x\mathrm{d}y-y\mathrm{d}x}{x^2+y^2},\quad 即\quad \mathrm{d}y=\frac{x+y}{x-y}\mathrm{d}x.$$

*六、微分的应用

1. 微分在近似计算中的应用

设函数 $y=f(x)$ 在点 x_0 处可微,则由微分定义可知,当 $|\Delta x|$ 足够小时,可用 $\mathrm{d}y$ 近似代替 Δy,从而可得到如下近似计算公式:

$$\Delta y=f(x_0+\Delta x)-f(x_0)\approx f'(x_0)\Delta x,\tag{1}$$

$$f(x_0+\Delta x)\approx f(x_0)+f'(x_0)\Delta x.\tag{2}$$

公式(1) 常用来计算 Δy 的近似值和进行误差估计;公式(2)则用来计算 $f(x_0+\Delta x)$ 的近似值.

例 6 当 $|x|$ 足够小时,证明近似公式

$$(1+x)^\alpha\approx 1+\alpha x\quad(\alpha\in\mathbf{R}).\tag{3}$$

证 设 $f(x)=(1+x)^{\alpha}$，则 $f'(x)=\alpha(1+x)^{\alpha-1}$. 由公式(2)有

$$(1+x_0+\Delta x)^{\alpha}\approx(1+x_0)^{\alpha}+\alpha(1+x_0)^{\alpha-1}\Delta x.$$

令 $x_0=0$，$\Delta x=x$，则有 $f(x_0)=f(0)=1$，$f'(x_0)=f'(0)=\alpha$，从而当 $|x|$ 足够小时，有

$$(1+x)^{\alpha}=f(x)\approx f(0)+f'(0)x=1+\alpha x.$$

特别地，当 $\alpha=\frac{1}{2},\frac{1}{3},\cdots,\frac{1}{n}$ 时，则有

$$\sqrt{1+x}\approx 1+\frac{1}{2}x,\quad \sqrt[3]{1+x}\approx 1+\frac{1}{3}x,\quad \cdots,\quad \sqrt[n]{1+x}\approx 1+\frac{1}{n}x.$$

类似地，可以证明：当 $|x|$ 足够小时，有近似公式

$$\sin x\approx x,\qquad \tan x\approx x,$$
$$\mathrm{e}^{x}\approx 1+x,\quad \ln(1+x)\approx x.$$

上述近似公式，$|x|$ 愈小，近似程度就愈好. 它们在实际中应用较广.

例 7 计算 $\sqrt{1.05}$ 的近似值.

解 这里 $x=0.05$，其值较小，利用近似公式 $(1+x)^{\alpha}\approx 1+\alpha x$，便得

$$\sqrt{1+0.05}\approx 1+\frac{1}{2}\times 0.05=1.025.$$

例 8 设有一种金属圆片，半径为 20 cm，加热后半径增大了 0.05 cm，那么圆片面积增大了多少？

解 圆面积公式为 $S=\pi r^2$，其中 r 为圆的半径. 此题是求函数 S 的改变量 ΔS 的问题，$|\Delta r|=0.05$，相对地说是比较小的，所以可用微分 $\mathrm{d}S$ 近似地代替 ΔS：

$$\Delta S\approx \mathrm{d}S=(\pi r^2)'\mathrm{d}r=2\pi r\mathrm{d}r=2\pi\times 20\times 0.05\,\mathrm{cm}^2=2\pi\,\mathrm{cm}^2.$$

故当半径增大 0.05 cm 时，圆片面积增大了 $2\pi\,\mathrm{cm}^2$.

2. 利用微分估计误差

在生产实践中，经常要测量各种数据，测量的结果不可能绝对准确，总会有误差. 一般地说，误差有两种，即绝对误差和相对误差.

若某个量的实际值为 A，它的近似值为 α，则称 $|A-\alpha|$ 为 α 的**绝对误差**，而称绝对误差与近似值之比 $\left|\frac{A-\alpha}{\alpha}\right|$ 为 α 的**相对误差**.

对于函数 $y=f(x)$，设自变量的近似值为 x，若 x 与自变量实际值的误差为 Δx，那么由 x 确定的函数近似值与函数实际值之间就有相应的误差 Δy. 通常称 $|\Delta x|$ 为自变量的绝对误差，$|\Delta y|$ 为函数的绝对误差，并称 $\left|\frac{\Delta x}{x}\right|$ 为自变量的相对误差，$\left|\frac{\Delta y}{y}\right|$ 为函数的相对误差.

在 $|\Delta x|$ 足够小时，$\Delta y\approx \mathrm{d}y$，因此可用 $\left|\frac{\mathrm{d}y}{y}\right|$ 近似代替 $\left|\frac{\Delta y}{y}\right|$. 相对误差一般用百分数表示.

例 9 多次测量一根圆钢丝,测得它的直径平均值为 $D=50\,\mathrm{mm}$,绝对误差的平均值为 $0.04\,\mathrm{mm}$,试计算该圆钢丝的截面积,并估计它的误差.

解 圆钢丝的截面积可由公式 $S=\frac{\pi}{4}D^2$ 来计算. 因为 $D=50\,\mathrm{mm}$,$\Delta D=0.04\,\mathrm{mm}$,所以

$$S=\frac{\pi}{4}D^2=\frac{\pi}{4}\times 50^2\,\mathrm{mm}^2=625\pi\,\mathrm{mm}^2,$$

S 的绝对误差为

$$|\Delta S|\approx|\mathrm{d}S|=|S'\cdot\Delta D|=\left|\frac{\pi}{2}D\cdot\Delta D\right|=\frac{\pi}{2}\times 50\times 0.04\,\mathrm{mm}^2=\pi\,\mathrm{mm}^2,$$

相对误差为

$$\left|\frac{\Delta S}{S}\right|\approx\left|\frac{\mathrm{d}S}{S}\right|=\left|\frac{\frac{\pi}{2}D\cdot\Delta D}{\frac{\pi}{4}D^2}\right|=\left|\frac{2\Delta D}{D}\right|=\frac{\pi}{625\pi}=0.16\%.$$

故圆钢丝截面积的近似值为 $625\pi\,\mathrm{mm}^2$,绝对误差约为 $\pi\,\mathrm{mm}^2$,相对误差约为 0.16%.

习 题 2.5

1. 已知函数 $y=x^3-x$,计算在 $x=2$ 处,当 $\Delta x=1.0,0.1,0.01$ 时的 Δy 及 $\mathrm{d}y$.

2. 求下列函数的微分:

(1) $y=x+\frac{1}{2}x^2-\frac{1}{3}x^3+\frac{1}{4}x^4$; (2) $y=x^a\ln x$;

(3) $y=\frac{1}{2}\arctan\frac{x}{2}$; (4) $y=\frac{x}{\sqrt{1+x^2}}$;

(5) $y=\arcsin\sqrt{1-x^2}$; (6) $y=\arctan\frac{1-x^2}{1+x^2}$;

(7) $y=[\ln(1+\sqrt{x})]^2$; (8) $y=\ln(x+\sqrt{1+x^2})+\arctan\frac{x}{2}$.

3. 在下列括号内填入一个适当的函数:

(1) $\mathrm{d}(\quad)=12\mathrm{d}x$; (2) $\mathrm{d}(\quad)=5x\mathrm{d}x$; (3) $\mathrm{d}(\quad)=\sin 2t\mathrm{d}t$;

(4) $\mathrm{d}(\quad)=\mathrm{e}^{-3x}\mathrm{d}x$; (5) $\mathrm{d}(\quad)=\frac{1}{1+x}\mathrm{d}x$; (6) $\mathrm{d}(\quad)=\frac{1}{\sqrt{x}}\mathrm{d}x$.

4. 求由下列方程确定的隐函数的微分 $\mathrm{d}y$:

(1) $\mathrm{e}^{xy}+y\ln x=\cos 2x$; (2) $xy^2+\mathrm{e}^y=\cos(x+y^2)$.

5. 证明当 $|x|$ 足够小时,有近似公式:

(1) $\sin x\approx x$; (2) $\tan x\approx x$; (3) $\mathrm{e}^x\approx 1+x$; (4) $\ln(1+x)\approx x$.

6. 求下列各数的近似值：

(1) $\sin 30°30'$；　　(2) $\tan 136°$；　　(3) $\sqrt[3]{1.02}$；

(4) $\sqrt[4]{255}$；　　(5) $\ln 1.002$.

7. (1) 设有一平面圆环，其内半径为 10 m，环宽为 0.2 m，求此圆环面积的精确值与近似值.

(2) 半径为 10 cm 的金属圆片加热后，其半径增大了 0.05 cm，求其面积增大的精确值与近似值.

8. (1) 设某正方形边长 $x=(2.4\pm 0.02)$m，求该正方形面积的绝对误差和相对误差.

(2) 如果计算球的体积时要求精确到 1%，那么测量球半径 R 时，允许产生的相对误差为多少？

§2.6 边际·弹性

一、经济学中常用的几个函数

1. 需求函数与供给函数

需求是指消费者在一定条件下对商品的需求，这就是指消费者愿意购买而且有支付能力. 需求价格是指消费者对所需要的一定量的商品所愿支付的价格. 若以 P 表示商品的价格，Q 表示需求量，则 Q 与 P 之间的函数关系称为**需求函数**，记做

$$Q = Q(P) \quad (P \geqslant 0).$$

通常假设需求函数是单调减少的，需求函数的反函数

$$P = Q^{-1}(Q) \quad (Q \geqslant 0)$$

在经济学中也称为需求函数，有时称为**价格函数**.

供给是指在某一时期内生产者在一定价格条件下，愿意并可能出售的产品；供给价格是指生产者为提供一定量商品愿意接受的价格. 假设供给与价格之间存在着函数关系，并视价格 P 为自变量，供给量 Q 为因变量，便有**供给函数**，记做

$$Q = f(P) \quad (P \geqslant 0).$$

在同一问题中，既有需求又有供给时，为区别二者，记 Q_d 为需求量，Q_s 为供给量.

当市场上需求量 Q_d 与供给量 Q_s 一致时，商品的数量称为**均衡数量**，商品的价格称为**均衡价格**. 例如，由线性需求和供给函数构成的市场均衡模型可以写成

$$\begin{cases} Q_d = a - bP \ (a > 0, b > 0), \\ Q_s = -c + dP \ (c > 0, d > 0), \\ Q_d = Q_s, \end{cases}$$

其中 $a,b,c,d>0$ 为常数. 解上述方程组，可得均衡价格 P_e 和均衡数量 Q_e：

$$P_e = \frac{a+c}{b+d}, \quad Q_e = \frac{ad-bc}{b+d}.$$

由于 $Q_e>0$, $b+d>0$,因此有 $ad>bc$.

2. 总收益函数

收益是指生产者出售商品的收入. 总收益是指产品出售后所得到的全部收入. 若以销售量 Q 为自变量,总收益 R 为因变量,则 R 与 Q 之间的函数关系称为**总收益函数**(或称**总收入函数**),记做

$$R = R(Q) \quad (Q \geqslant 0).$$

显然,$R|_{Q=0}=R(0)=0$,即未出售商品时,总收益为 0.

若已知需求函数 $Q=Q(P)$,则总收益为

$$R = R(Q) = PQ = Q^{-1}(Q)Q.$$

3. 总成本函数

成本是指生产活动中所使用的生产要素的价格,成本也称生产费用. 总成本是指生产特定产量的产品所需求的成本总额. 它包括两部分:固定成本和变动成本. 固定成本是在一定限度内不随产量变动而变动的费用;变动成本是随产量变动而变动的费用. 若以 Q 表示产量,C 表示总成本,则以 Q 为自变量,C 为因变量的函数关系称为**总成本函数**,记做

$$C = C(Q) = C_0 + V(Q) \quad (Q \geqslant 0),$$

其中 C_0 是固定成本,$V(Q)$ 为变动成本.

一般情况下,总成本函数单调增加,且 $C_0=C(0)\geqslant 0$.

二、边际

由导数定义知,函数的导数是函数的变化率. 在经济分析中,经济函数(如总收益函数、总成本函数等)的变化率(因变量对自变量的导数),通常称为**边际**.

例如,总成本函数 $C=C(Q)$ 对产量 Q 的导数称为**边际成本**,记做 MC,即

$$\mathrm{MC} = \frac{\mathrm{d}C}{\mathrm{d}Q} = \lim_{\Delta Q \to 0} \frac{C(Q_0+\Delta Q) - C(Q_0)}{\Delta Q}.$$

由于 $\Delta C \approx C'(Q_0)\Delta Q$,当 $\Delta Q=1$ 时,$\Delta C \approx C'(Q_0)$,因此产量为 Q_0 时边际成本的经济意义是:产量为 Q_0 个单位时,再生产一个单位产品所增加的成本为 $C'(Q_0)$.

又如,总收益函数 $R=R(Q)$ 对销量 Q 的导数称为**边际收益**,记做 MR,即

$$\mathrm{MR} = \frac{\mathrm{d}R}{\mathrm{d}Q} = \lim_{\Delta Q \to 0} \frac{R(Q_0+\Delta Q) - R(Q_0)}{\Delta Q}.$$

销售量为 Q_0 时边际收益的经济意义是:销售量为 Q_0 个单位时,再销售一个单位产品所增加的收益为 $R'(Q_0)$.

再如,总利润 L 与产量 Q 之间的函数关系 $L=L(Q)$,称为**总利润函数**,$L(Q)$ 对 Q 的导

数称为**边际利润**,记做 ML,即

$$\mathrm{ML}=\frac{\mathrm{d}L}{\mathrm{d}Q}=\lim_{\Delta Q\to 0}\frac{L(Q_0+\Delta Q)-L(Q_0)}{\Delta Q}.$$

销售量为 Q_0 时边际利润的经济意义是:销售量为 Q_0 个单位时,再销售一个单位产品所增加的利润为 $L'(Q_0)$.

一般情况下,总利润函数 $L(Q)$ 等于总收益函数 $R(Q)$ 与总成本函数 $C(Q)$ 之差,即

$$L(Q)=R(Q)-C(Q).$$

显然这时边际利润为 $L'(Q)=R'(Q)-C'(Q)$,即边际利润等于边际收益与边际成本之差.

例 1 设某厂每月生产产品的固定成本为 $C_0=10000$ 元,生产 Q 个单位产品的变动成本为 $V(Q)=0.01Q^2+10Q$ 元.若每单位产品的售价为 40 元,求边际成本、边际收益及边际利润,并求边际利润为零时的产量.

解 由题设知,总成本函数、总收益函数、总利润函数分别为

$$\begin{aligned}C(Q)&=V(Q)+C_0=0.01Q^2+10Q+10000,\\R(Q)&=P\cdot Q=40Q,\\L(Q)&=R(Q)-C(Q)=40Q-0.01Q^2-10Q-10000\\&=-0.01Q^2+30Q-10000,\end{aligned}$$

于是边际成本、边际收益及边际利润分别为

$$\begin{aligned}\mathrm{MC}&=C'(Q)=0.02Q+10,\\\mathrm{MR}&=R'(Q)=40,\\\mathrm{ML}&=L'(Q)=-0.02Q+30.\end{aligned}$$

令 $L'(Q)=0$,得 $-0.02Q+30=0$,即 $Q=1500$,亦即每月产量为 1500 个单位时,边际利润为零.这说明,当月产量为 1500 个单位时,再多生产一个单位产品不会增加利润.

三、弹性

1. 函数的弹性

定义 设函数 $y=f(x)$ 在点 $x(x\neq 0)$ 处可导,且 $f(x)\neq 0$,则极限

$$\lim_{\Delta x\to 0}\frac{\Delta y/y}{\Delta x/x}=\frac{x}{y}\lim_{\Delta x\to 0}\frac{\Delta y}{\Delta x}=\frac{x}{f(x)}\cdot f'(x)$$

称为函数 $f(x)$ 在点 x 处的**弹性**,记做 $\frac{\mathrm{E}y}{\mathrm{E}x},\frac{\mathrm{E}f(x)}{\mathrm{E}x}$ 或 ε_{yx},即

$$\frac{\mathrm{E}y}{\mathrm{E}x}=x\frac{f'(x)}{f(x)}=\frac{x}{f(x)}\cdot\frac{\mathrm{d}f(x)}{\mathrm{d}x}.$$

由定义,函数 $f(x)$ 在 x_0 处的弹性为 $\left.\frac{\mathrm{E}y}{\mathrm{E}x}\right|_{x=x_0},\left.\frac{\mathrm{E}f(x)}{\mathrm{E}x}\right|_{x=x_0}$ 或 $\varepsilon_{yx}\big|_{x=x_0}$.

由于

$$\frac{\mathrm{d}(\ln f(x))}{\mathrm{d}(\ln x)}=\frac{\frac{1}{f(x)}\cdot f'(x)\mathrm{d}x}{\frac{1}{x}\mathrm{d}x}=\frac{x}{f(x)}\cdot f'(x),$$

因此,函数 $f(x)$的弹性也可以表示为函数 $\ln f(x)$ 的微分与函数 $\ln x$ 的微分之比:

$$\frac{\mathrm{E}(f(x))}{\mathrm{E}x}=\frac{\mathrm{d}(\ln f(x))}{\mathrm{d}(\ln x)}.$$

函数的弹性 $\frac{\mathrm{E}y}{\mathrm{E}x}$是由自变量 x 与因变量 y 的相对变化而定的,它表示函数 $f(x)$改变幅度的大小,即表示(实质上是近似地表示)自变量 x 改变 1% 时函数 $f(x)$相应改变的百分数.

例 2 求函数 $f(x)=Ax^{\alpha}$(A,α 为常数)的弹性.

解 由于 $f'(x)=A\alpha x^{\alpha-1}$,所以

$$\frac{\mathrm{E}(Ax^{\alpha})}{\mathrm{E}x}=\frac{x}{Ax^{\alpha}}\cdot(A\alpha x^{\alpha-1})=\alpha.$$

特别地,函数 $f(x)=Ax$ 的弹性为$\frac{\mathrm{E}(Ax)}{\mathrm{E}x}=1$;函数 $f(x)=\frac{A}{x}$的弹性为$\frac{\mathrm{E}(A/x)}{\mathrm{E}x}=-1$.

2. 需求价格弹性

设某商品的需求函数为 $Q=Q(P)$,由弹性的定义可知,极限$\lim\limits_{\Delta P\to 0}\frac{\Delta Q/Q}{\Delta P/P}$为需求量对价格的弹性,称为**需求价格弹性**,记做 ε_{QP},即

$$\varepsilon_{QP}=\lim_{\Delta P\to 0}\frac{\Delta Q/Q}{\Delta P/P}=\lim_{\Delta P\to 0}\left(\frac{\Delta Q}{\Delta P}\cdot\frac{P}{Q}\right)=\frac{P}{Q}Q'(P).$$

一般情况下,商品的需求量 Q 是价格 P 的减函数,因此 $Q'(P)<0$,从而$\frac{P}{Q}Q'(P)<0$. 在实际应用中需求价格弹性常用符号 η 表示,且通常取 η 为正数,即

$$\eta=-\frac{P}{Q}Q'(P)>0.$$

需求价格弹性的经济意义是:在价格为 P 时,如果价格上涨或下降 1%,需求量减少或增加 $\eta\%$. 因此,需求价格弹性反映了当前价格变动对需求量变动的灵敏程度.在经济分析中,应用商品的需求价格弹性,可以给出使总收益增加的经营策略.

设 $Q=Q(P)$是某商品的需求函数,则总收益函数为

$$R=R(P)=PQ=PQ(P).$$

于是,R 对 P 的导数是 R 关于价格 P 的边际收益:

$$\frac{\mathrm{d}R}{\mathrm{d}P}=\frac{\mathrm{d}}{\mathrm{d}P}[P\cdot Q(P)]=Q(P)+PQ'(P)=Q(P)\left(1+\frac{P}{Q(P)}\cdot Q'(P)\right),$$

即

$$\frac{\mathrm{d}R}{\mathrm{d}P}=Q(P)(1-\eta).$$

上式给出了关于价格的边际收益与需求价格弹性之间的关系：

(1) 当 $\eta<1$ 时，称该商品为低弹性需求. 这时需求量减少的幅度小于价格上涨的幅度，因此，边际收益 $R'(P)>0$. 此时，提高价格使总收益增加，降低价格使总收益减少.

(2) 当 $\eta>1$ 时，称该商品为高弹性需求. 这时需求量减少的幅度大于价格上涨的幅度，因此，边际收益 $R'(P)<0$. 此时，提高价格使总收益减少，降低价格使总收益增加.

(3) 当 $\eta=1$ 时，称该商品为单位弹性需求. 这时需求量减少的幅度等于价格上涨的幅度，因此，边际收益 $R'(P)=0$，总收益保持不变. 此时，总收益取得最大值(下一章将得到验证).

例 3 设某商品的需求函数为 $Q=100-5P$，求价格 $P=5,10,15$ 时的需求价格弹性，解释经济意义，并说明这时提高价格对总收益的影响.

解 需求价格弹性为

$$\eta=-\frac{P}{Q}Q'(P)=-P\frac{(-5)}{100-5P}=\frac{P}{20-P}.$$

当 $P=5$ 时，$\eta=0.33<1$，该商品为低弹性商品. 当 $P=5$ 时，$Q=75$. 这说明在价格 $P=5$ 时，若价格上涨(或下降)1%，需求量 Q 将由 75 个单位起减少(或增加)0.33%. 此时，提高价格使总收益增加，降低价格使总收益减少.

当 $P=10$ 时，$\eta=1$. 这说明在价格 $P=10$ 时，需求量减少的幅度等于价格上涨的幅度，总收益保持不变. 此时总收益取最大值.

当 $P=15$ 时，$\eta=3>1$，该商品为高弹性商品. 当 $P=15$ 时，$Q=25$. 这说明在价格 $P=15$ 时，若价格上涨(或下降)1%，需求量 Q 将从 25 个单位起减少(或增加)3%. 此时，提高价格使总收益减少，降价价格使总收益增加.

3. 收益销售弹性与收益价格弹性

设某商品的总收益函数为 $R=R(Q)$，由弹性的定义可知，**收益对销售量的弹性**(简称**收益销售弹性**)与**收益对价格的弹性**(简称**收益价格弹性**)分别为

$$\varepsilon_{RQ}=\frac{\mathrm{E}R}{\mathrm{E}Q}=\frac{Q}{R}\cdot\frac{\mathrm{d}R}{\mathrm{d}Q}=\frac{Q}{R}R'(Q),$$

$$\varepsilon_{RP}=\frac{\mathrm{E}R}{\mathrm{E}P}=\frac{P}{R}\cdot\frac{\mathrm{d}R}{\mathrm{d}P}=\frac{P}{R}R'(P).$$

收益销售弹性 ε_{RQ} 的经济意义是：销售量为 Q 时，若销售量增加 1%，则当 $\varepsilon_{RQ}>0$(或 $\varepsilon_{RQ}<0$)时，总收益增加(或减少)$|\varepsilon_{RQ}|$%.

收益价格弹性 ε_{RP} 的经济意义是：价格为 P 时，若价格上涨 1%，则当 $\varepsilon_{RP}>0$(或 $\varepsilon_{RP}<0$)时，总收益增加(或减少)$|\varepsilon_{RP}|$%.

若某商品的需求函数、总收益函数分别为 $Q=Q(P)$，$R=PQ$，则

$$\varepsilon_{RQ}=\frac{\mathrm{E}R}{\mathrm{E}Q}=\frac{Q}{R}\cdot\frac{\mathrm{d}R}{\mathrm{d}Q}=\frac{1}{P}\cdot\frac{\mathrm{d}R}{\mathrm{d}Q}=\frac{Q}{PQ}\cdot\frac{\mathrm{d}(PQ)}{\mathrm{d}Q}=\frac{1}{P}\left(P+Q\frac{\mathrm{d}P}{\mathrm{d}Q}\right)$$

$$= 1 + \frac{Q}{P} \cdot \frac{\mathrm{d}P}{\mathrm{d}Q} = 1 + \frac{1}{\frac{P}{Q} \cdot \frac{\mathrm{d}Q}{\mathrm{d}P}} = 1 - \frac{1}{\eta},$$

$$\varepsilon_{RP} = \frac{\mathrm{E}R}{\mathrm{E}P} = \frac{P}{R} \cdot \frac{\mathrm{d}R}{\mathrm{d}P} = \frac{1}{Q} \cdot \frac{\mathrm{d}R}{\mathrm{d}P} = \frac{P}{PQ} \cdot \frac{\mathrm{d}(PQ)}{\mathrm{d}P}$$
$$= \frac{1}{Q}\left(Q + P\frac{\mathrm{d}Q}{\mathrm{d}P}\right) = 1 + \frac{P}{Q} \cdot \frac{\mathrm{d}Q}{\mathrm{d}P} = 1 - \eta,$$

从而有

$$\frac{\mathrm{d}R}{\mathrm{d}P} = Q(1-\eta), \quad \frac{\mathrm{d}R}{\mathrm{d}Q} = P\left(1 - \frac{1}{\eta}\right).$$

以上四个式子描述了收益的销售弹性$\frac{\mathrm{E}R}{\mathrm{E}Q}$,价格弹性$\frac{\mathrm{E}R}{\mathrm{E}P}$,关于价格 P 的边际收益$\frac{\mathrm{d}R}{\mathrm{d}P}$,关于销售量 Q 的边际收益$\frac{\mathrm{d}R}{\mathrm{d}Q}$与需求价格弹性 η 之间的关系.在经济应用中经常利用这些结论进行经济分析.

例 4 设某产品的需求函数为 $Q=100-5P$,求 $P=4$ 及 $P=12$ 时的收益价格弹性,并说明其经济意义.

解 因为

$$R = PQ = 100P - 5P^2,$$

$$\varepsilon_{RP} = \frac{P}{R}R'(P) = \frac{1}{100-5P}(100-10P),$$

所以

$$\varepsilon_{RP}\big|_{P=4} = \frac{100-40}{100-20} = \frac{60}{80} = 0.75, \quad \varepsilon_{RP}\big|_{P=12} = \frac{100-120}{100-60} = -\frac{20}{40} = -0.5.$$

这说明在价格 $P=4$ 时,若价格上涨 1%,总收益增加 0.75%;而在 $P=12$ 时,若价格上涨 1%,总收益减少 0.5%.

习 题 2.6

1. 对下列市场均衡模型,求均衡价格 P_e 和均衡数量 Q_e,并画出图形:

(1) $\begin{cases} Q_d = Q_s, \\ Q_d = 17 - 2P, \\ Q_s = -8 + 3P; \end{cases}$　　(2) $\begin{cases} Q_d = Q_s, \\ Q_d = 15 - 6P, \\ Q_s = -5 + 2P^2. \end{cases}$

2. 生产某产品,当年产量不超过 500 台时,每台售价 200 元,可以全部售出;当年产量超过 500 台时,经广告宣传后又可再售出 200 台,而每台平均广告费为 20 元;生产再多,本年就售不出去.试将本年的销售收益为 R 表示为年产量 Q 的函数.

3. 生产某新产品,固定成本为 $m(m>0)$万元,每生产 1 吨产品,总成本增加 $n(n>0)$万元，试写出总成本函数，并求边际成本.

4. 设某产品的价格函数为 $P(Q)=20-\frac{Q}{5}$，其中 P 为价格，Q 为销售量，求：

(1) 销售量为 15 个单位时的总收益、平均收益与边际收益；

(2) 销售量从 15 个单位增加到 20 个单位时收益的平均变化率.

5. 求下列函数的弹性：

(1) $y=ax+b$ (a,b 为常数)；

(2) $y=A\ln ax$ (A,a 为常数，且 $a\neq 0$).

6. 设函数 $f(x),g(x)$ 的弹性存在，证明：

(1) $\frac{\mathrm{E}[f(x)g(x)]}{\mathrm{E}x}=\frac{\mathrm{E}f(x)}{\mathrm{E}x}+\frac{\mathrm{E}g(x)}{\mathrm{E}x}$；

(2) $\frac{\mathrm{E}\left[\frac{f(x)}{g(x)}\right]}{\mathrm{E}x}=\frac{\mathrm{E}f(x)}{\mathrm{E}x}-\frac{\mathrm{E}g(x)}{\mathrm{E}x}$.

7. 已知某产品的需求函数为

$$Q=400-100P,\quad P\in[0,4].$$

(1) 求需求价格弹性；

(2) 分别求当价格 $P=1,2,3$ 时的需求价格弹性，做出经济解释，并说明这时价格变动对总收益的影响.

8. 某产品需求函数为 $Q=A\mathrm{e}^{-kP}(P\geqslant 0)$，其中 $A,k>0$ 为常数，求需求价格弹性，并做出经济解释.

9. 设供给函数为 $Q=P^2+6P-18$，求供给价格弹性 ε_{QP} 及价格 $P=3$ 时的供给价格弹性.

10. 设需求函数为 $Q=100-4P$，求：

(1) 价格 $P=5$ 时的需求价格弹性，并说明其经济意义；

(2) 价格 $P=5$ 时的收益价格弹性，并说明其经济意义；

(3) 价格 $P=5$ 时的收益销售弹性，并说明其经济意义.

复习题二

1. 填空题：

(1) 设函数 $f(t)=\lim\limits_{x\to\infty}t\left(1+\frac{1}{x}\right)^{2tx}$，则 $f'(t)=$__________；

(2) 设极限 $\lim\limits_{h\to\infty}h\left[f\left(a-\frac{1}{h}\right)-f(a)\right]=A$ 存在，则 $A=$__________；

(3) 设函数 $f(x)$ 可导，则 $\lim\limits_{x\to 2}\frac{f(4-x)-f(2)}{x-2}=$__________；

(4) 已知 $f'(2)=2$，则 $\lim\limits_{\Delta x\to 0}\frac{f(2-\Delta x)-f(2)}{2\Delta x}=$__________；

(5) 设函数 $f(x)=x(x+1)(x+2)\cdots(x+n)$ $(n\geqslant 2)$则 $f'(0)=$__________;

(6) 设函数 $y=f(\ln x)e^{f(x)}$,其中 f 可微,则 $dy=$__________;

(7) 设函数 $f(x)$在 $x=2$ 处连续,且$\lim\limits_{x\to 2}\dfrac{f(x)}{x-2}=3$,则 $f'(2)=$__________;

(8) 曲线$\begin{cases}x=e^t\sin 2t\\y=e^t\cos t\end{cases}$在 $t=0$ 处的切线方程为__________,法线方程为__________;

(9) 已知参数方程$\begin{cases}x=\ln(1+t^2)\\y=\arctan t\end{cases}$,则 $y'=$__________;

(10) 设函数 $f(x)=\dfrac{1-x}{1+x}$,则 $f^{(n)}(x)=$__________.

2. 选择题:

(1) 函数 $y=\sqrt[3]{x}$在点 $x=0$ 处(　　);

(A) 不连续　　(B) 连续但其图形无切线

(C) 其图形有垂直的切线　　(D) 可微

(2) 下列结论正确的是(　　);

(A) 若$\lim\limits_{x\to x_0}f'(x)$存在,则 $f(x)$在 x_0 处可微

(B) 若 $f'(x_0)$存在,则$\lim\limits_{x\to x_0}f'(x)=f(x_0)$

(C) 若 $f(x)$在 x_0 处可导,则 $f(x)$在 x_0 处可微

(D) 若 $f(x)$在 x_0 处连续,则 $f(x)$在 x_0 处可导

(3) 设 $f(x)$在 x_0 处可导,且 $f'(x_0)=\dfrac{1}{2}$,则当 $\Delta x\to 0$ 时,该函数在 $x=x_0$ 处的微分 dy 是(　　);

(A) Δx 的等价无穷小量　　(B) Δx 的同阶(非等价)无穷小量

(C) Δx 的低阶无穷小量　　(D) Δx 的高阶无穷小量

(4) 设函数 $f(x)=\sin 2x$,则 $f'[f(x)]=$(　　);

(A) $2\cos(\sin 2x)$　　(B) $2\cos 2x$

(C) $2\cos(2\sin x)$　　(D) $2\cos(2\sin 2x)$

(5) 设函数 $f(x)=\begin{cases}\dfrac{2}{3}x^3, & x\leqslant 1,\\ x^2, & x>1,\end{cases}$则 $f(x)$在 $x=1$ 处(　　);

(A) 左、右导数都存在　　(B) 左导数存在,但右导数不存在

(C) 左导数不存在,但右导数存在　　(D) 左、右导数都不存在

(6) 设函数 $f(x)$在 $x=0$ 处连续,且$\lim\limits_{x\to 0}\dfrac{f(x)}{x}=a$ $(a\neq 0)$,则 $f(x)$在 $x=0$ 处(　　);

(A) 可导,且 $f'(0)=0$　　(B) 可导,且 $f'(0)=a$

(C) 不可导　　　　　　　　　　(D) 不能断定是否可导

(7) 设函数 $y=f(\mathrm{e}^{\varphi(x)})$，其中 $f(u)$，$\varphi(x)$ 均可微，则 $\mathrm{d}y\neq($　　$)$；

(A) $f'(\mathrm{e}^{\varphi(x)})\mathrm{d}x$　　　　(B) $\varphi'(x)\mathrm{e}^{\varphi(x)}f'(\mathrm{e}^{\varphi(x)})\mathrm{d}x$

(C) $f'(\mathrm{e}^{\varphi(x)})\mathrm{d}\mathrm{e}^{\varphi(x)}$　　　　(D) $f'(\mathrm{e}^{\varphi(x)})\mathrm{e}^{\varphi(x)}\mathrm{d}\varphi(x)$

(8) 函数 $y=x|x|$ 在点 $x=0$ 处的导数为（　　）.

(A) 2　　(B) -2　　(C) 0　　(D) 不存在

3. 讨论函数 $f(x)=\begin{cases}\dfrac{x}{1+\mathrm{e}^{1/x}}, & x\neq 0\\ 0, & x=0\end{cases}$ 在 $x=0$ 处的可导性.

4. 设函数 $f(x)=\begin{cases}\mathrm{e}^{-x}, & x\leqslant 0,\\ x^2+ax+b, & x>0,\end{cases}$ 确定 a,b 的值，使得 $f(x)$ 在 $x=0$ 处可导.

5. 设函数 $f(x)=\begin{cases}1+\ln(1-4x), & x\leqslant 0,\\ a+b\mathrm{e}^x, & x>0,\end{cases}$ 确定 a,b 的值，使得 $f(x)$ 在 $x=0$ 处可导，并求 $f'(0)$.

6. 设函数 $f(x)=|x-a|\varphi(x)$，其中 $\varphi(x)$ 在 $x=a$ 处连续，且 $\varphi(a)\neq 0$，试讨论 $f(x)$ 在 $x=a$ 处的可导性.

7. 求下列函数的导数 $\dfrac{\mathrm{d}y}{\mathrm{d}x}$：

(1) $y=a^x x^a$ $(a>0$ 且 $a\neq 1)$；　　(2) $y=f(f(x))+f(\sin^2 x)$，其中 f 可导；

(3) $y=\ln(\mathrm{e}^x+\sqrt{1+\mathrm{e}^{2x}})$；　　(4) $y=[xf(x^2)]^2$，其中 f 可导；

(5) $y=\dfrac{\sqrt{x+2}(2-x)^3}{(1-x)^5}$；　　(6) $y=\ln\tan\dfrac{x}{2}-\cot x\ln(1+\sin x)$.

8. 求由下列方程所确定的隐函数的导数 $\dfrac{\mathrm{d}y}{\mathrm{d}x}$：

(1) $(\cos y)^x=(\sin x)^y$；　　(2) $\mathrm{e}^{2x+y}-\cos(xy)=\mathrm{e}-1$.

9. 求星形线 $\begin{cases}x=\cos^3 t,\\ y=\sin^3 t\end{cases}$ 在一点 $\left(-\dfrac{\sqrt{2}}{4},\dfrac{\sqrt{2}}{4}\right)$ 处的切线方程与法线方程.

10. 设某产品的总成本函数和总收益函数分别为 $C(Q)=100+5Q+2Q^2$，$R(Q)=95Q+Q^2$，其中 Q 为产品的产量，求：

(1) 边际成本、边际收益及边际利润；

(2) 已生产并销售 45 个单位产品，再生产并销售第 46 个单位产品会有多少利润？

11. 设生产某产品的固定成本为 60000 元，变动成本为每件 20 元，价格函数为 $P=60-\dfrac{Q}{1000}$，其中为 Q 产量，又设供销平衡，求：

(1) 边际利润；

(2) 当 $P=10$ 元，且价格上涨价 1% 时，收益增加(或减少)的百分数.

12. 设某商品的需求函数为 $Q=150-2P^2$.

(1) 求当 $P=6$ 时的边际需求，并说明其经济意义；

(2) 求当 $P=6$ 时的需求价格弹性，并说明其经济意义；

(3) 当 $P=6$ 时若价格下降 2%，总收益将变化百分之几？是增加还是减少？

13. 某厂生产某产品的每周产量为 Q(单位：百件)，总成本 C(单位：千元)是产量的函数：

$$C=C(Q)=100-24Q+Q^2.$$

若每百件产品销售价格为 4 万元，试写出总利润函数及边际利润为零时的每周产量.

14. 某企业生产一种商品，年需求量 Q 是价格 P 的线性函数：$Q=a-bP$，其中 $a,b>0$. 试求需求价格弹性及需求价格弹性等于 1 时的价格.

第三章 微分中值定理与导数的应用

微分中值定理是微积分的理论基础.本章将介绍三个中值定理,并应用导数来研究函数的单调性、极值,曲线的凹凸性、拐点、渐近线等,还将介绍导数在经济中的应用及计算极限的重要方法——洛必达法则.

§3.1 微分中值定理

我们先引入极值点和驻点的定义,再介绍证明微分中值定理时需要用到的费马定理.

定义 1 设函数 $y=f(x)$,$U_\delta(x_0)\subset D_f$.如果对 $\forall x\in \mathring{U}_\delta(x_0)$,有 $f(x_0)>f(x)$(或 $f(x_0)<f(x)$),则称点 x_0 是 $f(x)$ 的一个**极大值点**(或**极小值点**),并称 $f(x_0)$ 是 $f(x)$ 的一个**极大值**(或**极小值**).极大值点和极小值点统称为**极值点**,极大值和极小值统称为**极值**.

定义 2 设函数 $y=f(x)$ 在点 x_0 处可导.若 $f'(x_0)=0$,则称点 x_0 是函数 $f(x)$ 的一个**驻点**.

定理 1(费马(Fermat)定理) 设点 x_0 是 $f(x)$ 的极值点,且 $f(x)$ 在点 x_0 处可导,则点 x_0 必是 $f(x)$ 的驻点,即有 $f'(x_0)=0$.

证 用反证法.若 $f'(x_0)\neq 0$,不妨设 $f'(x_0)>0$,则

$$\lim_{x\to x_0^+}\frac{f(x)-f(x_0)}{x-x_0}=f'_+(x_0)=f'(x_0)>0,$$

$$\lim_{x\to x_0^-}\frac{f(x)-f(x_0)}{x-x_0}=f'_-(x_0)=f'(x_0)>0.$$

由极限的保号性质可知,$\exists\delta>0$,使得

$$当\ x\in(x_0,x_0+\delta)时,有\frac{f(x)-f(x_0)}{x-x_0}>0,$$

$$当\ x\in(x_0-\delta,x_0)时,有\frac{f(x)-f(x_0)}{x-x_0}>0,$$

从而

当 $x\in(x_0,x_0+\delta)$ 时,有 $f(x)>f(x_0)$,

$$当\ x\in(x_0-\delta,x_0)时，有\ f(x)<f(x_0).$$

这与点 x_0 是 $f(x)$ 的极值点矛盾，所以有 $f'(x_0)=0$.

注 (1) 驻点未必是极值点. 例如 $f(x)=x^3$，点 $x=0$ 是驻点，但不是该函数的极值点.

(2) 极值点位于函数定义区间内，但不在区间端点.

(3) 极值是函数的局部性质，因此，有时极小值可以大于极大值. 而最大、最小值是函数的整体性质.

定理 2(罗尔(Rolle)定理) 设函数 $f(x)$ 满足:

(1) 在 $[a,b]$ 上连续;

(2) 在 (a,b) 内可导;

(3) $f(a)=f(b)$,

则至少存在一点 $\xi\in(a,b)$，使得 $f'(\xi)=0$.

证 因为 $f(x)$ 在 $[a,b]$ 上连续，所以 $f(x)$ 在 $[a,b]$ 上必有最大值 M 和最小值 m.

若 $M=m$，则 $f(x)$ 是常数，有 $f'(x)\equiv 0$，定理显然成立.

若 $M>m$，因为 $f(a)=f(b)$，则 M 和 m 不会同时在端点取到，因此 M 和 m 至少有一个在 (a,b) 内的某一点 ξ 取到，这时 ξ 是极值点. 由于 $f(x)$ 在 (a,b) 内可导，从而在点 ξ 处可导，由费马定理得 $f'(\xi)=0$.

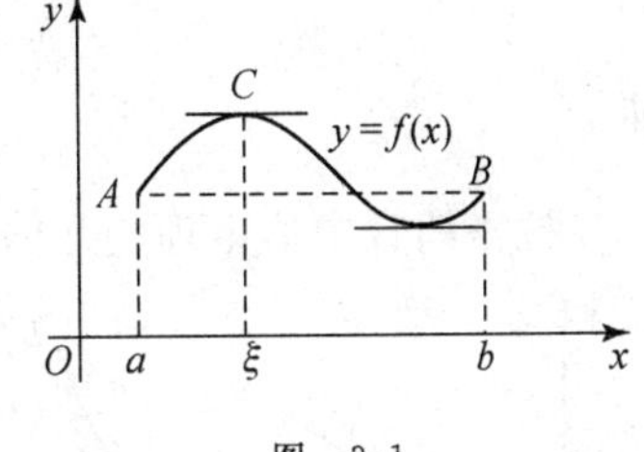

图 3-1

罗尔定理的几何意义如图 3-1 所示：当光滑曲线 $y=f(x)$ 在两个端点 A,B 等高(函数值相同)时(通常，若 $f(x)$ 可导，则称曲线 $y=f(x)$ 为光滑曲线)，在 (a,b) 内必存在一点 ξ，使得在点 $C(\xi,f(\xi))$ 处的切线平行于 x 轴.

罗尔定理中的三个条件是充分条件，而非必要条件，因此，缺少其中一个条件，定理的结论可能不成立. 但定理中的条件不完全具备甚至都不具备，定理的结论也有可能成立. 如图 3-2 所示，对于罗尔定理中的三个条件，$f(x)$ 都不满足，但仍然存在 $\xi\in(a,b)$，使得 $f'(\xi)=0$.

例 1 证明方程 $x^3+3x=2$ 在 $(0,1)$ 内只有一个实根.

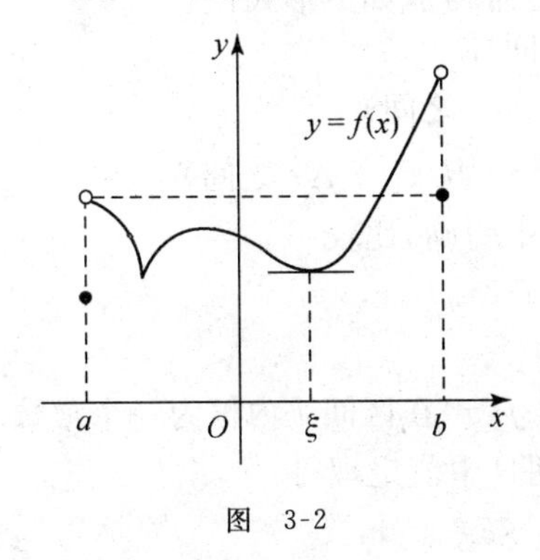

图 3-2

证 先证存在性. 设 $f(x)=x^3+3x-2$. 由于

$$f(0)=-2<0,\quad f(1)=2>0,$$

因此，由零点存在定理知，$\exists\, x_0\in(0,1)$，使得

$$f(x_0)=0.$$

再唯一性. 用反证法. 设有两点 $x_1,x_2\in(0,1)$ 且 $x_1<x_2$，使得

$$f(x_1)=f(x_2)=0.$$

在 $[x_1,x_2]$ 上，由罗尔定理知，$\exists\,\xi\in(x_1,x_2)$，使得 $f'(\xi)=0$. 这与 $f'(x)=3x^2+3>0$ 矛盾. 因此方程在 $(0,1)$ 不可能

有两个实根,只有唯一一个实根.

定理 3(拉格朗日(Lagrange)中值定理) 设函数 $f(x)$满足:

(1) 在$[a,b]$上连续;

(2) 在(a,b)内可导,

则至少存在一点 $\xi\in(a,b)$,使得

$$\frac{f(b)-f(a)}{b-a}=f'(\xi).$$

证 作辅助函数

$$F(x)=f(x)-\left[f(a)+\frac{f(b)-f(a)}{b-a}(x-a)\right].$$

由题设可知 $F(x)$满足:(1) 在$[a,b]$上连续,(2) 在(a,b)内可导,(3) $F(a)=f(a)-[f(a)+0]=0$,同样有 $F(b)=0$. 由罗尔定理,至少存在一点 $\xi\in(a,b)$,使得

$$F'(\xi)=f'(\xi)-\frac{f(b)-f(a)}{b-a}=0,$$

即
$$f'(\xi)=\frac{f(b)-f(a)}{b-a}.$$

拉格朗日中值定理的几何意义如图 3-3 所示:光滑曲线 $y=f(x)$ $(x\in[a,b])$上必存在一点 $C_1(\xi,f(\xi))$,使得过点 C_1 的切线平行于两端点的连线 AB $\left(\text{因为连接光滑曲线 } y=f(x) \text{ 的两个端点的直线 } AB\text{,其斜率就是}\frac{f(b)-f(a)}{b-a}\right)$.

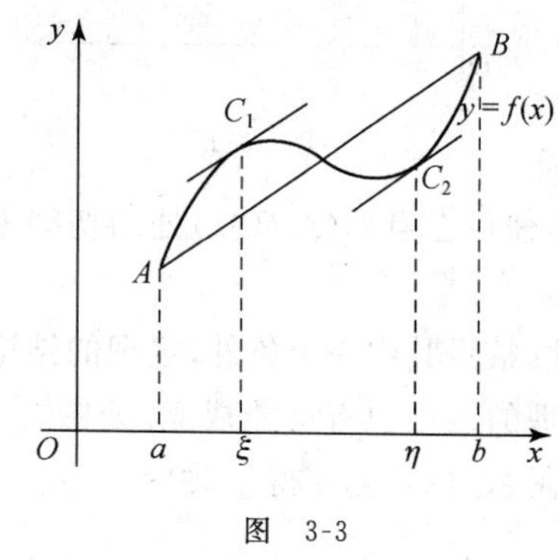

图 3-3

显然,在定理 2 中,当 $f(a)=f(b)$时,有 $f'(\xi)=0$. 此时定理 2 为罗尔定理. 所以,拉格朗日中值定理是罗尔定理的推广. 换言之,罗尔定理是拉格朗日中值定理的特例.

拉格朗日中值定理也常写成如下形式:

$$f(b)-f(a)=f'(\xi)(b-a)\quad(\xi\text{介于}a\text{与}b\text{之间}).$$

$$f(x_2)-f(x_1)=f'(\xi)(x_2-x_1)\quad(\xi\text{介于}x_1\text{与}x_2\text{之间}).$$

$$\Delta y=f(x_0+\Delta x)-f(x_0)=f'(\xi)\Delta x\quad(\xi\text{介于}x_0\text{与}x_0+\Delta x\text{之间}).$$

注 这里点 ξ(称中值点)只是存在性,它的具体位置并不明确,比较

$$f(x_0+\Delta x)-f(x_0)=\Delta y\approx \mathrm{d}y=f'(x_0)\Delta x,$$

其中点 x_0 位置明确,但仅是"近似值",而且要求 Δx 很小.

推论 1 设函数 $f(x)$在区间 I 内可导,且 $f'(x)=0$,则 $f(x)$在区间 I 内恒为一个常数.

证 对$\forall x_1,x_2\in I$ 且 $x_1<x_2$,在$[x_1,x_2]$上应用拉格朗日中值定理得

$$f(x_2)-f(x_1)=f'(\xi)(x_2-x_1)\quad(x_1<\xi<x_2).$$

由题设 $f'(\xi)=0,\xi\in(x_1,x_2)\subset I$,因此 $f(x_2)=f(x_1)$. 由 x_1,x_2 的任意性知,$f(x)$ 在区间 I 内恒为一个常数.

推论 2 若函数 $f(x),g(x)$ 在区间 I 内可导,且 $f'(x)=g'(x)$,则 $f(x)$ 与 $g(x)$ 仅相差一个常数 C,即 $f(x)-g(x)=C$.

例 2 证明:$\arctan x+\operatorname{arccot} x=\frac{\pi}{2},\ x\in(-\infty,+\infty)$.

证 令 $f(x)=\arctan x+\operatorname{arccot} x$,则

$$f'(x)=(\arctan x+\operatorname{arccot} x)'=\frac{1}{1+x^2}-\frac{1}{1+x^2}=0,\quad x\in(-\infty,+\infty).$$

由推论 1 可知,在 $(-\infty,+\infty)$ 内恒有

$$f(x)=\arctan x+\operatorname{arccot} x=C\quad(C\text{ 为常数}).$$

又因为 $f(1)=\frac{\pi}{4}+\frac{\pi}{4}=\frac{\pi}{2}$,所以

$$\arctan x+\operatorname{arccot} x=\frac{\pi}{2},\quad x\in(-\infty,+\infty).$$

例 3 设函数 $F(x)=\begin{cases}g(x), & x<x_0,\\ a, & x=x_0,\\ f(x), & x>x_0.\end{cases}$ 如果 $F(x)$ 在点 x_0 处连续,$f(x)$ 和 $g(x)$ 在 $(-\infty,x_0)\cup(x_0,+\infty)$ 上可导,且 $\lim\limits_{x\to x_0^+}f'(x)=A=\lim\limits_{x\to x_0^-}g'(x)$,证明:$F(x)$ 在点 x_0 处可导,且 $F'(x_0)=A$.

证 由 $F(x)$ 在点 x_0 处的连续知

$$\lim_{x\to x_0^+}F(x)=\lim_{x\to x_0^+}f(x)=a=\lim_{x\to x_0^-}F(x)=\lim_{x\to x_0^-}g(x).$$

不妨定义 $f(x_0)=a=g(x_0)$,则 $f(x),g(x)$ 分别在 $[x_0,+\infty)$ 和 $(-\infty,x_0]$ 上连续. 由拉格朗日中值定理,有

$$\lim_{x\to x_0^+}\frac{F(x)-F(x_0)}{x-x_0}=\lim_{x\to x_0^+}\frac{f(x)-f(x_0)}{x-x_0}=\lim_{x\to x_0^+}f'(\xi)\quad(\xi\text{ 介于 }x_0\text{ 与 }x\text{ 之间}),$$

而当 $x\to x_0^+$ 时,$\xi\to x_0^+$,所以

$$\lim_{x\to x_0^+}\frac{F(x)-F(x_0)}{x-x_0}=\lim_{\xi\to x_0^+}f'(\xi)=A.$$

同理有

$$\lim_{x\to x_0^-}\frac{F(x)-F(x_0)}{x-x_0}=\lim_{x\to x_0^-}\frac{g(x)-g(x_0)}{x-x_0}$$

$$=\lim_{x\to x_0^-}g'(\eta)=\lim_{\eta\to x_0^-}g'(\eta)=A\quad(\eta\text{ 介于 }x_0\text{ 与 }x\text{ 之间}).$$

所以 $$F'_+(x_0)=F'_-(x_0)=F'(x_0)=A.$$

上例的方法可用于判别分段函数在分点上的可导性.

例 4 证明：对 $\forall x,y$，有 $|\sin x-\sin y|\leqslant|x-y|$.

证 当 $x=y$ 时，显然成立.

当 $x\neq y$ 时，令 $f(x)=\sin x$，则由拉格朗日中值定理，有

$$\left|\frac{f(x)-f(y)}{x-y}\right|=|f'(\xi)|=|\cos\xi|\leqslant 1\quad(\xi\text{ 介于 }x\text{ 与 }y\text{ 之间}).$$

因此 $$|\sin x-\sin y|\leqslant|x-y|.$$

在上例中，若取 $y=0$，对 $\forall x$，则得 $|\sin x|\leqslant|x|$. 这就是我们在第一章证明 $\lim\limits_{x\to 0}\frac{\sin x}{x}=1$ 中见过的重要不等式 $|\sin x|\leqslant|x|$.

例 5 证明不等式：$e^x>1+x\ (x\neq 0)$.

证 令 $f(x)=e^x$，则对 $\forall x\neq 0$，有

$$\frac{f(x)-f(0)}{x-0}=\frac{e^x-1}{x}=f'(\xi)=e^\xi\quad(\xi\text{ 介于 }0\text{ 与 }x\text{ 之间}).$$

当 $x>0$ 时，$0<\xi<x$，$e^\xi>e^0=1$，有 $\frac{e^x-1}{x}>1$，即 $e^x-1>x$；

当 $x<0$ 时，$x<\xi<0$，$e^\xi<e^0=1$，有 $\frac{e^x-1}{x}<1$，即 $e^x-1>x$.

所以，对 $\forall x\neq 0$，$e^x>1+x$.

定理 4(柯西(Cauchy)中值定理) 设函数 $f(x)$，$g(x)$ 满足：

(1) 在 $[a,b]$ 上连续；

(2) 在 (a,b) 内可导，且对 $\forall x\in(a,b)$，有 $g'(x)\neq 0$，

则至少存在一点 $\xi\in(a,b)$，使得

$$\frac{f(b)-f(a)}{g(b)-g(a)}=\frac{f'(\xi)}{g'(\xi)}.$$

证 首先因为 $g'(x)\neq 0$，所以 $g(b)-g(a)=g'(\eta)(b-a)\neq 0\ (a<\eta<b)$.

其次，与拉格朗日中值定理的证明类似，作辅助函数

$$F(x)=f(x)-\left[f(a)+\frac{f(b)-f(a)}{g(b)-g(a)}(g(x)-g(a))\right].$$

显然有 $F(a)=F(b)=0$，又由题设可知 $F(x)$ 在 $[a,b]$ 上连续，在 (a,b) 内可导，因此，由罗尔定理，至少存在一点 $\xi\in(a,b)$，使得

$$F'(\xi)=f'(\xi)-\frac{f(b)-f(a)}{g(b)-g(a)}g'(\xi)=0,$$

即 $$\frac{f(b)-f(a)}{g(b)-g(a)}=\frac{f'(\xi)}{g'(\xi)}.$$

容易看出,取 $g(x)=x$,上述定理即为拉格朗日中值定理,所以柯西中值定理是拉格朗日中值定理的推广.

习 题 3.1

1. 下列函数是否满足罗尔定理的条件?罗尔定理的结论对它们是否成立?

(1) $y=\ln\sin x, x\in\left[\frac{\pi}{6},\frac{5\pi}{6}\right]$;

(2) $y=|x|, x\in[-1,1]$;

(3) $y=x, x\in[-1,1]$;

(4) $f(x)=\begin{cases} x, & -1<x\leqslant 1, \\ 1, & x=-1; \end{cases}$

(5) $f(x)=\sin x, x\in\left[0,\frac{3\pi}{2}\right]$;

(6) $f(x)=\begin{cases} x^2, & -1<x\leqslant 1, \\ 1, & x=-1. \end{cases}$

2. 设函数 $f(x)=x(x-1)(x-2)(x-3)$,问: $f'(x)$ 和 $f''(x)$ 有几个零点?

3. 证明:方程 $\sin x+x\cos x=0$ 在 $(0,\pi)$ 内必有实根.

4. 已知函数 $f(x)$ 在 $[0,1]$ 上连续,在 $(0,1)$ 内可导,且 $f(1)=0$,证明:至少存在一点 $\xi\in(0,1)$,使得 $f'(\xi)=-\frac{kf(\xi)}{\xi}, k\in\mathbf{N}^+$.

5. 设函数 $f(x)=x^2+px+q\ (x\in[a,b])$ 满足拉格朗日中值定理的条件,求中值点 ξ.

6. 证明: $\arcsin x+\arccos x=\frac{\pi}{2},\ x\in[-1,1]$.

7. 证明不等式:

(1) $|\arcsin x-\arcsin y|>|x-y|\ (0<x<y<1)$;

(2) $\frac{b-a}{b}\leqslant\ln\frac{b}{a}\leqslant\frac{b-a}{a}\ (b\geqslant a>0)$;

(3) $\frac{x}{1+x}<\ln(1+x)<x\ (x>0)$.

§3.2 洛必达法则

在求分式极限 $\lim\frac{f(x)}{g(x)}$ 中,有两种常见的类型:一是 $\frac{0}{0}$ 型,即 $\lim f(x)=0, \lim g(x)=0$;二是 $\frac{\infty}{\infty}$ 型,即 $\lim f(x)=\infty, \lim g(x)=\infty$. 通常这两种类型的极限称为**未定式**,它们往往很难直接由我们前面学过的方法求出. 洛必达(L'Hospital)法则是求这类极限的常用方法.

定理(洛必达法则) 设函数 $f(x)$ 和 $g(x)$ 满足:

(1) $\lim\limits_{x\to x_0}f(x)=0=\lim\limits_{x\to x_0}g(x)$;

(2) 在 $\mathring{U}_\delta(x_0)$ 内可导，且 $g'(x)\neq 0$；

(3) $\lim\limits_{x\to x_0}\dfrac{f'(x)}{g'(x)}=A$（或$\infty$），其中 A 为常数，

则

$$\lim_{x\to x_0}\frac{f(x)}{g(x)}=\lim_{x\to x_0}\frac{f'(x)}{g'(x)}=A\quad(\text{或}\ \infty).$$

证　由于$\dfrac{f(x)}{g(x)}$当 $x\to x_0$ 时的极限与 $f(x_0)$ 及 $g(x_0)$ 无关，因此可以先补充定义或重新定义 $f(x_0)=0$ 和 $g(x_0)=0$，使得 $f(x)$ 和 $g(x)$ 在点 x_0 处连续.

在点 x_0 的空心邻域 $\mathring{U}_\delta(x_0)$ 内任取一点 x，函数 $f(x)$ 和 $g(x)$ 在 $[x_0,x]$ 或 $[x,x_0]$ 上满足柯西中值定理的条件，因此有

$$\frac{f(x)}{g(x)}=\frac{f(x)-f(x_0)}{g(x)-g(x_0)}=\frac{f'(\xi)}{g'(\xi)}\quad(\xi\ \text{介于}\ x\ \text{与}\ x_0\ \text{之间}).$$

令 $x\to x_0$，由于 ξ 介于 x 与 x_0 之间，从而也有 $\xi\to x_0$，故得

$$\lim_{x\to x_0}\frac{f(x)}{g(x)}=\lim_{\xi\to x_0}\frac{f'(\xi)}{g'(\xi)}=\lim_{x\to x_0}\frac{f'(x)}{g'(x)}=A\quad(\text{或}\ \infty).$$

注　(1) 定理中的 $x\to x_0$ 也可换成 $x\to x_0^+$，$x\to x_0^-$，$x\to\infty$，$x\to+\infty$，$x\to-\infty$；

(2) 定理中的条件 $\lim\limits_{x\to x_0}f(x)=\lim\limits_{x\to x_0}g(x)=0$，可改为 $\lim\limits_{x\to x_0}f(x)=\lim\limits_{x\to x_0}g(x)=\infty$，从而可应用于求$\dfrac{\infty}{\infty}$型未定式的值；

(3) 如果 $\lim\limits_{x\to x_0}\dfrac{f'(x)}{g'(x)}$ 还是$\dfrac{0}{0}$型或是$\dfrac{\infty}{\infty}$型未定式，且满足其他相应的条件，可继续使用洛必达法则.

例 1　求极限 $I=\lim\limits_{x\to 0}\dfrac{\cos\alpha x-\cos\beta x}{x^2}$（$\alpha,\beta$ 为常数）.

解　当 $\alpha\neq\beta$ 时，这是$\dfrac{0}{0}$型未定式. 由洛必达法则得

$$\begin{aligned}I&=\lim_{x\to 0}\frac{-\alpha\sin\alpha x+\beta\sin\beta x}{2x}=\lim_{x\to 0}\frac{\beta\sin\beta x}{2x}-\lim_{x\to 0}\frac{\alpha\sin\alpha x}{2x}\\&=\lim_{x\to 0}\frac{\beta\cdot\beta x}{2x}-\lim_{x\to 0}\frac{\alpha\cdot\alpha x}{2x}=\frac{\beta^2-\alpha^2}{2}.\end{aligned}$$

当 $\alpha=\beta$ 时，$I=0=\dfrac{\beta^2-\alpha^2}{2}$. 所以对任意常数 α,β 都有

$$I=\frac{\beta^2-\alpha^2}{2}.$$

注　在上面解题中，应用了当 $x\to 0$ 时，$\sin\alpha x\sim\alpha x$，$\sin\beta x\sim\beta x$. 在求极限中，我们经常结合应用等价无穷小量代替，使计算更简便.

例 2 求极限 $I=\lim\limits_{x\to0}\dfrac{e^x-x-1}{e^{x^2}-1}$.

解 这是$\dfrac{0}{0}$型未定式. 因为 $e^{x^2}-1\sim x^2(x\to0)$,所以

$$I=\lim_{x\to0}\frac{e^x-x-1}{x^2}=\lim_{x\to0}\frac{e^x-1}{2x}=\lim_{x\to0}\frac{e^x}{2}=\frac{1}{2}.$$

例 3 求极限 $I=\lim\limits_{n\to\infty}\dfrac{\ln n}{n^\alpha}$ $(\alpha>0)$.

解 这是$\dfrac{\infty}{\infty}$型未定式. 为了应用洛必达法则,可先把自然数 n 换成实数 x. 若对一般的 x 成立时,当然对特殊的 n 也成立. 因为

$$\lim_{x\to+\infty}\frac{\ln x}{x^\alpha}=\lim_{x\to+\infty}\frac{1}{\alpha x^\alpha}=0,$$

所以

$$I=\lim_{n\to\infty}\frac{\ln n}{n^\alpha}=0.$$

例 4 求极限 $I=\lim\limits_{x\to+\infty}\dfrac{x^k}{e^{\alpha x}}$ $(\alpha>0,k\in\mathbf{N}^+)$

解 连续应用 k 次洛必达法则,得 $I=\lim\limits_{x\to+\infty}\dfrac{k!}{\alpha^k e^{\alpha x}}=0$.

注 例 3,例 4 说明了,当 $x\to+\infty$时,指数函数 $a^x(a>1)$的增长速度快于幂函数的增长速度,而幂函数的增长速度快于对数函数的增长速度.

以下是洛必达法则不适用的例子.

例 5 求下列极限:

(1) $I=\lim\limits_{x\to\infty}\dfrac{x+\sin x}{x-\cos x}$; (2) $I=\lim\limits_{x\to+\infty}\dfrac{e^x-e^{-x}}{e^x+e^{-x}}$; (3) $I=\lim\limits_{x\to\infty}\dfrac{(2x+1)^6(x-2)^{10}}{(2x+5)^{10}(x-6)^6}$.

解 (1) 由于极限$\lim\limits_{x\to\infty}\dfrac{(x+\sin x)'}{(x-\cos x)'}=\lim\limits_{x\to\infty}\dfrac{1+\cos x}{1+\sin x}$不存在,所以洛必达法则不适用. 其实有

$$I=\lim_{x\to\infty}\frac{x}{x}\cdot\frac{1+\dfrac{1}{x}\sin x}{1-\dfrac{1}{x}\cos x}=\frac{1+0}{1-0}=1.$$

(2) 由于

$$\lim_{x\to+\infty}\frac{(e^x-e^{-x})'}{(e^x+e^{-x})'}=\lim_{x\to+\infty}\frac{e^x+e^{-x}}{e^x-e^{-x}}=\lim_{x\to+\infty}\frac{(e^x+e^{-x})'}{(e^x-e^{-x})'}=\lim_{x\to+\infty}\frac{e^x-e^{-x}}{e^x+e^{-x}},$$

又回到原极限,所以洛必达法则也不适用. 原极限应为

$$I=\lim_{x\to+\infty}\frac{e^x}{e^x}\cdot\frac{1-e^{-2x}}{1+e^{-2x}}=\frac{1-0}{1+0}=1.$$

(3) 本题如用洛必达法则,分子分母要连续求 16 次导数,非常麻烦,因此也不适用洛必达法则. 我们有

$$I=\lim_{x\to+\infty}\frac{x^6\cdot x^{10}\left(2+\frac{1}{x}\right)^6\left(1-\frac{2}{x}\right)^{10}}{x^{10}\cdot x^6\left(2+\frac{5}{x}\right)^{10}\left(1-\frac{6}{x}\right)^6}=\frac{2^6\cdot 1}{2^{10}\cdot 1}=\frac{1}{16}.$$

以上我们介绍了应用洛必达法则求两类最基本的未定式的值:$\frac{0}{0}$型未定式和$\frac{\infty}{\infty}$型未定式. 下面介绍其他类型未定式的值的求法。事实上求以下五类未定式都可转化成求$\frac{0}{0}$型或$\frac{\infty}{\infty}$型未定式,然后再应用洛必达法则来计算:

(1) $\infty-\infty$型未定式,可经过通分或者有理化转化为$\frac{0}{0}$型或$\frac{\infty}{\infty}$型未定式.

例 6 求极限 $I=\lim\limits_{x\to1}\left(\frac{x}{x-1}-\frac{1}{\ln x}\right)$.

解 这是$\infty-\infty$型未定式.

$$I=\lim_{x\to1}\frac{x\ln x-(x-1)}{(x-1)\ln[1+(x-1)]}=\lim_{x\to1}\frac{x\ln x-x+1}{(x-1)^2}$$

$$=\lim_{x\to1}\frac{\ln x}{2(x-1)}=\lim_{x\to1}\frac{1/x}{2}=\frac{1}{2}.$$

(2) $0\cdot\infty$型未定式,可转化为$\frac{0}{1/\infty}$型或$\frac{\infty}{1/0}$型未定式,即$\frac{0}{0}$型或$\frac{\infty}{\infty}$型未定式.

例 7 求极限 $I=\lim\limits_{x\to0^+}x^\alpha\ln x\ (\alpha>0)$.

解 这是$\infty\cdot0$型未定式.

$$I=\lim_{x\to0^+}\frac{\ln x}{x^{-\alpha}}=\lim_{x\to0^+}\frac{1}{-\alpha x^{-\alpha-1}x}=\lim_{x\to0^+}\frac{x^\alpha}{-\alpha}=0.$$

注 像例 7 此类题目,不要把分子的对数函数 $\ln x$ 放到分母去成为$(\ln x)^{-1}$,这样用洛必达法则来计算会得不出结果,大家不妨试验一下.

(3) 0^0 型未定式,可转化为 $e^{\infty\cdot0}$型未定式.

例 8 求极限 $I=\lim\limits_{x\to0^+}x^x$.

解 $I=\lim\limits_{x\to0^+}e^{x\ln x}=e^{\lim\limits_{x\to0^+}\frac{\ln x}{x^{-1}}}=e^{\lim\limits_{x\to0^+}\frac{1/x}{-x^{-2}}}=e^0=1.$

(4) ∞^0 型未定式,可转化为 $e^{\infty\cdot0}$型未定式.

例 9 求极限 $I=\lim\limits_{n\to+\infty}\sqrt[n]{n}$.

解 先求 $\lim\limits_{n\to+\infty}x^{\frac{1}{x}}$. 这是$\infty^0$ 型未定式. 因为

$$\lim_{x\to+\infty} x^{\frac{1}{x}} = \lim_{x\to+\infty} e^{\frac{\ln x}{x}} = e^{\lim\limits_{x\to+\infty}\frac{1/x}{1}} = e^0 = 1,$$

所以

$$\lim_{n\to+\infty} \sqrt[n]{n} = \lim_{n\to+\infty} n^{\frac{1}{n}} = 1.$$

(5) 1^∞ 型未定式,可转化为 $e^{\infty\cdot 0}$ 型未定式.

例 10 求极限 $I=\lim\limits_{x\to1} x^{\frac{1}{1-x}}$

解 $I=\lim\limits_{x\to1} e^{\frac{1}{1-x}\ln x} = e^{\lim\limits_{x\to1}\frac{\ln x}{1-x}} = e^{\lim\limits_{x\to1}\frac{1/x}{-1}} = e^{-1}.$

注 在求 0^0 型,∞^0 型和 1^∞ 型未定式的值时,都要把其中的幂指函数 $f(x)^{g(x)}$ 改写为指数函数 $e^{g(x)\ln f(x)}$ 的形式.

习 题 3.2

1. 求下列极限:

(1) $\lim\limits_{x\to1}\dfrac{x^{n+1}-(n+1)x+n}{(x-1)^2}\ (n\in \mathbf{N}^+)$; (2) $\lim\limits_{x\to1}\dfrac{x+x^2+\cdots+x^n-n}{x-1}$;

(3) $\lim\limits_{x\to0}\dfrac{\tan x-\sin x}{x^3}$; (4) $\lim\limits_{x\to0}\dfrac{e^x-\sin x-1}{\ln(1+x^2)}$;

(5) $\lim\limits_{x\to1}\dfrac{\ln x}{x-1}$; (6) $\lim\limits_{x\to0}\dfrac{e^x+e^{-x}-2}{e^{x^2}-1}$; (7) $\lim\limits_{x\to+\infty}\dfrac{\ln^2 x}{\sqrt[3]{x}}$;

(8) $\lim\limits_{x\to0}\dfrac{\ln\tan 3x}{\ln\sin 2x}$; (9) $\lim\limits_{n\to\infty}\dfrac{n^3}{e^{0.1n}}$; (10) $\lim\limits_{x\to\frac{\pi}{2}}\dfrac{\tan x}{\tan 3x}$.

2. 求下列极限:

(1) $\lim\limits_{x\to1}\left(\dfrac{x}{\ln x}-\dfrac{1}{x-1}\right)$; (2) $\lim\limits_{x\to0}\left(\dfrac{1}{x}-\dfrac{\ln(1+x)}{x^2}\right)$;

(3) $\lim\limits_{x\to1^+}(x-1)\tan\dfrac{\pi x}{2}$; (4) $\lim\limits_{x\to0^+}x\ln^2 x$; (5) $\lim\limits_{x\to0^+}x^x$;

(6) $\lim\limits_{x\to0^+}(\sin x)^x$; (7) $\lim\limits_{x\to+\infty}(1+x)^{\frac{1}{x}}$; (8) $\lim\limits_{x\to+\infty}(\ln x)^{\frac{1}{x}}$;

(9) $\lim\limits_{x\to0}(\cos x)^{\frac{1}{\sin^2 x}}$; (10) $\lim\limits_{x\to0}\left(\dfrac{a^x+b^x+c^x}{3}\right)^{\frac{1}{x}}\ (a,b,c>0)$.

3. 设函数 $f(x)$ 在 $U_\delta(x_0)$ 内一阶可导,在点 x_0 处二阶可导,求极限

$$\lim_{h\to0}\frac{f(x_0+h)+f(x_0-h)-2f(x_0)}{h^2}.$$

§3.3 函数的单调性与极值

本节将利用导数来研究函数的单调性和极值.

一、函数的单调区间

定理 设函数 $f(x)$在区间 I 上可导,且 $f'(x)>0$(或 $f'(x)<0$),则 $f(x)$在 I 上严格单调增加(或减少).此时称 I 是函数 $f(x)$的严格单调增加(或减少)区间,统称**单调区间**.

证 对 $\forall x_1<x_2\in I$,在区间$[x_1,x_2]$上应用拉格朗日中值定理可得

$$f(x_2)-f(x_1)=f'(\xi)(x_2-x_1).$$

又由 $f'(x)>0$(或 $f'(x)<0$)得

$$f(x_2)>f(x_1)\quad(\text{或 } f(x_2)<f(x_1)).$$

由单调函数的定义可知,$f(x)$在 I 上严格单调增加(或减少).

注 (1) 若 I 为闭区间$[a,b]$,则只要求 $f(x)$在$[a,b]$上连续,在(a,b)内可导且 $f'(x)>0$(或 $f'(x)<0$).

(2) 定理的条件是充分条件,不是必要条件.例如 $f(x)=x^3$ 在$(-\infty,+\infty)$内严格单调增加,但是有 $f'(x)\geqslant 0$.

(3) 可以证明:若 $f(x)$在 I 上可导,则

$$f'(x)\geqslant 0\Leftrightarrow f(x)\text{ 在 } I \text{ 上单调增加};$$
$$f'(x)\leqslant 0\Leftrightarrow f(x)\text{ 在 } I \text{ 上单调减少}.$$

例 1 求函数 $f(x)=2x^3-3x^2-12x+1$ 的单调区间.

解 由 $f'(x)=6(x+1)(x-2)=0$,得驻点 $x_1=-1,x_2=2$.这两个驻点将函数的定义域 $D_f=(-\infty,+\infty)$分成三个子区间:$(-\infty,-1]$,$[-1,2]$,$[2,+\infty)$.

在$(-\infty,-1)$上,因为 $f'(x)>0$,又 $f(x)$在 $x=-1$ 处连续,所以$(-\infty,-1]$是 $f(x)$的严格单调增加区间;

在$(-1,2)$上,因为 $f'(x)<0$,又 $f(x)$在 $x=-1,2$ 处连续,所以$[-1,2]$是 $f(x)$的严格单调减少区间;

在$(2,+\infty)$上,因为 $f'(x)>0$,又 $f(x)$在 $x=2$ 处连续,所以$[2,+\infty)$是 $f(x)$的严格单调增加区间.

例 2 求函数 $f(x)=3\sqrt[3]{x^2}+2x$ 的单调区间.

解 $D_f=(-\infty,+\infty)$.由 $f'(x)=\dfrac{2}{\sqrt[3]{x}}+2=\dfrac{2}{\sqrt[3]{x}}(1+\sqrt[3]{x})=0$,得 $x=-1$ 是唯一驻点.$x=0$ 是一阶导数不存在的点.这两个点将 $D_f=(-\infty,+\infty)$分成三个子区间:$(-\infty,-1]$,$[-1,0]$,$[0,+\infty)$.

在$(-\infty,-1)$上，$f'(x)>0$，得$(-\infty,-1]$是$f(x)$的严格单调增加区间；

在$(-1,0)$上，$f'(x)<0$，得$[-1,0]$是$f(x)$的严格单调减少区间；

在$(0,+\infty)$上，$f'(x)>0$，得$[0,+\infty)$是$f(x)$的严格单调增加区间.

二、函数的极值点和极值

由费马定理和本节的定理知：要求$f(x)$所有的极值点，只需将$f(x)$的驻点($f'(x)=0$的点)及$f'(x)$不存在的点这两类"可疑极值点"求出来，再判别它们是否为真极值点即可.

判别法1(一阶导数判别法) 设函数$f(x)$在$\mathring{U}_\delta(x_0)$内可导，且$x_0\in D_f$.

(1) 若当$x\in(x_0-\delta,x_0)$时$f'(x)>0$，当$x\in(x_0,x_0+\delta)$时$f'(x)<0$，则x_0是$f(x)$的极大值点；

(2) 若当$x\in(x_0-\delta,x_0)$时$f'(x)<0$，当$x\in(x_0,x_0+\delta)$时$f'(x)>0$，则x_0是$f(x)$的极小值点.

证 (1) 当$x\in(x_0-\delta,x_0)$时，$f'(x)>0$，则此时$f(x)>f(x_0)$；而当$x\in(x_0,x_0+\delta)$时，$f'(x)<0$，则此时$f(x)>f(x_0)$. 所以x_0是极大值点.

对于(2)，请读者自证.

这里需要指出的是，若$f'(x)$在点x_0处的两侧同号，即当$x\in(x_0-\delta,x_0)$时与当$x\in(x_0,x_0+\delta)$时符号相同，则x_0不是$f(x)$的极值点.

例3 求函数$f(x)=3\sqrt[3]{x^2}+2x$的极值.

解 由

$$f'(x)=\frac{2}{\sqrt[3]{x}}+2=\frac{2}{\sqrt[3]{x}}(1+\sqrt[3]{x})=0$$

得驻点$x=-1$. $x=0$是导数不存在的点.

当$x<-1$时，$f'(x)>0$；当$-1<x<0$时，$f'(x)<0$. 所以$x=-1$是极大值点，$f(-1)=1$是极大值.

当$-1<x<0$时，$f'(x)<0$；当$x>0$时，$f'(x)>0$. 所以$x=0$是极小值点，$f(0)=0$是极小值.

判别法2(二阶导数判别法) 设函数$f(x)$在$U_\delta(x_0)$内可导，且在点x_0处具有二阶导数，$f'(x_0)=0$，$f''(x_0)\neq 0$.

(1) 若$f''(x_0)>0$，则x_0是极小值点；

(2) 若$f''(x_0)<0$，则x_0是极大值点.

证 (1) 因为

$$f''(x_0)=\lim_{x\to x_0}\frac{f'(x)-f'(x_0)}{x-x_0}=\lim_{x\to x_0}\frac{f'(x)}{x-x_0}>0,$$

由极限的保号性质知,存在 $\delta>0$,当 $x\in\mathring{U}_{\delta}(x_0)$ 时,恒有 $\frac{f'(x)}{x-x_0}>0$ 成立,因此当 $x\in(x_0-\delta,x_0)$ 时,有 $f'(x)<0$;当 $x\in(x_0,x_0+\delta)$ 时,有 $f'(x)>0$. 由判别法 1 知,点 x_0 是极小值点.

类似可证明(2).

这里需要指出的是,若 $f''(x_0)=0$ 时,则点 x_0 可能是极值点,也可能不是极值点.

例如,$f(x)=x^4$,$f''(0)=0$,点 $x_0=0$ 是极小值点;而 $f(x)=x^3$,$f''(0)=0$,点 $x_0=0$ 就不是极值点.

一般地,在判别极值点时,如果 $f'(x_0)=0$,并且 $f''(x_0)$ 较容易求,我们就用二阶导数判别法. 如例 1 中的函数 $f(x)=2x^3-3x^2-12x+1$,$f'(x)=6x^2-6x-12=0$,得驻点 $x_1=-1$ 及 $x_2=2$,又 $f''(x)=12x-6$,从而 $f''(-1)<0$,所以 $x=-1$ 是极大值点;而 $f''(2)>0$,所以 $x=2$ 是极小值点.

三、利用函数单调性证明不等式

证明不等式常用以下原理:

原理 1 若当 $f(a)\geqslant 0$,且 $x>a$ 时,$f'(x)>0$(或$\geqslant 0$),则当 $x>a$ 时,有

$$f(x)>f(a)\geqslant 0 \quad (\text{或 } f(x)\geqslant f(a)\geqslant 0).$$

原理 2 如果函数 $f(x)$在区间 I 上的唯一驻点 x_0 是极小值点,且 $f(x_0)\geqslant 0$,则

$$f(x)>0 \quad (x\in I \text{ 且 } x\neq x_0).$$

我们在 §3.1 曾用微分中值定理证明过不等式 $e^x>1+x\ (x\neq 0)$,现在再另外用两个方法证明它.

例 4 证明:$e^x>1+x\ (x\neq 0)$.

证 *方法 1* 令 $f(x)=e^x-1-x$,则 $f(0)=0$,$f'(x)=e^x-1\begin{cases}>0, & x>0,\\ <0, & x<0.\end{cases}$

当 $x>0$ 时,$f(x)$严格单调增加,所以 $f(x)>f(0)=0$;

当 $x<0$ 时,$f(x)$严格单调减少,所以 $f(x)>f(0)=0$.

总之,当 $x\neq 0$ 时,有 $f(x)>f(0)=0$,即 $e^x>1+x$.

方法 2 令 $f(x)=e^x-1-x$,则 $f'(x)=e^x-1$,从而只有唯一驻点 $x=0$. 因为

$$f''(x)=e^x\big|_{x=0}=1>0,$$

所以唯一驻点 $x=0$ 是极小值点. 故当 $x\neq 0$ 时,$f(x)>f(0)=0$,即当 $x\neq 0$ 时,$e^x>1+x$.

例 5 证明:对 $\forall\, x>0$,有 $\sin x>x-\frac{x^3}{6}$.

证 令 $f(x)=\sin x-x+\frac{x^3}{6}$,则 $f(0)=0$,且

$$f'(x)=\cos x-1+\frac{x^2}{2},\quad f'(0)=0.$$

由于不能确定 $f'(x)$ 的符号，可用 $f''(x)$ 来判别 $f(x)$ 的符号．因为当 $x>0$ 时，

$$f''(x)=x-\sin x>0 \quad (因\ x=|x|>|\sin x|\geqslant \sin x),$$

从而当 $x>0$ 时，$f'(x)$ 严格单调增加，所以 $f'(x)>f'(0)=0$．故当 $x>0$ 时，$f(x)$ 严格单调增加，从而 $f(x)>f(0)=0$，即当 $x>0$ 时，

$$\sin x>x-\frac{x^3}{6}.$$

四、函数的最值

我们知道，若函数 $f(x)$ 在闭区间 $[a,b]$ 上连续，则 $f(x)$ 在 $[a,b]$ 上一定存在最大值和最小值（统称为最值）．以下是求最值的步骤：

(1) 先求出 $f(x)$ 在 (a,b) 上的所有驻点和 $f'(x)$ 不存在的点 $x_1,x_2,\cdots,x_k$；

(2) 再把上述各点的函数值与端点函数值 $f(a),f(b)$ 作比较，最大的就是最大值，最小的就是最小值．

当然，如果 $f(x)$ 存在最值，且其唯一驻点 x_0 是极值点，则 $f(x_0)$ 是 $f(x)$ 在 $[a,b]$ 上的最值．

例 6 求函数 $f(x)=x^4-8x^2+1$ 在 $[-1,3]$ 上的最值．

解 由 $f'(x)=4x^3-16x=4x(x-2)(x+2)=0$ 得三个驻点 $x=0,x=\pm 2$，舍去 $-2\notin[-1,3]$．因为

$$f(0)=1,\quad f(2)=-15,\quad f(-1)=-6,\quad f(3)=10,$$

所以最大值 $M=f(3)=10$，最小值 $m=f(2)=-15$．

习 题 3.3

1. 求下列函数的单调区间和极值：

(1) $y=2x^3-6x^2-18x+7$；　　(2) $y=(x-5)^2\sqrt[3]{(x+1)^2}$；

(3) $y=xe^{-2x}$；　　(4) $y=\dfrac{\ln x}{x}$；

(5) $y=x^4-2x^3+1$；　　(6) $y=x^2e^{-x^2}$．

2. 求下列函数的最值：

(1) $f(x)=2x^3-3x^2,x\in[-2,1]$；　　(2) $y=\dfrac{x-1}{x+1},x\in[0,4]$；

(3) $y=3\sqrt[3]{x^2}-2x,x\in[-1,2]$；　　(4) $y=xe^{-x^2},x\in[-1,1]$．

3. 用函数的单调性证明下列不等式：

(1) $\ln x>\dfrac{2(x-1)}{x+1}\ (x>1)$；　　(2) $e^x>1+x+\dfrac{1}{2}x^2\ (x>0)$；

(3) $\frac{1}{x}+\frac{1}{\ln(1-x)}<1$ ($x<1$,且 $x\neq 0$).

4. 设 $p>1$,证明不等式$\frac{1}{2^{p-1}}\leqslant x^p+(1-x)^p\leqslant 1, x\in[0,1]$.

(提示:考虑 $f(x)=x^p+(1-x)^p$ 在$[0,1]$上的最大值和最小值)

5. a 为何值时,$f(x)=a\sin x+\frac{1}{3}\sin 3x$ 在 $x=\frac{\pi}{3}$处取到极值,是极大值还是极小值?

6. 证明方程 $x^3+x^2+2x-1=0$ 在$(0,1)$内只有唯一实根.

§3.4 曲线的凹凸性和拐点

前面一节我们讨论了函数的单调性. 但是函数在单调增加(或减少)时常有两种形式:可以像图 3-4(a)(或图 3-4(c))一样以凹的形式增加(或减少),也可以像图 3-4(b)(或图 3-4(d))一样以凸的形式增加(或减少). 本节将讨论的就是曲线的凹凸性.

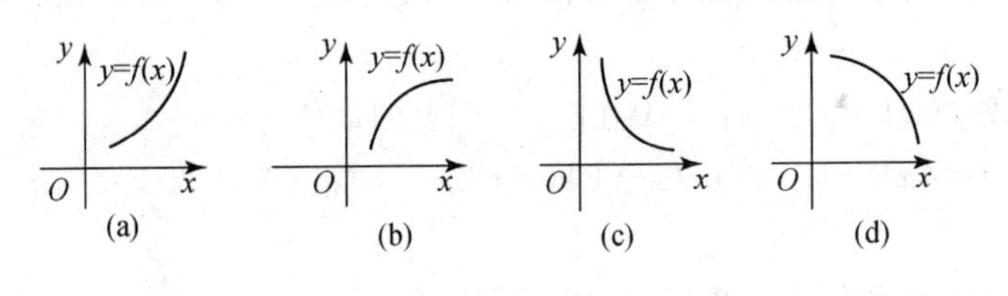

图 3-4

定义 1 设函数 $y=f(x)$在区间 I 上连续,在 I 上任取两点 x_1 和 x_2.

(1) 如果 $f\left(\frac{x_1+x_2}{2}\right)<\frac{f(x_1)+f(x_2)}{2}$,则称曲线弧 $y=f(x)$在 I 上是**凹的**,并称区间 I 为曲线的**凹区间**(如图 3-5(a));

(2) 如果 $f\left(\frac{x_1+x_2}{2}\right)>\frac{f(x_1)+f(x_2)}{2}$,则称曲线弧 $y=f(x)$在 I 上是**凸的**,并称区间 I 为曲线的**凸区间**(如图 3-5(b)).

从图 3-5(a),(b)容易看出,对于光滑曲线,若曲线是凹的,其上任一点处的切线总在曲线的下方;相反地,若曲线是凸的,其上任一点处的切线总在曲线的上方. 从图 3-5(a),(b)还可看出,若曲线是凹的,其切线的斜率随着 x 增大而增大,即 $f'(x)$是严格单调增加的;若曲线是凸的,其切线的斜率随着 x 增大而减少,即 $f'(x)$是严格单调减少的. 由此可得如下判别曲线凹凸性的方法.

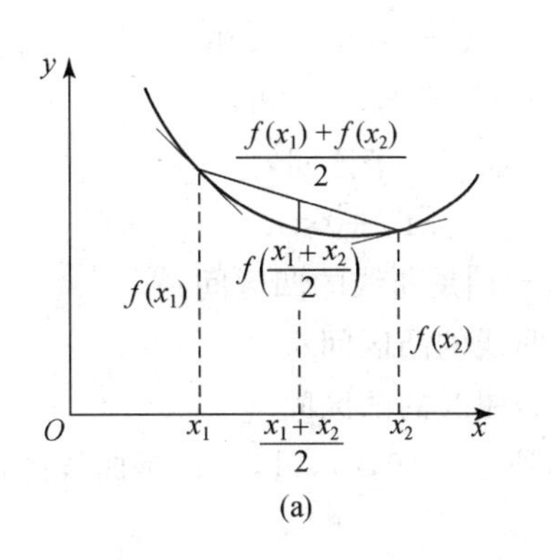

(a)

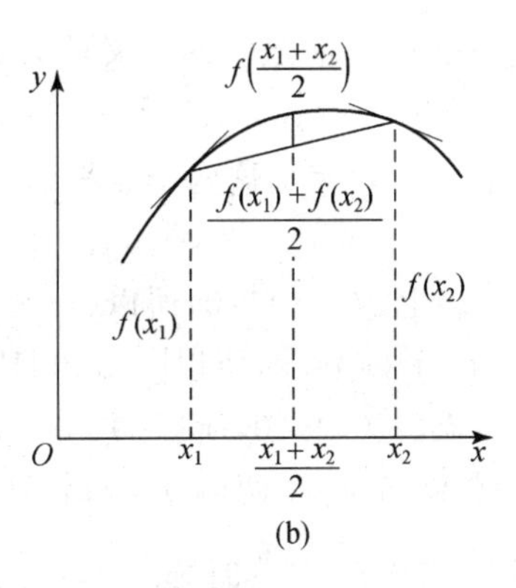

(b)

图 3-5

定理 1(曲线凹凸性的判别) 如果函数 $y=f(x)$在区间 I 上二阶可导，且 $f''(x)>0$(或 $f''(x)<0$)，则曲线 $y=f(x)$在区间 I 是凹(或凸)的，区间 I 是曲线的凹(或凸)区间.

定义 2 若连续曲线 $y=f(x)$在点 $M_0(x_0,f(x_0))$两侧的凹凸性改变，则称点 M_0 为曲线的拐点.

定理 2(拐点的必要条件) 如果$(x_0,f(x_0))$是曲线 $y=f(x)$的拐点，且 $y=f(x)$在点 x_0 处二阶可导，则必有 $f''(x_0)=0$.

由定理 1，定理 2 及拐点的定义，我们可用以下方法求拐点：先求出 $f''(x)=0$ 的点和 $f''(x)$不存在的点 x_0，然后在点 x_0 的左、右两侧判断 $f''(x)$的符号：

(1) 若在 x_0 两侧 $f''(x)$的符号相反，则点$(x_0,f(x_0))$是拐点；

(2) 若在 x_0 两侧 $f''(x)$的符号相同，则点$(x_0,f(x_0))$不是拐点.

例 1 求曲线 $y=f(x)=3x^{\frac{5}{3}}+\frac{5}{3}x^2$ 的凹凸区间和拐点.

解 函数 $y=f(x)=3x^{\frac{5}{3}}+\frac{5}{3}x^2$ 的定义域为 $D_f=(-\infty,+\infty)$. 由

$$f'(x)=5x^{\frac{2}{3}}+\frac{10}{3}x,\quad f''(x)=\frac{10}{3}x^{-\frac{1}{3}}+\frac{10}{3}=\frac{10}{3}\cdot\frac{1+\sqrt[3]{x}}{\sqrt[3]{x}},$$

令 $f''(x)=0$，得点 $x=-1$. 又 $f''(x)$不存在的点是 $x=0$. 这两点把 D_f 分成三个子区间：

$$(-\infty,-1],\quad [-1,0],\quad [0,+\infty).$$

在$(-\infty,-1)$上，$f''(x)>0$，且 $f(x)$在 $x=-1$ 处连续，所以$(-\infty,-1]$是曲线的凹区间；在$(-1,0)$上，$f''(x)<0$，且 $f(x)$在 $x=-1,0$ 处连续，所以$[-1,0]$是曲线的凸区间；在$(0,+\infty)$上，$f''(x)>0$，且 $f(x)$在 $x=0$ 处连续，所以$[0,+\infty)$是曲线的凹区间.

由于在点 $x=-1$ 和 $x=0$ 两侧 $f''(x)$异号，所以$\left(-1,-\frac{4}{3}\right)$和$(0,0)$都是曲线的拐点.

例 2 求曲线 $y=3x^4-6x^3+2$ 的凹凸区间和拐点.

解 函数 $y=3x^4-6x^3+2$ 的定义域为 $D_f=(-\infty,+\infty)$. 由

$$y'=12x^3-18x^2,\quad y''=36x^2-36x,$$

令 $y''=0$,得点 $x_1=0,x_2=1$. 这两个点将 D_f 分成三个子区间:

$$(-\infty,0],\quad [0,1],\quad [1,+\infty).$$

在 $(-\infty,-1)$ 上,$f''(x)>0$,所以 $(-\infty,-1]$ 是曲线的凹区间;

在 $(-1,0)$ 上,$f''(x)<0$,所以 $[-1,0]$ 是曲线的凸区间;

在 $(0,+\infty)$ 上,$f''(x)>0$,所以 $[0,+\infty)$ 是曲线的凹区间.

由于在 $x=0$ 点和 $x=1$ 两侧 $f''(x)$ 异号,所以点 $(0,2)$,$(1,-1)$ 是曲线的拐点.

例 3 证明:当 $0<x<\frac{\pi}{2}$ 时,$\sin x>\frac{2}{\pi}x$.

证 记 $f(x)=\sin x-\frac{2}{\pi}x$,则 $f(0)=0=f\left(\frac{\pi}{2}\right)$,且

$$f'(x)=\cos x-\frac{2}{\pi},\quad f''(x)=-\sin x.$$

在 $\left(0,\frac{\pi}{2}\right)$ 上,$f''(x)=-\sin x<0$,所以曲线在 $\left[0,\frac{\pi}{2}\right]$ 上是凸的. 又 $f(0)=f\left(\frac{\pi}{2}\right)=0$,所以在 $\left(0,\frac{\pi}{2}\right)$ 上,有

$$f(x)>0,\quad 即\quad \sin x>\frac{2}{\pi}x.$$

***例 4** 证明不等式:$\frac{x^n+y^n}{2}>\left(\frac{x+y}{2}\right)^n$ $(n>1,x>0,y>0$ 且 $x\neq y)$.

证 令 $f(t)=t^n$,则当 $n>1,t>0$ 时,有

$$f'(t)=nt^{n-1},\quad f''(t)=n(n-1)t^{n-2}>0.$$

所以曲线 $y=f(t)$ 在 $[0,+\infty)$ 上是凹的,从而对 $\forall x>0,y>0,x\neq y$,有

$$\frac{f(x)+f(y)}{2}>f\left(\frac{x+y}{2}\right),\quad 即\quad \frac{x^n+y^n}{2}>\left(\frac{x+y}{2}\right)^n.$$

习 题 3.4

1. 求下列曲线的凹凸区间和拐点:

(1) $y=x^4-2x^3+1$;　　(2) $y=x+x^{\frac{5}{3}}$;　　(3) $y=\frac{\ln x}{x}$;

(4) $y=\ln(x^2+1)$;　　(5) $y=x^2+\ln x$.

2. 曲线 $y=(x-1)^2(x-3)^2$ 有几个拐点?

3. 证明:当 $x\neq y$ 时,$\frac{e^x+e^y}{2}>e^{\frac{x+y}{2}}$.

§3.5 曲线的渐近线和函数图像的描绘

一、曲线的渐近线

当一条平面曲线伸向无穷远处时，一般很难把它画准确，但是如果曲线伸向无穷远处时能渐渐趋向一条直线，那就能又快又好地画出它的走向趋势.

如果曲线上的动点沿曲线趋于无穷远时，此点与某直线的距离趋于零，则称此直线是曲线的**渐近线**.

1. 垂直渐近线

定义 1 如果 $\lim\limits_{x\to x_0^+} f(x)=\infty$ 或者 $\lim\limits_{x\to x_0^-} f(x)=\infty$，则称直线 $x=x_0$ 为曲线 $y=f(x)$ 的**垂直渐近线**.

例如，由于 $\lim\limits_{x\to 0^+}\ln x=-\infty$，所以直线 $x=0$（y 轴）是对数曲线 $y=\ln x$ 的垂直渐近线. 又比如，由于 $\lim\limits_{x\to 1}\dfrac{1}{x^2-1}=\infty$，$\lim\limits_{x\to -1}\dfrac{1}{x^2-1}=\infty$，所以直线 $x=1$ 和 $x=-1$ 都是曲线 $y=\dfrac{1}{x^2-1}$ 的垂直渐近线. 可见，如果点 x_0 是 $f(x)$ 的无穷间断点，则直线 $x=x_0$ 是曲线 $y=f(x)$ 的垂直渐近线.

2. 水平渐近线

定义 2 如果 $\lim\limits_{x\to +\infty} f(x)=c$ 或者 $\lim\limits_{x\to -\infty} f(x)=c$，则称直线 $y=c$ 为曲线 $y=f(x)$ 的**水平渐近线**.

该定义中的极限等价于 $\lim\limits_{x\to +\infty}(f(x)-c)=0$ 或者 $\lim\limits_{x\to -\infty}(f(x)-c)=0$，前者的含义就是当 $x\to+\infty$ 时，曲线上的点与直线 $y=c$ 的距离趋于零；而后者的含义就是当 $x\to-\infty$ 时，曲线上的点与直线 $y=c$ 的距离趋于零.

例如，$\lim\limits_{x\to\infty}\dfrac{1}{x}=0$，$\lim\limits_{x\to +\infty} \mathrm{e}^{-x}=0$，$\lim\limits_{x\to -\infty} \mathrm{e}^{x}=0$，因此直线 $y=0$（x 轴）是三条曲线 $y=\dfrac{1}{x}$，$y=\mathrm{e}^x$，$y=\mathrm{e}^{-x}$ 的水平渐近线.

例 1 下列曲线是否有水平渐近线或垂直渐近线？

(1) $y=\arctan x$； (2) $y=\mathrm{e}^{1/x}$； (3) $y=\dfrac{\ln x}{x}$.

解 (1) 显然 $y=\arctan x$ 在 $(-\infty,+\infty)$ 内连续，所以曲线没有垂直渐近线. 又因为

$$\lim_{x\to+\infty}\arctan x=\frac{\pi}{2},\quad \lim_{x\to-\infty}\arctan x=-\frac{\pi}{2},$$

所以曲线 $y=\arctan x$ 有两条水平渐近线 $y=\frac{\pi}{2}$ 和 $y=-\frac{\pi}{2}$.

(2) 虽然 $\lim\limits_{x\to 0^-} e^{1/x}=0$,但 $\lim\limits_{x\to 0^+} e^{1/x}=\infty$,所以曲线 $y=e^{1/x}$ 有垂直渐近线 $x=0$.

又因为 $\lim\limits_{x\to\infty} e^{1/x}=1$,所以曲线 $y=e^{1/x}$ 有水平渐近线 $y=1$.

(3) 因为 $\lim\limits_{x\to 0^+}\frac{\ln x}{x}=-\infty$,所以曲线 $y=\frac{\ln x}{x}$ 有垂直渐近线 $x=0$.

又因为 $\lim\limits_{x\to+\infty}\frac{\ln x}{x}=0$(应用洛必达法则求极限),所以曲线 $y=\frac{\ln x}{x}$ 有水平渐近线 $y=0$.

3. 斜渐近线

定义 3 如果 $\lim\limits_{x\to+\infty}[f(x)-(ax+b)]=0$ 或者 $\lim\limits_{x\to-\infty}[f(x)-(ax+b)]=0$,其中 a,b 为常数,且 $a\neq 0$,则称直线 $y=ax+b$ 为曲线 $y=f(x)$ 的**斜渐近线**.

该定义的含义就是:当 $x\to+\infty$ 或者 $x\to-\infty$ 时,曲线 $y=f(x)$ 上的点与直线 $y=ax+b$ 的距离趋于零.

那么,如何判别曲线有没有斜渐近线呢?如果有,又如何求出渐近线 $y=ax+b$(即求 a 和 b)?一般做法如下:

(1) 确定 a:因为

$$\lim_{\substack{x\to+\infty\\ \text{或}x\to-\infty}}\left[\frac{f(x)}{x}-a-\frac{b}{x}\right]=\lim_{\substack{x\to+\infty\\ \text{或}x\to-\infty}}\left[(f(x)-ax-b)\frac{1}{x}\right]=0\cdot 0=0,$$

所以

$$a=\lim_{\substack{x\to+\infty\\ \text{或}x\to-\infty}}\frac{f(x)}{x}.$$

(2) 确定 b:由

$$\lim_{\substack{x\to+\infty\\ \text{或}x\to-\infty}}[f(x)-ax-b]=0$$

可得

$$b=\lim_{\substack{x\to+\infty\\ \text{或}x\to-\infty}}[f(x)-ax],$$

其中 a 由(1)已确定.

例 2 求曲线 $y=\frac{(x-1)^3}{(x+1)^2}$ 的渐近线.

解 因为 $\lim\limits_{x\to-1}f(x)=\infty$,所以曲线有垂直渐近线 $x=-1$.

又因为

$$a=\lim_{x\to\infty}\frac{f(x)}{x}=\lim_{x\to\infty}\frac{x^3(1-1/x)^3}{x^2\cdot x(1+1/x)^2}=1,$$

且

$$b=\lim_{x\to\infty}[f(x)-ax]=\lim_{x\to\infty}\left[\frac{(x-1)^3}{(x+1)^2}-1\cdot x\right]$$
$$=\lim_{x\to\infty}\frac{-5x^2+2x-1}{(x+1)^2}=-5,$$

所以 $y=x-5$ 是曲线的斜渐近线.

二、函数作图

函数 $y=f(x)$图形的描绘,一般步骤是:

(1) 求函数 $y=f(x)$的定义域 D_f,讨论函数 $f(x)$的奇偶性、周期性,以及求 $f'(x)$,$f''(x)$;

(2) 求使 $f'(x)=0$,$f''(x)=0$ 的点,$f'(x)$,$f''(x)$不存在的点以及 $f(x)$的间断点,并利用这些点将 D_f 划分为若干个小区间;

(3) 列表讨论在各个小区间上函数 $f(x)$的单调性和极值以及曲线 $y=f(x)$的凹凸性和拐点;

(4) 求曲线 $y=f(x)$的渐近线;

(5) 作若干辅助点.如曲线与坐标轴的交点(容易求得);区间跨度较大者增添若干个点:如极值点、拐点等.

综合上述信息,就可描绘函数的图形.

例 3 作函数 $y=\dfrac{(x-3)^2}{4(x-1)}$的图形.

解 (1) 定义域 $D_f=(-\infty,1)\cup(1,+\infty)$.

$$f'(x)=\frac{2(x-3)(x-1)-(x-3)^2\cdot 1}{4(x-1)^2}=\frac{(x-3)(x+1)}{4(x-1)^2},$$

$$f''(x)=\frac{1}{4}\cdot\frac{2(x-1)(x-1)^2-(x-3)(x+1)\cdot 2(x-1)}{(x-1)^4}=\frac{2}{(x-1)^3}.$$

(2) 令 $f'(x)=0$,得 $x_1=3$, $x_2=-1$;$f''(x)\neq 0$;$f(x)$的间断点:$x_3=1$.

(3) 列表讨论:

x	$(-\infty,-1)$	-1	$(-1,1)$	1	$(1,3)$	3	$(3,+\infty)$
$f'(x)$	+	0	−	不存在	−	0	+
$f''(x)$	−	−	−	不存在	+	+	+
$f(x)$	↗(凸)	极大值−2	↘(凸)	不存在	↘(凹)	极小值 0	↗(凹)

注 表中符号"↗(凸)"(或"↗(凹)")表示函数严格单调增加,且其图像是凸(或凹)的;符号"↘(凸)"(或"↘(凹)")表示函数严格单调减少,且其图像是凸(或凹)的.

(4) 求渐近线：

因为$\lim\limits_{x\to 1}f(x)=\infty$，所以 $x=1$ 是曲线的垂直渐近线.

又因为

$$\lim_{x\to\infty}\frac{f(x)}{x}=\lim_{x\to\infty}\frac{x^2\left(1-\frac{3}{x}\right)^2}{x\cdot x\cdot 4\left(1-\frac{1}{x}\right)}=\frac{1}{4},\quad \lim_{x\to\infty}\left(f(x)-\frac{1}{4}x\right)=\lim_{x\to\infty}\frac{-5x+9}{4(x-1)}=-\frac{5}{4},$$

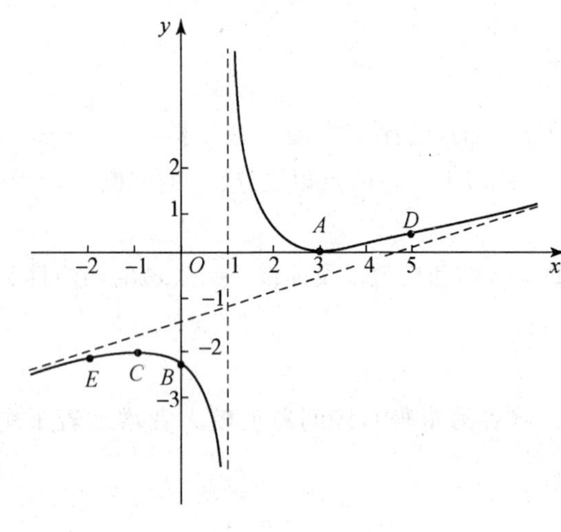

图 3-6

所以 $y=\frac{1}{4}x-\frac{5}{4}$是曲线的斜渐近线.

(5) 曲线与坐标轴的交点：$A(3,0)$，$B\left(0,-\frac{9}{4}\right)$；其他特殊点：$C(-1,-2)$，$D\left(5,\frac{1}{4}\right)$，$E\left(-2,-2\frac{1}{12}\right)$. 曲线无拐点.

综合上述信息，作图(如图 3-6).

例 4 作函数 $y=\mathrm{e}^{-x^2/2}$的图形.

解 (1) 定义域为 $D_f=(-\infty,+\infty)$.

因为 $f(-x)=f(x)$，所以函数的图形关于 y 轴为对称.

函数的一、二阶导数分别为

$$f'(x)=-x\mathrm{e}^{-x^2/2},\quad f''(x)=(x+1)(x-1)\mathrm{e}^{-x^2/2}.$$

(2) 令 $f'(x)=0$，得 $x_1=0$；令 $f''(x)=0$，得 $x_2=-1,x_3=1$.

(3) 列表讨论：

x	$(-\infty,-1)$	-1	$(-1,0)$	0	$(0,1)$	1	$(1,+\infty)$
$f'(x)$	+	+	+	0	−	−	−
$f''(x)$	+	0	−		+	+	+
$f(x)$	⤴	拐点	⤴	极大值 1	⤵	拐点	⤵

(4) 求渐近线：因为$\lim\limits_{x\to\infty}f(x)=0$，所以有水平渐近线 $y=0$.

(5) 与坐标轴的交点：$(0,1)$；拐点：$(\pm 1,\mathrm{e}^{-1/2})$.

综合上述信息，作图(如图 3-7).

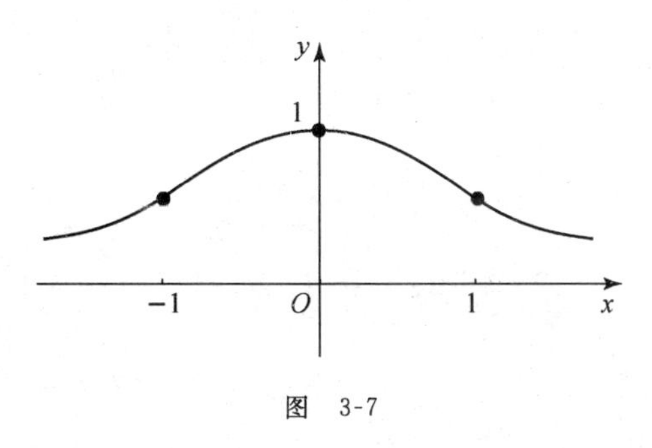

图 3-7

习 题 3.5

1. 求下列曲线的渐近线：

(1) $y=\dfrac{e^x}{x+1}$； (2) $y=x+\arctan x$； (3) $y=\dfrac{x^2+1}{x-1}$.

2. 设极限 $\lim\limits_{x\to+\infty}(\sqrt{x^2-x+1}-ax-b)=0$，求 a,b，并说明极限式的几何意义.

3. 作下列函数的图形：

(1) $y=\dfrac{x}{1+x^2}$； (2) $y=\dfrac{\ln x}{x}$； (3) $y=x+e^{-x}$； (4) $y=\dfrac{e^x-e^{-x}}{2}$.

§3.6 经济最值问题

一、平均成本最低问题

在实际生产中，常遇到这样的问题：在给定的生产规模条件下，如何确定产量才能使平均成本最低？

设厂商生产某产品的总成本函数为 $C=C(Q)$，其中 Q 为产量，则平均成本

$$\overline{C}(Q)=\frac{C(Q)}{Q}.$$

于是有

$$C(Q)=Q\overline{C}(Q),\quad C'(Q)=\overline{C}(Q)+Q\overline{C}'(Q).$$

由极值存在的必要条件（费马定理）知，使平均成本为最小的产量 Q_0 应满足

$$\overline{C}'(Q_0)=\left.\frac{QC'(Q)-C(Q)}{Q^2}\right|_{Q=Q_0}=\left.\frac{1}{Q}\left(C'(Q)-\frac{C(Q)}{Q}\right)\right|_{Q=Q_0}$$

$$=\frac{1}{Q_0}\left[C'(Q_0)-\overline{C}(Q_0)\right]=0,$$

从而有 $C'(Q_0)=\overline{C}(Q_0)$. 这就是经济学中的一个重要结论：使平均成本最低的产量，正是使

边际成本等于平均成本时的产量.

例 1 设生产某产品的总成本函数为 $C(Q)=4Q^2+10Q+16$,其中 Q 为产量,求平均成本最低时的产量.

解 由 $C(Q)=4Q^2+10Q+16$ 得

$$\overline{C}(Q)=\frac{C(Q)}{Q}=4Q+10+\frac{16}{Q},\quad \overline{C}'(Q)=4-\frac{16}{Q^2}.$$

令 $\overline{C}'(Q)=0$,得 $Q=2$. 因为 $\overline{C}''(2)=\left.\frac{32}{Q^3}\right|_{Q=2}>0$,所以 $Q_0=2$ 为极小值点,即当产量为 2 时,平均成本最低. 此时

$$C'(2)=(8Q+10)\big|_{Q=2}=26=\overline{C}(2).$$

二、最大利润问题(税前或免税情况)

设总收益函数为 $R(Q)$,总成本函数为 $C(Q)$,其中 Q 为产量,则总利润函数

$$L(Q)=R(Q)-C(Q).$$

如果已知需求函数 $P=f(Q)$,则 $R(Q)=PQ=f(Q)Q$.

先求 $L(Q)$ 的驻点 Q_0. 由 $L'(Q_0)=0$ 得 $R'(Q_0)-C'(Q_0)=0$,即 $R'(Q_0)=C'(Q_0)$. 如果 $L''(Q_0)<0$,则 Q_0 就是最大值点. 于是有:

最大利润原则:在获得最大利润时的产量 Q_0 处,边际收益等于边际成本.

例 2 设某产品的需求函数为 $P=40-4Q$,总成本函数为 $C(Q)=2Q^2+4Q+10$,其中 Q 为产量,求厂商取得最大利润时产品的产量和单价.

解 总收益函数为

$$R(Q)=QP=Q(40-4Q)=40Q-4Q^2,$$

总利润函数为

$$L(Q)=R(Q)-C(Q)=40Q-4Q^2-2Q^2-4Q-10=36Q-6Q^2-10.$$

令 $L'(Q)=36-12Q=0$,得唯一驻点 $Q_0=3$. 又 $L''(3)=-12<0$,所以 $Q_0=3$ 是最大值点. 此时 $P=40-4Q_0=40-12=28$. 因此,当产品的产量为 3,单价为 28 时,厂商取得最大利润.

三、最大利润问题(税后情况)和最大征税收益问题

设政府以税率 t(单位产品的征收税额)对厂商的产品征税,厂商在纳税的情况下仍以最大利润为目标,而政府也要确定税率 t 以使征税收益最大. 此时总利润函数为

$$L_t(Q)=R(Q)-C(Q)-T=R(Q)-C(Q)-tQ,$$

其中 Q 为产量,$T=tQ$ 为税款.

下面记以税率 t 纳税后厂商获得最大利润时产品产量为 Q_t,单价为 P_t,则征税收益 $T=tQ_t$.

例 3 设某产品的需求函数和总成本函数分别为

$$P=40-4Q,\quad C(Q)=2Q^2+4Q+10,$$

其中 Q 为产量.若政府对产品以税率 t 征税,求:

(1) 厂商以税率 t 纳税后,获得最大利润时的产量 Q_t 和单价 P_t 以及征税收益 T.

(2) 在 $t=12$ 和 $t=30$ 时,分别求厂商获得最大利润时的产量和单价以及征税收益.

(3) 税率 t 为多少时,征税收益最大? 此时产量和单价为多少?

解 (1) 纳税后的总利润函数为

$$L_t(Q)=R(Q)-C(Q)-tQ=36Q-6Q^2-10-tQ.$$

由 $L_t'(Q)=36-12Q-t=0$ 得唯一驻点 $Q_t=\dfrac{36-t}{12}$,又 $L_t''(Q_t)<0$,所以 $Q_t=\dfrac{36-t}{12}$是最大值点.此时

$$P_t=40-4Q_t=28+\frac{t}{3}.$$

因此,若以税率 t 纳税,当产量 $Q_t=\dfrac{36-t}{12}$,单价 $P_t=28+\dfrac{t}{3}$时,厂商获得最大利润,此时征税收益

$$T=tQ_t=\frac{36t-t^2}{12}.$$

(2) 把 $t=12$ 代入上述各式,得

$$Q_{12}=\frac{36-12}{12}=2,\quad P_{12}=28+\frac{12}{3}=32,\quad T=tQ_t=12\times 2=24.$$

再把 $t=30$ 代入,得

$$Q_{30}=\frac{36-30}{12}=\frac{1}{2},\quad P_{30}=28+\frac{30}{3}=38,\quad T=tQ_t=30\times\frac{1}{2}=15.$$

注 当 $t=0$ 时,代入即可得到与例 2 一样的结果.

(3) 由(1)知,征税收益为 $T=tQ_t=\dfrac{36t-t^2}{12}$.令

$$T'=\frac{36-2t}{12}=0,$$

得唯一驻点 $t_0=18$,又 $T''(18)<0$,所以 $t_0=18$ 为最大值点.因此,当税率 $t=t_0=18$ 时,征税收益最大,此时

$$Q_{t_0}=\frac{36-18}{12}=1.5,\quad P_{t_0}=40-4Q_{t_0}=40-4\times 1.5=34,$$

$$T=t_0Q_{t_0}=18\times 1.5=27.$$

所以,当税率 $t=18$ 时,征税收益最大为 27,此时产量为 1.5,单价为 34.

注 当免税时,产品单价为 28;当厂商以税率 18 纳税时,产品单价为 34.在税款 27 中,

顾客承担的部分为$(34-28)Q_{t_0}=6\times1.5=9$,而厂商承担$27-9=18$.

四、最优批量问题

设在一个计划期内(如一季度、一年),某超市销售某商品的总量为a,分几批订购进货.批量(每批订购数量称为批量)多,则订购的批次少,订购的费用就少,但库存保管费用就增多.我们的问题是:如何确定最优批量,使得订购费和库存保管费之和最小?

已知总量为a,设批量为x,则订购批次为$\frac{a}{x}$,订购费用=每批订购费$\times\frac{a}{x}$.

在库存保管方面,总假设商品是由仓库均匀提取投放市场.在每一批订购进库的周期内,开始一天库存量最大(为批量x),最后一天用完为零(紧接第二批订购进库).在这种假设下,平均库存量为批量的一半,库存保管费=每件库存费$\times\frac{x}{2}$.

下面以例子说明如何确定最优批量.

例 4 设某商场计划一年内销售某商品10万件,每次订购费用100元,库存保管费为每件0.05元,求最优批量,使得订购费用与库存保管费用之和最小.

解 设批量为x(单位:件),则分$\frac{10^5}{x}$批订购,总费用为

$$f(x)=\frac{10^5}{x}\cdot10^2+\frac{x}{2}\cdot0.05.$$

由$f'(x)=-\frac{10^7}{x^2}+\frac{0.05}{2}=0$解得唯一驻点$x=2\times10^4$.因为$f''(2\times10^4)>0$,所以$x=2\times10^4$为最小值点.故最优批量为2万件$\left(\text{即最优批次是}\frac{10^5}{2\times10^4}=5\right)$,这时可使总费用最小.

习 题 3.6

1. 设生产某产品的总成本函数为$C(Q)=100+6Q+\frac{1}{4}Q^2$(单位:万元),其中$Q$为产量,求平均成本最小时的产量以及最低平均成本和此时的边际成本.

2. 设厂商生产某产品的总成本函数为$C(Q)=3Q+1$(单位:万元),需求函数为$P=7-0.2Q$(单位:万元/吨),其中Q为产量.政府以税率t(单位:万元/吨)对该产品征税,厂商以最大利润为目标.

(1) 以税率t纳税后,求厂商获得最大利润时的产量和单价以及征税收益.

(2) 当$t=0$时(免税),求厂商获得最大利润时的产量和单价以及征税收益.

(3) t为多少时,征税收益最大?此时产量和单价为多少?最大征税收益为多少?

3. 某超市年销售某商品5000台.设每次进货费用40元,每台价格和库存保管费率分别为200元和20%,求最优批量,使得总费用最小.

4. 某工厂年计划生产某产品 100 万件. 已知每批生产需增加生产准备费 1000 元，每件库存费 0.05 元. 假设库存是均匀的，问：应分几批生产能使总费用最小？

复 习 题 三

1. 设$\frac{a_0}{n+1}+\frac{a_1}{n}+\frac{a_2}{n-1}+\cdots+\frac{a_n}{1}=0$，证明：方程

$$a_0x^n+a_1x^{n-1}+\cdots+a_n=0$$

至少有一个小于 1 的正根.

2. 设函数 $f(x)$在$[0,1]$上连续，在$(0,1)$内可导，且 $f(1)=0$，证明：

(1) 在$(0,1)$内至少存在一点 ξ，使得 $f(\xi)+\xi f'(\xi)=0$；

(2) 在$(0,1)$内至少存在一点 η，使得 $f(\eta)+f'(\eta)=-\mathrm{e}^{-\eta}f(0)$.

3. 求下列极限：

(1) $\lim\limits_{x\to0}\frac{x-\arcsin x}{\ln(1+x^3)}$；　(2) $\lim\limits_{x\to0}\frac{\mathrm{e}^{-1/x^2}}{x^{100}}$；　(3) $\lim\limits_{x\to+\infty}\sqrt{x}(\sqrt[x]{x}-1)$；

(4) $\lim\limits_{x\to1}\frac{\mathrm{e}^{x^2}-\mathrm{e}}{\ln x}$；　(5) $\lim\limits_{x\to+\infty}f(x)$和$\lim\limits_{x\to-\infty}f(x)$，其中 $f(x)=\frac{\mathrm{e}^x-2x}{\mathrm{e}^x+3x}$；

(6) $\lim\limits_{x\to0}\left(\cot x-\frac{1}{x}\right)$；　(7) $\lim\limits_{x\to\infty}x\left[\left(1+\frac{1}{x}\right)^x-\mathrm{e}\right]$；　(8) $\lim\limits_{x\to1}x^{\frac{1}{1-x}}$.

4. 证明：

(1) 当 $x>0$ 时，$\mathrm{e}^x>1+x+\frac{x^2}{2}$；当 $x<0$ 时，$\mathrm{e}^x<1+x+\frac{x^2}{2}$.

(2) 对$\forall x>y>\mathrm{e}$，有 $x^y>y^x$.

5. 设函数 $f(x)=ax^3+bx^2+cx+d(a\neq0)$，讨论当系数 a,b,c 满足什么条件时，使得

(1) $f(x)$严格单调增加；　(2) $f(x)$有极值.

6. 设函数 $f(x)=(x-1)(x-2)(x-3)(x-4)(x-5)$，问：函数 $f(x)$有多少个极值点？曲线 $y=f(x)$有多少个拐点？

第四章 不定积分

在微分学中，导数是作为函数的变化率引进的．我们知道，当变速直线运动的路程函数为 $s=s(t)$ 时，物体在 t 时刻的瞬时速度 $v(t)$ 就是路程函数的导数 $s'(t)$，即 $v(t)=s'(t)$．反过来，若已知运动物体在任意 t 时刻的瞬时速度 $v=v(t)$，如何求出路程函数 $s(t)$ 呢？在许多实际问题中常常需要研究与其类似的反问题，即寻求一个可导函数，使得它的导函数等于已知函数．这也就是不定积分所讨论的基本问题之一．本章主要介绍不定积分的概念、性质及其计算方法．

§4.1　不定积分的概念与性质

一、原函数与不定积分的概念

定义 1　设函数 $f(x)$ 为定义在区间 I（有限区间或无限区间）上的函数．若存在函数 $F(x)$，使得其在该区间上的任一点都有

$$F'(x) = f(x) \quad (\text{或 } \mathrm{d}F(x) = f(x)\mathrm{d}x),$$

则称 $F(x)$ 为函数 $f(x)$ 在该区间上的一个**原函数**．

例如，因为 $(\sin x)'=\cos x$ 在区间 $(-\infty,+\infty)$ 上恒成立，所以 $\sin x$ 是 $\cos x$ 在区间 $(-\infty,+\infty)$ 上的一个原函数．

函数可导需要具备一定的条件，那么要保证一个函数的原函数存在，需要具备什么样的条件呢？在下一章定积分中我们将证明，如果函数 $f(x)$ 在区间 I 上连续，则在该区间上 $f(x)$ 的原函数一定存在，即连续函数必有原函数．由于初等函数在其定义区间上为连续函数，因此每个初等函数都有原函数，但初等函数的原函数却不一定是初等函数．

定理 1　如果 $F(x)$ 是函数 $f(x)$ 在区间 I 上的一个原函数，则 $F(x)+C$ 也是 $f(x)$ 在区间 I 上的原函数，其中 C 是任意常数．

证　因为 $F(x)$ 是在区间 I 上 $f(x)$ 的一个原函数，由定义有

$$F'(x) = f(x), \quad [F(x)+C]' = F'(x) = f(x) \quad (x \in I),$$

所以 $F(x)+C$ 也是 $f(x)$ 在区间 I 上的原函数.

此定理告诉我们,如果 $f(x)$ 的原函数存在,则其原函数不唯一,有无穷多个,$F(x)+C$ (C 为任意常数)都是 $f(x)$ 的原函数.

定理 2 如果 $F(x)$ 和 $G(x)$ 都是函数 $f(x)$ 在区间 I 上的原函数,则在区间 I 上 $F(x)$ 与 $G(x)$ 只差一个常数.

证 由已知条件可知

$$F'(x)=f(x),\quad G'(x)=f(x)\quad (x\in I),$$

所以,对 $\forall x\in I$,有

$$[F(x)-G(x)]'=F'(x)-G'(x)=f(x)-f(x)=0.$$

根据拉格朗日中值定理的推论有

$$F(x)-G(x)=C_0\quad (x\in I),$$

其中 C_0 为某个常数.

此定理说明,若 $F(x)$ 是 $f(x)$ 的一个原函数,则 $f(x)$ 的其他任何原函数均可表示为 $F(x)+C$ 的形式,也就是说 $F(x)+C$(C 为任意常数)包含了 $f(x)$ 的所有原函数. 由此我们给出不定积分的定义.

定义 2 设 $F(x)$ 是函数 $f(x)$ 在区间 I 上的一个原函数,则函数 $f(x)$ 的全体原函数 $F(x)+C$(其中 C 为任意常数)称为 $f(x)$ 在区间 I 上的**不定积分**,记做 $\int f(x)\mathrm{d}x$, 即

$$\int f(x)\mathrm{d}x=F(x)+C,$$

其中记号"$\int$"称为**积分号**,x 称为**积分变量**,$f(x)$ 称为**被积函数**,$f(x)\mathrm{d}x$ 称为**被积表达式**.

求已知函数的原函数的方法称为**不定积分法**. 另外,在本章以下的叙述中,除特殊说明外,C 均指任意常数.

例 1 求不定积分 $\int x^2\mathrm{d}x$.

解 因为 $\left(\frac{1}{3}x^3\right)'=x^2$,所以 $\int x^2\mathrm{d}x=\frac{1}{3}x^3+C.$

例 2 求不定积分 $\int\frac{1}{1+x^2}\mathrm{d}x.$

解 因为 $(\arctan x)'=\frac{1}{1+x^2}$,所以 $\int\frac{1}{1+x^2}\mathrm{d}x=\arctan x+C.$

二、不定积分的几何意义

设 $F(x)$ 是函数 $f(x)$ 的一个原函数,则 $y=F(x)$ 的图形为平面上的一条曲线,称为 $f(x)$ 的一条**积分曲线**. 所以 $\int f(x)\mathrm{d}x=F(x)+C$ 是由曲线 $y=F(x)$ 上、下平移 $|C|$ 而形成

的无穷多条积分曲线,称为**积分曲线族**. 如图 4-1 所示,它的特点是:在横坐标相同的点 x_0 处,各积分曲线的切线有相同的斜率,即在相同的点 x_0 处的各切线是平行的.

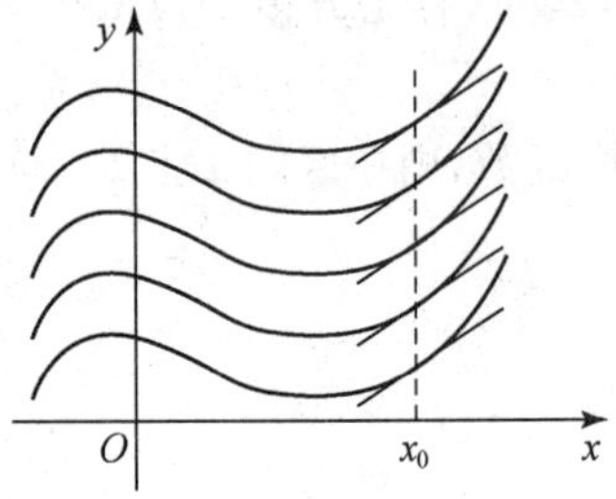

图 4-1

例 3 求过点(2,3)且在任一点 x 处的切线斜率为 $2x$ 的曲线方程.

解 设曲线方程为 $y=f(x)$. 因为在任一点处的切线曲线斜率为 $2x$,即 $y'=2x$,又 $\int 2x\mathrm{d}x=x^2+C$,所以曲线方程为

$$y=x^2+C_0,$$

其中 C_0 为待定常数. 又曲线经过点(2,3),因而有 $3=4+C_0$,即 $C_0=-1$,故所求曲线方程为$y=x^2-1$.

三、不定积分的基本性质

在以下性质中,均假定被积函数的原函数存在.

性质 1 求不定积分与求导数(或微分)互为逆运算:

(1) $\left[\int f(x)\mathrm{d}x\right]'=f(x)$ 或 $\mathrm{d}\int f(x)\mathrm{d}x=f(x)\mathrm{d}x$;

(2) $\int F'(x)\mathrm{d}x=F(x)+C$ 或 $\int \mathrm{d}F(x)=F(x)+C$.

也就是说,不定积分的导数等于被积函数;函数导数的不定积分与该函数相差一个任意常数.

性质 2 两个函数代数和的不定积分,等于两个函数不定积分的代数和,即

$$\int[f(x)\pm g(x)]\mathrm{d}x=\int f(x)\mathrm{d}x\pm\int g(x)\mathrm{d}x.$$

性质 3 非零的常数因子可以提到积分号前,即

$$\int kf(x)\mathrm{d}x=k\int f(x)\mathrm{d}x \quad (k\neq 0).$$

注 当 $k=0$ 时,此等式不成立.

这性质 2 和性质 3 的证明并不难,只要验证等式右边的导数等于左边的被积函数即可.

由性质 2 和性质 3 容易得到:有限个函数线性组合的不定积分等于各函数不定积分的线性组合,即

$$\int[k_1f_1(x)+k_2f_2(x)+\cdots+k_nf_n(x)]\mathrm{d}x=k_1\int f_1(x)\mathrm{d}x+k_2\int f_2(x)\mathrm{d}x+\cdots+k_n\int f_n(x)\mathrm{d}x,$$

其中 $k_1,k_2,\cdots,k_n$ 不全为零.

四、不定积分基本公式

因为求不定积分是求导数(或微分)的逆运算,所以,很自然地,我们可以从导数基本公

式得到相应的不定积分基本公式：

(1) $\int 0\mathrm{d}x = C$；　(2) $\int x^{\alpha}\mathrm{d}x = \frac{1}{\alpha+1}x^{\alpha+1} + C\ (\alpha \neq -1)$；

(3) $\int \frac{1}{x}\mathrm{d}x = \ln|x| + C$；　(4) $\int a^{x}\mathrm{d}x = \frac{1}{\ln a}a^{x} + C\ (a > 0 \text{ 且 } a \neq 1)$；

(5) $\int \mathrm{e}^{x}\mathrm{d}x = \mathrm{e}^{x} + C$；　(6) $\int \sin x\mathrm{d}x = -\cos x + C$；

(7) $\int \cos x\mathrm{d}x = \sin x + C$；　(8) $\int \sec^{2}x\mathrm{d}x = \tan x + C$；

(9) $\int \csc^{2}x\mathrm{d}x = -\cot x + C$；　(10) $\int \sec x\tan x\mathrm{d}x = \sec x + C$；

(11) $\int \csc x\cot x\mathrm{d}x = -\csc x + C$；

(12) $\int \frac{1}{\sqrt{1-x^{2}}}\mathrm{d}x = \arcsin x + C$ 或 $\int \frac{1}{\sqrt{1-x^{2}}}\mathrm{d}x = -\arccos x + C$；

(13) $\int \frac{1}{1+x^{2}}\mathrm{d}x = \arctan x + C$ 或 $\int \frac{1}{1+x^{2}}\mathrm{d}x = -\operatorname{arccot} x + C$.

利用不定积分的性质和基本公式计算不定积分的方法，称为**直接积分法**. 利用此方法解题的关键在于熟记不定积分基本公式，它是求不定积分的基础. 利用三角函数的恒等式替换、通分、有理化分式、拆项、拼项等方法，将被积函数化为代数和的形式，使之可直接利用不定积分基本公式，这是计算不定积分的常用思路.

例 4 求不定积分 $\int (\sqrt[3]{x}+1)(x-1)\mathrm{d}x$.

解
$$\begin{aligned}\int (\sqrt[3]{x}+1)(x-1)\mathrm{d}x &= \int (x^{1/3}+1)(x-1)\mathrm{d}x \\ &= \int (x^{4/3} + x - x^{1/3} - 1)\mathrm{d}x = \int x^{4/3}\mathrm{d}x + \int x\mathrm{d}x - \int x^{1/3}\mathrm{d}x - \int \mathrm{d}x \\ &= \frac{3}{7}x^{7/3} + \frac{1}{2}x^{2} - \frac{3}{4}x^{4/3} - x + C.\end{aligned}$$

注 在计算过程中有四个不定积分，每个积分都对应有一个任意常数，但任意常数之和仍为任意常数，所以在最后结果中只需写出一个任意常数 C 即可.

例 5 求不定积分 $\int \frac{x^{4}}{1+x^{2}}\mathrm{d}x$.

解 因为 $\frac{x^{4}}{1+x^{2}} = \frac{x^{4}-1+1}{1+x^{2}} = x^{2}-1+\frac{1}{1+x^{2}}$，所以
$$\begin{aligned}\int \frac{x^{4}}{1+x^{2}}\mathrm{d}x &= \int \left(x^{2} - 1 + \frac{1}{1+x^{2}}\right)\mathrm{d}x = \int x^{2}\mathrm{d}x - \int \mathrm{d}x + \int \frac{1}{1+x^{2}}\mathrm{d}x \\ &= \frac{x^{3}}{3} - x + \arctan x + C.\end{aligned}$$

例 6 求不定积分$\int \sin^2 \frac{x}{2}\mathrm{d}x$.

解 $\int \sin^2 \frac{x}{2}\mathrm{d}x = \int \frac{1-\cos x}{2}\mathrm{d}x = \frac{1}{2}\int \mathrm{d}x - \frac{1}{2}\int \cos x\mathrm{d}x = \frac{1}{2}x - \frac{1}{2}\sin x + C.$

例 7 求不定积分$\int \frac{\cos 2x}{\sin^2 x\cos^2 x}\mathrm{d}x$.

解 $\int \frac{\cos 2x}{\sin^2 x\cos^2 x}\mathrm{d}x = \int \frac{\cos^2 x - \sin^2 x}{\sin^2 x\cos^2 x}\mathrm{d}x = \int \left(\frac{1}{\sin^2 x} - \frac{1}{\cos^2 x}\right)\mathrm{d}x = -\cot x - \tan x + C.$

例 8 设 $f'(\sin x) = \cos^2 x$,求不定积分$\int f(x)\mathrm{d}x$.

解 因为 $f'(\sin x)=\cos^2 x=1-\sin^2 x$,所以 $f'(x)=1-x^2$. 因此

$$f(x) = \int (1-x^2)\mathrm{d}x = x - \frac{1}{3}x^3 + C_1,$$

$$\int f(x)\mathrm{d}x = \int \left(x - \frac{1}{3}x^3 + C_1\right)\mathrm{d}x = \frac{1}{2}x^2 + \frac{1}{12}x^4 + C_1 x + C_2,$$

其中 C_1, C_2 是任意常数.

例 9 设生产某产品 x 个单位的总成本为 $C(x)$(单位:万元),已知边际成本为 $\mathrm{MC}=x^2+1$,且固定成本为 100 万元,试求总成本与产量 x 的函数关系.

解 由边际成本与总成本函数的关系及$\int \mathrm{MC}\mathrm{d}x = \int (x^2+1)\mathrm{d}x = \frac{1}{3}x^2 + x + C$ 可得

$$C(x) = \frac{1}{3}x^3 + x + C_0,$$

其中 C_0 为待定常数. 又已知固定成本为 100 万元,即

$$C(0) = 100, \quad 得 \quad C_0 = 100.$$

故所求的总成本函数为

$$C(x) = \frac{1}{3}x^3 + x + 100.$$

习 题 4.1

1. 设 $f'(x) = 2x - 1$,且 $f(1) = 0$,求函数 $f(x)$.
2. 已知$\int f(x)\mathrm{d}x = x^2 + C$,求函数 $f(x)$.
3. 已知曲线 $y=f(x)$ 上任一点的切线斜率为 $x+\sin x$,且曲线过点$(0,0)$,求该曲线方程.
4. 已知某产品的边际成本为 $C'(x) = 1 + \mathrm{e}^x$,且固定成本为 2,求总成本函数.
5. 求下列不定积分:

(1) $\int \frac{1}{\sqrt[3]{x}}\mathrm{d}x$; (2) $\int \frac{(x-1)^2}{\sqrt{x}}\mathrm{d}x$; (3) $\int \sqrt{x}(2-x)\mathrm{d}x$;

(4) $\int \frac{x^3-1}{x-1}\mathrm{d}x$；　(5) $\int \frac{2x^2+1}{x^2+1}\mathrm{d}x$；　(6) $\int \frac{1}{x^2(1+x^2)}\mathrm{d}x$；

(7) $\int \cos^2 \frac{x}{2}\mathrm{d}x$；　(8) $\int \frac{1}{1+\cos 2x}\mathrm{d}x$；　(9) $\int \frac{\cos 2x}{\sin x+\cos x}\mathrm{d}x$；

(10) $\int \frac{1-\sin 2x}{\sin x-\cos x}\mathrm{d}x$；　(11) $\int \frac{2^x+10^x}{5^x}\mathrm{d}x$；　(12) $\int \frac{\mathrm{e}^x(x^2+\mathrm{e}^{-x})}{x^2}\mathrm{d}x$.

§4.2 换元积分法

由上一节的几个例题可以看出，利用直接积分法所能计算的不定积分极为有限，因此有必要寻求其他的不定积分法. 这一节我们将把复合函数的求导法则反过来用于求不定积分，可以得到一个较为有效的不定积分法——换元积分法. **换元积分法**包括第一换元法和第二换元法，其基本思想是通过选择适当的变量替换将被积函数较为复杂或较难计算的不定积分，转化为可以利用不定积分基本公式和性质计算的一种积分方法.

一、第一换元法

定理 1(第一换元法)　设 $f(u)$，$\varphi(x)$，$\varphi'(x)$都是连续函数，且 $F(u)$是 $f(u)$的原函数，则有**第一换元积分公式**

$$\int f(\varphi(x))\varphi'(x)\mathrm{d}x = F(\varphi(x))+C. \tag{1}$$

证　因为 $F(u)$是 $f(u)$的一个原函数，所以有 $F'(u)=f(u)$. 令 $u=\varphi(x)$，由复合函数的求导公式有

$$[F(\varphi(x))]' = F'(u)\frac{\mathrm{d}u}{\mathrm{d}x} = f(u)\varphi'(x) = f(\varphi(x))\varphi'(x).$$

这说明了 $F(\varphi(x))$是 $f(\varphi(x))\varphi'(x)$的一个原函数. 由不定积分的定义可得

$$\int f(\varphi(x))\varphi'(x)\mathrm{d}x = F(\varphi(x))+C.$$

公式(1)可以看做是这样"凑微分"得到的：

$$\int f(\varphi(x))\varphi'(x)\mathrm{d}x = \int f(\varphi(x))\mathrm{d}\varphi(x) \xlongequal{\text{令 } u=\varphi(x)} \int f(u)\mathrm{d}u$$
$$= F(u)+C = F(\varphi(x))+C.$$

因此第一换元法也称为**凑微分法**. 利用第一换元法求不定积分，需要一定的技巧，如何选择变换 $u=\varphi(x)$是其中的关键. 只有熟记基本公式，并多做练习，就能应用自如.

例 1　求不定积分 $\int \frac{1}{\sqrt[3]{4-3x}}\mathrm{d}x$.

解　令 $u=4-3x$，则 $\mathrm{d}u=-3\mathrm{d}x$，$\mathrm{d}x=-\frac{1}{3}\mathrm{d}u$. 所以

$$\int \frac{1}{\sqrt[3]{4-3x}}\mathrm{d}x = -\frac{1}{3}\int u^{-1/3}\mathrm{d}u = -\frac{1}{2}u^{2/3} + C = -\frac{1}{2}(4-3x)^{2/3} + C.$$

例 2 求不定积分 $\int \sin^2 x\mathrm{d}x$.

解 $$\int \sin^2 x\mathrm{d}x = \int \frac{1-\cos 2x}{2}\mathrm{d}x = \frac{1}{2}\int(1-\cos 2x)\mathrm{d}x = \frac{1}{2}\left(\int \mathrm{d}x - \int \cos 2x\mathrm{d}x\right)$$
$$= \frac{1}{2}\left[x - \frac{1}{2}\int \cos 2x\mathrm{d}(2x)\right] = \frac{1}{2}\left(x - \frac{1}{2}\sin 2x\right) + C$$
$$= \frac{1}{2}x - \frac{1}{4}\sin 2x + C.$$

例 3 求不定积分 $\int \frac{1}{x^2+2x+2}\mathrm{d}x$.

解 $$\int \frac{1}{x^2+2x+2}\mathrm{d}x = \int \frac{1}{1+(x+1)^2}\mathrm{d}(x+1) = \arctan(x+1) + C.$$

例 4 求不定积分 $\int \frac{1}{a^2-x^2}\mathrm{d}x \ (a>0)$.

解 $$\int \frac{1}{a^2-x^2}\mathrm{d}x = \frac{1}{2a}\int\left(\frac{1}{a-x} + \frac{1}{a+x}\right)\mathrm{d}x$$
$$= \frac{1}{2a}\left[\int \frac{-1}{a-x}\mathrm{d}(a-x) + \int \frac{1}{a+x}\mathrm{d}(a+x)\right]$$
$$= \frac{1}{2a}(-\ln|a-x| + \ln|a+x|) + C = \frac{1}{2a}\ln\left|\frac{a+x}{a-x}\right| + C.$$

例 5 求不定积分 $\int \frac{\cos x + \sin x}{\sin x - \cos x}\mathrm{d}x$.

解 $$\int \frac{\cos x + \sin x}{\sin x - \cos x}\mathrm{d}x = \int \frac{1}{\sin x - \cos x}\mathrm{d}(\sin x - \cos x)$$
$$= \ln|\sin x - \cos x| + C.$$

例 6 求不定积分 $\int \frac{x-3}{x^2-6x+1}\mathrm{d}x$.

解 $$\int \frac{x-3}{x^2-6x+1}\mathrm{d}x = \frac{1}{2}\int \frac{2x-6}{x^2-6x+1}\mathrm{d}x = \frac{1}{2}\int \frac{\mathrm{d}(x^2-6x+1)}{x^2-6x+1}$$
$$= \frac{1}{2}\ln|x^2-6x+1| + C.$$

例 7 求不定积分 $\int \frac{1}{x}(\ln x)^2\mathrm{d}x$.

解 $$\int \frac{1}{x}(\ln x)^2\mathrm{d}x = \int (\ln x)^2\mathrm{d}(\ln x) = \frac{1}{3}(\ln x)^3 + C.$$

初学解题时应将换元过程写出，求出原函数后再将原变量代回，这样不容易出错．但熟练后就不必写出新的变量，直接利用"凑微分"的形式求出结果即可，过程相对简明. 如例 3，例 4，例 5 和例 7 的解题过程.

例 8 求不定积分 $\int x^2 e^{x^3} dx$.

解 $\int x^2 e^{x^3} dx = \frac{1}{3}\int e^{x^3} d(x^3) = \frac{1}{3}e^{x^3} + C$.

例 9 求不定积分 $\int \sin 3x \cos 2x dx$.

解
$$\begin{aligned}\int \sin 3x \cos 2x dx &= \frac{1}{2}\int (\sin 5x + \sin x) dx \\ &= \frac{1}{10}\int \sin 5x d(5x) + \frac{1}{2}\int \sin x dx \\ &= -\frac{1}{10}\cos 5x - \frac{1}{2}\cos x + C.\end{aligned}$$

例 10 求不定积分 $\int \sec^4 x dx$.

解
$$\begin{aligned}\int \sec^4 x dx &= \int \sec^2 x \cdot \sec^2 x dx = \int \sec^2 x d(\tan x) \\ &= \int (\tan^2 x + 1) d(\tan x) = \frac{1}{3}\tan^3 x + \tan x + C.\end{aligned}$$

例 11 求不定积分 $\int \frac{e^x}{1+e^x} dx$.

解 $\int \frac{e^x}{1+e^x} dx = \int \frac{1}{1+e^x} d(e^x + 1) = \ln(1+e^x) + C$.

例 12 求不定积分 $\int \frac{\arctan\sqrt{x}}{\sqrt{x}(1+x)} dx$.

解
$$\begin{aligned}\int \frac{\arctan\sqrt{x}}{\sqrt{x}(1+x)} dx &= 2\int \frac{\arctan\sqrt{x}}{1+(\sqrt{x})^2} d(\sqrt{x}) = 2\int \arctan\sqrt{x} d(\arctan\sqrt{x}) \\ &= \arctan^2\sqrt{x} + C.\end{aligned}$$

上面几个例题利用了第一换元法，解题的关键在于"凑微分"，巧妙地把被积函数的某一部分凑成微分 $d\varphi(x)$，然后引入中间变量 $u=\varphi(x)$，再对关于 u 的表达式求积分.

利用第一换元法求不定积分，常见的"凑微分"形式归纳如下：

(1) $\int f(ax+b) dx = \frac{1}{a}\int f(ax+b) d(ax+b)\ (a \neq 0)$；

(2) $\int f(x^n) x^{n-1} dx = \frac{1}{n}\int f(x^n) d(x^n)$；

(3) $\int f(e^x) e^x dx = \int f(e^x) d(e^x)$；

(4) $\int f(\mathrm{e}^{-x})\mathrm{e}^{-x}\mathrm{d}x = -\int f(\mathrm{e}^{-x})\mathrm{d}(\mathrm{e}^{-x})$;

(5) $\int f(\ln x)\frac{1}{x}\mathrm{d}x = \int f(\ln x)\mathrm{d}(\ln x)$;

(6) $\int f(\sin x)\cos x\mathrm{d}x = \int f(\sin x)\mathrm{d}(\sin x)$;

(7) $\int f(\cos x)\sin x\mathrm{d}x = -\int f(\cos x)\mathrm{d}(\cos x)$;

(8) $\int f(\tan x)\sec^2 x\mathrm{d}x = \int f(\tan x)\mathrm{d}(\tan x)$;

(9) $\int f(\cot x)\csc^2 x\mathrm{d}x = -\int f(\cot x)\mathrm{d}(\cot x)$;

(10) $\int f(\arctan x)\frac{1}{1+x^2}\mathrm{d}x = \int f(\arctan x)\mathrm{d}(\arctan x)$;

(11) $\int f(\arcsin x)\frac{1}{\sqrt{1-x^2}}\mathrm{d}x = \int f(\arcsin x)\mathrm{d}(\arcsin x)$;

(12) $\int f(x)f'(x)\mathrm{d}x = \int f(x)\mathrm{d}(f(x))$.

在有些不定积分的计算过程中常会用到两次以上的换元(凑微分),如例 12.

例 13 求不定积分 $\int \frac{1}{\sin x}\mathrm{d}x$.

解 $$\int \frac{1}{\sin x}\mathrm{d}x = \int \frac{1}{2\sin\frac{x}{2}\cos\frac{x}{2}}\mathrm{d}x = \int \frac{1}{\tan\frac{x}{2}\cos^2\frac{x}{2}}\mathrm{d}\left(\frac{x}{2}\right)$$

$$= \int \frac{1}{\tan\frac{x}{2}}\mathrm{d}\left(\tan\frac{x}{2}\right) = \ln\left|\tan\frac{x}{2}\right| + C.$$

又因为

$$\tan\frac{x}{2} = \frac{1-\cos x}{\sin x} = \csc x - \cot x,$$

所以

$$\int \frac{1}{\sin x}\mathrm{d}x = \int \csc x\mathrm{d}x = \ln|\csc x - \cot x| + C.$$

类似可得

$$\int \frac{1}{\cos x}\mathrm{d}x = \int \sec x\mathrm{d}x = \ln|\sec x + \tan x| + C.$$

注 (1) 检验积分的结果是否正确,通常只要对结果求导数,看它的导数是否等于被积函数,相等时结果正确,否则是错误的.

(2) 在对同一函数求不定积分时,若所采用的方法不同,则通常结果也会不一样,但结

果之间只相差一个常数. 例如:

$$\int \sin 2x \mathrm{d}x = \frac{1}{2}\int \sin 2x \mathrm{d}(2x) = -\frac{1}{2}\cos 2x + C,$$

或者

$$\int \sin 2x \mathrm{d}x = 2\int \sin x \cos x \mathrm{d}x = 2\int \sin x \mathrm{d}(\sin x) = \sin^2 x + C,$$

这两个结果的形式虽然不同,但只相差一个常数,均为 $\sin 2x$ 的原函数.

二、第二换元法

第一换元法相当于是把被积函数中的某一部分连同 $\mathrm{d}x$ 凑成一个函数 $\varphi(x)$ 的微分,而剩余部分是 $\varphi(x)$ 的复合函数,并引入中间变量 $u=\varphi(x)$,从而简化了被积函数,达到求出原函数的目的. 而第二换元法则是采用与第一换元法不同的替换,令 $x=\varphi(t)$,目的都是为了把被积函数化为容易求得原函数的形式.

定理 2(第二换元法) 设 $f(x),\varphi(t),\varphi'(t)$ 均为连续函数,$F(t)$ 为 $f(\varphi(t))\varphi'(t)$ 的一个原函数,又 $x=\varphi(t)$ 是严格单调、可导的函数,且 $\varphi'(t)\neq 0$,则有**第二换元积分公式**

$$\int f(x)\mathrm{d}x = F(\varphi^{-1}(x)) + C.$$

证 由 $x=\varphi(t)$ 是严格单调、可导函数知,$t=\varphi^{-1}(x)$ 存在且可导. 因为 $F(t)$ 为 $f(\varphi(t))\varphi'(t)$ 的一个原函数,由复合函数与反函数的求导法则有

$$\begin{aligned}[F(\varphi^{-1}(x))]' &= F'(t)[\varphi^{-1}(x)]' = [f(\varphi(t))\varphi'(t)]\cdot\frac{1}{\varphi'(t)} \\ &= f(\varphi(t)) = f(x),\end{aligned}$$

所以 $F(\varphi^{-1}(x))$ 是 $f(x)$ 的一个原函数,因此

$$\int f(x)\mathrm{d}x = F(\varphi^{-1}(x)) + C.$$

第二换元积分公式表明

$$\int f(x)\mathrm{d}x = \int f(\varphi(t))\varphi'(t)\mathrm{d}t.$$

在利用第二换元法求不定积分时,可使用的变量替换方法较多,常用的主要有三角变换、简单无理函数的变换及倒代换,如果选择适当,常常能达到事半功倍的效果. 下面具体介绍最常用的几种:

(1) 当被积函数含有形如 $\sqrt{a^2-x^2}$, $\sqrt{a^2+x^2}$, $\sqrt{x^2-a^2}$ 的二次根式时可作如下三角变换,消去根式:

① 当含有 $\sqrt{a^2-x^2}$ 时,令 $x=a\sin t$, $\mathrm{d}x=a\cos t\mathrm{d}t$;

② 当含有 $\sqrt{a^2+x^2}$ 时,令 $x=a\tan t$, $\mathrm{d}x=a\sec^2 t\mathrm{d}t$;

③ 当含有 $\sqrt{x^2-a^2}$ 时,令 $x=a\sec t$, $\mathrm{d}x=a\sec t\tan t\mathrm{d}t$.

其中 t 的范围要根据被积函数的定义域来确定,其目的都是要消去根式.

例 14 求不定积分 $\int\sqrt{a^2-x^2}\,\mathrm{d}x\ (a>0)$.

解 令 $x=a\sin t$, $\mathrm{d}x=a\cos t\mathrm{d}t\ \left(-\frac{\pi}{2}<t<\frac{\pi}{2}\right)$,则

$$\begin{aligned}\int\sqrt{a^2-x^2}\,\mathrm{d}x&=\int\sqrt{a^2(1-\sin^2 t)}\;a\cos t\mathrm{d}t=a^2\int\cos^2 t\mathrm{d}t=\frac{a^2}{2}\int(1+\cos 2t)\mathrm{d}t\\&=\frac{a^2}{2}\left(t+\frac{1}{2}\sin 2t\right)+C=\frac{a^2}{2}(t+\sin t\cos t)+C\\&=\frac{a^2}{2}\arcsin\frac{x}{a}+\frac{a^2}{2}\cdot\frac{x}{a}\cdot\frac{\sqrt{a^2-x^2}}{a}+C\\&=\frac{a^2}{2}\arcsin\frac{x}{a}+\frac{x}{2}\sqrt{a^2-x^2}+C.\end{aligned}$$

注 在此例中,为了将 t 回代 x,利用了直角三角形的勾股定理(如图 4-2).一般应用三角变换求不定积分时,可利用直角三角形的边角关系进行变量回代.这种回代方法较为简便,且不容易出错.

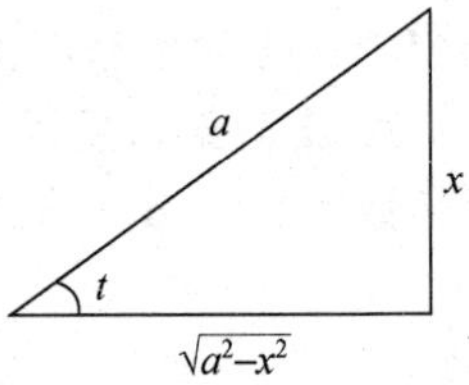

图 4-2

例 15 求不定积分 $\int\frac{1}{x^2\sqrt{x^2-4}}\mathrm{d}x$.

解 (1) 当 $x>2$ 时,令 $x=2\sec t\left(0<t<\frac{\pi}{2}\right)$, $\mathrm{d}x=2\sec t\tan t\mathrm{d}t$,代入不定积分并利用图 4-3 有

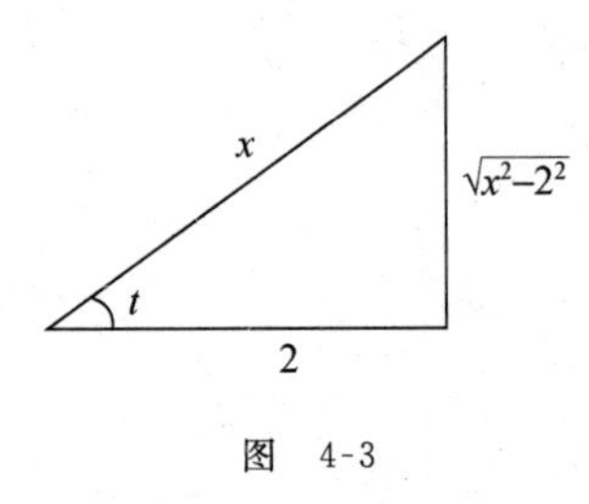

图 4-3

$$\begin{aligned}\int\frac{1}{x^2\sqrt{x^2-4}}\mathrm{d}x&=\int\frac{2\sec t\tan t}{4\sec^2 t\sqrt{4\sec^2 t-4}}\mathrm{d}t\\&=\frac{1}{4}\int\frac{1}{\sec t}\mathrm{d}t=\frac{1}{4}\int\cos t\mathrm{d}t\\&=\frac{1}{4}\sin t+C=\frac{\sqrt{x^2-4}}{4x}+C.\end{aligned}$$

(2) 当 $x<-2$ 时,令 $x=-t$, $\mathrm{d}x=-\mathrm{d}t$, 此时 $t>2$,于是由(1)得

$$\int\frac{1}{x^2\sqrt{x^2-4}}\mathrm{d}x=-\int\frac{\mathrm{d}t}{t^2\sqrt{t^2-4}}=-\frac{\sqrt{t^2-4}}{4t}+C=\frac{\sqrt{x^2-4}}{4x}+C.$$

注 当 $x<-2$ 时,当然可以作代换 $x=-\sec t\left(0<t<\frac{\pi}{2}\right)$,并可以得到同样的结果,但不如这种解法简单.

例 16 求不定积分 $\int\frac{1}{\sqrt{x^2+a^2}}\mathrm{d}x\ (a>0)$.

解 令 $x=a\tan t\left(|t|<\frac{\pi}{2}\right)$, $\mathrm{d}x=a\sec^2 t\mathrm{d}t$,代入不定积分并利用图 4-4 有

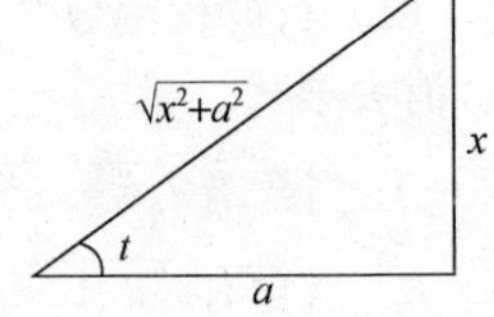

图 4-4

$$\int \frac{1}{\sqrt{x^2+a^2}}\mathrm{d}x = \int \frac{a\sec^2 t}{a\sec t}\mathrm{d}t = \ln|\sec t + \tan t| + C_1$$

$$= \ln\left|\frac{\sqrt{x^2+a^2}}{a} + \frac{x}{a}\right| + C_1 = \ln\left|x + \sqrt{x^2+a^2}\right| + C,$$

其中 $C = C_1 - \ln a$ 为任意常数.

类似计算可得

$$\int \frac{1}{\sqrt{x^2-a^2}}\mathrm{d}x = \ln\left|x + \sqrt{x^2-a^2}\right| + C.$$

(2) 当被积函数含有无理因子时,应选取变换 $x=\varphi(t)$ 以消去被积函数中的无理因子. 例如:

① 当含有$\sqrt[n]{ax+b}$ 或$\sqrt{\dfrac{ax+b}{cx+d}}$时,可以直接令其为 t;

② 当含$\sqrt{ax^2+bx+c}$时,可以令$\sqrt{ax^2+bx+c}=\sqrt{a}\,x-t$.

例 17 求不定积分 $\displaystyle\int \frac{1}{\sqrt{1+\mathrm{e}^{2x}}}\mathrm{d}x$.

解 令$\sqrt{1+\mathrm{e}^{2x}}=t$, $x=\dfrac{1}{2}\ln(t^2-1)$, $\mathrm{d}x=\dfrac{t}{t^2-1}\mathrm{d}t$,代入不定积分有

$$\int \frac{1}{\sqrt{1+\mathrm{e}^{2x}}}\mathrm{d}x = \int \frac{1}{t}\cdot\frac{t}{t^2-1}\mathrm{d}t = \frac{1}{2}\int\left(\frac{1}{t-1} - \frac{1}{t+1}\right)\mathrm{d}t$$

$$= \frac{1}{2}\ln\left|\frac{t-1}{t+1}\right| + C = \ln(\sqrt{1+\mathrm{e}^{2x}} - 1) - x + C.$$

例 18 求不定积分 $\displaystyle\int \frac{1-\sqrt{x}}{1+\sqrt[4]{x}}\mathrm{d}x$.

解 令$\sqrt[4]{x}=t$, $x=t^4\ (t>0)$, $\mathrm{d}x=4t^3\mathrm{d}t$,代入不定积分有

$$\int \frac{1-\sqrt{x}}{1+\sqrt[4]{x}}\mathrm{d}x = 4\int \frac{1-t^2}{1+t}\cdot t^3\mathrm{d}t = 4\int (t^3 - t^4)\mathrm{d}t$$

$$= t^4 - \frac{4}{5}t^5 + C = x - \frac{4}{5}x^{5/4} + C.$$

注 从上面几个例子可以看出,这类题目的结果中,一般都含有被积函数中原有的根式,如果结果中没有原有的根式或者出现了新的根式,那么计算结果很可能不正确.

(3) 当被积函数分母所含多项式的次数明显高于分子所含多项式的次数时,可考虑作倒代换 $x=\dfrac{1}{t}$,同样可使被积函数简化.

例 19 求不定积分 $\displaystyle\int \frac{1}{x\sqrt{x^2+4x-4}}\mathrm{d}x$.

解 令 $x=\frac{1}{t}$，则 $\sqrt{x^2+4x-4}=\frac{1}{t}\sqrt{1+4t-4t^2}$，$\mathrm{d}x=-\frac{1}{t^2}\mathrm{d}t$. 所以

$$\int\frac{1}{x\sqrt{x^2+4x-4}}\mathrm{d}x=-\int\frac{1}{\sqrt{1+4t-4t^2}}\mathrm{d}t=-\frac{1}{2}\int\frac{1}{\sqrt{2-(2t-1)^2}}\mathrm{d}(2t-1)$$

$$=-\frac{1}{2}\arcsin\frac{2t-1}{\sqrt{2}}+C=-\frac{1}{2}\arcsin\frac{2-x}{\sqrt{2}x}+C.$$

除了不定积分基本公式外，为了方便不定积分的计算，我们再补充以下几个计算公式，作为常用的计算公式记忆使用：

(14) $\int\tan x\mathrm{d}x=-\ln|\cos x|+C=\ln|\sec x|+C$；

(15) $\int\cot x\mathrm{d}x=\ln|\sin x|+C=-\ln|\csc x|+C$；

(16) $\int\sec x\mathrm{d}x=\ln|\sec x+\tan x|+C$；

(17) $\int\csc x\mathrm{d}x=\ln|\csc x-\cot x|+C$；

(18) $\int\frac{1}{a^2-x^2}\mathrm{d}x=\frac{1}{2a}\ln\left|\frac{a+x}{a-x}\right|+C\ (a>0)$；

(19) $\int\sqrt{a^2-x^2}\mathrm{d}x=\frac{x}{2}\sqrt{a^2-x^2}+\frac{a^2}{2}\arcsin\frac{x}{a}+C\ (a>0)$；

(20) $\int\frac{1}{\sqrt{x^2\pm a^2}}\mathrm{d}x=\ln\left|x+\sqrt{x^2\pm a^2}\right|+C\ (a>0)$.

习　题　4.2

1. 求下列不定积分：

(1) $\int\frac{1}{1+2x}\mathrm{d}x$；　(2) $\int(2-x)^{99}\mathrm{d}x$；　(3) $\int\frac{x}{\sqrt{2-x^2}}\mathrm{d}x$；

(4) $\int\frac{x+2}{\sqrt{1+x}}\mathrm{d}x$；　(5) $\int\frac{1}{9+x^2}\mathrm{d}x$；　(6) $\int\frac{1}{x^2+2x+2}\mathrm{d}x$；

(7) $\int\frac{1}{9-x^2}\mathrm{d}x$；　(8) $\int\frac{1}{x^2-x-2}\mathrm{d}x$；　(9) $\int\frac{1}{\sqrt{9-x^2}}\mathrm{d}x$；

(10) $\int\frac{1}{\sqrt{x-x^2}}\mathrm{d}x$；　(11) $\int\frac{\mathrm{e}^x}{\sqrt{16-\mathrm{e}^{2x}}}\mathrm{d}x$；　(12) $\int\frac{1}{\mathrm{e}^{-x}+\mathrm{e}^x}\mathrm{d}x$；

(13) $\int\frac{1}{1+\mathrm{e}^x}\mathrm{d}x$；　(14) $\int x\mathrm{e}^{2-x^2}\mathrm{d}x$；　(15) $\int\frac{1}{\sqrt{x}}\sin\sqrt{x}\mathrm{d}x$；

(16) $\int\frac{1}{\sqrt{x}(1+x)}\mathrm{d}x$；　(17) $\int\frac{1}{x}\ln^3x\mathrm{d}x$；　(18) $\int\frac{1}{x\sqrt{1-\ln x}}\mathrm{d}x$；

(19) $\int \sin mx\,\mathrm{d}x$；　(20) $\int \cos^4 x\,\mathrm{d}x$；　(21) $\int \sin^3 x\,\mathrm{d}x$；

(22) $\int \frac{\sin x}{\cos^2 x}\mathrm{d}x$；　(23) $\int \sin 2x\cos 3x\,\mathrm{d}x$；　(24) $\int \tan^4 x\,\mathrm{d}x$；

(25) $\int \frac{1}{\sin 2x\cos x}\mathrm{d}x$；　(26) $\int \frac{1}{\sin^2 x + 2\cos^2 x}\mathrm{d}x$；　(27) $\int \frac{\sin x - \cos x}{1+\sin 2x}\mathrm{d}x$；

(28) $\int \frac{\cos 2x}{1+\sin x\cos x}\mathrm{d}x$；　(29) $\int \frac{x\ln(1+x^2)}{1+x^2}\mathrm{d}x$；　(30) $\int \frac{x+1}{x\sqrt{x-2}}\mathrm{d}x$；

(31) $\int \frac{\ln\tan x}{\sin x\cos x}\mathrm{d}x$；　(32) $\int \frac{\arctan\sqrt{x}}{\sqrt{x}(1+x)}\mathrm{d}x$.

2. 计算下列不定积分：

(1) $\int \frac{\sqrt{x}}{1+x}\mathrm{d}x$；　(2) $\int \frac{1}{1+\sqrt[3]{x-1}}\mathrm{d}x$；　(3) $\int \frac{\sqrt{a^2-x^2}}{x}\mathrm{d}x\ (a>0)$；

(4) $\int \frac{1}{x^2\sqrt{x^2-2}}\mathrm{d}x$；　(5) $\int \frac{x^3}{(4+x^2)^{\frac{3}{2}}}\mathrm{d}x$；　(6) $\int \frac{1}{x^2\sqrt{1+x^2}}\mathrm{d}x$；

(7) $\int\sqrt{\frac{1-x}{1+x}}\mathrm{d}x$；　(8) $\int \frac{1}{x+\sqrt{1-x^2}}\mathrm{d}x$.

§4.3　分部积分法

本节将利用函数乘积的求导公式，推导计算不定积分的另一种常用方法——分部积分法.

定理(分部积分法)　设函数 $u=u(x)$ 和 $v=v(x)$ 具有连续导数，则有**分部积分公式**

$$\int uv'\mathrm{d}x = uv - \int vu'\mathrm{d}x \quad 或 \quad \int u\mathrm{d}v = uv - \int v\mathrm{d}u.$$

证　由求导数的乘积公式 $(uv)'=u'v+uv'$ 移项有

$$uv' = (uv)' - u'v,$$

再两边求不定积分即可得

$$\int uv'\mathrm{d}x = uv - \int vu'\mathrm{d}x \quad 或 \quad \int u\mathrm{d}v = uv - \int v\mathrm{d}u.$$

分部积分公式的实质是把难求的不定积分 $\int u\mathrm{d}v$ 化为比较容易求的不定积分 $\int v\mathrm{d}u$. 因此，利用分部积分公式的关键是如何将被积函数 $f(x)$ 的积分 $\int f(x)\mathrm{d}x$ 化为 $\int u\mathrm{d}v$ 的形式，即如何正确选取 u 与 $\mathrm{d}v$，使得 $u\mathrm{d}v = f(x)\mathrm{d}x$. 所以，在用分部积分法计算不定积分时，第一步是求 v；第二步是求 $\int v\mathrm{d}u$. 显然求 v 的不定积分应该相对较容易求才行.

例 1 求不定积分 $\int x\sin x\mathrm{d}x$.

解 令 $u=x$, $\mathrm{d}v=\sin x\mathrm{d}x$,则

$$\int x\sin x\mathrm{d}x=\int x\mathrm{d}(-\cos x)=-x\cos x+\int\cos x\mathrm{d}x$$
$$=-x\cos x+\sin x+C.$$

注 在上例中,若令 $u=\sin x$, $\mathrm{d}v=x\mathrm{d}x$,则

$$\int x\sin x\mathrm{d}x=\int\sin x\mathrm{d}\left(\frac{x^2}{2}\right)=\frac{x^2}{2}\sin x-\int\frac{x^2}{2}\mathrm{d}(\sin x)$$
$$=\frac{x^2}{2}\sin x-\int\frac{x^2}{2}\cos x\mathrm{d}x.$$

上式最后的不定积分显然比原不定积分更复杂.由此可见,正确选择 u,$\mathrm{d}v$ 是利用分部积分法的关键.

那么,如何正确地选择 u 和 $\mathrm{d}v$ 呢?有什么经验准则可借鉴?"反对幂指三"这句经验口诀在选择 u 和 $\mathrm{d}v$ 的分部积分法中起着十分重要的作用,其中"反"是反三角函数;"对"是对数函数;"幂"是幂函数;"指"是指数函数;"三"是三角函数.它是指:若被积函数含有以上五种函数中的两种函数,则按从左到右的顺序,选择时前者为 u,后者与 $\mathrm{d}x$ 构成 $\mathrm{d}v$.

例 2 求不定积分 $\int x^2\mathrm{e}^{-x}\mathrm{d}x$.

解 取 $u=x^2$, $\mathrm{d}v=\mathrm{e}^{-x}\mathrm{d}x$,则

$$\int x^2\mathrm{e}^{-x}\mathrm{d}x=\int x^2\mathrm{d}(-\mathrm{e}^{-x})=-x^2\mathrm{e}^{-x}+\int\mathrm{e}^{-x}\mathrm{d}(x^2)=-x^2\mathrm{e}^{-x}+2\int x\mathrm{e}^{-x}\mathrm{d}x$$
$$=-x^2\mathrm{e}^{-x}-2\int x\mathrm{d}(\mathrm{e}^{-x})=-x^2\mathrm{e}^{-x}-2x\mathrm{e}^{-x}+2\int\mathrm{e}^{-x}\mathrm{d}x$$
$$=-x^2\mathrm{e}^{-x}-2x\mathrm{e}^{-x}-2\mathrm{e}^{-x}+C.$$

例 3 求不定积分 $\int x^n\ln x\mathrm{d}x\ (n\neq-1)$.

解 取 $u=\ln x$, $\mathrm{d}v=x^n\mathrm{d}x$,则

$$\int x^n\ln x\mathrm{d}x=\frac{1}{n+1}\int\ln x\mathrm{d}(x^{n+1})=\frac{1}{n+1}\left(x^{n+1}\ln x-\int x^n\mathrm{d}x\right)$$
$$=\frac{1}{n+1}x^{n+1}\left(\ln x-\frac{1}{n+1}\right)+C.$$

例 4 求不定积分 $\int x\arctan x\mathrm{d}x$.

解 取 $u=\arctan x$, $\mathrm{d}v=x\mathrm{d}x$,则

$$\int x\arctan x\mathrm{d}x=\int\arctan x\mathrm{d}\left(\frac{x^2}{2}\right)=\frac{x^2}{2}\arctan x-\int\frac{x^2}{2}\mathrm{d}(\arctan x)$$

$$= \frac{x^2}{2}\arctan x - \int \frac{x^2}{2} \cdot \frac{1}{1+x^2}dx = \frac{x^2}{2}\arctan x - \frac{1}{2}\int \frac{x^2}{1+x^2}dx$$

$$= \frac{x^2}{2}\arctan x - \frac{1}{2}(x - \arctan x) + C.$$

例 5 求不定积分 $\int e^x \cos 2x dx$.

解 *方法 1* 因为

$$\int e^x \cos 2x dx = \int \cos 2x d(e^x) = e^x \cos 2x - \int e^x d(\cos 2x)$$

$$= e^x \cos 2x + 2\int e^x \sin 2x dx = e^x \cos 2x + 2\int \sin 2x d(e^x)$$

$$= e^x \cos 2x + 2\left[e^x \sin 2x - \int e^x d(\sin 2x)\right]$$

$$= e^x \cos 2x + 2e^x \sin 2x - 4\int e^x \cos 2x dx,$$

移项合并得

$$5\int e^x \cos 2x dx = 2e^x \sin 2x + e^x \cos 2x + C,$$

所以

$$\int e^x \cos 2x dx = e^x \left(\frac{2}{5}\sin 2x + \frac{1}{5}\cos 2x\right) + C.$$

方法 2 因为

$$\int e^x \cos 2x dx = \frac{1}{2}\int e^x d(\sin 2x) = \frac{1}{2}\left[e^x \sin 2x - \int \sin 2x d(e^x)\right]$$

$$= \frac{1}{2}e^x \sin 2x - \frac{1}{2}\int e^x \sin 2x dx = \frac{1}{2}e^x \sin 2x + \frac{1}{4}\int e^x d(\cos 2x)$$

$$= \frac{1}{2}e^x \sin 2x + \frac{1}{4}\left(e^x \cos 2x - \int e^x \cos 2x dx\right)$$

$$= \frac{1}{2}e^x \sin 2x + \frac{1}{4}e^x \cos 2x - \frac{1}{4}\int e^x \cos 2x dx,$$

移项合并得

$$\frac{5}{4}\int e^x \cos 2x dx = \frac{1}{2}e^x \sin 2x + \frac{1}{4}e^x \cos 2x + C,$$

所以

$$\int e^x \cos 2x dx = e^x \left(\frac{2}{5}\sin 2x + \frac{1}{5}\cos 2x\right) + C.$$

上例的解题方法称为“循环法”，它经过一次或两次分部积分法，出现了循环，再通过移项合并可求得结果. 类似地，不定积分 $\int \cos(\ln x) dx$ 也可以用循环法来计算，下面也是一个例子.

例 6 求不定积分 $\int \sec^3 x\mathrm{d}x$.

解 因为

$$\begin{aligned}\int \sec^3 x\mathrm{d}x &= \int \sec x \cdot \sec^2 x\mathrm{d}x = \int \sec x\mathrm{d}(\tan x)\\ &= \sec x\tan x - \int \tan x\mathrm{d}(\sec x) = \sec x\tan x - \int \tan^2 x\sec x\mathrm{d}x\\ &= \sec x\tan x - \int (\sec^2 x - 1)\sec x\mathrm{d}x\\ &= \sec x\tan x - \int \sec^3 x\mathrm{d}x + \int \sec x\mathrm{d}x,\end{aligned}$$

移项合并得

$$2\int \sec^3 x\mathrm{d}x = \sec x\tan x + \ln|\sec x + \tan x| + C_1,$$

所以

$$\int \sec^3 x\mathrm{d}x = \frac{1}{2}\sec x\tan x + \frac{1}{2}\ln|\sec x + \tan x| + C.$$

除循环法外,常用的求不定积分的方法还有递推法,具体见下例.

例 7 求不定积分 $I_n = \int \frac{1}{(x^2+a^2)^n}\mathrm{d}x\ (n=1,2,\cdots)(a>0)$ 的递推公式.

解 当 $n=1$ 时,$I_1 = \int \frac{1}{x^2+a^2}\mathrm{d}x = \frac{1}{a}\arctan\frac{x}{a} + C.$

当 $n\geqslant 2$ 时,因为

$$\begin{aligned}I_n &= \int \frac{1}{(x^2+a^2)^n}\mathrm{d}x = \frac{x}{(x^2+a^2)^n} - \int x\mathrm{d}\left(\frac{1}{(x^2+a^2)^n}\right)\\ &= \frac{x}{(x^2+a^2)^n} + n\int \frac{2x^2}{(x^2+a^2)^{n+1}}\mathrm{d}x = \frac{x}{(x^2+a^2)^n} + 2n\int \frac{x^2+a^2-a^2}{(x^2+a^2)^{n+1}}\mathrm{d}x\\ &= \frac{x}{(x^2+a^2)^n} + 2n(I_n - a^2 I_{n+1}),\end{aligned}$$

所以

$$I_{n+1} = \frac{1}{2na^2}\cdot\frac{x}{(x^2+a^2)^n} + \frac{2n-1}{2na^2}I_n.$$

于是得到递推公式

$$I_n = \begin{cases}\dfrac{1}{a}\arctan\dfrac{x}{a} + C, & n=1,\\[2ex] \dfrac{2n-3}{2a^2(n-1)}I_{n-1} + \dfrac{1}{2a^2(n-1)}\dfrac{x}{(x^2+a^2)^{n-1}} + C, & n\geqslant 2.\end{cases}$$

在实际计算中,通常是交叉使用上述计算不定积分的方法.下面再举两个例子.

例 8 求不定积分$\int x\arctan\sqrt{x}\,\mathrm{d}x$.

解 先作变量代换，再用分部积分法. 为此令 $t=\sqrt{x}$，$\mathrm{d}x=2t\mathrm{d}t$，代入不定积分得

$$\begin{aligned}\int x\arctan\sqrt{x}\,\mathrm{d}x &= \int t^2\arctan t\cdot 2t\mathrm{d}t = 2\int t^3\arctan t\mathrm{d}t \\ &= \frac{1}{2}t^4\arctan t-\frac{1}{2}\int\frac{t^4}{1+t^2}\mathrm{d}t = \frac{1}{2}t^4\arctan t-\frac{1}{2}\int\frac{t^4-1+1}{1+t^2}\mathrm{d}t \\ &= \frac{1}{2}t^4\arctan t-\frac{1}{2}\int\left(t^2-1+\frac{1}{1+t^2}\right)\mathrm{d}t \\ &= \frac{1}{2}t^4\arctan t-\frac{1}{6}t^3+\frac{1}{2}t-\frac{1}{2}\arctan t+C \\ &= \frac{1}{2}x^2\arctan\sqrt{x}-\frac{1}{6}x^{3/2}+\frac{\sqrt{x}}{2}-\frac{1}{2}\arctan\sqrt{x}+C.\end{aligned}$$

例 9 求不定积分$\int\ln(x+\sqrt{a^2+x^2})\mathrm{d}x\ (a>0)$.

解
$$\begin{aligned}\int\ln(x+\sqrt{a^2+x^2})\mathrm{d}x &= x\ln(x+\sqrt{a^2+x^2})-\int x\mathrm{d}\ln(x+\sqrt{a^2+x^2}) \\ &= x\ln(x+\sqrt{a^2+x^2})-\int\frac{x}{\sqrt{a^2+x^2}}\mathrm{d}x \\ &= x\ln(x+\sqrt{a^2+x^2})-\frac{1}{2}\int\frac{\mathrm{d}(a^2+x^2)}{\sqrt{a^2+x^2}} \\ &= x\ln(x+\sqrt{a^2+x^2})-\sqrt{a^2+x^2}+C.\end{aligned}$$

习 题 4.3

1. 求下列不定积分：

(1) $\int x\sin 2x\mathrm{d}x$； (2) $\int x\sin^2 x\mathrm{d}x$； (3) $\int\frac{x}{\sin^2 x}\mathrm{d}x$；

(4) $\int\frac{x\cos x}{\sin^2 x}\mathrm{d}x$； (5) $\int x\mathrm{e}^{-2x}\mathrm{d}x$； (6) $\int x^2\mathrm{e}^x\mathrm{d}x$；

(7) $\int x\ln x\mathrm{d}x$； (8) $\int\frac{\ln x}{(x-1)^2}\mathrm{d}x$； (9) $\int\ln^2 x\mathrm{d}x$；

(10) $\int\ln(1+x^2)\mathrm{d}x$； (11) $\int x\arctan x\mathrm{d}x$； (12) $\int(\arcsin x)^2\mathrm{d}x$；

(13) $\int\arcsin\sqrt{x}\mathrm{d}x$； (14) $\int\frac{x}{\sqrt{1-x^2}}\arcsin x\mathrm{d}x$； (15) $\int\cos(\ln x)\mathrm{d}x$；

(16) $\int\mathrm{e}^{-x}\cos x\mathrm{d}x$； (17) $\int\ln(x+\sqrt{1+x^2})\mathrm{d}x$； (18) $\int x\ln(x-1)\mathrm{d}x$；

(19) $\int \frac{x^2}{1+x^2}\arctan x\mathrm{d}x$；　(20) $\int x\tan^2 x\mathrm{d}x$；　(21) $\int \left(\frac{\ln x}{x}\right)^2 \mathrm{d}x$；

(22) $\int \frac{1}{\cos^2 x}\ln\sin x\mathrm{d}x$.

2. 求下列不定积分的递推公式：

(1) $I_n = \int (\ln x)^n \mathrm{d}x \ (n=1,2,\cdots)$；

(2) $I_n = \int \sin^n x\mathrm{d}x \ (n=1,2,\cdots)$；

(3) $I_n = \int (\arcsin x)^n \mathrm{d}x \ (n=1,2,\cdots)$.

3. 设函数 $f(x)$ 具有二阶连续导数，求不定积分 $\int xf''(x)\mathrm{d}x$.

4. 设函数 $f(x)$ 的一个原函数为 $\frac{\mathrm{e}^x}{x}$，求不定积分 $\int xf'(x)\mathrm{d}x$.

§4.4 有理函数积分法

有理函数指的是由两个多项式函数相除而得到的函数，其一般形式为

$$f(x) = \frac{P_n(x)}{Q_m(x)} = \frac{a_n x^n + a_{n-1}x^{n-1} + \cdots + a_1 x + a_0}{b_m x^m + b_{m-1}x^{m-1} + \cdots + b_1 x + b_0},$$

其中 m,n 为正整数，$a_i(i=0,1,\cdots,n)$，$b_j(j=0,1,\cdots,m)$ 为常数，$a_n \neq 0$，$b_m \neq 0$. 若 $n \geqslant m$，则称有理函数为**假分式**；若 $n<m$，且分子分母之间没有公因子，则称有理函数为**真分式**. 当有理函数为假分式时可用多项式除法将其化为多项式函数与真分式之和，例如

$$\frac{x^3+x+1}{x^2+1} = x + \frac{1}{1+x^2}.$$

多项式函数不定积分的计算我们已经掌握，所以求有理函数不定积分的关键就是如何求真分式的不定积分. 因此，我们将在下面的内容中讨论真分式不定积分的计算问题.

一、最简真分式

最简真分式亦称**部分分式**，有如下四种形式(其中 A,B 为非零常数)：

(1) $\frac{A}{x-a}$；　(2) $\frac{A}{(x-a)^n} \ (n=2,3,\cdots)$；

(3) $\frac{Ax+B}{x^2+px+q} \ (p^2-4q<0)$；　(4) $\frac{Ax+B}{(x^2+px+q)^n} \ (p^2-4q<0,\ n=2,3,\cdots)$.

这四种最简真分式的不定积分都能求出：

(1) $\int \frac{A}{x-a}\mathrm{d}x = A\int \frac{1}{x-a}\mathrm{d}(x-a) = A\ln|x-a| + C.$

(2) $\int \frac{A}{(x-a)^n}\mathrm{d}x = A\int \frac{1}{(x-a)^n}\mathrm{d}(x-a) = -\frac{A}{n-1}(x-a)^{1-n} + C.$

(3) 将分母进行配方得

$$x^2 + px + q = \left(x + \frac{p}{2}\right)^2 + \left(q - \frac{p^2}{4}\right),$$

利用替换

$$z = x + \frac{p}{2},\ x = z - \frac{p}{2},\ \mathrm{d}x = \mathrm{d}z,$$

又由于 $p^2 - 4q < 0$,有 $q - \frac{p^2}{4} > 0$,记 $a^2 = q - \frac{p^2}{4}$,得

$$\begin{aligned}\int \frac{Ax+B}{x^2+px+q}\mathrm{d}x &= \int \frac{Ax+B}{(x+p/2)^2+(q-p^2/4)}\mathrm{d}x \\ &= \int \frac{A(z-p/2)+B}{z^2+a^2}\mathrm{d}z = \int \frac{Az}{z^2+a^2}\mathrm{d}z + \int \frac{B-Ap/2}{z^2+a^2}\mathrm{d}z \\ &= \frac{A}{2}\ln(z^2+a^2) + \left(B - \frac{Ap}{2}\right)\frac{1}{a}\arctan\frac{z}{a} + C \\ &= \frac{A}{2}\ln(x^2+px+q) + \frac{2B-Ap}{\sqrt{4q-p^2}}\arctan\frac{2x+p}{\sqrt{4q-p^2}} + C.\end{aligned}$$

(4) 同样用变量替换 $z = x + \frac{p}{2}$, $x = z - \frac{p}{2}$, $\mathrm{d}x = \mathrm{d}z$,且记 $a^2 = q - \frac{p^2}{4}$,得

$$\int \frac{A_1x+A_2}{(x^2+px+q)^n}\mathrm{d}x = \int \frac{A_1z}{(z^2+a^2)^n}\mathrm{d}z + \left(A_2 - \frac{A_1p}{2}\right)\int \frac{1}{(z^2+a^2)^n}\mathrm{d}z.$$

上式右边的第一项不定积分容易求出,用凑微分法即可;第二项积分要利用上节例 7 的递推公式.至此这四种情况的不定积分全部得以解决.

因此,对真分式$\frac{P_n(x)}{Q_m(x)}$求不定积分关键是将其分解成最简真分式之和.一般地,如果 $Q_m(x)$ 含有因式$(x-a)^k$,那么$\frac{P_n(x)}{Q_m(x)}$所分解出的最简真分式中一定含有如下形式的 k 个最简真分式:

$$\frac{A_1}{x-a},\quad \frac{A_2}{(x-a)^2},\quad \cdots,\quad \frac{A_k}{(x-a)^k};$$

而如果 $Q_m(x)$ 中含有因式$(x^2+px+q)^k$ $(p^2-4q<0)$,那么$\frac{P_n(x)}{Q_m(x)}$所分解出的最简真分式中一定含有如下形式的 k 个最简真分式:

$$\frac{C_1x+D_1}{x^2+px+q},\quad \frac{C_2x+D_2}{(x^2+px+q)^2},\quad \cdots,\quad \frac{C_kx+D_k}{(x^2+px+q)^k}.$$

二、待定系数法

如何将一个真分式分解为最简真分式之和呢？下面利用具体的例子介绍一种常用的方法——待定系数法.

例 1 将真分式$\frac{2x+3}{x^3+x^2-2x}$分解为最简真分式之和.

解 设

$$\frac{2x+3}{x^3+x^2-2x}=\frac{2x+3}{x(x-1)(x+2)}=\frac{A_1}{x}+\frac{A_2}{x-1}+\frac{A_3}{x+2},$$

其中 A_1,A_2,A_3 为待定系数. 将上式右边的分式通分,使两边的分子相等,即

$$2x+3=A_1(x-1)(x+2)+A_2x(x+2)+A_3x(x-1).$$

由恒等关系不难求出 A_1,A_2,A_3,其中常用的方法有：

(1) 两边比较同次幂的系数：

$$\begin{cases}A_1+A_2+A_3=0,\\ A_1+2A_2-A_3=2,\\ -2A_1=3,\end{cases}\quad \text{可求得}\quad A_1=-\frac{3}{2},\quad A_2=\frac{5}{3},\quad A_3=-\frac{1}{6}.$$

(2) 赋值法：

令 $x=0$,代入得 $3=-2A_1$，即 $A_1=-\frac{3}{2}$；令 $x=1$,代入得 $5=3A_2$，即 $A_2=\frac{5}{3}$；令 $x=-2$,代入得 $-1=6A_3$，即 $A_3=-\frac{1}{6}$.

所以真分式$\frac{2x+3}{x^3+x^2-2x}$分解为最简真分式之和如下：

$$\frac{2x+3}{x^3+x^2-2x}=-\frac{3}{2x}+\frac{5}{3(x-1)}-\frac{1}{6(x+2)}.$$

例 2 求不定积分$\int\frac{x^2-2x-2}{x^3-1}\mathrm{d}x$.

解 先将被积函数进行分解：

$$\frac{x^2-2x-2}{x^3-1}=\frac{x^2-2x-2}{(x-1)(x^2+x+1)}=\frac{A_1}{x-1}+\frac{A_2x+A_3}{x^2+x+1},$$

$$x^2-2x-2=A_1(x^2+x+1)+(x-1)(A_2x+A_3),$$

其中 A_1,A,A_3 为待定系数. 令 $x=1$,得 $A_1=-1$；令 $x=0$,得 $A_3=1$；再将 A_1,A_3 代入,两边比较系数,可得 $A_2=2$. 所以

$$\frac{x^2-2x-2}{x^3-1}=-\frac{1}{x-1}+\frac{2x+1}{x^2+x+1},$$

即
$$\int\frac{x^2-2x-2}{x^3-1}\mathrm{d}x=-\int\frac{1}{x-1}\mathrm{d}x+\int\frac{2x+1}{x^2+x+1}\mathrm{d}x$$

$$=-\ln|x-1|+\ln|x^2+x+1|+C=\ln\left|\frac{x^2+x+1}{x-1}\right|+C.$$

例 3 求不定积分 $\int\frac{x^2+1}{x(x-1)^2}\mathrm{d}x$.

解 设 $\frac{x^2+1}{x(x-1)^2}=\frac{A_1}{x}+\frac{A_2}{x-1}+\frac{A_3}{(x-1)^2}$,通分得

$$x^2+1=A_1(x-1)^2+A_2x(x-1)+A_3x.$$

令 $x=0$,得 $A_1=1$;令 $x=1$,得 $A_3=2$;令 $x=2$,得 $A_2=0$. 所以

$$\int\frac{x^2+1}{x(x-1)^2}\mathrm{d}x=\int\frac{1}{x}\mathrm{d}x+\int\frac{2}{(x-1)^2}\mathrm{d}x=\ln|x|-\frac{2}{x-1}+C.$$

注 (1) 显然有理函数的不定积分总是可以用初等函数表出;

(2) 任何初等函数在其连续区间都有原函数,但原函数有可能不能由初等函数表示出来,也就是通常所说的"积不出来",如 $\int\frac{\sin x}{x}\mathrm{d}x$, $\int\mathrm{e}^{x^2}\mathrm{d}x$, $\int\frac{1}{\ln x}\mathrm{d}x$, $\int\frac{1}{\sqrt{1+x^3}}\mathrm{d}x$ 等;

(3) 以上所讲的是求有理函数不定积分的一般方法,如有特殊情形,应选择更简便的方法进行计算.

例 4 求不定积分 $\int\frac{x-2}{x^2+2x+3}\mathrm{d}x$.

解
$$\int\frac{x-2}{x^2+2x+3}\mathrm{d}x=\int\frac{\frac{1}{2}(2x+2)-3}{x^2+2x+3}\mathrm{d}x=\frac{1}{2}\int\frac{2x+2}{x^2+2x+3}\mathrm{d}x-3\int\frac{1}{x^2+2x+3}\mathrm{d}x$$
$$=\frac{1}{2}\int\frac{1}{x^2+2x+3}\mathrm{d}(x^2+2x+3)-3\int\frac{\mathrm{d}(x+1)}{(x+1)^2+(\sqrt{2})^2}$$
$$=\frac{1}{2}\ln(x^2+2x+3)-\frac{3}{\sqrt{2}}\arctan\frac{x+1}{\sqrt{2}}+C.$$

例 5 求不定积分 $\int\frac{x^2}{1+x^6}\mathrm{d}x$

解 $\int\frac{x^2}{1+x^6}\mathrm{d}x=\frac{1}{3}\int\frac{1}{1+(x^3)^2}\mathrm{d}(x^3)=\frac{1}{3}\arctan x^3+C.$

例 6 求不定积分 $\int\frac{x+1}{(x-1)^3}\mathrm{d}x$.

解 令 $x-1=u$, $\mathrm{d}x=\mathrm{d}u$,代入不定积分有

$$\int\frac{x+1}{(x-1)^3}\mathrm{d}x=\int\frac{u+2}{u^3}\mathrm{d}u=\int\frac{1}{u^2}\mathrm{d}u+2\int\frac{1}{u^3}\mathrm{d}u$$
$$=-\frac{1}{u}-\frac{1}{u^2}+C=-\frac{1}{x-1}-\frac{1}{(x-1)^2}+C.$$

*三、三角函数有理式的不定积分

三角函数有理式是由三角函数经过有限次四则运算所构成的函数，如

$$\frac{1+\sin x}{\sin x(1+\cos x)}, \quad \frac{1}{5+4\sin 2x}.$$

对三角函数有理式的不定积分可作万能变换将其转换为有理函数的不定积分进行计算：

令 $u=\tan\frac{x}{2}$，由

$$\sin x = 2\sin\frac{x}{2}\cos\frac{x}{2} = \frac{2\tan\frac{x}{2}}{\sec^2\frac{x}{2}} = \frac{2\tan\frac{x}{2}}{1+\tan^2\frac{x}{2}} = \frac{2u}{1+u^2},$$

$$\cos x = \cos^2\frac{x}{2} - \sin^2\frac{x}{2} = \cos^2\frac{x}{2}\left(1-\tan^2\frac{x}{2}\right) = \frac{1-u^2}{1+u^2},$$

又由 $u=\tan\frac{x}{2}$，$x=2\arctan u$，$\mathrm{d}x=\frac{2}{1+u^2}\mathrm{d}u$，代入不定积分后，就可以将三角函数有理式的不定积分转化为有理函数的不定积分进行计算了.

例 7 求不定积分 $\int\frac{\mathrm{d}x}{2\sin x-\cos x+5}$.

解 令 $u=\tan\frac{x}{2}$，有

$$\sin x = \frac{2u}{1+u^2}, \quad \cos x = \frac{1-u^2}{1+u^2}, \quad \mathrm{d}x = \frac{2\mathrm{d}u}{1+u^2},$$

代入不定积分得

$$\begin{aligned}\int\frac{\mathrm{d}x}{2\sin x-\cos x+5} &= \int\frac{1}{5+2\left(\frac{2u}{1+u^2}\right)-\frac{1-u^2}{1+u^2}}\cdot\frac{2}{1+u^2}\mathrm{d}u \\ &= \int\frac{1}{3u^2+2u+2}\mathrm{d}u = \frac{1}{3}\int\frac{1}{(u+1/3)^2+(\sqrt{5}/3)^2}\mathrm{d}u \\ &= \frac{1}{\sqrt{5}}\arctan\frac{3u+1}{\sqrt{5}}+C = \frac{1}{\sqrt{5}}\arctan\frac{3\tan\frac{x}{2}+1}{\sqrt{5}}+C.\end{aligned}$$

不定积分的计算方法灵活多样，需要通过做一定量的练习，并在做题的过程中不断总结、归纳、提炼才能较好地掌握.

习 题 4.4

1. 求下列不定积分：

(1) $\int\frac{1}{x(1+2x)}\mathrm{d}x$；　　(2) $\int\frac{1}{x^2-3x+2}\mathrm{d}x$；　　(3) $\int\frac{1+x}{x(1+2x)^2}\mathrm{d}x$；

(4) $\int \frac{2x+3}{x^2+2x-3}\mathrm{d}x$；　(5) $\int \frac{x+5}{x^2-6x+13}\mathrm{d}x$；　(6) $\int \frac{x^2}{(x-1)^9}\mathrm{d}x$；

(7) $\int \frac{x^3}{x^2-1}\mathrm{d}x$；　(8) $\int \frac{1}{x(1+x^6)}\mathrm{d}x$；　(9) $\int \frac{1+x^2}{1+x^4}\mathrm{d}x$；

(10) $\int \frac{1}{x^8(1+x^2)}\mathrm{d}x$；　(11) $\int \frac{1}{1+x^4}\mathrm{d}x$；　(12) $\int \frac{3x^2-8x-1}{(x-1)^3(x+2)}\mathrm{d}x$.

*2. 求下列不定积分：

(1) $\int \frac{1+\cos x}{1+\sin x}\mathrm{d}x$；　(2) $\int \frac{\sin x}{1+\sin x+\cos x}\mathrm{d}x$.

复 习 题 四

1. 填空题：

(1) 若不定积分$\int f(x)\mathrm{d}x = x^2+C$,则$\int xf(1-x^2)\mathrm{d}x =$ ____________；

(2) 设 $f'(x)=1+x$,则函数 $f(x)=$ ____________；

(3) 设函数 $f(x)$ 的原函数为$\frac{\sin x}{x}$,则不定积分 $\int xf'(x)\mathrm{d}x =$ ____________；

(4) 不定积分$\int \frac{1-\cos x}{1+\cos x}\mathrm{d}x =$ ____________；

(5) 已知 $f'(\ln x)=x$,其中$1<x<+\infty$,且 $f(0)=0$,则函数 $f(x)=$ ____________；

(6) 设a,b为常数,$b\neq 0$,不定积分$\int f(x)\mathrm{d}x = F(x)+C$,则$\int f(a-bx)\mathrm{d}x =$ ________.

2. 用下列变量替换求不定积分$\int \frac{1}{x\sqrt{x^2-1}}\mathrm{d}x$：

(1) $t=\frac{1}{x}$；　(2) $t=\sqrt{x^2-1}$；　(3) $x=\sec t$；　(4) $t=\sqrt{\frac{x+1}{x-1}}$.

3. 求下列不定积分：

(1) $\int \frac{x+\sin x}{1+\cos x}\mathrm{d}x$；　(2) $\int \frac{1}{\sin 2x+2\sin x}\mathrm{d}x$；　(3) $\int \frac{x\mathrm{e}^x}{\sqrt{\mathrm{e}^x-1}}\mathrm{d}x$；

(4) $\int \frac{x\mathrm{e}^x}{(1+\mathrm{e}^x)^2}\mathrm{d}x$；　(5) $\int \frac{\sqrt{1+x}-1}{\sqrt{1+x}+1}\mathrm{d}x$；　(6) $\int \frac{\arcsin x}{(1-x)^2}\mathrm{d}x$；

(7) $\int \frac{\arctan\sqrt{x^2-1}}{x^2\sqrt{x^2-1}}\mathrm{d}x$；　(8) $\int \frac{1}{1-x^2}\ln\frac{1+x}{1-x}\mathrm{d}x$；　(9) $\int \frac{\arcsin\sqrt{x}}{\sqrt{x}}\mathrm{d}x$；

(10) $\int \frac{x}{x+\sqrt{x^2-1}}\mathrm{d}x$.

第五章 定积分

> 定积分的概念和其他数学概念一样，也是从解决实际问题的需要而产生和发展起来的.本章将从实际问题出发，引出定积分的概念与基本性质，揭示定积分与不定积分的关系，并介绍牛顿-莱布尼茨公式以及定积分的计算方法和应用等.

§5.1 定积分的概念与性质

一、曲边梯形的面积

在初等数学中，我们已经学过一些特殊的平面图形的面积计算，如三角形、梯形、圆等. 但是对于由曲线所围成的平面图形的面积，又如何计算呢？

为此，先讨论曲边梯形面积的计算，这里**曲边梯形**是指由连续曲线$y=f(x)$，直线 $x=a$，$x=b$ 及 $y=0$ 所围的平面图形(如图 5-1).

我们来求图 5-1 所示曲边梯形的面积，这里 $f(x)\geqslant 0$. 因为曲边梯形的高度在区间上是变动的，所以不能用矩形的面积公式来计算它的面积，但是我们可以利用下面这样一个基本思想来求其面积 S：

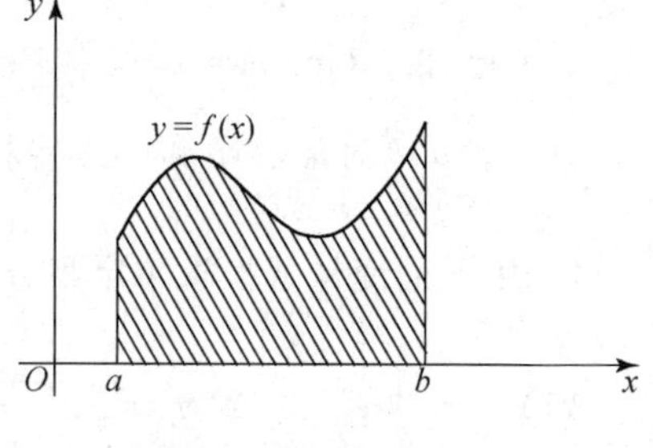

图 5-1

第一步：分割(如图 5-2). 用分点

$$a=x_0<x_1<\cdots<x_{i-1}<x_i<\cdots<x_n=b$$

将区间$[a,b]$分为 n 个小区间

$$[x_0,x_1],\quad [x_1,x_2],\quad \cdots,\quad [x_{n-1},x_n].$$

记每个小区间的长度为 $\Delta x_i=x_i-x_{i-1}(i=1,2,\cdots,n)$，并记

$$\lambda=\max\{\Delta x_1,\Delta x_2,\cdots,\Delta x_n\}.$$

过各分点作平行于 y 轴的线段，把曲边梯形分为 n 个小曲边梯形 ΔS_1，$\Delta S_2,\cdots,\Delta S_n$，其中 ΔS_i 表示第 i 个小曲边梯形，并表示其面积，则曲边梯

形的面积

$$S = \Delta S_1 + \Delta S_2 + \cdots + \Delta S_n = \sum_{i=1}^{n} \Delta S_i.$$

第二步：取近似. 在每个小区间$[x_{i-1}, x_i]$ $(i=1,2,\cdots,n)$上任取一点 ξ_i $(x_{i-1} \leqslant \xi_i \leqslant x_i)$，用以小区间的长度为底，$f(\xi_i)$为高的小矩形近似代替对应的小曲边梯形，有

$$\Delta S_i \approx f(\xi_i)\Delta x_i \quad (i = 1,2,\cdots,n).$$

第三步：作和式. 把各个小矩形的面积相加，得到曲边梯形面积 S 的近似值，即

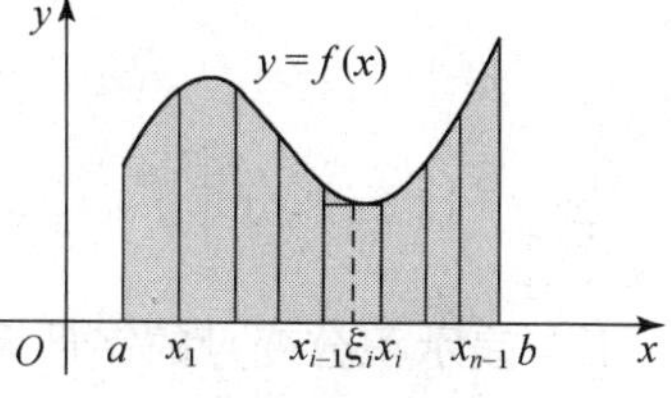

图 5-2

$$S = \sum_{i=1}^{n} \Delta S_i \approx f(\xi_1)\Delta x_1 + f(\xi_2)\Delta x_2 + \cdots + f(\xi_n)\Delta x_n$$

$$= \sum_{i=1}^{n} f(\xi_i)\Delta x_i.$$

第四步：求极限. 显然，区间$[a,b]$分割得越细，面积 S 的近似值的精确度就越高. 若当 $\lambda \to 0$时和式 $\sum\limits_{i=1}^{n} f(\xi_i)\Delta x_i$ 的极限存在，则我们定义

$$S = \lim_{\lambda \to 0} \sum_{i=1}^{n} f(\xi_i)\Delta x_i.$$

上述求曲边梯形面积的方法，是将问题归结为求一个和式极限. 还有很多实际问题的解决，都可归结为求这类和式极限，如求变速直线运动物体移动的距离等. 我们可从这类和式极限的共同本质中抽象出定积分的概念.

二、定积分的定义

定义 设 $f(x)$是定义在区间$[a,b]$上的有界函数，在区间$[a,b]$上任取一组分点

$$a = x_0 < x_1 < \cdots < x_{i-1} < x_i < \cdots < x_n = b,$$

将区间$[a,b]$分为 n 个小区间

$$[x_0, x_1], \quad [x_1, x_2], \quad \cdots, \quad [x_{n-1}, x_n].$$

记每个小区间的长度为 $\Delta x_i = x_i - x_{i-1}$ $(i=1,2,\cdots,n)$，并记

$$\lambda = \max\{\Delta x_1, \Delta x_2, \cdots, \Delta x_n\}.$$

在每个小区间$[x_{i-1}, x_i]$ $(i=1,2,\cdots,n)$上任取一点 ξ_i，作 $f(\xi_i)$与 Δx_i 乘积的和式 $\sum\limits_{i=1}^{n} f(\xi_i)\Delta x_i$. 若和式的极限$\lim\limits_{\lambda \to 0} \sum\limits_{i=1}^{n} f(\xi_i)\Delta x_i$ 存在，则称函数 $f(x)$ 在区间$[a,b]$上**可积**，并称此极限值为函数 $f(x)$ 在区间$[a,b]$上的**定积分**，记为$\int_a^b f(x)\mathrm{d}x$，即

$$\int_a^b f(x)\mathrm{d}x = \lim_{\lambda \to 0} \sum_{i=1}^{n} f(\xi_i)\Delta x_i,$$

其中 $f(x)$ 称为**被积函数**，$f(x)\mathrm{d}x$ 称为**被积表达式**，x 称为**积分变量**，a 称为积分**下限**，b 称为积分**上限**，$[a,b]$ 称为**积分区间**，$\sum\limits_{i=1}^{n} f(\xi_i)\Delta x_i$ 称为**积分和式**.

由上述定义，前面曲边梯形的面积就可用定积分表示为

$$S=\int_a^b f(x)\mathrm{d}x.$$

注 (1) 定积分 $\int_a^b f(x)\mathrm{d}x$ 表示一个常数值，它与被积函数 $f(x)$ 和积分区间 $[a,b]$ 有关，而与表示积分变量的字母无关，即 $\int_a^b f(x)\mathrm{d}x=\int_a^b f(t)\mathrm{d}t$.

(2) 区间的划分是任意的，点 ξ_i 的取法也是任意的. 也就是说，不论对区间 $[a,b]$ 如何划分，也不论如何取点 ξ_i，积分和式的极限都要存在且相等，定积分才存在；反过来，若定积分存在的话，则对任意一种区间的划分和点 ξ_i 的取法积分和式的极限都会存在且相等. 因此，若定积分存在，可采取特殊的区间划分法和特殊的点 ξ_i 取法来计算定积分. 通常我们采用将区间 n 等分和取端点为 ξ_i 的特殊方法来求定积分.

(3) 显然，无界函数是不可积的，即函数 $f(x)$ 有界是函数可积的必要条件. 可以证明，函数在有限闭区间上连续是可积的充分条件. 事实上，有限闭区间上只有有限个第一类间断点的有界函数也是可积的.

例 1 用定义计算定积分 $\int_0^1 x^2\mathrm{d}x$.

解 因为函数 $y=f(x)=x^2$ 在 $[0,1]$ 上连续，所以 $\int_0^1 x^2\mathrm{d}x$ 存在. 由曲线 $y=x^2$，直线 $x=1$ 及 x 轴 $(y=0)$ 所围的曲边三角形（属于特殊的曲边梯形）如图 5-3 所示.

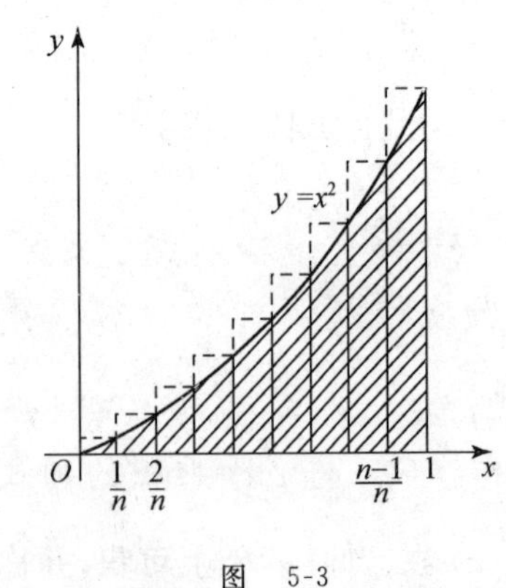

图 5-3

把区间 $[0,1]$ 的长度 n 等分，分点坐标为

$$x_i=\frac{i}{n}\quad(i=0,1,2,\cdots,n),$$

每个小区间的长度均为 $\Delta x_i=\frac{1}{n}$，从而 $\lambda=\frac{1}{n}$；取每个小区间的右端点为 ξ_i，即 $\xi_i=\frac{i}{n}$ $(i=1,2,\cdots,n)$；作和式

$$\sum_{i=1}^{n} f(\xi_i)\Delta x_i=\sum_{i=1}^{n}\left(\frac{i}{n}\right)^2\frac{1}{n}.$$

又因为当 $\lambda=\frac{1}{n}\to 0$ 时，$n\to\infty$，所以

$$\begin{aligned}\int_0^1 x^2\mathrm{d}x &= \lim_{n\to\infty}\sum_{i=1}^{n}\left(\frac{i}{n}\right)^2\frac{1}{n}\\ &= \lim_{n\to\infty}\frac{1}{n^3}(1^2+2^2+\cdots+n^2)\\ &= \lim_{n\to\infty}\frac{1}{n^3}\cdot\frac{n(n+1)(2n+1)}{6}=\frac{1}{3}.\end{aligned}$$

因此由曲线 $y=x^2$,直线 $x=1$ 及 x 轴($y=0$)所围的曲边三角形的面积为$\frac{1}{3}$.

例 2 将和式极限$\lim\limits_{n\to\infty}\left(\frac{1}{n+1}+\frac{1}{n+2}+\cdots+\frac{1}{n+n}\right)$用定积分表示.

解 $\lim\limits_{n\to\infty}\left(\frac{1}{n+1}+\frac{1}{n+2}+\cdots+\frac{1}{n+n}\right)=\lim\limits_{n\to\infty}\left[\frac{1}{1+\frac{1}{n}}+\frac{1}{1+\frac{2}{n}}+\cdots+\frac{1}{1+\frac{n}{n}}\right]\cdot\frac{1}{n}$

$$=\lim_{n\to\infty}\sum_{i=1}^{n}\frac{1}{1+\frac{i}{n}}\cdot\frac{1}{n}=\int_0^1\frac{1}{1+x}\mathrm{d}x.$$

三、定积分的几何意义

把定积分 $\int_a^b f(x)\mathrm{d}x$ 中的被积函数 $y=f(x)$ 看成是曲边梯形的曲边方程,则由前面对曲边梯形面积的讨论,我们可以得到定积分的几何意义:

(1) 当 $f(x)\geqslant 0$ 时,定积分$\int_a^b f(x)\mathrm{d}x$ 在几何上表示由连续曲线 $y=f(x)$,直线 $x=a$,$x=b$ 及 x 轴($y=0$) 所围成的曲边梯形的面积,即 $S=\int_a^b f(x)\mathrm{d}x$. 这时,曲边梯形在 x 轴的上方(如图 5-4).

(2) 当 $f(x)\leqslant 0$ 时,定积分$\int_a^b f(x)\mathrm{d}x$ 在几何上表示由连续曲线 $y=f(x)$,直线 $x=a$,$x=b$ 及 x 轴($y=0$) 所围成的曲边梯形面积的负值. 这时,曲边梯形在 x 轴的下方,它的面积是 $S=-\int_a^b f(x)\mathrm{d}x$(如图 5-5).

(3) 对于一般有正、有负的函数 $y=f(x)$,则定积分$\int_a^b f(x)\mathrm{d}x$ 在几何上表示由曲线 $y=f(x)$,直线 $x=a$,$x=b$ 及 x 轴($y=0$) 所围成的几个曲边梯形面积的代数和. 如图 5-6 所示,则$\int_a^b f(x)\mathrm{d}x=\int_a^{c_1} f(x)\mathrm{d}x-\int_{c_1}^{c_2} f(x)\mathrm{d}x+\int_{c_2}^{b} f(x)\mathrm{d}x$.

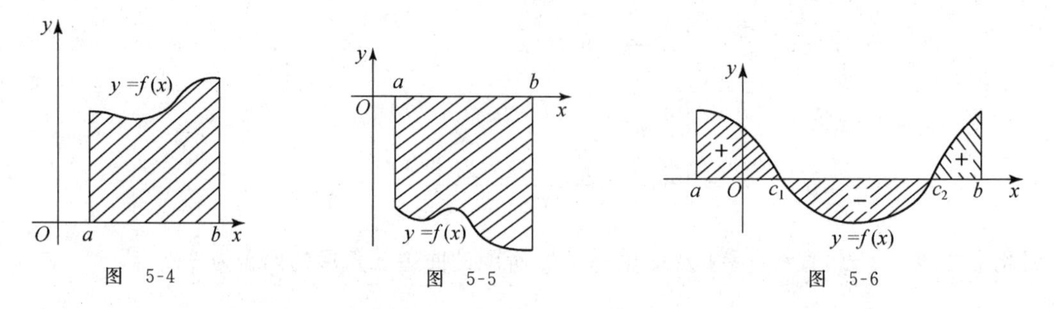

图 5-4　　图 5-5　　图 5-6

由定积分的几何意义容易得到如下性质：当 $f(x)$为连续的奇函数时，$\int_{-a}^{a} f(x)\mathrm{d}x = 0$；当 $f(x)$ 为连续的偶函数时，有$\int_{-a}^{a} f(x)\mathrm{d}x = 2\int_{0}^{a} f(x)\mathrm{d}x$(这个性质的严格数学证明见 §5.3 例 4). 例如，$\int_{-2}^{2} \sqrt{4-x^2}\mathrm{d}x = 2\int_{0}^{2} \sqrt{4-x^2\mathrm{d}x} = 2\pi$，它表示半径为 2 的上半圆的面积.

四、定积分的基本性质

为了更好地计算和应用定积分，需要进一步了解定积分的一些基本性质. 在介绍定积分的性质之前，我们先作两个规定：

$$\int_{a}^{b} f(x)\mathrm{d}x = -\int_{b}^{a} f(x)\mathrm{d}x;\quad \int_{a}^{a} f(x)\mathrm{d}x = 0.$$

另外，在下面的讨论中假设函数 $f(x)$，$g(x)$在积分区间$[a,b]$上的定积分都存在.

性质 1　两个函数代数和的定积分等于各自定积分的代数和，即

$$\int_{a}^{b} [f(x) \pm g(x)]\mathrm{d}x = \int_{a}^{b} f(x)\mathrm{d}x \pm \int_{a}^{b} g(x)\mathrm{d}x.$$

证

$$\begin{aligned}\int_{a}^{b} [f(x) \pm g(x)]\mathrm{d}x &= \lim_{\lambda \to 0} \sum_{i=1}^{n} [f(\xi_i) \pm g(\xi_i)]\Delta x_i \\ &= \lim_{\lambda \to 0} \sum_{i=1}^{n} f(\xi_i)\Delta x_i \pm \lim_{\lambda \to 0} \sum_{i=1}^{n} g(\xi_i)\Delta x_i \\ &= \int_{a}^{b} f(x)\mathrm{d}x \pm \int_{a}^{b} g(x)\mathrm{d}x.\end{aligned}$$

这个性质可以推广到有限多个函数的代数和的情况：

$$\int_{a}^{b} [f_1(x) + f_2(x) + \cdots + f_n(x)]\mathrm{d}x = \int_{a}^{b} f_1(x)\mathrm{d}x + \int_{a}^{b} f_2(x)\mathrm{d}x + \cdots + \int_{a}^{b} f_n(x)\mathrm{d}x.$$

性质 2　被积函数的常数因子可以提到积分号外，即

$$\int_{a}^{b} kf(x)\mathrm{d}x = k\int_{a}^{b} f(x)\mathrm{d}x \quad (k\ 为任意常数).$$

证　$\int_{a}^{b} kf(x)\mathrm{d}x = \lim_{\lambda \to 0} \sum_{i=1}^{n} kf(\xi_i)\Delta x_i = k\lim_{\lambda \to 0} \sum_{i=1}^{n} f(\xi_i)\Delta x_i = k\int_{a}^{b} f(x)\mathrm{d}x.$

性质 3(积分对区间的可加性) 设 $a<c<b$,则

$$\int_a^b f(x)\mathrm{d}x = \int_a^c f(x)\mathrm{d}x + \int_c^b f(x)\mathrm{d}x.$$

这一性质可由定积分的几何意义直观理解得到. 当 c 不在 $[a,b]$ 内时,积分对区间的可加性仍然成立. 如果 $a<b<c$,只要 $f(x)$ 在 $[a,c]$ 上可积,由

$$\int_a^c f(x)\mathrm{d}x = \int_a^b f(x)\mathrm{d}x + \int_b^c f(x)\mathrm{d}x = \int_a^b f(x)\mathrm{d}x - \int_c^b f(x)\mathrm{d}x$$

移项后即得

$$\int_a^b f(x)\mathrm{d}x = \int_a^c f(x)\mathrm{d}x + \int_c^b f(x)\mathrm{d}x.$$

同理当 $c<a<b$ 时亦成立.

性质 4 如果被积函数 $f(x)=1$,则有 $\int_a^b f(x)\mathrm{d}x = \int_a^b \mathrm{d}x = b-a$.

证 $\int_a^b f(x)\mathrm{d}x = \int_a^b \mathrm{d}x = \lim\limits_{\lambda\to 0}\sum\limits_{i=1}^n \Delta x_i = b-a.$

性质 5 若在区间 $[a,b]$ 上有 $f(x)\geqslant 0$,则 $\int_a^b f(x)\mathrm{d}x \geqslant 0$.

证 因为

$$\int_a^b f(x)\mathrm{d}x = \lim_{\Delta x\to 0}\sum_{i=1}^n f(\xi_i)\Delta x_i,$$

其中 $f(\xi_i)\geqslant 0, \Delta x_i \geqslant 0\ (i=1,2,\cdots,n)$,所以有 $\int_a^b f(x)\mathrm{d}x \geqslant 0$.

推论 (1) 若在区间 $[a,b]$ 上恒有 $f(x)\geqslant g(x)$,则 $\int_a^b f(x)\mathrm{d}x \geqslant \int_a^b g(x)\mathrm{d}x$;

(2) $\left|\int_a^b f(x)\mathrm{d}x\right| \leqslant \int_a^b |f(x)|\mathrm{d}x$.

性质 6(估值定理) 设函数 $f(x)$ 在区间 $[a,b]$ 上连续,最大值和最小值分别是 M 与 m,则

$$m(b-a)\leqslant \int_a^b f(x)\mathrm{d}x \leqslant M(b-a).$$

证 因为闭区间上的连续函数一定有最大值和最小值存在,即有 $m\leqslant f(x)\leqslant M$,于是

$$\int_a^b m\,\mathrm{d}x \leqslant \int_a^b f(x)\mathrm{d}x \leqslant \int_a^b M\mathrm{d}x,$$

又

$$\int_a^b m\,\mathrm{d}x = m(b-a),\quad \int_a^b M\mathrm{d}x = M(b-a),$$

所以有

$$m(b-a) \leqslant \int_a^b f(x)\,\mathrm{d}x \leqslant M(b-a).$$

该性质的几何意义是：由曲线 $y=f(x)$，直线 $x=a$，$x=b$ 和 x 轴所围成的曲边梯形面积介于以区间 $[a,b]$ 为底、m 为高的矩形面积与以区间 $[a,b]$ 为底、M 为高的矩形面积之间（如图 5-7）.

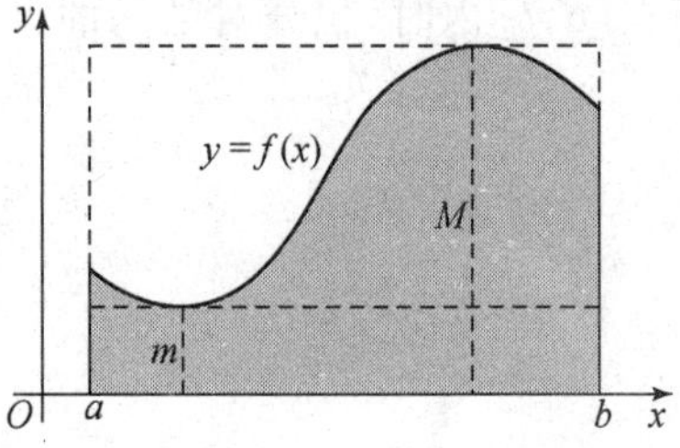

图 5-7

性质 7（积分中值定理） 设函数 $f(x)$ 在区间 $[a,b]$ 上连续，则至少存在一点 $\xi\in[a,b]$，使得

$$\int_a^b f(x)\,\mathrm{d}x = f(\xi)\,(b-a).$$

证 因为 $f(x)$ 在区间 $[a,b]$ 上连续，所以 $\exists\, m,M$，使得 $m\leqslant f(x)\leqslant M$. 由性质 6 可得

$$m(b-a) \leqslant \int_a^b f(x)\,\mathrm{d}x \leqslant M(b-a),$$

因此

$$m \leqslant \frac{1}{b-a}\int_a^b f(x)\,\mathrm{d}x \leqslant M.$$

由连续函数的介值定理，至少存在一点 $\xi\in[a,b]$，使得

$$f(\xi) = \frac{1}{b-a}\int_a^b f(x)\,\mathrm{d}x, \quad \text{即} \quad \int_a^b f(x)\,\mathrm{d}x = f(\xi)(b-a).$$

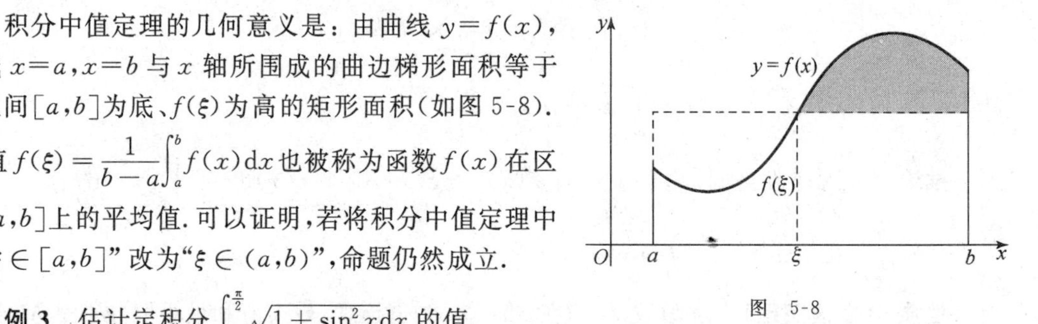

图 5-8

积分中值定理的几何意义是：由曲线 $y=f(x)$，直线 $x=a$，$x=b$ 与 x 轴所围成的曲边梯形面积等于以区间 $[a,b]$ 为底、$f(\xi)$ 为高的矩形面积（如图 5-8）. 数值 $f(\xi)=\dfrac{1}{b-a}\displaystyle\int_a^b f(x)\,\mathrm{d}x$ 也被称为函数 $f(x)$ 在区间 $[a,b]$ 上的平均值. 可以证明，若将积分中值定理中的"$\xi\in[a,b]$"改为"$\xi\in(a,b)$"，命题仍然成立.

例 3 估计定积分 $\displaystyle\int_0^{\frac{\pi}{2}}\sqrt{1+\sin^2 x}\,\mathrm{d}x$ 的值.

解 因为

$$0\leqslant \sin^2 x\leqslant 1,\quad 1\leqslant 1+\sin^2 x\leqslant 2,\quad 1\leqslant\sqrt{1+\sin^2 x}\leqslant\sqrt{2},$$

所以

$$1\times\left(\frac{\pi}{2}-0\right)\leqslant\int_0^{\frac{\pi}{2}}\sqrt{1+\sin^2 x}\,\mathrm{d}x\leqslant\sqrt{2}\left(\frac{\pi}{2}-0\right),$$

即

$$\frac{\pi}{2}\leqslant\int_0^{\frac{\pi}{2}}\sqrt{1+\sin^2 x}\,\mathrm{d}x\leqslant\frac{\pi}{\sqrt{2}}.$$

例 4 比较下列两个定积分的大小：

$$I_1=\int_3^4 \ln x\,\mathrm{d}x,\quad I_2=\int_3^4(\ln x)^3\,\mathrm{d}x.$$

解 因为当 $3<x<4$ 时，$\ln x>1$，所以 $\ln x\leqslant(\ln x)^3(3<x<4)$. 于是由性质 5 有

$$\int_3^4 \ln x\mathrm{d}x \leqslant \int_3^4 (\ln x)^3\mathrm{d}x, \quad 即 \quad I_1 \leqslant I_2.$$

习 题 5.1

1. 利用定积分的性质，比较下列各组定积分的大小：

(1) $\int_0^1 x\mathrm{d}x$ 与 $\int_0^1 x^2\mathrm{d}x$； (2) $\int_0^1 \mathrm{e}^{-x}\mathrm{d}x$ 与 $\int_0^1 \mathrm{e}^{x}\mathrm{d}x$；

(3) $\int_0^{\pi/2} \sin x\mathrm{d}x$ 与 $\int_0^{\pi/2} \sin^2 x\mathrm{d}x$； (4) $\int_1^{\mathrm{e}} \ln x\mathrm{d}x$ 与 $\int_1^{\mathrm{e}} (\ln x)^2\mathrm{d}x$.

2. 估计下列定积分的值：

(1) $\int_0^1 (x^2+1)\mathrm{d}x$； (2) $\int_{\pi/4}^{5\pi/4} \sin^2 x\mathrm{d}x$；

(3) $\int_{\sqrt{3}/3}^{\sqrt{3}} x\arctan x\mathrm{d}x$； (4) $\int_0^{\pi/2} \frac{\sin x}{x}\mathrm{d}x$.

3. 由定积分的几何意义求 $\int_{-3}^{3} \sqrt{9-x^2}\mathrm{d}x$.

4. 将和式极限 $\lim\limits_{n\to\infty} n\left(\frac{1}{n^2+1^2}+\frac{1}{n^2+2^2}+\cdots+\frac{1}{n^2+n^2}\right)$ 用定积分表示.

§5.2 微积分的基本定理

利用定积分的定义求定积分不是一种简单的计算，特别是当被积函数较为复杂时，计算就更困难，所以有必要寻求其他简单的计算方法. 为此引进一个新的函数——变上限函数.

一、变上限函数

设函数 $f(x)$ 在区间 $[a,b]$ 上连续，若 x 为 $[a,b]$ 内的一点，则 $f(x)$ 在区间 $[a,x]$ 上连续. 因此，函数 $f(x)$ 在区间 $[a,x]$ 上可积，并且有定积分为 $\int_a^x f(x)\mathrm{d}x$. 在这个式子里，x 既表示积分上限，又表示积分变量. 由于定积分与积分变量用什么字母表示无关，因此为明确起见，积分变量改为字母 t 表示，则积分 $\int_a^x f(x)\mathrm{d}x$ 记为 $\int_a^x f(t)\mathrm{d}t$.

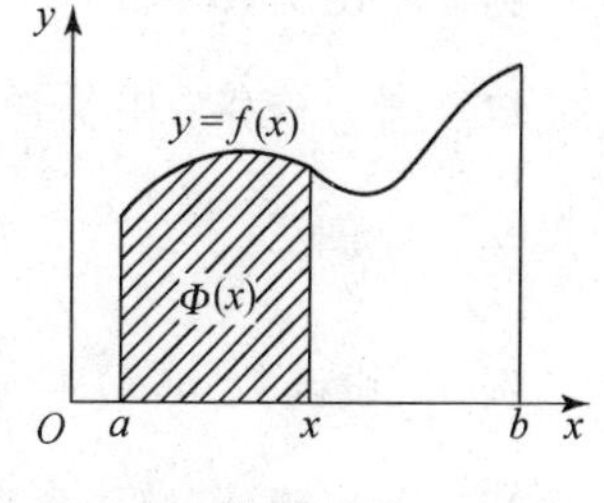

图 5-9

作为积分上限的 x 在区间 $[a,b]$ 上任意变动时，积分值也随之而变，即当 x 取定一个值时，就有唯一一个确定的积分值与之对应，因此，它在区间 $[a,b]$ 上定义了一个函数，称为**变上**

限函数,记做 $\Phi(x)$(如图 5-9),即

$$\Phi(x)=\int_a^x f(t)\mathrm{d}t.$$

定理 1(原函数存在定理) 设函数 $f(x)$ 在区间 $[a,b]$ 上连续,则变上限函数 $\Phi(x)=\int_a^x f(t)\mathrm{d}t$ 是被积函数的 $f(x)$ 的一个原函数,即变上限函数 $\Phi(x)$ 在区间 $[a,b]$ 上可导,且

$$\Phi'(x)=\frac{\mathrm{d}}{\mathrm{d}x}\int_a^x f(t)\mathrm{d}t=f(x).$$

证 设 $x\in(a,b)$,若在 x 处取得改变量 Δx,使得 $x+\Delta x\in(a,b)$,则

$$\Phi(x+\Delta x)=\int_a^{x+\Delta x}f(t)\mathrm{d}t=\int_a^x f(t)\mathrm{d}t+\int_x^{x+\Delta x}f(t)\mathrm{d}t,$$

从而由积分中值定理,存在 $\xi\in[x,x+\Delta x]$,使得

$$\begin{aligned}\Delta\Phi(x)&=\Phi(x+\Delta x)-\Phi(x)\\&=\int_x^{x+\Delta x}f(t)\mathrm{d}t=f(\xi)\Delta x,\end{aligned}$$

其中当 $\Delta x\to 0$ 时有 $\xi\to x$. 因此

$$\lim_{\Delta x\to 0}\frac{\Delta\Phi(x)}{\Delta x}=\lim_{\Delta x\to 0}\frac{\int_x^{x+\Delta x}f(t)\mathrm{d}t}{\Delta x}=\lim_{\Delta x\to 0}\frac{f(\xi)\Delta x}{\Delta x}=\lim_{\xi\to x}f(\xi)=f(x),$$

即当 $x\in(a,b)$ 时,$\Phi'(x)=f(x)$.

若 $x=a$,取 $\Delta x>0$,则同理可证 $\Phi'_+(a)=f(a)$;若 $x=b$,取 $\Delta x<0$,则同理可证 $\Phi'_-(b)=f(b)$.

综上即有

$$\Phi'(x)=\frac{\mathrm{d}}{\mathrm{d}x}\int_a^x f(t)\mathrm{d}t=f(x),\quad x\in[a,b].$$

例 1 设变上限函数 $\Phi(x)=\int_a^x \ln(1+t^2)\mathrm{d}t$,求 $\Phi'(x)$.

解 $\Phi'(x)=\frac{\mathrm{d}}{\mathrm{d}x}\int_a^x \ln(1+t^2)\mathrm{d}t=\ln(1+x^2)$.

例 2 设函数 $\Phi(x)=\int_x^1 t\cos t\mathrm{d}t$,求 $\Phi'(x)$.

解 因为积分上限为常数,积分下限为变量,所以

$$\Phi'(x)=-\frac{\mathrm{d}}{\mathrm{d}x}\left(\int_1^x t\cos t\mathrm{d}t\right)=-x\cos x.$$

例 3 设函数 $\Phi(x)=\int_0^{x^2}\sqrt{1+t}\mathrm{d}t$,求 $\Phi'(x)$.

解 因为积分上限 x^2 是 x 函数,所以

$$\Phi(x) = \int_0^{x^2} \sqrt{1+t}\,\mathrm{d}t$$

是由 $\int_0^u \sqrt{1+t}\,\mathrm{d}t$ 与 $u = x^2$ 复合而成的复合函数. 由复合函数的求导法则可得

$$\Phi'(x) = \frac{\mathrm{d}}{\mathrm{d}x}\int_0^{x^2} \sqrt{1+t}\,\mathrm{d}t = \frac{\mathrm{d}}{\mathrm{d}u}\int_0^{u} \sqrt{1+t}\,\mathrm{d}t\,\frac{\mathrm{d}u}{\mathrm{d}x}$$

$$= \sqrt{1+u}\,(x^2)' = 2x\sqrt{1+x^2}.$$

例 4 求极限 $\lim\limits_{x\to 0}\dfrac{\int_0^x (\arctan t)^2\,\mathrm{d}t}{x^3}$.

解 $$\lim_{x\to 0}\frac{\int_0^x (\arctan t)^2\,\mathrm{d}t}{x^3} = \lim_{x\to 0}\frac{(\arctan x)^2}{3x^2} = \lim_{x\to 0}\frac{x^2}{3x^2} = \frac{1}{3}.$$

二、牛顿-莱布尼茨公式

定理 2(微积分基本定理) 设函数 $f(x)$ 在区间 $[a,b]$ 上连续, $F(x)$ 是 $f(x)$ 的一个原函数, 则

$$\int_a^b f(x)\,\mathrm{d}x = F(b) - F(a).$$

证 因为 $F(x)$ 是 $f(x)$ 的一个原函数, 由定理 1 知, $\Phi(x) = \int_a^x f(t)\,\mathrm{d}t$ 也是 $f(x)$ 的一个原函数, 所以有

$$F(x) - \Phi(x) = C \quad (a \leqslant x \leqslant b, C\text{ 为某个常数}),$$

即

$$F(x) - \int_a^x f(t)\,\mathrm{d}t = C.$$

在上式中令 $x=a$, 得 $F(a)=C$; 令 $x=b$, 得 $F(b) - \int_a^b f(t)\,\mathrm{d}t = F(a)$, 即有

$$\int_a^b f(x)\,\mathrm{d}x = F(b) - F(a). \tag{1}$$

公式(1)称为**牛顿-莱布尼茨**(Newton-Leibniz)公式, 也称为**微积分基本公式**. 通常将差 $F(b)-F(a)$ 记为 $F(x)\big|_a^b$ 或 $[F(x)]_a^b$, 于是

$$\int_a^b f(x)\,\mathrm{d}x = F(x)\big|_a^b = F(b) - F(a).$$

利用牛顿-莱布尼茨公式, 定积分的计算就可简化为: 先用求不定积分的方法求出被积函数的一个原函数, 然后计算出该原函数在积分上、下限的函数值之差. 此公式将不定积分和定积分联系起来, 从而使积分学得到广泛的应用.

例 5 计算定积分 $\int_0^1 x^2 \mathrm{d}x$.

解 $\int_0^1 x^2 \mathrm{d}x = \left(\frac{1}{3}x^3\right)\Big|_0^1 = \frac{1}{3}$.

可见,这一结果与 §5.1 例 1 用定积分定义计算的结果完全一致.

例 6 计算定积分 $\int_{-1}^1 \frac{1}{1+x^2}\mathrm{d}x$.

解 $\int_{-1}^1 \frac{1}{1+x^2}\mathrm{d}x = \arctan x\Big|_{-1}^1 = \arctan 1 - \arctan(-1) = \frac{\pi}{2}$.

这里需要指出的是,利用牛顿-莱布尼茨公式计算定积分,函数 $f(x)$ 必须是有限区间上的连续函数,若条件不满足,公式不能使用. 例如:

$$\int_{-1}^1 \frac{1}{x^2}\mathrm{d}x = -\frac{1}{x}\Big|_{-1}^1 = -2,$$

这个结果显然是错误的,因为被积函数 $f(x)=\frac{1}{x^2}$ 在积分区间 $[-1,1]$ 内非负,其积分值不应为负. 究其原因就是由于 $f(x)$ 在 $x=0$ 处不连续.

习 题 5.2

1. 设函数 $f(x)=\int_0^x \cos t\mathrm{d}t$,求 $f'(0)$ 及 $f'\left(\frac{\pi}{4}\right)$.

2. 求下列变上限函数的导数:

(1) $\int_1^x \sqrt{1+t^2}\mathrm{d}t$; (2) $\int_0^{x^2} \ln(1+t)\mathrm{d}t$; (3) $\int_x^0 \sin^2 t\mathrm{d}t$;

(4) $\int_x^{x^2} \frac{1}{\sqrt{1+t}}\mathrm{d}t$; (5) $\int_0^x (t-x)\sin t\mathrm{d}t$.

3. 求函数 $f(x)=\int_0^x t(t-1)\mathrm{d}t$ 的极大值点.

4. 求下列极限:

(1) $\lim\limits_{x\to 0}\frac{\int_0^x \sin t\mathrm{d}t}{x^2}$; (2) $\lim\limits_{x\to 0}\frac{\int_0^x (\arcsin t)^2\mathrm{d}t}{x^3}$; (3) $\lim\limits_{x\to 0}\frac{\int_0^x \ln(\cos t)\mathrm{d}t}{x^3}$.

5. 计算下列定积分:

(1) $\int_1^2 (2x-1)\mathrm{d}x$; (2) $\int_0^2 \frac{1}{1+x}\mathrm{d}x$; (3) $\int_0^2 \frac{1}{4+x^2}\mathrm{d}x$;

(4) $\int_0^1 \frac{1}{\sqrt{4-x^2}}\mathrm{d}x$; (5) $\int_0^{\frac{\pi}{4}} \tan^2 x\mathrm{d}x$; (6) $\int_0^{\pi} |\cos x|\mathrm{d}x$.

6. 设函数 $f(x)=\begin{cases}x+1, & x\geqslant 0,\\ 2x, & x<0,\end{cases}$ 求定积分 $\int_{-1}^{1}f(x)\mathrm{d}x$.

7. 设函数 $f(x)$ 在区间 $[a,b]$ 上连续，在 (a,b) 内可导，且 $f(x)$ 单调减少，证明：函数 $F(x)=\dfrac{\int_a^x f(t)\mathrm{d}t}{x-a}$ 在 (a,b) 内也单调减少.

8. 设连续函数 $f(x)$ 满足 $f(x)=x-\int_0^1 x\mathrm{d}x$，求 $f(x)$.

9. 设连续函数 $f(x)$ 满足 $f(x)=\dfrac{1}{1+x^2}+\sqrt{1-x^2}\int_0^1 f(x)\mathrm{d}x$，求 $\int_0^1 f(x)\mathrm{d}x$.

§5.3 定积分的计算方法

一、换元积分法

定理 设函数 $f(x)$ 在区间 $[a,b]$ 上连续，函数 $x=\varphi(t)$ 满足：

(1) 在区间 $[\alpha,\beta]$ 或 $[\beta,\alpha]$ 上具有连续导数，当 t 从 α 变到 β 时，$x=\varphi(t)$ 在 $[a,b]$ 上变化；

(2) $\varphi(\alpha)=a$, $\varphi(\beta)=b$,

则有**定积分换元公式**

$$\int_a^b f(x)\mathrm{d}x=\int_\alpha^\beta f(\varphi(t))\varphi'(t)\mathrm{d}t.$$

证 设 $F(x)$ 是 $f(x)$ 的一个原函数，则

$$\int_a^b f(x)\mathrm{d}x=F(b)-F(a).$$

显然，$F(\varphi(t))$ 是 $f(\varphi(t))\varphi'(t)$ 的一个原函数. 事实上，

$$\frac{\mathrm{d}}{\mathrm{d}t}F(\varphi(t))\xlongequal{x=\varphi(t)}\frac{\mathrm{d}F(x)}{\mathrm{d}x}\cdot\frac{\mathrm{d}x}{\mathrm{d}t}=f(x)\varphi'(t)=f(\varphi(t))\varphi'(t).$$

因此

$$\int_\alpha^\beta f(\varphi(t))\varphi'(t)\mathrm{d}t=F(\varphi(\beta))-F(\varphi(\alpha))=F(b)-F(a),$$

即

$$\int_a^b f(x)\mathrm{d}x=F(b)-F(a)=\int_\alpha^\beta f(\varphi(t))\varphi'(t)\mathrm{d}t.$$

定积分的换元公式与不定积分的换元公式类似，不同的是：在不定积分计算中需将变量还原；而在定积分计算中不需将变量还原，但需将积分限作相应的变化，即换元必须换限.

例 1 求定积分$\int_1^5 \frac{x+2}{\sqrt{2x-1}}\mathrm{d}x$.

解 令 $t=\sqrt{2x-1}$,则 $x=\frac{t^2+1}{2}$,$\mathrm{d}x=t\mathrm{d}t$. 当 $x=1$ 时,$t=1$;当 $x=5$ 时,$t=3$. 因此

$$\begin{aligned}\int_1^5 \frac{x+2}{\sqrt{2x-1}}\mathrm{d}x &= \int_1^3 \frac{\frac{t^2+1}{2}+2}{t}\cdot t\mathrm{d}t = \frac{1}{2}\int_1^3 (t^2+5)\mathrm{d}t \\ &= \frac{1}{2}\left(\frac{t^3}{3}+5t\right)\Big|_1^3 = \frac{1}{2}\left(24-\frac{16}{3}\right) = 12-\frac{8}{3} = 9\frac{1}{3}.\end{aligned}$$

例 2 求定积分$\int_0^{\frac{\sqrt{2}}{2}} \frac{x^2}{\sqrt{1-x^2}}\mathrm{d}x$.

解 令 $x=\sin t$,则 $\mathrm{d}x=\cos t\mathrm{d}t$. 当 $x=0$ 时,$t=0$;当 $x=\frac{\sqrt{2}}{2}$时,$t=\frac{\pi}{4}$. 因此

$$\begin{aligned}\int_0^{\frac{\sqrt{2}}{2}} \frac{x^2}{\sqrt{1-x^2}}\mathrm{d}x &= \int_0^{\frac{\pi}{4}} \frac{\sin^2 t}{\sqrt{1-\sin^2 t}}\cos t\mathrm{d}t = \int_0^{\frac{\pi}{4}} \sin^2 t\mathrm{d}t \\ &= \int_0^{\frac{\pi}{4}} \frac{1-\cos 2t}{2}\mathrm{d}t = \left(\frac{t}{2}-\frac{\sin 2t}{4}\right)\Big|_0^{\frac{\pi}{4}} = \frac{\pi}{8}-\frac{1}{4}.\end{aligned}$$

例 3 求定积分$\int_0^{\ln 2} \sqrt{\mathrm{e}^x-1}\mathrm{d}x$.

解 令 $t=\sqrt{\mathrm{e}^x-1}$,则 $x=\ln(1+t^2)$,$\mathrm{d}x=\frac{2t}{1+t^2}\mathrm{d}t$. 当 $x=0$ 时,$t=0$;当 $x=\ln 2$ 时,$t=1$. 因此

$$\begin{aligned}\int_0^{\ln 2} \sqrt{\mathrm{e}^x-1}\mathrm{d}x &= \int_0^1 t\cdot\frac{2t}{1+t^2}\mathrm{d}t = 2\int_0^1 \frac{t^2+1-1}{1+t^2}\mathrm{d}x \\ &= 2\int_0^1\left(1-\frac{1}{1+t^2}\right)\mathrm{d}x = 2(t-\arctan t)\Big|_0^1 = 2-\frac{\pi}{2}.\end{aligned}$$

例 4 设常数 $a>0$,函数 $f(x)$在区间$[-a,a]$上连续,证明:

(1) 若 $f(x)$为区间上的偶函数,则$\int_{-a}^a f(x)\mathrm{d}x = 2\int_0^a f(x)\mathrm{d}x$;

(2) 若 $f(x)$ 为区间$[-a,a]$上的奇函数,则 $\int_{-a}^a f(x)\mathrm{d}x = 0$.

证 由定积分对区间的可加性有

$$\int_{-a}^a f(x)\mathrm{d}x = \int_{-a}^0 f(x)\mathrm{d}x + \int_0^a f(x)\mathrm{d}x.$$

在积分$\int_{-a}^0 f(x)\mathrm{d}x$中,令 $x=-t$,有 $\mathrm{d}x=-\mathrm{d}t$,且当 $x=-a$ 时,$t=a$,当 $x=0$ 时,$t=0$,所以有

$$\int_{-a}^{0} f(x)\mathrm{d}x = -\int_{a}^{0} f(-t)\mathrm{d}t = \int_{0}^{a} f(-t)\mathrm{d}t = \int_{0}^{a} f(-x)\mathrm{d}x.$$

(1) 若 $f(x)$ 为区间 $[-a,a]$ 上的偶函数，有 $f(-x)=f(x)$，所以

$$\int_{-a}^{a} f(x)\mathrm{d}x = \int_{-a}^{0} f(x)\mathrm{d}x + \int_{0}^{a} f(x)\mathrm{d}x = 2\int_{0}^{a} f(x)\mathrm{d}x.$$

(2) 若 $f(x)$ 为区间 $[-a,a]$ 上的奇函数，有 $f(-x)=-f(x)$，所以

$$\int_{-a}^{a} f(x)\mathrm{d}x = \int_{0}^{a} f(x)\mathrm{d}x - \int_{0}^{a} f(x)\mathrm{d}x = 0.$$

利用例 4 的结论，我们可以简化奇、偶函数在对称区间上的定积分计算. 例如：

(1) $\displaystyle\int_{-\frac{\pi}{4}}^{\frac{\pi}{4}} \frac{\sin x}{1+x^2}\mathrm{d}x = 0$；

(2) $\displaystyle\int_{-a}^{a} \sqrt{a^2-x^2}\mathrm{d}x = 2\int_{0}^{a} \sqrt{a^2-x^2}\mathrm{d}x = 2\cdot\frac{\pi a^2}{4} = \frac{\pi a^2}{2}.$

在应用换元法求定积分时应注意以下两点：

(1) 若用第一换元法(凑微分法)计算定积分，没有引进新的变量，则积分上、下限不需改变. 例如：

$$\int_{0}^{\frac{\pi}{2}} \cos^3 x\sin x\mathrm{d}x = -\int_{0}^{\frac{\pi}{2}} \cos^3 x\mathrm{d}(\cos x) = \left(-\frac{1}{4}\cos^4 x\right)\Big|_{0}^{\frac{\pi}{2}} = \frac{1}{4}.$$

(2) 验证变换 $x=\varphi(t)$ 是否满足条件. 例如在定积分 $\displaystyle\int_{-1}^{1} \frac{1}{1+x^2}\mathrm{d}x$ 中作变换 $x=\dfrac{1}{t}$，则有

$$\int_{-1}^{1} \frac{1}{1+x^2}\mathrm{d}x = \int_{-1}^{1} \frac{-1/t^2}{1+1/t^2}\mathrm{d}t = -\int_{-1}^{1} \frac{1}{1+t^2}\mathrm{d}t = -\int_{-1}^{1} \frac{1}{1+x^2}\mathrm{d}x,$$

移项得

$$2\int_{-1}^{1} \frac{1}{1+x^2}\mathrm{d}x = 0, \quad 即 \quad \int_{-1}^{1} \frac{1}{1+x^2}\mathrm{d}x = 0.$$

而该结论显然是错误的，因为由上一节例 6 有 $\displaystyle\int_{-1}^{1} \frac{1}{1+x^2}\mathrm{d}x = \frac{\pi}{2}$. 究其原因是：函数 $x=\varphi(t)=\dfrac{1}{t}$ 在 $[-1,1]$ 上不具有连续的导数(在 $t=0$ 处不可导)，且当 $t\to 0$ 时，$x\to\infty$，已经超出 x 的变化范围 $[-1,1]$.

二、分部积分法

由不定积分的分部积分法可以直接推导出定积分的分部积分法.

设函数 $u(x)$，$v(x)$ 在区间 $[a,b]$ 上具有连续的导数 $u'(x)$，$v'(x)$，则有

$$\int_{a}^{b} uv'\mathrm{d}x = uv\Big|_{a}^{b} - \int_{a}^{b} vu'\mathrm{d}x$$

或

$$\int_a^b u\mathrm{d}v = uv\Big|_a^b - \int_a^b v\mathrm{d}u,$$

称其为**定积分的分部积分公式**.

例 5 求定积分 $\int_0^{\pi/2} x^2\cos x\mathrm{d}x$.

解 $$\begin{aligned}\int_0^{\pi/2} x^2\cos x\mathrm{d}x &= \int_0^{\pi/2} x^2\mathrm{d}(\sin x) = x^2\sin x\Big|_0^{\pi/2} - \int_0^{\pi/2}\sin x\mathrm{d}(x^2)\\ &= \frac{\pi^2}{4} - \int_0^{\pi/2} 2x\sin x\mathrm{d}x = \frac{\pi^2}{4} + 2\int_0^{\pi/2} x\mathrm{d}(\cos x)\\ &= \frac{\pi^2}{4} + 2x\cos x\Big|_0^{\pi/2} - 2\int_0^{\pi/2}\cos x\mathrm{d}x = \frac{\pi^2}{4} - 2\sin x\Big|_0^{\pi/2} = \frac{\pi^2}{4} - 2.\end{aligned}$$

例 6 求定积分 $\int_0^1 x\ln(1+x)\mathrm{d}x$.

解 $$\begin{aligned}\int_0^1 x\ln(1+x)\mathrm{d}x &= \frac{1}{2}\int_0^1 \ln(1+x)\mathrm{d}x^2 = \frac{1}{2}x^2\ln(1+x)\Big|_0^1 - \frac{1}{2}\int_0^1 \frac{x^2}{1+x}\mathrm{d}x\\ &= \frac{1}{2}\ln 2 - \frac{1}{2}\int_0^1\left(x - 1 + \frac{1}{1+x}\right)\mathrm{d}x = \frac{1}{2}\ln 2 - \frac{1}{2}\left[\frac{1}{2}x^2 - x + \ln(1+x)\right]_0^1\\ &= \frac{1}{2}\ln 2 - \frac{1}{2}\left(\frac{1}{2} - 1 + \ln 2\right) = \frac{1}{4}.\end{aligned}$$

例 7 求定积分 $\int_0^{\pi/2}\sin^n x\mathrm{d}x$.

解 设 $I_n = \int_0^{\pi/2}\sin^n x\mathrm{d}x$，则当 $n \geqslant 2$ 时，有

$$\begin{aligned}I_n &= \int_0^{\pi/2}\sin^n x\mathrm{d}x = -\int_0^{\pi/2}\sin^{n-1}x\mathrm{d}(\cos x)\\ &= -\sin^{n-1}x\cos x\Big|_0^{\pi/2} + \int_0^{\pi/2}\cos x\mathrm{d}(\sin^{n-1}x)\\ &= 0 + \int_0^{\pi/2}(n-1)\sin^{n-2}x\cos^2 x\mathrm{d}x\\ &= (n-1)\int_0^{\pi/2}(\sin^{n-2}x - \sin^n x)\mathrm{d}x\\ &= (n-1)I_{n-2} - (n-1)I_n.\end{aligned}$$

由此得到递推公式

$$I_n = \frac{n-1}{n}I_{n-2},$$

所以有

$$I_n = \frac{n-1}{n}I_{n-2} = \frac{n-1}{n}\cdot\frac{n-3}{n-2}I_{n-4} = \cdots.$$

又因为

$$I_0 = \int_0^{\pi/2} \sin^0 x \mathrm{d}x = \int_0^{\pi/2} \mathrm{d}x = \frac{\pi}{2}, \quad I_1 = \int_0^{\pi/2} \sin x \mathrm{d}x = 1,$$

从而有

$$\left.\begin{aligned} I_{2m} &= \int_0^{\pi/2} \sin^{2m} x \,\mathrm{d}x = \frac{2m-1}{2m} \cdot \frac{2m-3}{2m-2} \cdot \cdots \cdot \frac{3}{4} \cdot \frac{1}{2} \cdot \frac{\pi}{2}, \\ I_{2m+1} &= \int_0^{\pi/2} \sin^{2m+1} x \mathrm{d}x = \frac{2m}{2m+1} \cdot \frac{2m-2}{2m-1} \cdot \cdots \cdot \frac{4}{5} \cdot \frac{2}{3} \cdot 1 \end{aligned}\right. \quad (m = 1, 2, \cdots).$$

若令 $x = \frac{\pi}{2} - t$,可以证明 $\int_0^{\pi/2} \sin^n x \,\mathrm{d}x = \int_0^{\pi/2} \cos^n x \,\mathrm{d}x$.

习 题 5.3

1. 计算下列定积分：

(1) $\int_0^1 x\sqrt{1-x}\mathrm{d}x$； (2) $\int_1^2 \frac{1}{(3x-1)^2}\mathrm{d}x$； (3) $\int_0^3 \frac{1}{1+\sqrt{1+x}}\mathrm{d}x$；

(4) $\int_{-2}^0 \frac{1}{x^2+2x+2}\mathrm{d}x$； (5) $\int_{-\pi/4}^{\pi/4} \frac{1}{\cos^4 x}\mathrm{d}x$； (6) $\int_0^{\pi} \sqrt{1+\cos 2x}\mathrm{d}x$；

(7) $\int_0^1 \frac{\arctan x}{(1+x^2)^{3/2}}\mathrm{d}x$； (8) $\int_{-2}^2 \frac{x-3}{\sqrt{8-x^2}}\mathrm{d}x$； (9) $\int_{1/\sqrt{2}}^1 \frac{\sqrt{1-x^2}}{x^2}\mathrm{d}x$；

(10) $\int_1^{\sqrt{3}} \frac{1}{x^2\sqrt{1+x^2}}\mathrm{d}x$； (11) $\int_0^{a/2} \frac{1}{(a^2-x^2)^{3/2}}\mathrm{d}x$； (12) $\int_1^{\mathrm{e}} \frac{1}{x(\ln x+1)}\mathrm{d}x$；

(13) $\int_1^{\mathrm{e}^2} \frac{1}{x\sqrt{\ln x+1}}\mathrm{d}x$； (14) $\int_0^{\ln 2} \sqrt{1-\mathrm{e}^{-2x}}\mathrm{d}x$； (15) $\int_1^4 \frac{1}{1+\sqrt{x}}\mathrm{d}x$；

(16) $\int_0^{1/2} \sqrt{\frac{x}{1-x}}\mathrm{d}x$.

2. 设函数 $f(x)$ 在区间 $[a,b]$ 上连续，证明：$\int_a^b f(x)\mathrm{d}x = \int_a^b f(a+b-x)\mathrm{d}x$.

3. 证明：$\int_0^1 x^m(1-x)^n\mathrm{d}x = \int_0^1 x^n(1-x)^m\mathrm{d}x$.

4. 证明：$\int_0^{\pi} \sin^n x\,\mathrm{d}x = 2\int_0^{\pi/2} \sin^n x\,\mathrm{d}x$.

5. 设 $f(x)$ 为连续的奇函数，证明：$F(x) = \int_0^x f(t)\mathrm{d}t$ 为偶函数.

6. 利用函数的奇偶性求下列定积分：

(1) $\int_{-2}^2 \frac{x+|x|}{2+x^2}\mathrm{d}x$； (2) $\int_{-3}^3 \cos x \ln\frac{1-x}{1+x}\mathrm{d}x$.

7. 计算下列定积分：

(1) $\int_0^{\pi/4} x\cos 2x\mathrm{d}x$； (2) $\int_0^1 x\mathrm{e}^{-x}\mathrm{d}x$； (3) $\int_1^{\mathrm{e}} x\ln x\mathrm{d}x$；

(4) $\int_0^1 x\arctan x\mathrm{d}x$； (5) $\int_1^4 \frac{\ln x}{\sqrt{x}}\mathrm{d}x$； (6) $\int_{\mathrm{e}}^{\mathrm{e}^2} \frac{\ln x}{(x-1)^2}\mathrm{d}x$；

(7) $\int_0^{\pi/2} \mathrm{e}^{2x}\cos x\mathrm{d}x$； (8) $\int_1^{\mathrm{e}} \sin(\ln x)\mathrm{d}x$； (9) $\int_0^{\pi/4} \frac{x}{1+\cos 2x}\mathrm{d}x$.

8. 设 $f(x)$ 为连续函数且满足 $\int_0^x f(x-t)\mathrm{d}t = \mathrm{e}^{-2x}-1$，求定积分 $\int_0^1 f(x)\mathrm{d}x$.

§5.4 广 义 积 分

前面讨论的定积分是在有限的积分区间和被积函数为有界的条件下进行的.在经济管理中常常需要处理积分区间为无限区间或被积函数在积分区间上无界的积分问题. 在无穷区间上的积分和无界函数的积分都被称为广义积分(或反常积分).

一、无穷区间上的广义积分

定义 1 设函数在区间$[a,+\infty)$上连续，取 $b>a$. 若极限

$$\lim_{b\to+\infty}\int_a^b f(x)\mathrm{d}x$$

存在，则称此极限值为函数 $f(x)$在区间$[a,+\infty)$上的**广义积分**，记做 $\int_a^{+\infty} f(x)\mathrm{d}x$，即

$$\int_a^{+\infty} f(x)\mathrm{d}x = \lim_{b\to+\infty}\int_a^b f(x)\mathrm{d}x.$$

此时也称**广义积分** $\int_a^{+\infty} f(x)\mathrm{d}x$ **收敛**. 若上述极限不存在，则广义积分$\int_a^{+\infty} f(x)\mathrm{d}x$ 没有意义，习惯上称**广义积分**$\int_a^{+\infty} f(x)\mathrm{d}x$ **发散**.

设函数 $f(x)$在$(-\infty,b]$上连续，取 $a<b$. 类似地，可以定义：

$$\int_{-\infty}^b f(x)\mathrm{d}x = \lim_{a\to-\infty}\int_a^b f(x)\mathrm{d}x.$$

此时也称**广义积分** $\int_{-\infty}^b f(x)\mathrm{d}x$ **收敛**. 若上述极限不存在，则称**广义积分**$\int_{-\infty}^b f(x)\mathrm{d}x$ **发散**.

定义 2 设 $f(x)$ 在$(-\infty,+\infty)$ 上连续. 如果广义积分$\int_{-\infty}^0 f(x)\mathrm{d}x$ 和$\int_0^{+\infty} f(x)\mathrm{d}x$ 都收敛，则称**广义积分**$\int_{-\infty}^{+\infty} f(x)\mathrm{d}x$ **收敛**，且

$$\int_{-\infty}^{+\infty} f(x)\mathrm{d}x = \int_{-\infty}^{0} f(x)\mathrm{d}x + \int_{0}^{+\infty} f(x)\mathrm{d}x = \lim_{a\to-\infty}\int_{a}^{0} f(x)\mathrm{d}x + \lim_{b\to+\infty}\int_{0}^{b} f(x)\mathrm{d}x.$$

因此,无穷区间上广义积分的计算是先求有限区间上的定积分,再利用极限求其收敛值.

例 1 求广义积分$\int_{0}^{+\infty} \frac{1}{1+x^2}\mathrm{d}x$.

解 $\int_{0}^{+\infty} \frac{1}{1+x^2}\mathrm{d}x = \lim_{b\to+\infty}\int_{0}^{b} \frac{1}{1+x^2}\mathrm{d}x = \lim_{b\to+\infty}\arctan x\Big|_{0}^{b}$

$$= \lim_{b\to+\infty}(\arctan b - \arctan 0) = \frac{\pi}{2}.$$

例 2 求广义积分$\int_{1}^{+\infty} \frac{1}{x(1+x)}\mathrm{d}x$.

解 $\int_{1}^{+\infty} \frac{1}{x(1+x)}\mathrm{d}x = \lim_{b\to+\infty}\int_{1}^{b} \frac{1}{x(1+x)}\mathrm{d}x = \lim_{b\to+\infty}\ln\frac{x}{1+x}\Big|_{1}^{b} = \ln 2.$

注 为了简便,在以下的叙述中,记 $F(x)\Big|_{a}^{+\infty} = \lim_{b\to+\infty}F(x)\Big|_{a}^{b}$,$F(x)\Big|_{-\infty}^{b} = \lim_{a\to-\infty}F(x)\Big|_{a}^{b}$.

例 3 讨论广义积分$\int_{1}^{+\infty} \frac{1}{x^p}\mathrm{d}x$ 的敛散性.

解 当 $p=1$ 时,$\int_{1}^{+\infty} \frac{1}{x}\mathrm{d}x = \ln x\Big|_{1}^{+\infty} = +\infty$;

当 $p>1$ 时,$\int_{1}^{+\infty} \frac{1}{x^p}\mathrm{d}x = \frac{1}{1-p}x^{1-p}\Big|_{1}^{+\infty} = \frac{1}{p-1}$;

当 $p<1$ 时,$\int_{1}^{+\infty} \frac{1}{x^p}\mathrm{d}x = \frac{1}{1-p}x^{1-p}\Big|_{1}^{+\infty} = +\infty$.

所以广义积分$\int_{1}^{+\infty} \frac{1}{x^p}\mathrm{d}x$ 当 $p>1$ 时收敛,且收敛于$\frac{1}{p-1}$;当 $p\leqslant 1$ 时发散.

由极限和定积分的性质,可以得到无穷区间上广义积分的以下**性质**:

(1) 若函数 $f(x)$ 在区间$[a,b]$上可积,则广义积分$\int_{a}^{+\infty} f(x)\mathrm{d}x$ 与$\int_{b}^{+\infty} f(x)\mathrm{d}x$ 的敛散性相同;

(2) 若常数 $k\neq 0$,则广义积分$\int_{a}^{+\infty} kf(x)\mathrm{d}x$ 与$\int_{a}^{+\infty} f(x)\mathrm{d}x$ 的敛散性相同,且

$$\int_{a}^{+\infty} kf(x)\mathrm{d}x = k\int_{a}^{+\infty} f(x)\mathrm{d}x;$$

(3) 若广义积分 $\int_{a}^{+\infty} f(x)\mathrm{d}x$ 和$\int_{a}^{+\infty} g(x)\mathrm{d}x$ 都收敛,则$\int_{a}^{+\infty} [f(x)\pm g(x)]\mathrm{d}x$ 也收敛,且

$$\int_{a}^{+\infty} [f(x)\pm g(x)]\mathrm{d}x = \int_{a}^{+\infty} f(x)\mathrm{d}x \pm \int_{a}^{+\infty} g(x)\mathrm{d}x.$$

二、无界函数的广义积分

定义 3 设函数 $f(x)$在$(a,b]$上连续，且 $\lim\limits_{x\to a^+} f(x)=\infty$. 对任意小的正数 ε，若极限 $\lim\limits_{\varepsilon\to 0^+}\int_{a+\varepsilon}^{b} f(x)\mathrm{d}x$ 存在，则称此极限值为无界函数 $f(x)$ 在区间$(a,b]$ 上的**广义积分**，记为 $\int_a^b f(x)\mathrm{d}x$，即

$$\int_a^b f(x)\mathrm{d}x = \lim_{\varepsilon\to 0^+}\int_{a+\varepsilon}^{b} f(x)\mathrm{d}x.$$

这时也称**广义积分** $\int_a^b f(x)\mathrm{d}x$ **收敛**. 若极限 $\lim\limits_{\varepsilon\to 0^+}\int_{a+\varepsilon}^{b} f(x)\mathrm{d}x$ 不存在，则称**广义积分** $\int_a^b f(x)\mathrm{d}x$ **发散**. 通常称使函数无界的点 $x=a$ 为函数 $f(x)$ 的**瑕点**，所以广义积分 $\int_a^b f(x)\mathrm{d}x$ 也称为**瑕积分**.

设函数 $f(x)$在$[a,b)$上连续，且 $\lim\limits_{x\to b^-} f(x)=\infty$. 类似可以定义瑕点在右端点时的广义积分：

$$\int_a^b f(x)\mathrm{d}x = \lim_{\varepsilon\to 0^+}\int_{a}^{b-\varepsilon} f(x).$$

此时也称**广义积分** $\int_a^b f(x)\mathrm{d}x$ **收敛**. 若极限 $\lim\limits_{\varepsilon\to 0^+}\int_{a}^{b-\varepsilon} f(x)\mathrm{d}x$ 不存在，则称广义积分 $\int_a^b f(x)\mathrm{d}x$ **发散**. 这时 $x=b$ 为瑕点.

当瑕点出现在区间内时，广义积分可如下定义：设函数 $f(x)$在$[a,b]$上除 $x=c(a<c<b)$外都连续，且$\lim\limits_{x\to c}f(x)=\infty$. 如果两个广义积分

$$\int_a^c f(x)\mathrm{d}x \quad 和 \quad \int_c^b f(x)\mathrm{d}x$$

都收敛，则广义积分 $\int_a^b f(x)\mathrm{d}x$ 收敛，且

$$\begin{aligned}\int_a^b f(x)\mathrm{d}x &= \int_a^c f(x)\mathrm{d}x + \int_c^b f(x)\mathrm{d}x \\ &= \lim_{\varepsilon_1\to 0^+}\int_a^{c-\varepsilon_1} f(x)\mathrm{d}x + \lim_{\varepsilon_2\to 0^+}\int_{c+\varepsilon_2}^{b} f(x)\mathrm{d}x;\end{aligned}$$

否则，称**广义积分** $\int_a^b f(x)\mathrm{d}x$ **发散**.

例 4 求广义积分 $\int_0^1 \frac{\ln x}{x^2}\mathrm{d}x$.

解 因为 $x=0$ 是函数的瑕点，所以

$$\int_0^1 \frac{\ln x}{x^2}dx = \lim_{\varepsilon\to 0^+}\left(\int_\varepsilon^1 \ln x d\left(-\frac{1}{x}\right)\right) = \lim_{\varepsilon\to 0^+}\left(-\frac{1}{x}\cdot \ln x\Big|_\varepsilon^1 + \int_\varepsilon^1 \frac{1}{x}d(\ln x)\right)$$
$$= \lim_{\varepsilon\to 0^+}\left(\frac{\ln\varepsilon}{\varepsilon} + \int_\varepsilon^1 \frac{1}{x^2}dx\right) = \lim_{\varepsilon\to 0^+}\left(\frac{\ln\varepsilon}{\varepsilon} + \left(-\frac{1}{x}\right)\Big|_\varepsilon^1\right)$$
$$= \lim_{\varepsilon\to 0^+}\left(-1 + \frac{\ln\varepsilon + 1}{\varepsilon}\right) = -\infty,$$

即广义积分 $\int_0^1 \frac{\ln x}{x^2}dx$ 发散.

例 5 求广义积分 $\int_0^1 \frac{1}{(2-x)\sqrt{1-x}}dx$.

解 这里 $x=1$ 是函数的瑕点. 用换元法. 令 $\sqrt{1-x}=t$，得 $x=1-t^2$，$dx=-2tdt$，所以有

$$\int_0^1 \frac{1}{(2-x)\sqrt{1-x}}dx = \lim_{\varepsilon\to 0^+}\int_0^{1-\varepsilon} \frac{1}{(2-x)\sqrt{1-x}}dx = \lim_{\varepsilon\to 0^+}\int_1^{\sqrt{\varepsilon}} \frac{-2t}{(1+t^2)t}dt$$
$$= \lim_{\varepsilon\to 0^+}\int_{\sqrt{\varepsilon}}^1 \frac{2}{1+t^2}dt = 2\lim_{\varepsilon\to 0^+}(\arctan 1 - \arctan\sqrt{\varepsilon}) = \frac{\pi}{2}.$$

例 6 讨论广义积分 $\int_0^1 \frac{1}{x^p}dx$ 的敛散性.

解 当 $p=1$ 时，$\int_0^1 \frac{1}{x}dx = \lim_{\varepsilon\to 0^+}\int_\varepsilon^1 \frac{1}{x}dx = \lim_{\varepsilon\to 0^+} \ln x\Big|_\varepsilon^1 = \lim_{\varepsilon\to 0^+}(-\ln\varepsilon) = +\infty$；

当 $p<1$ 时，$\int_0^1 \frac{1}{x^p}dx = \lim_{\varepsilon\to 0^+}\int_\varepsilon^1 \frac{1}{x^p}dx = \frac{1}{1-p}\lim_{\varepsilon\to 0^+} x^{1-p}\Big|_\varepsilon^1$

$$= \frac{1}{1-p}\lim_{\varepsilon\to 0^+}(1-\varepsilon^{1-p}) = \frac{1}{1-p};$$

当 $p>1$ 时，$\int_0^1 \frac{1}{x^p}dx = \lim_{\varepsilon\to 0^+}\int_\varepsilon^1 \frac{1}{x^p}dx = \frac{1}{1-p}\lim_{\varepsilon\to 0^+} x^{1-p}\Big|_\varepsilon^1 = +\infty$.

所以广义积分 $\int_0^1 \frac{1}{x^p}dx$ 当 $p<1$ 时收敛，且收敛于 $\frac{1}{1-p}$；当 $p\geq 1$ 时发散.

三、Γ 函数

下面介绍一个在概率论中常用的含有参变量的广义积分——Γ 函数.

定义 4 广义积分 $\int_0^{+\infty} x^{t-1}e^{-x}dx\ (t>0)$ 是参变量 t 的函数，称为 Γ **函数**，记为 $\Gamma(t)$.

可以证明广义积分 $\int_0^{+\infty} x^{t-1}e^{-x}dx\ (t>0)$ 是收敛的. Γ 函数有如下重要**性质**：

$$\Gamma(t+1) = t\Gamma(t) \quad (t>0). \tag{1}$$

特别地，当 $t=n$ 为正整数时，有 $\Gamma(n+1)=n!$.

事实上，由分部积分法有

$$\Gamma(t+1)=\int_0^{+\infty} x^t e^{-x}dx = \int_0^{+\infty} x^t d(-e^{-x})$$
$$=-x^t e^{-x}\Big|_0^{+\infty} + t\int_0^{+\infty} x^{t-1}e^{-x}dx = t\Gamma(t).$$

所以，当 $t=n$ 为正整数时，有

$$\Gamma(n+1)=n\Gamma(n) = n(n-1)\Gamma(n-1)$$
$$=\cdots = n(n-1)\cdots 2\Gamma(1) = n!,$$

其中 $\Gamma(1)=\int_0^{+\infty} e^{-x}dx = 1.$

上述(1)式是一个递推公式，利用该公式 Γ 函数的任意一个函数值都可化为 Γ 函数在区间[0,1]上的函数值，如：

$$\Gamma(3.5)=\Gamma(2.5+1) = 2.5\times\Gamma(2.5) = 2.5\times 1.5\times\Gamma(1.5)$$
$$=2.5\times 1.5\times 0.5\times\Gamma(0.5).$$

例 7 计算下列各式的值：

(1) $\dfrac{\Gamma(6)}{2\Gamma(3)}$；　　(2) $\dfrac{\Gamma(5/2)}{\Gamma(1/2)}$.

解 (1) $\dfrac{\Gamma(6)}{2\Gamma(3)}=\dfrac{5!}{2\cdot 2!}=\dfrac{5\cdot 4\cdot 3\cdot 2\cdot 1}{2\cdot 2\cdot 1}=30.$

(2) $\dfrac{\Gamma\left(\frac{5}{2}\right)}{\Gamma\left(\frac{1}{2}\right)}=\dfrac{\frac{3}{2}\Gamma\left(\frac{3}{2}\right)}{\Gamma\left(\frac{1}{2}\right)}=\dfrac{\frac{3}{2}\cdot\frac{1}{2}\Gamma\left(\frac{1}{2}\right)}{\Gamma\left(\frac{1}{2}\right)}=\dfrac{3}{4}.$

Γ 函数还可以表示为另一种形式：在 $\Gamma(t)=\int_0^{+\infty} x^{t-1}e^{-x}dx$ 中，令 $x=y^2$，则有

$$\Gamma(t) = 2\int_0^{+\infty} y^{2t-1}e^{-y^2}dy.$$

特别地，当 $t=\dfrac{1}{2}$ 时，$\Gamma\left(\dfrac{1}{2}\right)=2\int_0^{+\infty} e^{-y^2}dy$，此为概率论中的普注松积分. 由第七章二重积分计算可得

$$\Gamma\left(\frac{1}{2}\right)=2\int_0^{+\infty} e^{-y^2}dy=\sqrt{\pi}.$$

例 8 计算下列广义积分：

(1) $\int_0^{+\infty} x^3e^{-x}dx$；(2) $\int_0^{+\infty} x^4e^{-x^2}dx$.

解 (1) $\int_0^{+\infty} x^3e^{-x}dx = \Gamma(4) = 3! = 6.$

(2) 令 $u=x^2$，则

$$\int_0^{+\infty} x^4e^{-x^2}dx=\frac{1}{2}\int_0^{+\infty} u^{\frac{3}{2}}e^{-u}du = \frac{1}{2}\Gamma\left(\frac{5}{2}\right)=\frac{1}{2}\cdot\frac{3}{2}\Gamma\left(\frac{1}{2}\right)=\frac{3}{4}\sqrt{\pi}.$$

习 题 5.4

1. 计算下列广义积分：

(1) $\int_{1}^{+\infty}\frac{1}{x(1+x^2)}\mathrm{d}x$； (2) $\int_{0}^{+\infty}\frac{x}{(1+x^2)^2}\mathrm{d}x$； (3) $\int_{0}^{+\infty}\mathrm{e}^{-\sqrt{x}}\mathrm{d}x$；

(4) $\int_{0}^{+\infty}\frac{x}{(1+x)^3}\mathrm{d}x$； (5) $\int_{\mathrm{e}}^{+\infty}\frac{1}{x(\ln x)^2}\mathrm{d}x$； (6) $\int_{-\infty}^{+\infty}\frac{1}{x^2+2x+2}\mathrm{d}x$；

(7) $\int_{1}^{+\infty}\frac{\arctan x}{x^2}\mathrm{d}x$； (8) $\int_{0}^{1}\frac{1}{\sqrt{1-x^2}}\mathrm{d}x$； (9) $\int_{1}^{2}\frac{x}{\sqrt{x-1}}\mathrm{d}x$；

(10) $\int_{1}^{+\infty}\frac{1}{x\sqrt{x-1}}\mathrm{d}x$； (11) $\int_{0}^{1}\frac{x}{(2-x^2)\sqrt{1-x^2}}\mathrm{d}x$.

2. 问：k 为何值时，广义积分 $\int_{2}^{+\infty}\frac{1}{x(\ln x)^k}\mathrm{d}x$ 收敛？k 为何值时，此广义积分发散？

3. 已知广义积分 $\int_{0}^{+\infty}\frac{\sin x}{x}\mathrm{d}x=\frac{\pi}{2}$，求：

(1) $\int_{0}^{+\infty}\frac{\sin x\cos x}{x}\mathrm{d}x$； (2) $\int_{0}^{+\infty}\frac{\sin^2 x}{x^2}\mathrm{d}x$.

4. 证明：$\int_{0}^{+\infty}\frac{1}{1+x^4}\mathrm{d}x=\int_{0}^{+\infty}\frac{x^2}{1+x^4}\mathrm{d}x=\frac{\pi}{2\sqrt{2}}$.

§5.5 定积分的应用

一、微元法

设由连续曲线 $y=f(x)$（$f(x)\geqslant 0$），直线 $x=a$，$x=b$ 及 $y=0$ 所围的曲边梯形的面积为 S，则

$$S=\int_{a}^{b}f(x)\mathrm{d}x.$$

在§5.1计算曲边梯形的面积时我们所用的方法是：

第一步：分割，即用分点

$$a=x_0<x_1<\cdots<x_{i-1}<x_i<\cdots<x_n=b$$

将区间 $[a,b]$ 分为长度为 $\Delta x_i=x_i-x_{i-1}$（$i=1,2,\cdots,n$）的 n 个小区间

$$[x_0,x_1],\quad [x_1,x_2],\quad \cdots\quad [x_{n-1},x_n],$$

相应地，把曲边梯形分为 n 个小曲边梯形 $\Delta S_1,\Delta S_2,\cdots,\Delta S_n$，其中 ΔS_i 表示第 i 个小曲边梯形，并表示其面积，则曲边梯形的面积

$$S=\Delta S_1+\Delta S_2+\cdots+\Delta S_n=\sum_{i=1}^{n}\Delta S_i.$$

第二步：计算 ΔS_i 的近似值，即

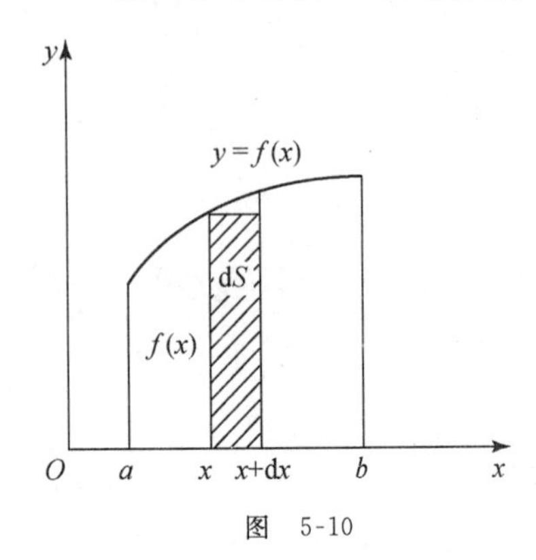

图 5-10

$$\Delta S_i \approx f(\xi_i)\Delta x_i \quad (i=1,2,\cdots,n).$$

第三步：作和式得到曲边梯形面积 S 的近似值，即

$$S \approx \sum_{i=1}^{n} f(\xi_i)\Delta x_i.$$

第四步：求极限，即

$$S = \lim_{\lambda\to 0}\sum_{i=1}^{n} f(\xi_i)\Delta x_i = \int_a^b f(x)\mathrm{d}x.$$

为了简单实用，常略去下标 i，仅用 ΔS 表示任一区间 $[x,x+\Delta x]$ 上小曲边梯形的面积，即 $S=\sum \Delta S$. 用以 $f(x)$ 为高，$\Delta x = \mathrm{d}x$ 为底的小矩形的面积 $f(x)\mathrm{d}x$ 近似代替 ΔS（如图 5-10），即

$$\Delta S \approx f(x)\mathrm{d}x.$$

通常称 $f(x)\mathrm{d}x$ 为**面积微元**，记做 $\mathrm{d}S$，即 $\mathrm{d}S=f(x)\mathrm{d}x$. 因此 $S\approx \sum f(x)\mathrm{d}x$，从而

$$S = \lim\sum f(x)\mathrm{d}x = \int_a^b f(x)\mathrm{d}x.$$

一般来说，若实际问题中所要求的量 S 满足下列条件：

(1) S 与变量 x 的变化区间 $[a,b]$ 有关；

(2) S 对于区间 $[a,b]$ 具有可加性，就是说，将区间 $[a,b]$ 划分为若干小区间后，S 也能相应划分为若干部分量 ΔS_i；

(3) 部分量 ΔS_i 的近似值可以表示为 $f(\xi_i)\Delta x_i$，即

$$\Delta S_i \approx f(\xi_i)\Delta x_i,$$

那么所求量 S 可用 $f(x)\mathrm{d}x$ 作为被积表达式在区间 $[a,b]$ 上进行定积分计算得到，即可得

$$S = \int_a^b f(x)\mathrm{d}x.$$

这一求 S 的方法称为**微元法**，其中 $\mathrm{d}S=f(x)\mathrm{d}x$ 称为所求量 S 的**微元**.

在定积分的应用中，经常采用微元法. 下面将利用微元法来讨论几何、经济中的一些问题.

二、几何应用

1. 平面图形的面积

设函数 $y=f(x)$ 在区间 $[a,b]$ 上连续，由曲线 $y=f(x)$，直线 $x=a$，$x=b$ 及 x 轴（$y=0$）所围成的曲边梯形的面积为 S. 前面由定积分的几何意义我们已经知道：

(1) 当 $f(x)\geqslant 0$ 时，$S=\int_a^b f(x)\mathrm{d}x$；

(2) 当 $f(x)\leqslant 0$ 时，$S=-\int_a^b f(x)\mathrm{d}x$；

(3) 对于一般有正、有负的函数 $f(x)$，$S=\int_a^b |f(x)|\mathrm{d}x$.

一般地，对于由两条连续曲线 $y=g(x)$，$y=f(x)$ 及两条直线 $x=a$，$x=b$ $(a<b)$ 所围成的平面图形(图 5-11)，运用微元法容易得到其面积为

$$S=\int_a^b |f(x)-g(x)|\mathrm{d}x. \tag{1}$$

特别地，若 $f(x)\geqslant g(x)$，$x\in[a,b]$，则

$$S=\int_a^b [f(x)-g(x)]\mathrm{d}x.$$

而由两条连续曲线 $x=\varphi(y)$，$x=\psi(y)$ 及两条直线 $y=c$，$y=d$ $(c<d)$ 所围成平面图形(图 5-12)的面积为

$$S=\int_c^d |\psi(y)-\varphi(y)|\mathrm{d}y. \tag{2}$$

同样，若 $\psi(y)\geqslant\varphi(y)$，$x\in[c,d]$，则

$$S=\int_c^d [\psi(y)-\varphi(y)]\mathrm{d}y.$$

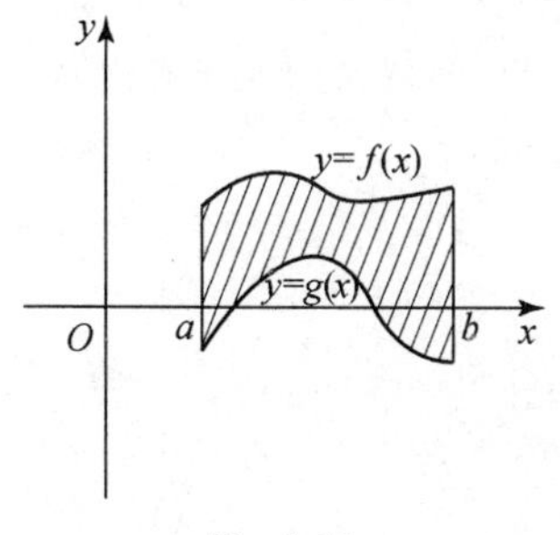

图 5-11

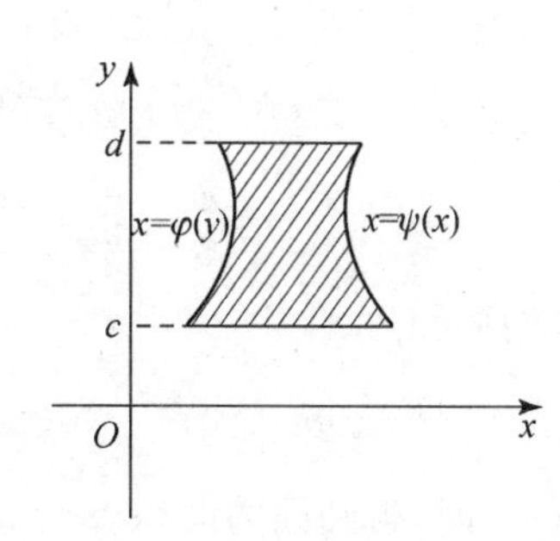

图 5-12

例 1 计算由曲线 $y=\sqrt{x}$ 及 $y=x^2$ 所围平面图形的面积 S.

解 先画图形(如图 5-13)，再解方程组求交点得 $(0,0)$ 与 $(1,1)$. 所以有

$$S=\int_0^1(\sqrt{x}-x^2)\mathrm{d}x=\left(\frac{2}{3}x^{\frac{3}{2}}-\frac{1}{3}x^3\right)\bigg|_0^1=\frac{1}{3}.$$

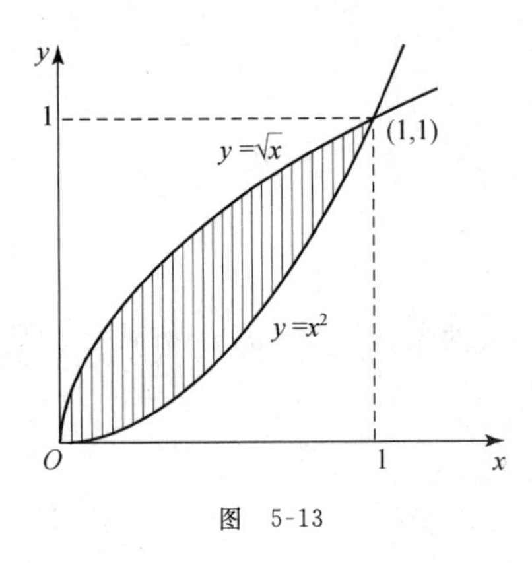

图 5-13

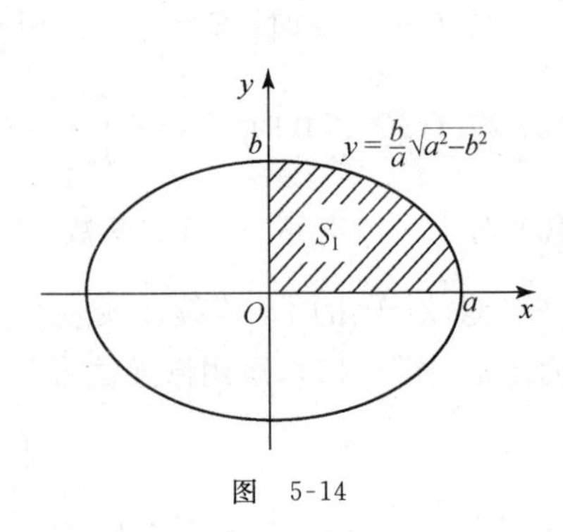

图 5-14

例 2 求椭圆$\frac{x^2}{a^2}+\frac{y^2}{b^2}=1$的面积.

解 由于对称性,只需要计算第一象限部分的面积 S_1 即可(如图 5-14).

第一象限椭圆的方程为 $y=\frac{b}{a}\sqrt{a^2-x^2}$,所以有

$$S_1=\int_0^a \frac{b}{a}\sqrt{a^2-x^2}\,\mathrm{d}x.$$

令 $x=a\sin t$,$\mathrm{d}x=a\cos t\mathrm{d}t$,则

$$\begin{aligned}S_1&=\int_0^a \frac{b}{a}\sqrt{a^2-x^2}\,\mathrm{d}x=\frac{b}{a}\int_0^{\frac{\pi}{2}}\sqrt{a^2-a^2\sin^2 t}\,a\cos t\mathrm{d}t\\&=\frac{ab}{2}\int_0^{\frac{\pi}{2}}(1+\cos 2t)\,\mathrm{d}t=\frac{ab}{2}\left(t+\frac{1}{2}\sin 2t\right)\Big|_0^{\pi/2}\\&=\frac{ab}{2}\cdot\frac{\pi}{2}=\frac{\pi}{4}ab.\end{aligned}$$

所以椭圆的面积为

$$S=4S_1=4\cdot\frac{\pi}{4}ab=\pi ab.$$

当 $a=b$ 时,得到圆的面积 $S=\pi a^2$.

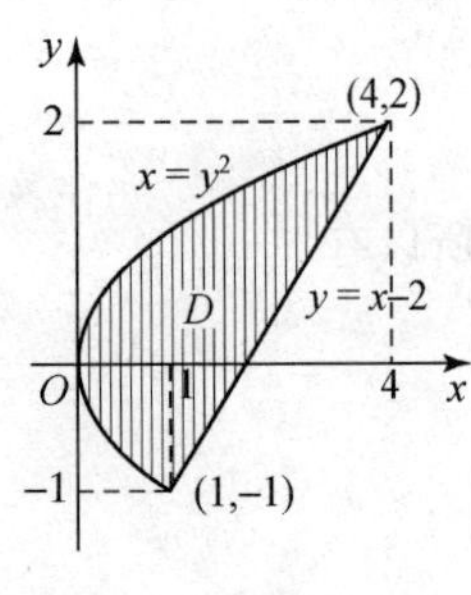

图 5-15

例 3 求由曲线 $y^2=x$ 和 $y=x-2$ 所围平面图形的面积.

解 *方法 1* 如图 5-15 所示,解方程组求交点得(4,2)与(1,−1),于是所求的面积为

$$\begin{aligned}S&=\int_0^1(\sqrt{x}-(-\sqrt{x}))\mathrm{d}x+\int_1^4[\sqrt{x}-(x-2)]\mathrm{d}x\\&=2\cdot\frac{2}{3}\cdot x^{\frac{3}{2}}\Big|_0^1+\left(\frac{2}{3}x^{\frac{3}{2}}-\frac{1}{2}x^2+2x\right)\Big|_1^4\\&=\frac{4}{3}+\frac{16}{3}-\frac{13}{6}=\frac{9}{2}.\end{aligned}$$

方法 2　所求的面积为

$$S=\int_{-1}^{2}[(y+2)-y^2]\mathrm{d}y=\left(\frac{y^2}{2}+2y-\frac{y^3}{3}\right)\Bigg|_{-1}^{2}$$
$$=\left(2+4-\frac{8}{3}\right)-\left(\frac{1}{2}-2+\frac{1}{3}\right)=\frac{9}{2}.$$

显然方法 2 比较简单,所以在计算面积时,要根据图形的特点选择 x 或 y 作为积分变量.

2. 平面曲线的弧长

光滑曲线的长度是可求的,利用定积分的微元法可推导平面光滑曲线弧长的计算公式.

设函数 $y=f(x)$ 在闭区间 $[a,b]$ 上具有连续导数. 我们来求曲线弧 $y=f(x)$ $(x\in[a,b])$ 的长 s. 在 $[a,b]$ 上任取一个小区间 $[x,x+\Delta x]$,相应于这一小区间的弧长 Δs 近似等于对应的弦的长度 $\sqrt{(\Delta x)^2+(\Delta y)^2}$,即弧长的微元为

$$\mathrm{d}s=\sqrt{(\mathrm{d}x)^2+(\mathrm{d}y)^2}=\sqrt{1+(y')^2}\,\mathrm{d}x,$$

从而所求的弧长为

$$s=\int_a^b\sqrt{1+(y')^2}\,\mathrm{d}x.$$

例 4　计算曲线 $y=\ln x$ 对应于区间 $[\sqrt{3},\sqrt{8}]$ 上的一段弧长.

解　因为 $y'=\dfrac{1}{x}$, $\sqrt{1+(y')^2}=\dfrac{\sqrt{1+x^2}}{x}$,所以所求的弧长为

$$s=\int_{\sqrt{3}}^{\sqrt{8}}\frac{\sqrt{1+x^2}}{x}\mathrm{d}x\xlongequal{t=\sqrt{1+x^2}}\int_2^3\frac{t^2}{t^2-1}\mathrm{d}t=1+\frac{1}{2}\ln\frac{3}{2}.$$

3. 立体的体积

对于用定积分计算立体体积,我们主要介绍下面两种简单情形:一种是已知几何体的截面积,求此几何体的体积;另一种是求旋转体的体积. 其他较一般的几何体的体积求法将在多元微积分中再介绍.

3.1　已知平行截面面积的立体体积

设有一立体位于平面 $x=a$ 和 $x=b$ $(a<b)$ 之间(如图 5-16),过点 x 且垂直于 x 轴的平面截该立体所得的截面面积 $S(x)$ 是 x 的连续函数. 显然 x 的变化区间为 $[a,b]$. 在 $[a,b]$ 上任取一个小区间 $[x,x+\Delta x]$,立体中相应于这一小区间的薄片的体积 ΔV 近似等于以 $S(x)$ 为底面积,Δx 为高的柱体的体积,即

$$\Delta V\approx S(x)\Delta x,$$

于是体积微元为

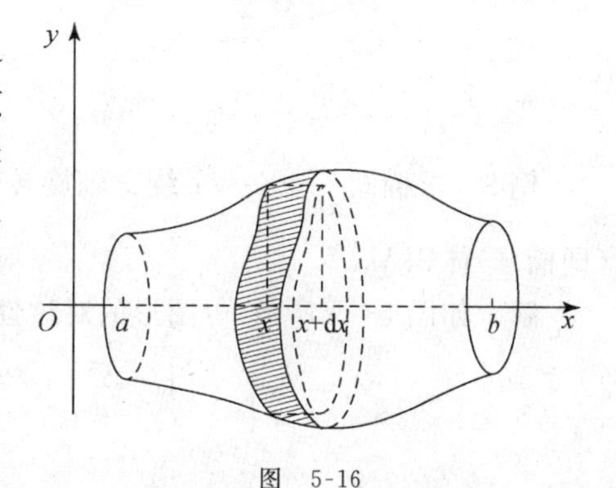

图　5-16

$$dV = S(x)dx.$$

以体积微元 $S(x)dx$ 为被积表达式在区间 $[a,b]$ 上积分即得已知平行截面面积立体的体积公式

$$V = \int_a^b S(x)dx.$$

3.2　旋转体的体积

一平面图形绕同一平面内某定直线旋转一周所形成的立体通常称为**旋转体**.

设有由连续曲线 $y=f(x)$ $(f(x)\geqslant 0)$ 与直线 $x=a,x=b$ $(a<b)$ 及 x 轴围成的平面图形绕 x 轴旋转一周所形成的旋转体(如图 5-17),我们来讨论此旋转体体积的计算.

在点 $x\in[a,b]$ 处作一垂直于 x 轴的平面与旋转体相截,截面是一个圆,其半径就是对应于 x 的纵坐标 y,所以截面面积为

$$S(x) = \pi y^2 = \pi[f(x)]^2.$$

应用已知平行截面面积立体的体积公式即可得到这个旋转体的体积:

$$V = \pi\int_a^b [f(x)]^2 dx.$$

类似地,由连续曲线 $x=\varphi(y)$ $(\varphi(y)\geqslant 0)$ 与直线 $y=c,y=d$ $(c<d)$ 及 y 轴围成的平面图形绕 y 轴旋转一周所形成的旋转体(如图 5-18)体积的计算公式为

$$V = \pi\int_c^d x^2 dy = \pi\int_c^d [\varphi(y)]^2 dy.$$

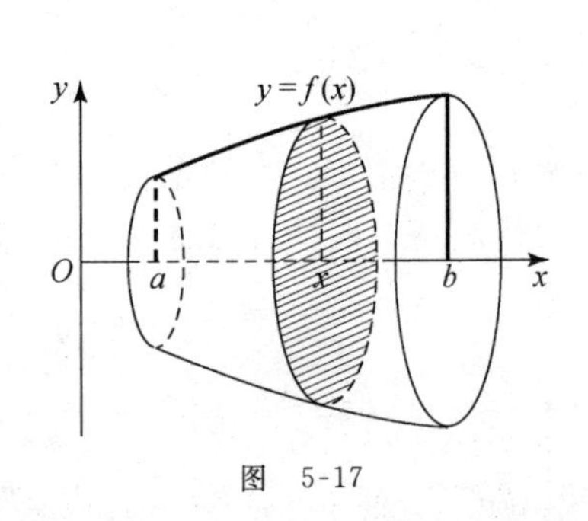

图　5-17

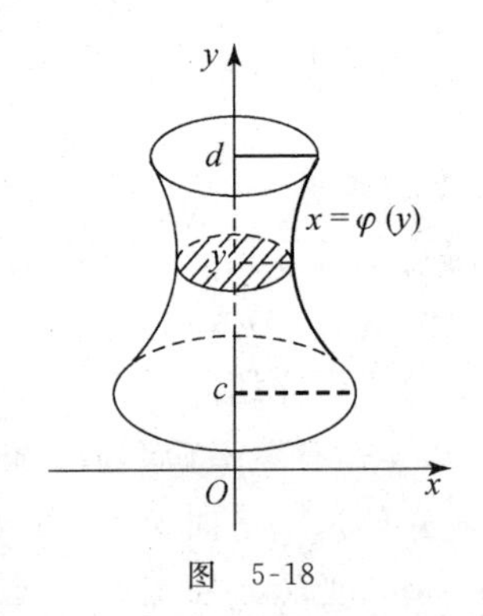

图　5-18

例 5　求椭圆 $\dfrac{x^2}{a^2}+\dfrac{y^2}{b^2}=1$ 绕 x 轴旋转而成的旋转体体积 V_x 及绕 y 轴旋转而成的旋转体(即椭球)体积 V_y.

解　如图 5-19 所示,由图形的对称性得

$$V_x = 2\pi\int_0^a b^2\left(1-\frac{x^2}{a^2}\right)dx = 2\pi b^2\left(x-\frac{1}{3}\cdot\frac{x^3}{a^2}\right)\Big|_0^a = \frac{4}{3}\pi ab^2,$$

$$V_y=2\pi\int_0^b a^2\left(1-\frac{y^2}{b^2}\right)\mathrm{d}y=2\pi a^2\left(y-\frac{1}{3}\cdot\frac{y^3}{b^2}\right)\Bigg|_0^a=\frac{4}{3}\pi a^2 b.$$

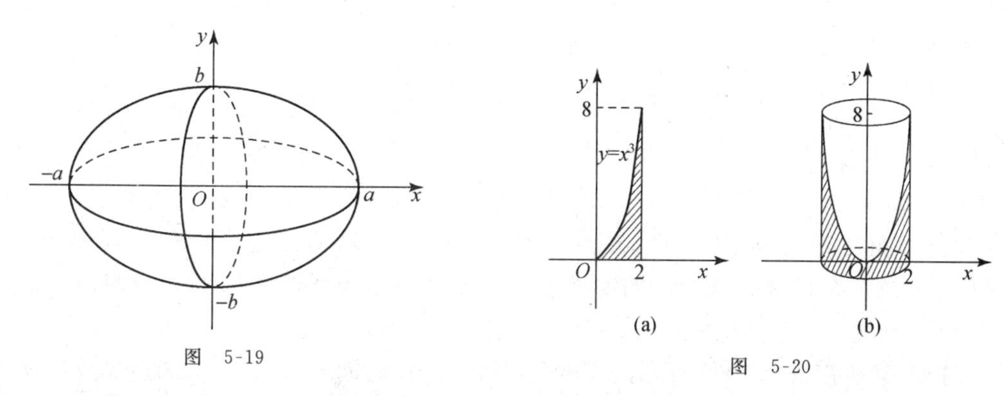

图 5-19

图 5-20

例 6 求由曲线 $y=x^3$ 与直线 $x=2, y=0$ 所围成的平面图形绕 x 轴旋转而成的旋转体体积 V_x 及绕 y 轴旋转而成的旋转体体积 V_y.

解 由曲线 $y=x^3$ 与直线 $x=2, y=0$ 所围成的平面图形如图 5-20(a)所示. 它绕x 轴旋转所成旋转体的体积为

$$V_x=\pi\int_0^2(x^3)^2\mathrm{d}x=\pi\left(\frac{1}{7}x^7\right)\Bigg|_0^2=\frac{128}{7}\pi.$$

由图 5-20(b)易见,它绕 y 轴旋转所成旋转体的体积为

$$V_y=\pi\cdot2^2\cdot8-\pi\int_0^8(y^{1/3})^2\mathrm{d}y=32\pi-\pi\left(\frac{3}{5}y^{5/3}\right)\Bigg|_0^8=\frac{64}{5}\pi.$$

三、经济应用

已知经济函数中的边际成本、边际收益和边际利润,求总成本函数、总收益函数和总利润函数是定积分在经济应用中最常见的计算问题.

(1) 若边际成本为 $C'(x)$,则总成本函数 $C(x)=\int_0^x C'(x)\mathrm{d}x+C_0$(其中 C_0 为固定成本);

(2) 若边际收益为 $R'(x)$,则总收益函数 $R(x)=\int_0^x R'(x)\mathrm{d}x$;

(3) 总利润函数 $L(x)=\int_0^x[R'(x)-C'(x)]\mathrm{d}x-C_0$(其中 C_0 为固定成本).

例 7 已知某产品产量为 x(单位: 百件)时,边际成本和边际收益(单位: 万元)分别为

$$\mathrm{MC}=C'(x)=1,\quad \mathrm{MR}=R'(x)=5-x.$$

(1) 产量为多少时总利润最大?

(2) 当产量从最大利润的产量再增加 2 百件时,利润将减少多少?

解 (1) 因为

$$L'(x)=R'(x)-C'(x)=5-x-1=4-x,$$

所以令 $L'(x)=0$ 得 $x=4$,即产量为 4 百件时利润最大.

(2) 因为

$$L(x)=\int_0^x L'(x)\mathrm{d}x=\int_0^x(4-x)\mathrm{d}x=4x-\frac{x^2}{2},$$

所以

$$L(4+2)-L(4)=6-8=-2,$$

即当产量从最大利润的产量再增加 2 百件时,利润将减少 2 万元.

许多实际生产(如石油、矿产、天然气等)是耗资性开发,通常收益率 $R'(t)$ 是时间 t 的减函数,开发成本率 $C'(t)$ 是时间 t 的增函数,所以需要确定最佳开发期,即定出时间 t,使利润最大. 下面便是一个具体的实例.

例 8 某矿产投资 2000 万元建成投产,开发后,在时间 t(单位:年)的追加成本和增加收益(单位:百万元/年)分别为

$$C'(t)=7+2t^{2/3},\quad R'(t)=19-t^{2/3}.$$

试确定该矿产开采多少年后,才能获得最大利润,并求最大利润.

解 由利润最大值存在的必要条件

$$L'(t)=R'(t)-C'(t)=0,\quad 即\quad 7+2t^{2/3}=19-t^{2/3}$$

可得驻点 $t=8$. 又驻点唯一,且 $L''(8)=\left(-\frac{2}{3}t^{-1/3}\right)\Big|_{t=8}=-\frac{1}{3}<0$,所以 $t=8$ 年是最大利润值点,最大利润(单位:百万元)为

$$\begin{aligned}L_{\max}&=\int_0^8 L'(t)\mathrm{d}t-20=\int_0^8(12-3t^{2/3})\mathrm{d}t-20\\&=\left(12t-\frac{9}{5}t^{5/3}\right)\Big|_0^8-20=18.4.\end{aligned}$$

习 题 5.5

1. 求由下列曲线所围平面图形的面积:

(1) $y=\sqrt{x}$ 与 $y=x$;　　(2) $y=\mathrm{e}^x$ 与 $y=\mathrm{e}^{-x}$, $x=1$;

(3) $y=x^2$ 与 $y=2x+3$;　　(4) $y=x^2$ 与 $y=x$, $y=2x$;

(5) $xy=4$ 与 $y=4x$, $x=2$.

2. 求由抛物线 $y=-x^2+4x-3$ 及在其点 $(0,-3)$, $(3,0)$ 处的两条切线所围平面图形的面积.

3. 求曲线 $y=\ln(1-x^2)$ 在区间 $\left(0,\frac{1}{2}\right)$ 上对应的一段弧长.

4. 求由下列已知曲线所围图形按指定直线旋转而成旋转体的体积:

(1) $xy=5$ 与 $x+y=6$,绕 x 轴;

(2) $y=\ln x$ 与 $y=0, x=\mathrm{e}$,绕 x 轴和绕 y 轴;

(3) $x^2+(y-5)^2=16$,绕 x 轴.

5. 设曲线 $y=\sqrt{2x}$,求:

(1) 过曲线上(2,2)点的切线方程;

(2) 由此切线与 $y=\sqrt{2x}$ 及 $y=0$ 所围平面图形的面积.

6. 过曲线 $y=x^2(x\geqslant 0)$ 上某点 A 作一切线使之与曲线及 x 轴所围平面图形的面积为 $\frac{1}{12}$,试求:

(1) 切点 A 的坐标; (2) 过点 A 的切线方程;

(3) 该平面图形绕 x 轴旋转所得旋转体的体积.

7. 已知生产某产品 x 个单位时,总收益的变化率为 $R'(x)=200-\frac{x}{100}\ (x\geqslant 0)$.

(1) 求生产了 50 个单位时的总收益;

(2) 如果已经生产了 100 个单位,求再生产 100 个单位时的总收益.

复习题五

1. 填空题:

(1) 设函数 $f(x)=\int_0^x \mathrm{e}^{-t^2}\mathrm{d}t$,则 $f''(1)=$ ________;

(2) 设变上限积分 $\int_0^x f(t^2)\mathrm{d}t=x^3$,则 $2\int_0^1 f(x)\mathrm{d}x=$ ________;

(3) 设函数 $f(x)=\begin{cases}\dfrac{\int_0^x \ln(1+t)\mathrm{d}t}{x^2}, & x\neq 0,\\ k, & x=0\end{cases}$ 在 $x=0$ 处连续,则 $k=$ ________;

(4) 设函数 $f(x)$ 在 $(-\infty,+\infty)$ 内具有连续的二阶导数,且 $f(0)=1, f(2)=3, f'(2)=5$,则 $\int_0^1 xf''(2x)\mathrm{d}x=$ ________;

(5) 设变上限积分 $\int_1^x f(t)\mathrm{d}t=\frac{x^4}{2}-\frac{1}{2}$,则 $\int_1^4 \frac{1}{\sqrt{x}}f(\sqrt{x})\mathrm{d}x=$ ________;

(6) 设定积分 $\int_a^{2\ln 2}\frac{1}{\sqrt{\mathrm{e}^x-1}}\mathrm{d}x=\frac{\pi}{6}$,则 $a=$ ________;

(7) 广义积分 $\int_0^1 \frac{\arccos x}{\sqrt{1-x^2}}\mathrm{d}x=$ ________;

(8) 极限$\lim\limits_{n\to\infty}\left(\frac{1}{n+1}+\frac{1}{n+2}+\cdots+\frac{1}{n+n}\right)=$ ______.

2. 选择题：

(1) 设$I_1=\int_0^{\frac{\pi}{4}}x\mathrm{d}x, I_2=\int_0^{\frac{\pi}{4}}\sqrt{x}\mathrm{d}x, I_3=\int_0^{\frac{\pi}{4}}\sin x\mathrm{d}x$,则$I_1,I_2,I_3$满足的关系是(　　)；

(A) $I_1>I_2>I_3$　　(B) $I_1>I_3>I_2$

(C) $I_3>I_1>I_2$　　(D) $I_2>I_1>I_3$

(2) 下列广义积分发散的是(　　)；

(A) $\int_0^{+\infty}\mathrm{e}^{-x}\mathrm{d}x$　　(B) $\int_0^1\frac{1}{1-x}\mathrm{d}x$

(C) $\int_{-1}^0\frac{1}{\sqrt{1-x^2}}\mathrm{d}x$　　(D) $\int_0^1\frac{1}{\sqrt{x}}\mathrm{d}x$

(3) 变上限积分$\int_1^x f'(2t)\mathrm{d}t=$(　　).

(A) $\frac{1}{2}[f(2x)-f(2)]$　　(B) $2[f(2x)-f(2)]$

(C) $f(2x)-f(2)$　　(D) $\frac{1}{2}[f(x)-f(1)]$

3. 计算下列积分：

(1) $\int_0^1 x^3\mathrm{e}^{-x^2}\mathrm{d}x$；　(2) $\int_0^{\ln 3}\frac{\mathrm{e}^x}{2\mathrm{e}^x-\mathrm{e}^{-x}}\mathrm{d}x$；　(3) $\int_0^{\frac{\pi}{2}}\frac{x+\sin x}{1+\cos x}\mathrm{d}x$；

(4) $\int_0^{\frac{\pi}{2}}\frac{1}{1+\cos^2 x}\mathrm{d}x$；　(5) $\int_0^{\frac{\pi}{2}}\sqrt{1-\sin 2x}\mathrm{d}x$；　(6) $\int_0^1\frac{1}{x+\sqrt{1-x^2}}\mathrm{d}x$；

(7) $\int_0^{\frac{1}{2}}\sqrt{2x-x^2}\mathrm{d}x$；　(8) $\int_0^{2\pi}|x\sin x|\mathrm{d}x$；　(9) $\int_{\frac{1}{2}}^1\frac{1}{x^2}\sqrt{\frac{1-x}{1+x}}\mathrm{d}x$；

(10) $\int_1^{16}\arctan\sqrt{\sqrt{x}-1}\mathrm{d}x$；　(11) $\int_0^1 2x\sqrt{1-x^2}\arcsin x\mathrm{d}x$.

4. (1) 设$f(x)$为连续函数且满足$\int_0^x f(x-t)\mathrm{e}^t\mathrm{d}t=\sin x$,求$f(x)$.

(2) 设由曲线$y=1-x^2(0\leqslant x\leqslant 1)$与$x$轴,$y$轴所围的平面图形被$y=ax^2(a>0)$分为相等的两部分,求$a$.

(3) 设函数$f(x)=\int_0^x\frac{\sin t}{\pi-t}\mathrm{d}t$,求$\int_0^{\pi}f(x)\mathrm{d}x$.

(4) 函数$f(x)=\int_1^x\frac{\ln t}{1+t}\mathrm{d}t$,求$f(x)+f\left(\frac{1}{x}\right)$.

(5) 求极限$\lim\limits_{x\to 0}\frac{\int_0^x\left[\int_0^{t^2}\arctan(1+u)\mathrm{d}u\right]\mathrm{d}t}{x(1-\cos x)}$.

(6) 设直线 $y = ax$ 与抛物线 $y = x^2$ 所围平面图形的面积为 S_1，它们与直线 $x = 1$ 所围平面图形的面积为 S_2，且 $a < 1$.

① 试确定 a 的值，使得 $S_1 + S_2$ 最小，并求出最小值；

② 求该最小值所对应的平面图形绕 x 轴旋转所得旋转体的体积.

5. 证明题：

(1) 设函数 $f(x)$ 在区间 $[0,1]$ 上连续，在 $(0,1)$ 内可导，且满足 $f(1) = 2\int_0^{\frac{1}{2}} xf(x)\mathrm{d}x$，试证：至少存在一点 $\xi \in (0,1)$，使得 $f(\xi) + \xi f'(\xi) = 0$.

(2) 设函数 $f(x)$ 在区间 $[a,b]$ 上连续，且 $f(x) > 0$，$F(x) = \int_a^x f(t)\mathrm{d}t + \int_b^x \frac{1}{f(t)}\mathrm{d}t$，证明：

① $F'(x) \geqslant 2$；　② $F(x) = 0$ 在 (a,b) 内有且仅有一个根.

(3) 设函数 $f(x)$ 在区间 $[a,b]$ 上连续，$g(x)$ 在区间 $[a,b]$ 上连续且不变号，证明：至少存在一点 $\xi \in [a,b]$，使得

$$\int_a^b f(x)g(x)\mathrm{d}x = f(\xi)\int_a^b g(x)\mathrm{d}x \text{（积分第一中值定理）}.$$

(4) 设 $a<b$，证明不等式：$\left[\int_a^b f(x)g(x)\mathrm{d}x\right]^2 \leqslant \int_a^b f^2(x)\mathrm{d}x \cdot \int_a^b g^2(x)\mathrm{d}x$.

第六章

多元函数微分学

微分学包括一元函数微分学和多元函数微分学两部分. 多元函数微分学是一元函数微分学的推广,因此,在学习这部分内容时要结合一元函数微分学的相关概念,注意二者之间的区别与联系.

本章主要内容有:多元函数的连续性与极限,偏导数与全微分,多元函数的极值,多元函数微分学在经济学方面的应用.

§6.1 空间解析几何简介

本节内容是学习多元微积分的基础知识,主要讲述在空间直角坐标系中空间平面、曲面和曲线的方程及其几何图像等.

一、空间直角坐标系

1. 空间直角坐标系

下面我们来建立空间直角坐标系. 首先在空间任取一点 O,以 O 为原点作两两互相垂直并且有相同长度单位的数轴,依次记做 x 轴,y 轴,z 轴,统称为**坐标轴**. 一般情况下把 x 轴和 y 轴置在水平面上,z 轴则在该水平面的垂直线上. 它们构成右手系,即以右手握住 z 轴,四指由 x 轴的正向转过 $\frac{\pi}{2}$ 角度后指向 y 轴的正向时,竖起的拇指的指向为 z 轴的正方向(如图 6-1). 这样我们就建立了空间直角坐标系,称其为 $Oxyz$ **直角坐标系**,点 O 称为坐标**原点**.

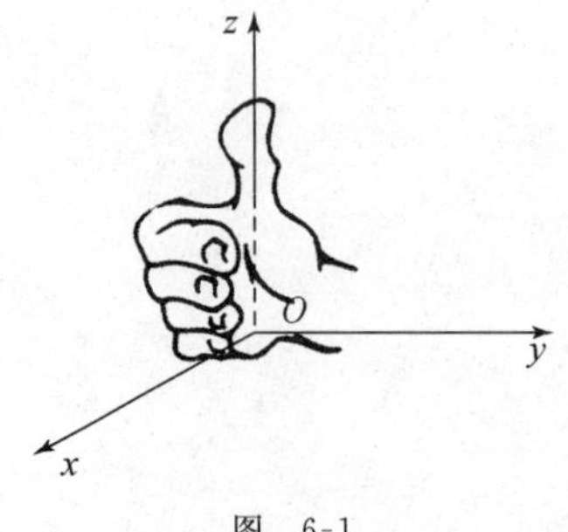

图 6-1

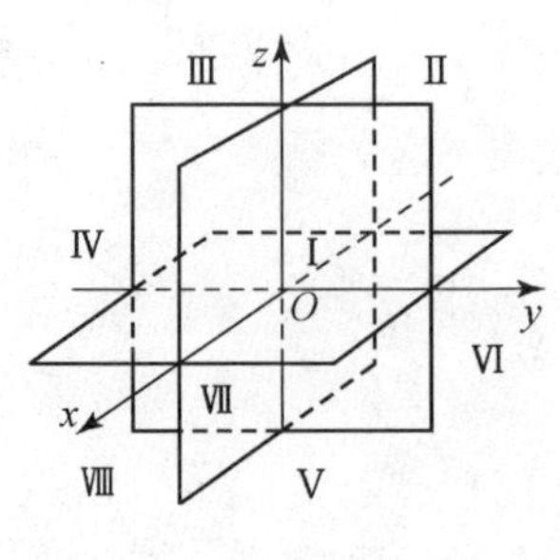

图 6-2

在空间直角坐标系中，每两个轴所确定的平面称为**坐标平面**，简称为**坐标面**. 由此有 Oxy 坐标面，Oyz 坐标面，Ozx 坐标面. 坐标面将空间分成八个部分，每一个部分称为一个**卦限**. 在 Oxy 坐标面上方有四个卦限，下方有四个卦限. 含 x 轴，y 轴和 z 轴正向的卦限称为第Ⅰ卦限，沿 z 轴正向逆时针依次称为第Ⅱ，Ⅲ，Ⅳ卦限. 对应着分别位于第Ⅰ，Ⅱ，Ⅲ，Ⅳ卦限下方的四个卦限，依次称为第Ⅴ，Ⅵ，Ⅶ，Ⅷ卦限(如图 6-2).

2. 点的坐标

设 M 为空间内的任意一点，过点 M 作垂直于三个坐标轴的平面，与 x,y,z 轴三个坐标轴分别交于点 P,Q,R. 设 x,y,z 分别是点 P,Q,R 在各轴上的坐标，从而空间任一点 M 就确定了唯一的一组有序数组 x,y,z，用 (x,y,z) 表示. 反过来，任意给定了一个三元有序数组 (x,y,z)，我们可以在 x 轴，y 轴，z 轴上找到坐标为 x,y,z 的点，过这三个点分别作垂直于该坐标轴的平面，将它们的交点记为 M. 由此，空间任一点 M 与三元有序数组 (x,y,z) 建立了一一对应关系，称有序数组为点 M 的**坐标**，记为 $M(x,y,z)$，并分别称 x,y,z 坐标为 M 的**横坐标**，**纵坐标**和**竖坐标**. 坐标面 Oxy，Oyz 和 Ozx 上点的坐标分别为 $(x,y,0)$，$(0,y,z)$ 和 $(x,0,z)$(如图 6-3).

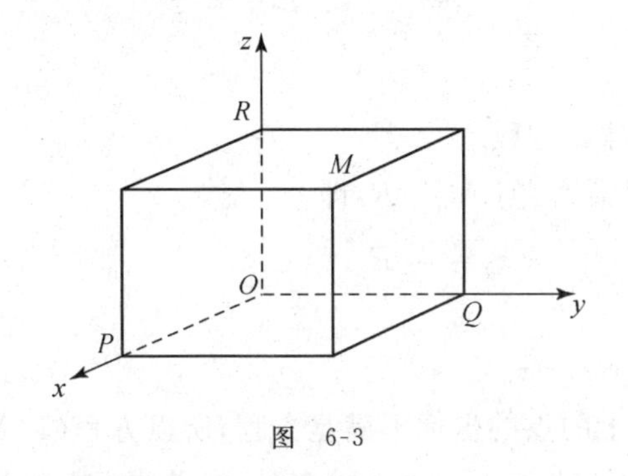

图 6-3

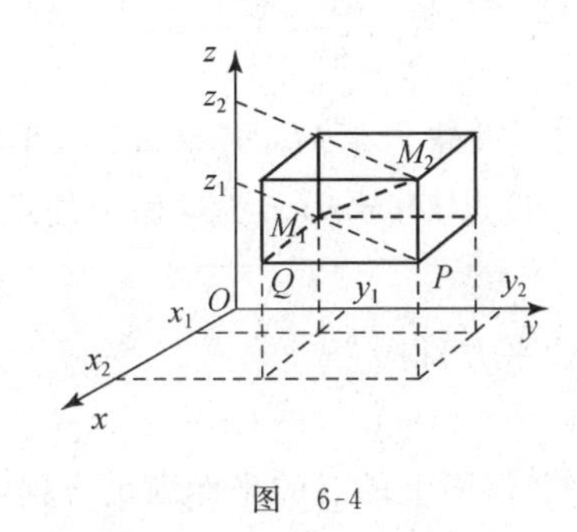

图 6-4

3. 空间两点间的距离公式

设 $M_1(x_1,y_1,z_1)$ 与 $M_2(x_2,y_2,z_2)$ 为空间中的任意两点，两点间的距离记为 $|M_1M_2|$. 过点 M_1 和 M_2 分别作平行于坐标面的平面，这六个平面构成一个长方体，它的三条边长分别为 $|x_2-x_1|$，$|y_2-y_1|$，$|z_2-z_1|$(如图 6-4). 由勾股定理，可得 M_1 与 M_2 的距离 $|M_1M_2|$ 为

$$\begin{aligned}|M_1M_2|^2 &= |M_1P|^2+|M_2P|^2=|M_1Q|^2+|QP|^2+|M_2P|^2\\ &=(x_2-x_1)^2+(y_2-y_1)^2+(z_2-z_1)^2,\end{aligned}$$

所以

$$|M_1M_2|=\sqrt{(x_2-x_1)^2+(y_2-y_1)^2+(z_2-z_1)^2}.$$

该公式称为**空间两点间的距离公式**，它是平面上两点间距离公式的推广.

二、空间曲面与方程

我们知道空间任意一点与三维有序数组建立了一一对应关系，那么几何图形作为点的轨迹与表示该几何图形的方程之间又是怎样的关系呢？

定义 如果曲面 S 上每一点的坐标都满足方程 $F(x,y,z)=0$，而不在曲面 S 上的点的坐标都不满足这个方程，则称方程 $F(x,y,z)=0$ 为**曲面 S 的方程**，称曲面 S 为此方程的**图形**（如图 6-5）.

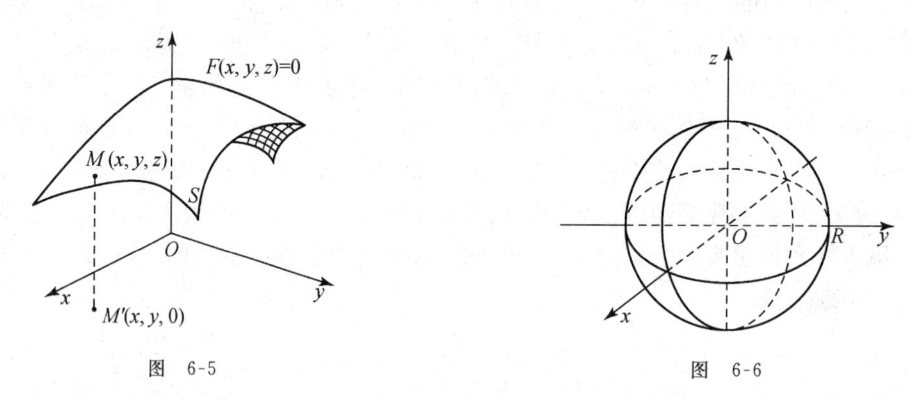

图 6-5　　图 6-6

例 1 求球心在 $M_0(x_0,y_0,z_0)$，半径为 R 的球面方程.

解 设点 $M(x,y,z)$ 为球面上任意一点，由题意有 $|M_0M|=R$，即

$$\sqrt{(x-x_0)^2+(y-y_0)^2+(z-z_0)^2}=R.$$

上式两边平方，得

$$(x-x_0)^2+(y-y_0)^2+(z-z_0)^2=R^2. \tag{1}$$

显然，球面上的点的坐标满足方程，不在球面上的点的坐标不满足方程，所以方程(1)就是以点 $M_0(x_0,y_0,z_0)$ 为球心，R 为半径的球面方程. 当 $x_0=y_0=z_0=0$ 时，则得球心在坐标原点的球面（如图 6-6），其方程为

$$x^2+y^2+z^2=R^2.$$

三、平面的方程

1. 平面的一般式方程

平面的一般式方程为

$$Ax+By+Cz+D=0,$$

其中 A,B,C,D 是不全为零的常数. 空间中任意一个平面皆可写成三元一次方程这种形式. 它体现了形（平面）与数（代数方程）的转化.

平面一般式方程 $Ax+By+Cz+D=0$ 所表示的平面的特点：

当 $D=0$ 时，方程为 $Ax+By+Cz=0$，它表示一个过原点的平面；

当 $A=0$ 时，方程为 $By+Cz+D=0$，它表示一个平行于 x 轴的平面；

同样，方程 $Ax+Cz+D=0$ 和 $Ax+By+D=0$ 分别表示一个平行 y 轴与 z 轴的平面；

当 $A=B=0$ 时，方程为 $Cz+D=0$，表示一个平行于 Oxy 坐标面的平面；

同样，方程 $By+D=0$ 和 $Ax+D=0$ 分别表示平行于 Ozx 坐标面与 Oyz 坐标面的平面.

例 2 求与两点 $M_1(1,0,2)$，$M_2(2,1,-1)$ 等距离的动点 $M(x,y,z)$ 的轨迹方程.

解 由题意，有 $|MM_1|=|MM_2|$，再由两点之间的距离公式，得

$$\sqrt{(x-1)^2+(y-0)^2+(z-2)^2}=\sqrt{(x-2)^2+(y-1)^2+(z+1)^2},$$

两边平方，化简，得三元一次方程

$$2x+2y-6z=1.$$

此三元一次方程所表示的几何图形是一个平面. 由几何知识可知，动点 $M(x,y,z)$ 的轨迹是线段 M_1M_2 的垂直平分面.

例 3 求过 x 轴和点 $(3,1,-2)$ 的平面方程.

解 由于所求平面过 x 轴，所以可设平面方程为

$$By+Cz=0.$$

又因所求平面过点 $(3,1,-2)$，有

$$B-2C=0, \quad 即 \quad B=2C.$$

将其代入方程 $By+Cz=0$ 并消去 C，得所求平面方程为

$$2y+z=0.$$

2. 平面的截距式方程

例 4 求与 x,y,z 轴分别交于点 $P(a,0,0)$，$Q(0,b,0)$，$R(0,0,c)$ 的平面方程（如图 6-7），其中 $abc\neq0$.

解 设所求平面方程为

$$Ax+By+Cz+D=0.$$

因所求平面不经过原点，所以 $D\neq0$. 将点 P,Q,R 的坐标代入方程 $Ax+By+Cz+D=0$，得

$$aA+D=0, \quad bB+D=0, \quad cC+D=0.$$

解出

$$A=-\frac{D}{a}, \quad B=-\frac{D}{b}, \quad C=-\frac{D}{c}.$$

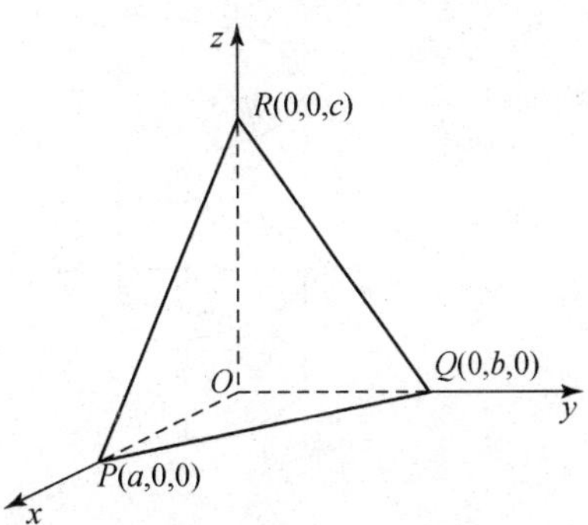

图 6-7

代入 $Ax+By+Cz+D=0$ 中并消去 D，得所求平面方程为

$$\frac{x}{a}+\frac{y}{b}+\frac{z}{c}=1.$$

称该方程为平面的**截距式方程**,a,b,c 分别称为平面在 x,y,z 轴上的**截距**.

四、几种常见的空间曲面

1. 柱面

直线 L 沿定曲线 C 平行移动形成的轨迹称为**柱面**,定曲线 C 称为柱面的**准线**,动直线 L 称为柱面的**母线**(如图 6-8).

1.1 圆柱面

方程 $x^2+y^2=R^2$ 不含变量 z,在空间直角坐标系中表示**圆柱面**,它的母线 L 平行于 z 轴,它的准线 C 是 Oxy 坐标面上的圆 $x^2+y^2=R^2$(如图 6-9).

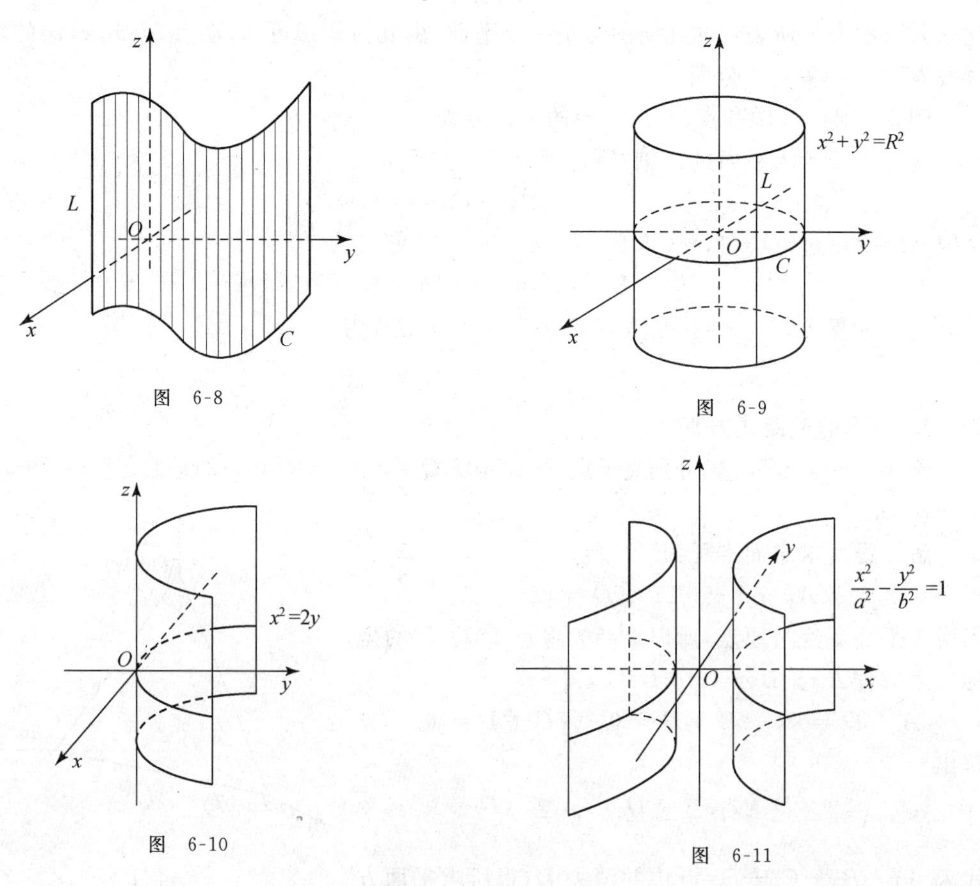

图 6-8

图 6-9

图 6-10

图 6-11

1.2 抛物柱面

方程 $x^2=2y$ 表示母线平行于 z 轴的**抛物柱面**,它的准线是 Oxy 坐标面上的抛物线 $x^2=$

$2y$(如图 6-10).

1.3 双曲柱面

方程$\frac{x^2}{a^2}-\frac{y^2}{b^2}=1$表示母线平行于 z 轴的双曲柱面,它的准线是 Oxy 坐标面上的双曲线$\frac{x^2}{a^2}-\frac{y^2}{b^2}=1$(如图 6-11).

2. 旋转曲面

平面上的曲线 C 绕该平面上的一条直线 L 旋转而生成的曲面称为**旋转曲面**. 曲线 C 称为旋转曲面的**母线**,定直线 L 称为旋转曲面的**轴**.

设 C 为 Oyz 坐标面上的已知曲线,其方程为$\begin{cases}F(y,z)=0,\\x=0.\end{cases}$将曲线 C 绕 z 轴旋转一周生成旋转曲面 S (如图 6-12). 在曲面 S 上任取一点 $M(x,y,z)$,过点 M 作垂直于 z 轴的平面,它和曲面 S 的交线为一圆,和曲线 C 的交点为 $M_1(0,y_1,z)$. 由于点 M_1 在平面曲线 C 上,因此有$F(y_1,z)=0$. 又点 M 和 M_1 到 z 轴的距离相等,故$\sqrt{x^2+y^2}=|y_1|$,即 $y_1=\pm\sqrt{x^2+y^2}$. 由此可知,旋转曲面 S 上任一点$M(x,y,z)$满足方程

$$F(\pm\sqrt{x^2+y^2},z)=0.$$

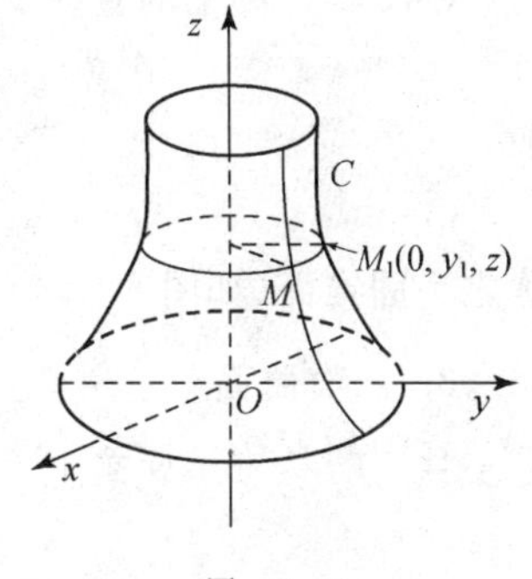

图 6-12

反之,若点 $M(x,y,z)$不在曲面 S 上,则点 M 的坐标不满足上述方程. 因此,这个方程是平面曲线 C 绕 z 轴旋转一周生成旋转曲面的方程.

类似地,可得平面曲线 C:$\begin{cases}F(y,z)=0,\\x=0\end{cases}$绕 y 轴旋转所生成的旋转曲面的方程为

$$F(y,\pm\sqrt{x^2+z^2})=0.$$

2.1 旋转椭球面

Oxy 坐标面上的椭圆$\frac{x^2}{a^2}+\frac{y^2}{b^2}=1(a>0,b>0)$绕 x 轴旋转一周而成的旋转曲面方程为

$$\frac{x^2}{a^2}+\frac{y^2+z^2}{b^2}=1,$$

称该曲面为**旋转椭球面**(如图 6-13).

2.2 旋转抛物面

Oyz 坐标面上的抛物线 $y^2=a^2z(a>0)$绕 z 轴旋转一周而成的旋转曲面方程为

$$x^2+y^2=a^2z,$$

称之为**旋转抛物面**(如图 6-14).

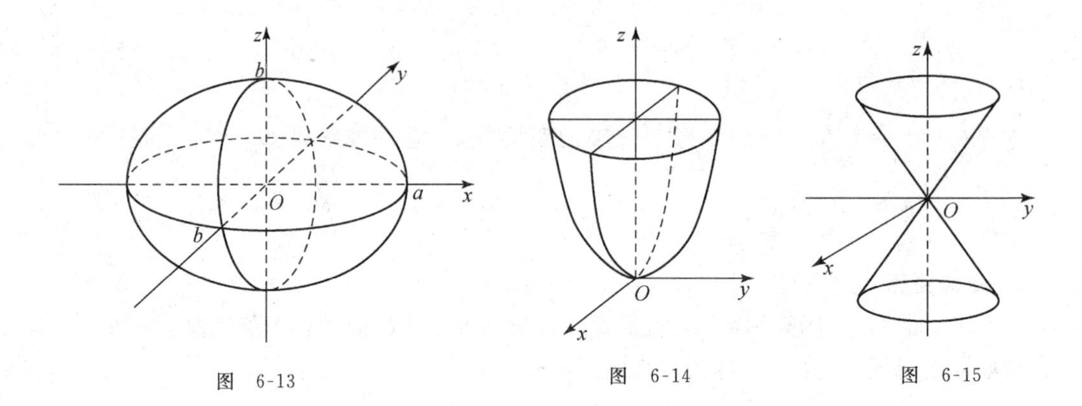

图 6-13　　图 6-14　　图 6-15

2.3 圆锥面

Oyz 坐标面上的直线 $y=az(a>0)$ 绕 z 轴旋转一周而成的旋转曲面方程为

$$\pm\sqrt{x^2+y^2}=az,$$

即

$$x^2+y^2=a^2z^2,$$

称之为**圆锥面**(如图 6-15).

3. 二次曲面

在空间直角坐标系中,三元二次方程所表示的曲面称为**二次曲面**. 我们可用一系列平行于坐标面的平面去截曲面,考查其交线(称为截痕)的形状. 对这些交线进行分析,从而了解曲面的形状,这种方法称为**截痕法**.

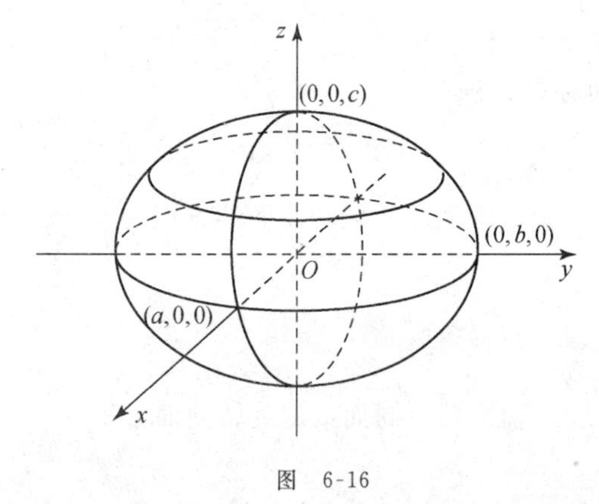

图 6-16

3.1 椭球面

方程

$$\frac{x^2}{a^2}+\frac{y^2}{b^2}+\frac{z^2}{c^2}=1 \quad (a,b,c>0)$$

所表示的曲面称为**椭球面**(如图 6-16),a,b,c 称为椭球面的三个**半轴**.

由方程可知

$$\frac{x^2}{a^2}\leqslant 1,\quad \frac{y^2}{b^2}\leqslant 1,\quad \frac{z^2}{c^2}\leqslant 1,$$

即 $|x|\leqslant a,|y|\leqslant b,|z|\leqslant c$,这表明椭球面包含在由 $x=\pm a,y=\pm b,z=\pm c$ 所围成的长方体内,椭球面与三个坐标面的截痕为

$$\begin{cases}\dfrac{x^2}{a^2}+\dfrac{y^2}{b^2}=1,\\ z=0;\end{cases}\quad \begin{cases}\dfrac{y^2}{b^2}+\dfrac{z^2}{c^2}=1,\\ x=0;\end{cases}\quad \begin{cases}\dfrac{x^2}{a^2}+\dfrac{z^2}{c^2}=1,\\ y=0.\end{cases}$$

它们都是椭圆.

用平行于 Oxy 坐标面的平面 $z=z_0(0<|z_0|<c)$ 截椭球面,所得截痕的方程为

$$\begin{cases}\dfrac{x^2}{a^2}+\dfrac{y^2}{b^2}=1-\dfrac{z_0^2}{c^2},\\ z=z_0.\end{cases}$$

这些截痕也都是椭圆. 当 $|z_0|$ 从 0 变到 c 时,这些椭圆由大变小,最后缩成点 $(0,0,\pm c)$. 用平行于另两个坐标面的平面去截椭球面,也有类似的结果.

在方程 $\dfrac{x^2}{a^2}+\dfrac{y^2}{b^2}+\dfrac{z^2}{c^2}=1$ 中,若 $b=c$,则方程成为旋转椭球面的方程 $\dfrac{x^2}{a^2}+\dfrac{y^2+z^2}{b^2}=1$. 可见,旋转椭球面是椭球面的特殊情形,将上述旋转椭球面沿 z 轴方向伸缩 $\dfrac{c}{b}$ 倍,即得椭球面方程.

在 $\dfrac{x^2}{a^2}+\dfrac{y^2}{b^2}+\dfrac{z^2}{c^2}=1$ 中,若 $a=b=c$,则得

$$x^2+y^2+z^2=a^2.$$

它表示球心在原点,半径为 a 的球面.

3.2 椭圆锥面

由方程

$$z^2=\frac{x^2}{a^2}+\frac{y^2}{b^2}\quad(a,b>0)$$

表示的曲面称为**椭圆锥面**(如图 6-17).

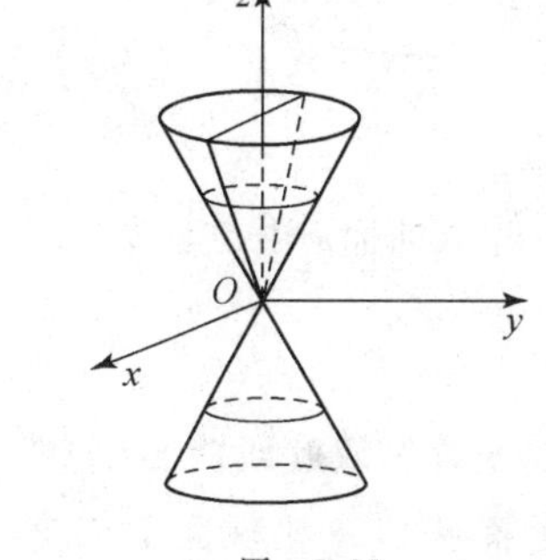

图 6-17

当 $a=b$ 时,椭球锥面 $z^2=\dfrac{x^2}{a^2}+\dfrac{y^2}{b^2}$ 成为圆锥面 $z^2=\dfrac{x^2+y^2}{a^2}$. 将此圆锥面沿 y 轴方向伸缩 $\dfrac{b}{a}$ 倍就得到椭圆锥面.

用平行于 Oxy 坐标面的平面 $z=z_0(z_0\neq 0)$ 截椭圆锥面,所得截痕的方程为

$$\begin{cases}\dfrac{x^2}{a^2}+\dfrac{y^2}{b^2}=z_0^2,\\ z=z_0.\end{cases}$$

这是一族长短、轴比例不变的椭圆,当 $|z_0|$ 从大到小变为 0 时,这些椭圆由大变小,最后缩为原点.

3.3 双曲面

(1) 单叶双曲面:由方程

$$\frac{x^2}{a^2}+\frac{y^2}{b^2}-\frac{z^2}{c^2}=1\quad(a,b,c>0)$$

表示的曲面称为**单叶双曲面**(如图 6-18).

将 Oyz 坐标面上的双曲线$\frac{y^2}{a^2}-\frac{z^2}{c^2}=1$ 绕 z 轴旋转而成的旋转曲面$\frac{x^2+y^2}{a^2}-\frac{z^2}{c^2}=1$,称为**旋转单叶双曲面**,再将此曲面沿 y 轴方向伸缩$\frac{b}{a}$倍,就得到单叶双曲面.

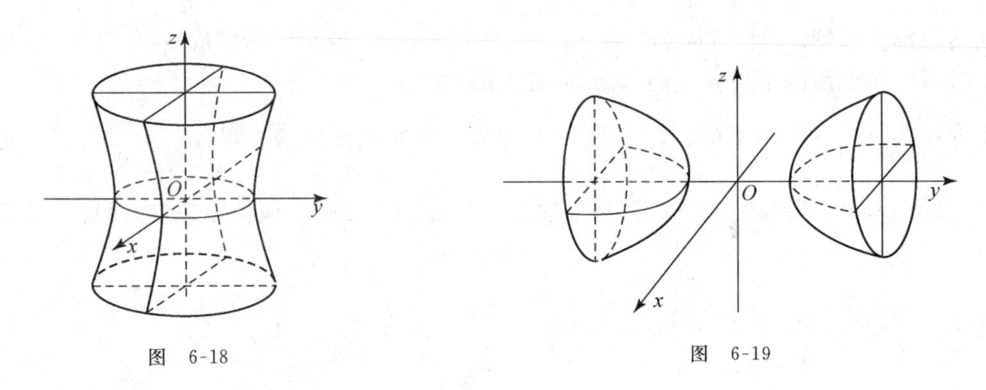

图 6-18　　　　图 6-19

(2) 双叶双曲面:由方程

$$\frac{x^2}{a^2}-\frac{y^2}{b^2}+\frac{z^z}{c^2}=-1$$

所确定的曲面称为**双叶双曲面**(如图 6-19).

这个曲面和 Ozx 坐标面不相交,因为若 $y=0$,得

$$\frac{x^2}{a^2}+\frac{z^2}{c^2}=-1,$$

x 和 z 取任何实数都不能满足此方程.

用 Ozx 坐标面的平行平面 $y=h$ 去截双叶双曲面,当$|h|>b$ 时,截痕总是一个椭圆:

$$\begin{cases}\frac{x^2}{a^2}+\frac{z^2}{c^2}=\frac{h^2}{b^2}-1,\\ y=h.\end{cases}$$

它的两对顶点分别在 Oxy 和 Oyz 坐标面上. 但是,曲面分别在两个坐标面上的截痕却是双曲线:

$$\begin{cases}-\frac{x^2}{a^2}+\frac{y^2}{b^2}=1,\\ z=0\end{cases}\quad 和 \quad\begin{cases}\frac{y^2}{b^2}-\frac{z^2}{c^2}=1,\\ x=0.\end{cases}$$

于是,双叶双曲面也可看做是由一个椭圆的变动产生的,这个椭圆的顶点分别在上述两条双曲线上运动,椭圆所在的平面总是垂直 y 轴.

双叶双曲面对称于各坐标面和各坐标轴以及原点.

3.4 双曲抛物面

由方程

$$z=\frac{x^2}{a^2}-\frac{y^2}{b^2}$$

所确定的曲面称为**双曲抛物面**(如图 6-20).

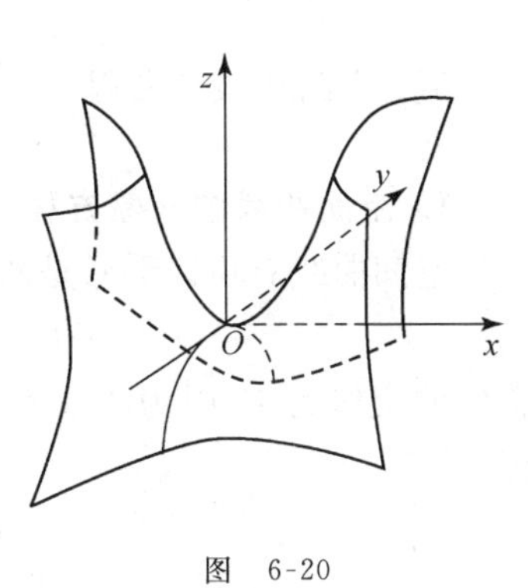

图 6-20

用平行于 Oxy 坐标面的平面 $z=h$ 去截上述双曲抛物面,截痕方程是:

$$\begin{cases}\dfrac{x^2}{a^2}-\dfrac{y^2}{b^2}=h,\\ z=h.\end{cases}$$

只要 $h\neq 0$,它总是双曲线,并且当 $h>0$ 时,双曲线的实轴平行于 x 轴;当 $h<0$ 时,双曲线的实轴平行于 y 轴;当 $h=0$ 时,截痕变成

$$\begin{cases}\dfrac{x^2}{a^2}-\dfrac{y^2}{b^2}=0,\\ z=0,\end{cases}\quad \text{或写成}\quad \begin{cases}\left(\dfrac{x}{a}-\dfrac{y}{b}\right)\left(\dfrac{x}{a}+\dfrac{y}{b}\right)=0,\\ z=0.\end{cases}$$

这在 Oxy 坐标面上是一对相交的直线$\dfrac{x}{a}-\dfrac{y}{b}=0$ 和$\dfrac{x}{a}+\dfrac{y}{b}=0$. 曲面被 Oxy 坐标面分割为上、下两部分,上部沿着 x 轴的两个方向上升,下部沿着 y 轴的两个方向下降. 这个曲面的形状比较复杂,它的形状很像马鞍,所以称它为**马鞍面**.

为了进一步明确它的结构,我们来观察它在与 Oyz 坐标面平行的平面 $x=k$ 上截痕:

$$\begin{cases}y^2=-b^2\left(z-\dfrac{k^2}{a^2}\right),\\ x=k.\end{cases}$$

这是一条抛物线,顶点在 Ozx 坐标面上,开口向着 z 轴的负方向. 当 $k=0$ 时,这条抛物线就变成

$$\begin{cases}y^2=-b^2z,\\ x=0.\end{cases}$$

这是曲面在 Oyz 坐标面上的截痕. 曲面在 Ozx 坐标面上的截痕也是一条抛物线:

$$\begin{cases}x^2=a^2z,\\ y=0.\end{cases}$$

这条抛物线开口的方向是 z 轴的正方向. 所以双曲抛物面可以看做是由一条抛物线的平行移动产生的,这条抛物线的顶点在另一条抛物线上,但开口方向相反.

双曲抛物面对称于 Ozx 和 Oyz 坐标面,因而也对称于 z 轴.

五、空间曲线与方程

1. 空间曲线的一般方程

空间曲线总可以看做是两个曲面的交线,设这两个曲面方程是

$$F(x,y,z)=0 \quad 和 \quad G(x,y,z)=0,$$

它们的交线为 Γ. 因为 Γ 上任一点 $M(x,y,z)$ 的坐标同时满足这两个方程,所以满足方程组

$$\begin{cases} F(x,y,z)=0, \\ G(x,y,z)=0. \end{cases}$$

反之,若 $M(x,y,z)$ 不在曲线 Γ 上,点 M 不可能同时在两个曲面上,点 M 的坐标不满足方程组.

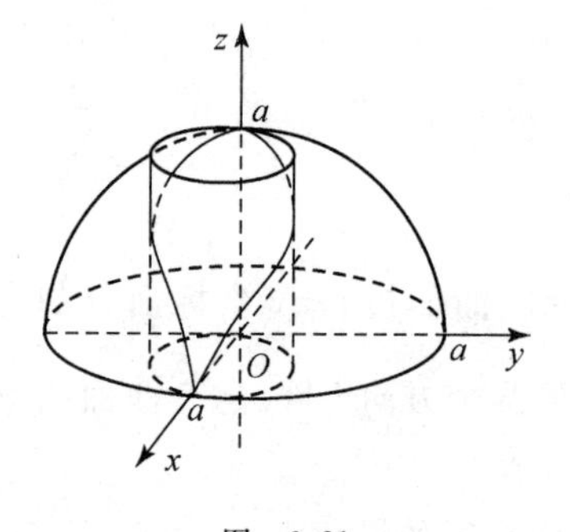

图 6-21

综上所述,方程组 $\begin{cases} F(x,y,z)=0, \\ G(x,y,z)=0 \end{cases}$ 表示曲线 Γ,称为曲线 Γ 的**一般方程**.

例 5 方程组 $\begin{cases} z=\sqrt{a^2-x^2-y^2}, \\ x^2+y^2=ax \end{cases}$ $(a>0)$ 表示怎样的曲线?

解 第一个方程表示球心在原点,半径为 a 的上半球面,第二个方程表示以 Oxy 坐标面上的圆 $\left(x-\dfrac{a}{2}\right)^2+y^2=\dfrac{a^2}{4}$ 为准线,母线平行于 z 轴的圆柱面. 方程组表示上半球面与圆柱面的交线(如图 6-21).

2. 空间曲线的参数方程

空间曲线 Γ 也可以用参数方程表示,即把曲线上动点 $M(x,y,z)$ 的坐标分别表示为参数 t 的函数:

$$\begin{cases} x=\varphi(t), \\ y=\psi(t), \\ z=\omega(t). \end{cases}$$

对于每一个 t 值,得到 Γ 上一个点 $M(x,y,z)$,随着 t 的变化,就得到 Γ 上的全部点,方程组

$$\begin{cases} x=\varphi(t), \\ y=\psi(t), \\ z=\omega(t) \end{cases}$$

称为曲线的**参数方程**.

例 6 设动点 $M(x,y,z)$ 在圆柱面 $x^2+y^2=a^2(a>0)$ 上以角速度 ω 绕 z 轴旋转,同时又

以匀速度 v_0 沿平行于 z 轴的方向上升，则点 M 所描绘的曲线称为**螺旋线**（如图 6-22），试建立其参数方程.

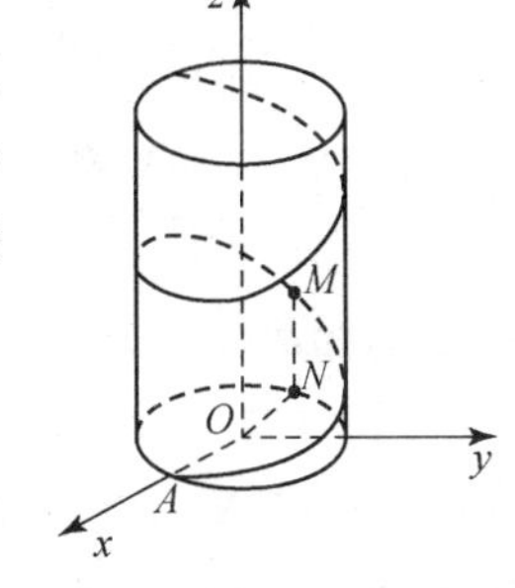

图 6-22

解 取时间 t 为参数. 设当 $t=0$ 时，动点 M 与 x 轴上的一点 $A(a,0,0)$ 重合，经过时间 t，动点由 A 运动到 $M(x,y,z)$，M 在 Oxy 坐标面上投影点为 $N(x,y,0)$，由于动点在圆柱面上以角速度 ω 绕 z 轴旋转，所以经过时间 t，$\angle AON=\omega t$. 于是

$$\begin{cases} x=|ON|\cos\angle AON=a\cos\omega t, \\ y=|ON|\sin\angle AON=a\sin\omega t, \\ z=v_0 t. \end{cases}$$

这就是螺旋线的参数方程.

习 题 6.1

1. 画出空间直角坐标系八卦限图.

2. 写出空间直角坐标系中各卦限的点的坐标符号特征.

3. 指出下列各点在哪一个卦限：

(1) $(-2,1,\sqrt{3})$； (2) $(3,-5,4)$； (3) $(-2,-5,-7)$.

4. 在坐标面上和坐标轴上的点的坐标各有什么特征？指出下列各点的位置：

$$A(2,1,0);\quad B(0,3,5);\quad C(3,0,0);\quad D(0,-1,0).$$

5. 确定点 $M(a,b,c)$ 关于坐标原点，x,y,z 轴三个坐标轴以及 Oxy,Oyz,Ozx 三个坐标平面对称点的坐标.

6. 求证：$(2,3,1)$，$(3,1,2)$ 和 $(1,2,3)$ 是等边三角形的三个顶点.

7. 由平面的一般方程 $Ax+By+Cz+D=0$ 写出下面方程：

(1) 过原点的平面； (2) 过 x,y,z 轴三个坐标轴的平面；

(3) 平行于 Oxy,Oyz,Ozx 坐标面的平面； (4) Oyz 坐标面.

8. 确定平面 $x+3y-2z-6=0$ 在三个坐标轴上的截距，并画出该平面图形.

9. 方程 $x^2+y^2+z^2-2x+4y+2z=0$ 表示什么曲面？

10. 将 Oxz 坐标面上的抛物线 $z^2=3x$ 绕 x 轴旋转一周，求所生成的旋转曲面方程.

11. 将 Oxy 坐标面上的双曲线 $4x^2-9y^2=36$ 分别绕 x 轴及 y 轴旋转一周，求所生成的旋转曲面的方程.

§6.2 多元函数的基本概念

多元函数是多元函数微积分学研究的对象. 在实际问题中，有很多量是由多种因素所决定的，反映到数学上就是依赖于两个或两个以上自变量的多元函数. 在学习多元函数的时候,我们首先应当了解平面点集的一些概念.

一、平面点集

由二元有序数组(x,y)的全体所构成的集合,记做$\mathbf{R}^2$,即

$$\mathbf{R}^2=\{(x,y)\mid x,y\in\mathbf{R}\}.$$

$\mathbf{R}^2$中的元素(x,y)与Oxy坐标面上以x,y为坐标的点$M(x,y)$建立了一一对应的关系,今后对$\mathbf{R}^2$中的元素和Oxy坐标面上的点不加区别,并称$\mathbf{R}^2$中的点集为平面点集.设点$P_0(x_0,y_0)\in\mathbf{R}^2$,$\delta>0$.与点$P_0(x_0,y_0)$距离小于$\delta$的点$P(x,y)$的全体,称为点$P_0$的$\delta$**邻域**,记做$U_\delta(P_0)$,即$U_\delta(P_0)=\{P\mid |PP_0|<\delta\}$,也就是

$$U_\delta(P_0)=\{(x,y)\Big|\sqrt{(x-x_0)^2+(y-y_0)^2}<\delta\}.$$

点P_0的去心δ邻域,记做$\mathring{U}_\delta(P_0)$,即

$$\mathring{U}_\delta(P_0)=\{(x,y)\Big|0<\sqrt{(x-x_0)^2+(y-y_0)^2}<\delta\}.$$

从几何上看,$U_\delta(P_0)$就是Oxy坐标面上以点$P_0(x_0,y_0)$为心,$\delta>0$为半径的圆内部的点$P(x,y)$的全体.

如果不需要强调邻域的半径δ,则点P_0的某个邻域和点P_0的去心邻域分别记做$U(P_0)$与$\mathring{U}(P_0)$.

设E为一平面点集,P为任一点,则点P与点集E的关系有以下三种:

内点 若存在$\delta>0$,使得$U_\delta(P)\subset E$,则称P为E的内点.

外点 若存在$\delta>0$,使得$U_\delta(P)\cap E=\varnothing$,则称$P$为$E$的外点.

边界点 若在点P的任何邻域内,既含有属于E的点,又含有不属于E的点,则称P为E的边界点.E的边界点的全体称为E的**边界**,记为∂E.

显然,点集E的内点必属于E;E的外点不属于E;E的边界点可能属于E,也可能不属于E(如图6-23).

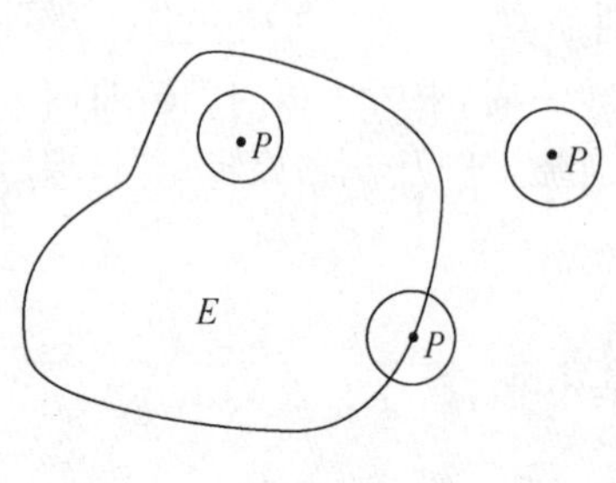

图 6-23

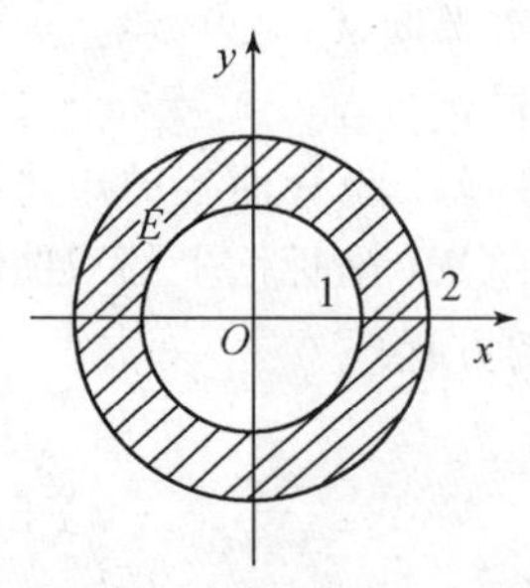

图 6-24

例如,点集 $E=\{(x,y)\mid 1\leqslant x^2+y^2<4\}$,满足 $1<x^2+y^2<4$ 的点都是 E 的内点;满足 $x^2+y^2=1$ 的点均为 E 的边界点,它们都属于 E;满足 $x^2+y^2=4$ 的点也均是 E 的边界点,它们都不属于 E. E 的边界是圆周 $x^2+y^2=1$ 和 $x^2+y^2=4$(如图 6-24).

开集 若 E 的每一点都是 E 的内点,则称 E 为开集.

闭集 若 E 的边界 $\partial E\subset E$,则称 E 为闭集.

例如,集合 $\{(x,y)\mid 1<x^2+y^2<4\}$ 是开集;集合 $\{(x,y)\mid 1\leqslant x^2+y^2\leqslant 4\}$ 是闭集;集合 $E=\{(x,y)\mid 1\leqslant x^2+y^2<4\}$ 是非开非闭集.

连通集 若 E 内的任何两点,都可以用一条属于 E 的折线连接起来,则称 E 为连通集.

区域 连通的开集称为区域.

闭区域 开区域连同它的边界一起所构成的点集称为闭区域.

例如,集合 $\{(x,y)\mid 1<x^2+y^2<4\}$ 为开区域,集合 $\{(x,y)\mid 1\leqslant x^2+y^2\leqslant 4\}$ 为闭区域.

有界集 对于平面点集 E,若存在 $r>0$,使得 $E\subset U_r(O)$,其中 O 为坐标原点,则称 E 为有界集,否则称为无界集.

例如,集合 $\{(x,y)\mid 1\leqslant x^2+y^2\leqslant 4\}$ 为有界集,集合 $\{(x,y)\mid x+y>0\}$ 为无界集.

由 n 元有序数组 $(x_1,x_2,\cdots,x_n)$ 的全体所构成的集合,记做 $\mathbf{R}^n$,即

$$\mathbf{R}^n=\{(x_1,x_2,\cdots,x_n)\mid x_i\in\mathbf{R},i=1,2,\cdots,n\}.$$

为了在 $\mathbf{R}^n$ 的元素之间建立联系,在 $\mathbf{R}^n$ 中定义如下线性运算:

设 $x=(x_1,x_2,\cdots,x_n)$,$y=(y_1,y_2,\cdots,y_n)$ 为 $\mathbf{R}^n$ 中的任意两个元素,$\lambda\in\mathbf{R}$,规定

(1) 加法:$x+y=(x_1+y_1,x_2+y_2,\cdots,x_n+y_n)$;

(2) 数乘:$\lambda x=(\lambda x_1,\lambda x_2,\cdots,\lambda x_n)$.

通常称定义了上述加法、数乘两种线性运算的集合 $\mathbf{R}^n$ 为 n **维空间**,仍记做 $\mathbf{R}^n$.

与二维空间 $\mathbf{R}^2$ 及三维空间 $\mathbf{R}^3$ 一样,$\mathbf{R}^n$ 中的有序数组 $(x_1,x_2,\cdots,x_n)$ 称为 $\mathbf{R}^n$ 中的一个点,记为 $M(x_1,x_2,\cdots,x_n)$,其中 $x_i(i=1,2,\cdots,n)$ 称为点 M 的第 i 个坐标. n 维空间中两点之间的距离定义为

$$d(M,N)=|MN|=\sqrt{(x_1-y_1)^2+(x_2-y_2)^2+\cdots+(x_n-y_n)^2},$$

其中点 $M(x_1,x_2,\cdots,x_n)$,$N(y_1,y_2,\cdots,y_n)\in\mathbf{R}^n$. 平面点集的概念皆可推广到 $\mathbf{R}^n$ 中去,例如,$\mathbf{R}^n$ 中的以点 P_0 为中心,$\delta>0$ 为半径的邻域为 $U_\delta(P_0)=\{P\mid |P_0P|<\delta,P\in\mathbf{R}^n\}$.

二、多元函数

1. n 元函数的概念

定义 1 设 $D\subset\mathbf{R}^n$ 且 $D\neq\varnothing$,从 D 到实数集 $\mathbf{R}$ 的映射 f 称为定义在 D 上的 n **元函数**,记做

$$f: D \subset \mathbf{R}^n \to \mathbf{R},$$

或

$$y = f(x_1, x_2, \cdots, x_n), \quad (x_1, x_2, \cdots, x_n) \in D,$$

其中 $x_1, x_2, \cdots, x_n$ 称为**自变量**，y 称为**因变量**，D 称为函数 f 的**定义域**，记做 D_f；集合 $Z_f = \{y = f(x_1, x_2, \cdots, x_n) \mid (x_1, x_2, \cdots, x_n) \in D\}$ 称为函数 f 的**值域**. 这时也称 y 是关于 $x_1, x_2, \cdots, x_n$ 的 n 元函数.

若 n 元有序实数组 $(x_1, x_2, \cdots, x_n)$ 用点 $P(x_1, x_2, \cdots, x_n)$ 来表示，则给定的 n 元函数 $y = f(x_1, x_2, \cdots, x_n)$ 也可以表示为 $y = f(P)$，称其为**点函数**.

当 $n=2$ 或 $n=3$ 时，一般用 x, y 或 x, y, z 来表示自变量，将二元函数和三元函数分别记做

$$z = f(x, y), (x, y) \in D, \quad u = f(x, y, z), (x, y, z) \in D.$$

二元函数及二元以上的函数统称为**多元函数**. 本章主要研究二元函数.

例 1 设矩形的边长分别为 x 和 y，则矩形的面积 $S = xy$. 当 x 和 y 每取定一组值时，就有一确定的面积值 S 与之对应，即 S 是依赖于 x 和 y 的变化而变化的量，故 S 是关于 x, y 的二元函数.

例 2 在经济学中，著名的柯布-道格拉斯(Cobb-Douglas)生产函数为 $Q = AK^{\alpha}L^{\beta}$，其中 A, α, β 为常数，$L > 0, K > 0$ 分别表示投入的劳动力数量和资本数量，Q 表示产量. Q 是随 K，L 的变化而变化的量，是一个关于 K 和 L 的二元函数.

与一元函数类似，当用某个解析式表达二元函数时，所有使解析式有意义的自变量所组成的平面点集为该二元函数的定义域. 一元函数的定义域一般来说是一个或几个区间，二元函数的定义域通常为平面上的一块或几块区域.

例 3 求二元函数 $z = f(x, y) = \sqrt{R^2 - x^2 - y^2}$ 的定义域.

解 为了使二元函数 $z = f(x, y) = \sqrt{R^2 - x^2 - y^2}$ 有意义，只需 $R^2 - x^2 - y^2 \geqslant 0$，即 $x^2 + y^2 \leqslant R^2$，因此函数的定义域(如图 6-25)为

$$D_f = \{(x, y) \mid x^2 + y^2 \leqslant R^2\}.$$

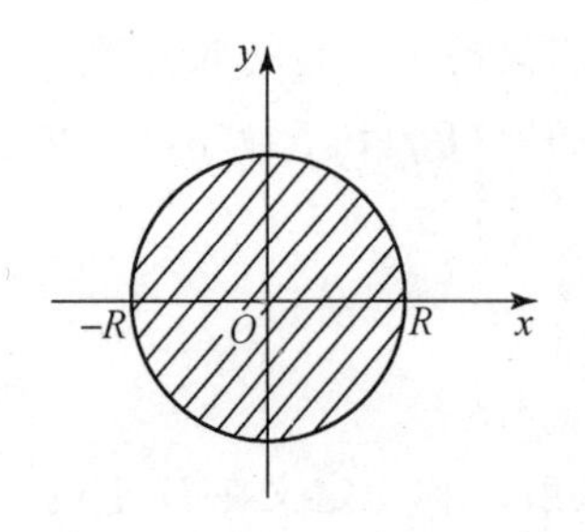

图 6-25

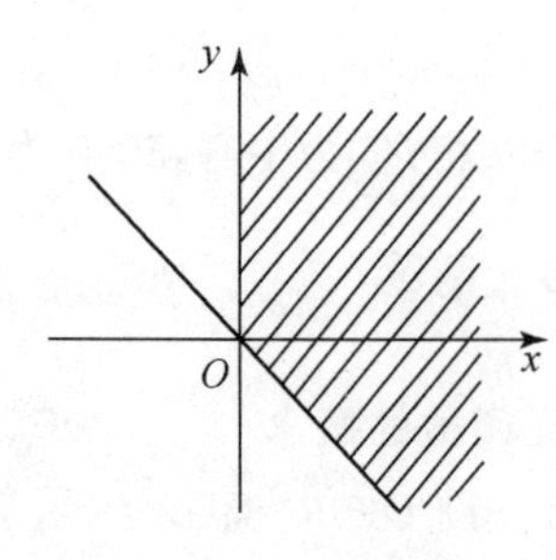

图 6-26

例 4 求函数 $z=f(x,y)=\dfrac{1}{\sqrt{x}}+\ln(x+y)$ 的定义域.

解 为了使二元函数 $z=f(x,y)=\dfrac{1}{\sqrt{x}}+\ln(x+y)$ 有意义,只需 $\begin{cases}x>0,\\ x+y>0,\end{cases}$ 因此,该函数的定义域(如图 6-26)为

$$D_f=\{(x,y)\mid x+y>0,\text{且 } x>0\}.$$

2. 二元函数的几何意义

一般地,二元函数 $z=f(x,y)((x,y)\in D)$ 的定义域 D_f 是 Oxy 坐标面上的一个区域,$\forall P(x,y)\in D_f$ 有唯一的数 $z=f(x,y)$ 与之对应,因此,三元有序数组 $(x,y,f(x,y))$ 就确定了空间的一点 $M(x,y,f(x,y))$,所有这样的点的集合就是函数 $z=f(x,y)$ 的图形,它通常是空间的一张曲面(如图 6-27).

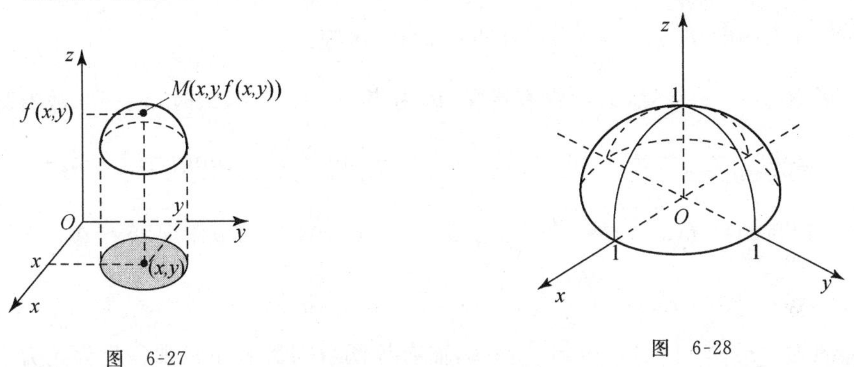

图 6-27　　图 6-28

例如,函数 $z=\sqrt{1-x^2-y^2}$ 的定义域为平面圆域 $D=\{(x,y)\mid x^2+y^2\leqslant 1\}$,其图形是球心在原点,半径为 1 的上半球面(如图 6-28).

三、二元函数的极限

与一元函数极限的概念类似,二元函数的极限也是反映函数值随自变量变化而变化的趋势的. 对比一元函数极限的概念可以定义二元函数的极限.

定义 2 设函数 $z=f(x,y)$ 在 $\mathring{U}(P_0)$ 内有定义,A 为常数. 若点 $P(x,y)$ 以任何方式趋近于 $P_0(x_0,y_0)$ 时,$f(x,y)$ 总趋向于 A,则称 A 为二元函数 $f(x,y)$ **当** (x,y) **趋近于** (x_0,y_0) **时的极限**,或称 $f(x,y)$ **在点** (x_0,y_0) **的极限为** A,记做

$$\lim_{(x,y)\to(x_0,y_0)} f(x,y)=A \quad \text{或} \quad \lim_{\substack{x\to x_0\\ y\to y_0}} f(x,y)=A.$$

上述定义还可以用如下的"ε-δ"语言来表述.

定义 3 若 $\forall\varepsilon>0$,存在 $\delta>0$,当 $0<\sqrt{(x-x_0)^2+(y-y_0)^2}<\delta$ 时,恒有 $|f(x,y)-A|<\varepsilon$,则称 A 为 $f(x,y)$ **当 $P\to P_0$ 时的极限**,记做

$$\lim_{(x,y)\to(x_0,y_0)} f(x,y)=A \quad 或 \quad \lim_{P\to P_0} f(P)=A.$$

值得注意的是,二元函数 $f(x,y)$ 的极限定义中,要求动点 $P(x,y)$ 以任意方式趋近于定点 $P_0(x_0,y_0)$. 只有当点 $P(x,y)$ 以任意方式趋近于 $P_0(x_0,y_0)$ 时,$f(x,y)$ 总趋近于同一常数 A,这时才能称二元函数 $f(x,y)$ 当 $(x,y)\to(x_0,y_0)$ 时的极限存在. 因此,当点 $P(x,y)$ 以某一种特殊方式趋于点 $P_0(x_0,y_0)$ 时,虽然 $f(x,y)$ 趋于某个值,我们不能由此断定这时 $f(x,y)$ 的极限存在. 但若要说明二元函数 $f(x,y)$ 的极限不存在,只要当 $P(x,y)$ 以两种不同方式趋于点 $P_0(x_0,y_0)$ 时,函数 $f(x,y)$ 趋于不同值,则可以断定此时 $f(x,y)$ 的极限不存在.

二元函数极限与一元函数极限具有相同的性质和运算法则,在这里不再赘述.

例 5 讨论函数 $f(x,y)=\dfrac{\sin xy}{x}$ 在点 $(0,2)$ 的极限.

解 函数 $f(x,y)$ 在点 $(0,2)$ 没有定义. 因为当 $(x,y)\to(0,2)$ 时,$xy\to 0$,故有

$$\lim_{(x,y)\to(0,2)} \frac{\sin xy}{x}=\lim_{(x,y)\to(0,2)} \frac{\sin xy}{xy}\cdot y=\lim_{xy\to 0}\frac{\sin xy}{xy}\cdot\lim_{y\to 2} y=1\times 2=2.$$

例 6 判断函数 $f(x,y)=\dfrac{x^2y}{x^2+y^2}$ 当 $(x,y)\to(0,0)$ 时的极限是否存在,若存在求出极限值.

解 因为 $\left|\dfrac{xy}{x^2+y^2}\right|\leqslant 1$,$\lim\limits_{(x,y)\to(0,0)} x=0$,而有界函数与无穷小量乘积仍为无穷小量,所以

$$\lim_{(x,y)\to(0,0)} \frac{x^2y}{x^2+y^2}=\lim_{(x,y)\to(0,0)} \frac{xy}{x^2+y^2}\cdot x=0.$$

四、二元函数的连续性

有了二元函数极限的概念后,类似一元函数连续性的定义,可以定义二元函数的连续性.

定义 4 设函数 $z=f(x,y)$ 在 $U_\delta(P_0)$ 内有定义. 若

$$\lim_{(x,y)\to(x_0,y_0)} f(x,y)=f(x_0,y_0),$$

则称函数 $z=f(x,y)$ 在点 $P_0(x_0,y_0)$ 处**连续**;否则称 $z=f(x,y)$ 在点 (x_0,y_0) 处**间断**或**不连续**.

二元函数的连续性也可以等价地定义为:

设函数 $z=f(x,y)$ 在 $U_\delta(P_0)$ 内有定义. 若

$$\lim_{(\Delta x,\Delta y)\to(0,0)} \Delta z=\lim_{(\Delta x,\Delta y)\to(0,0)} [f(x_0+\Delta x,y_0+\Delta y)-f(x_0,y_0)]=0,$$

则称 $f(x,y)$ 在点 (x_0,y_0) 处**连续**.

例 7 判断函数 $f(x,y)=\begin{cases}\dfrac{xy}{x^2+y^2}, & x^2+y^2\neq 0,\\ 0, & x^2+y^2=0\end{cases}$ 在点(0,0)处的连续性.

解 显然，当 $P(x,y)$ 沿 x 轴趋于点(0,0)时，

$$\lim_{\substack{(x,y)\to(x_0,y_0)\\ y=0}} f(x,y)=\lim_{x\to 0}f(x,0)=\lim_{x\to 0}0=0;$$

又当 $P(x,y)$ 沿 y 轴趋于点(0,0)时，

$$\lim_{\substack{(x,y)\to(x_0,y_0)\\ x=0}} f(x,y)=\lim_{y\to 0}f(0,y)=\lim_{y\to 0}0=0.$$

虽然点 $P(x,y)$ 在上述两种特殊方式(沿 x 轴或沿 y 轴)趋于(0,0)时函数的极限存在并且相等，但是 $\lim\limits_{(x,y)\to(x_0,y_0)} f(x,y)$ 并不存在. 这是因为当点 $P(x,y)$ 沿着直线 $y=kx$ 趋于点(0,0)时，有

$$\lim_{\substack{(x,y)\to(x_0,y_0)\\ y=kx}} \frac{xy}{x^2+y^2}=\lim_{x\to 0}\frac{kx^2}{x^2+k^2x^2}=\frac{k}{1+k^2}.$$

显然它是随着 k 的值的不同而不同，故 $\lim\limits_{(x,y)\to(x_0,y_0)} f(x,y)$ 并不存在. 所以，函数

$$f(x,y)=\begin{cases}\dfrac{xy}{x^2+y^2}, & x^2+y^2\neq 0,\\ 0, & x^2+y^2=0\end{cases}$$

在点(0,0)处间断.

多元函数的连续性关于点函数的形式定义为

$$\lim_{p\to p_0} f(P)=f(P_0).$$

若 $z=f(x,y)$ 在区域 D 内每一点都连续，则称函数 $f(x,y)$ 在区域 D 内连续，也称 $f(x,y)$ 为区域 D 内的连续函数. 二元连续函数的几何意义：若 $f(x,y)$ 在区域 D 内连续，则 $f(x,y)$ 的图形就是区域 D 上方空间中的一张连续曲面(如图 6-29).

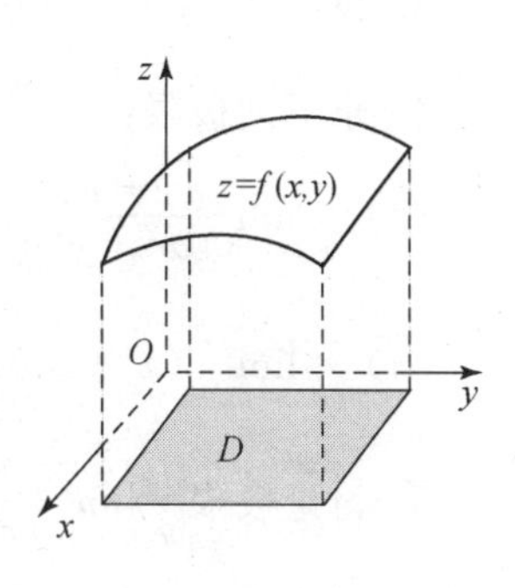

图 6-29

二元连续函数具有如下类似于一元连续函数的性质(证明略)：

定理 1 设二元函数 $f(x,y)$，$g(x,y)$ 为区域 D 上的连续函数，则 $f(x,y)\pm g(x,y)$，$f(x,y)\cdot g(x,y)$，$\dfrac{f(x,y)}{g(x,y)}$ $(g(x,y)\neq 0)$ 均为区域 D 上的连续函数.

定理 2(有界性) 若二元函数 $f(x,y)$ 在有界闭区域 D 上连续，则 $f(x,y)$ 在 D 上有界，即存在 $M>0$，对 $\forall\,(x,y)\in D$，都有 $|f(x,y)|\leqslant M$.

定理 3(最值性) 若二元函数 $f(x,y)$ 在有界闭区域 D 上连续，则 $f(x,y)$ 在 D 上必有

最大值和最小值，即存在(x_1,y_1)与$(x_2,y_2)\in D$，使得

$$f(x_1,y_1)=\max_{(x,y)\in D}\{f(x,y)\},\quad f(x_2,y_2)=\min_{(x,y)\in D}\{f(x,y)\}.$$

定理 4(介值性) 若二元函数 $f(x,y)$在有界闭区域 D 上连续，则它必取得介于最大值 M 与最小值 m 之间的任何值，即对$\forall\mu\in[m,M]$，至少存在一点$(\xi,\eta)\in D$，使得

$$f(\xi,\eta)=\mu .$$

习 题 6.2

1. 求下列函数的定义域，并画出定义域的图形：

(1) $z=\sqrt{x-\sqrt{y}}$；　(2) $z=\dfrac{1}{\sqrt{x+y}}+\dfrac{1}{\sqrt{x-y}}$；

(3) $z=\ln(R^2-x^2-y^2)-\sqrt{x^2+y^2-r^2}\ (r<R)$；

(4) $z=\sqrt{\ln\dfrac{4}{x^2+y^2}}+\arcsin\dfrac{1}{x^2+y^2}$.

2. 由已知条件确定函数 $f(x,y)$的表达式：

(1) $f(x+y,x-y)=2(x^2+y^2)\mathrm{e}^{x^2-y^2}$；　(2) $f\left(x+y,\dfrac{y}{x}\right)=x^2-y^2$.

3. 设函数 $f(x,y)=\dfrac{x^2+y^2}{xy}$，求 $f(2,1)$，$f(x,1)$，$f(2,y)$，$f\left(1,\dfrac{x}{y}\right)$.

4. 求下列极限：

(1) $\lim\limits_{(x,y)\to(0,1)}\dfrac{1-xy}{x^2+y^2}$；　(2) $\lim\limits_{(x,y)\to(0,0)}\dfrac{xy}{\sqrt{xy+1}-1}$；　(3) $\lim\limits_{(x,y)\to(0,0)}\dfrac{\sin xy}{x}$；

(4) $\lim\limits_{(x,y)\to(0,0)}(x^2+y^2)\sin\dfrac{1}{x^2+y^2}$；　(5) $\lim\limits_{(x,y)\to(0,0)}(1+x^2\mathrm{e}^y)^{\frac{1}{1-\cos x}}$.

5. 讨论极限 $\lim\limits_{(x,y)\to(0,0)}\dfrac{x^2y}{x^4+y^2}$是否存在.

6. 讨论下列函数在哪些点不连续：

(1) $f(x,y)=\dfrac{y^2+2x}{y^2-2x}$；　(2) $f(x,y)=\dfrac{1}{\sin x\sin y}$.

7. 设某商品的生产函数为 $Q(K,L)=30K^{\frac{1}{4}}L^{\frac{3}{4}}$.

(1) 试求当资本 K 投入 10000 元，劳动力 L 投入 625 小时时的产量；

(2) 验证当 K 与 L 都扩大 2 倍时，产量也扩大 2 倍.

*8. 证明 $\lim\limits_{(x,y)\to(0,0)}\dfrac{xy}{\sqrt{x^2+y^2}}=0$.

§6.3 偏导数及其在经济学中的应用

在一元函数中，我们知道导数就是函数的变化率，它反映了函数在一点处变化的快慢程度.对于二元函数同样需要研究它的变化率.

一、偏导数

1. 偏导数的概念

设函数 $z=f(x,y)$ 在点 $P_0(x_0,y_0)$ 的某个邻域内有定义，当 $y=y_0$ 不变，变量 x 有改变量 Δx 时，即点 $P_0(x_0,y_0)$ 沿平行于 x 轴的方向移动到点 $M(x_0+\Delta x,y_0)$ 时（如图 6-30），函数的改变量

$$\Delta z_x = f(x_0+\Delta x,y_0)-f(x_0,y_0)$$

称为 **$z=f(x,y)$ 在 $P_0(x_0,y_0)$ 处关于 x 的偏增量.**

同样，**$z=f(x,y)$ 在点 $P_0(x_0,y_0)$ 处关于 y 的偏增量**为

$$\Delta z_y = f(x_0,y_0+\Delta y)-f(x_0,y_0).$$

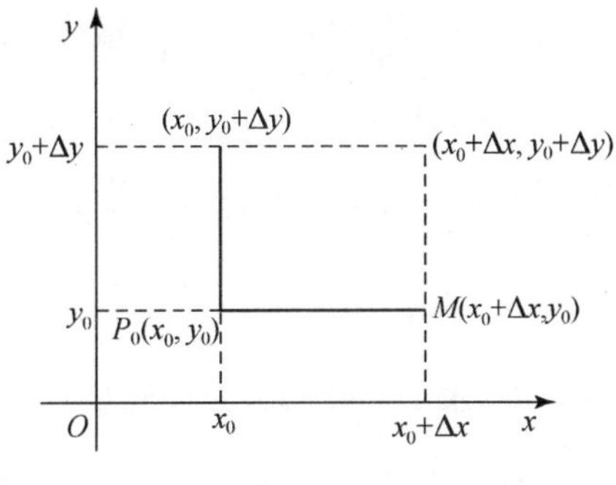

图 6-30

定义 设二元函数 $z=f(x,y)$ 在 $U(P_0)$ 内有定义，当 $y=y_0$ 保持不变，而 x 在 x_0 处有改变量 Δx 且 $(x_0+\Delta x,y_0)\in U(P_0)$ 时，相应的函数 $z=f(x,y_0)$ 有偏增量

$$\Delta z_x = f(x_0+\Delta x,y_0)-f(x_0,y_0).$$

如果极限

$$\lim_{\Delta x\to 0}\frac{\Delta z_x}{\Delta x}=\lim_{\Delta x\to 0}\frac{f(x_0+\Delta x,y_0)-f(x_0,y_0)}{\Delta x}$$

存在，称此极限为**函数 $f(x,y)$ 在点 $P_0(x_0,y_0)$ 处关于 x 的偏导数**，记为

$$f_x(x_0,y_0),\quad z_x\Big|_{(x_0,y_0)},\quad \frac{\partial z}{\partial x}\Big|_{\substack{x=x_0\\y=y_0}},\ \frac{\partial f}{\partial x}\Big|_{\substack{x=x_0\\y=y_0}},$$

即

$$f_x(x_0,y_0)=\lim_{\Delta x\to 0}\frac{\Delta z_x}{\Delta x}=\lim_{\Delta x\to 0}\frac{f(x_0+\Delta x,y_0)-f(x_0,y_0)}{\Delta x}.$$

类似地，若当 x 固定在 x_0，极限

$$\lim_{\Delta y\to 0}\frac{\Delta z_y}{\Delta y}=\lim_{\Delta y\to 0}\frac{f(x_0,y_0+\Delta y)-f(x_0,y_0)}{\Delta y}$$

存在,称此极限为**函数 $f(x,y)$ 在点 $P_0(x_0,y_0)$ 处关于 y 的偏导数**,记为

$$f_y(x_0,y_0),\quad z_y\big|_{(x_0,y_0)},\quad \left.\frac{\partial z}{\partial y}\right|_{\substack{x=x_0\\y=y_0}},\quad \left.\frac{\partial f}{\partial y}\right|_{\substack{x=x_0\\y=y_0}}.$$

如果函数 $z=f(x,y)$ 在区域 D 内每一点 (x,y) 都具有关于 x 或 y 的偏导数,则称函数 $f(x,y)$ 在 D 内**可偏导**. 显然偏导数仍是变量 x,y 的二元函数,称此二元函数为函数 $f(x,y)$ 在 D 内关于 x 或 y 的**偏导函数**,简称为**偏导数**,记为

$$\frac{\partial z}{\partial x},\ \frac{\partial z}{\partial y},\quad z_x,\ z_y,\quad f_x(x,y),\ f_y(x,y)\quad 或\quad \frac{\partial f}{\partial x},\ \frac{\partial f}{\partial y}.$$

由偏导数的定义可知,求函数 $f(x,y)$ 的偏导数 $f_x(x,y)$,就是在函数 $f(x,y)$ 中视 y 为常量(此时 $f(x,y)$ 视为 x 的一元函数),只对 x 求导数,即 $f_x(x,y)=\left.\frac{\mathrm{d}}{\mathrm{d}x}f(x,y)\right|_{y不变}$. 类似地,$f_y(x,y)=\left.\frac{\mathrm{d}}{\mathrm{d}y}f(x,y)\right|_{x不变}$. 这样求偏导数实际上是一元函数求导数问题.

显然,函数 $f(x,y)$ 在点 (x_0,y_0) 处的偏导数 $f_x(x_0,y_0)$ 与 $f_y(x_0,y_0)$ 可分别理解为

$$f_x(x_0,y_0)=f_x(x,y)\big|_{(x_0,y_0)}=\left.\frac{\mathrm{d}f(x,y_0)}{\mathrm{d}x}\right|_{x=x_0},$$

$$f_y(x_0,y_0)=f_y(x,y)\big|_{(x_0,y_0)}=\left.\frac{\mathrm{d}f(x_0,y)}{\mathrm{d}y}\right|_{y=y_0}.$$

由此可知,求 $z=f(x,y)$ 的偏导数时,并不需要用新的方法,因为这时只有一个变量在变动,另一个自变量是看做固定的. 所以,在求 $\frac{\partial f}{\partial x}$ 时,只需将 y 看做常量而对 x 求导数;求 $\frac{\partial f}{\partial y}$ 时,则只要将 x 看做常量而对 y 求导数即可.

偏导数的概念还可推广到二元以上的函数,例如三元函数 $w=f(x,y,z)$ 在点 (x,y,z) 处分别关于 x,y,z 的偏导数定义为

$$f_x(x,y,z)=\lim_{\Delta x\to 0}\frac{\Delta w_x}{\Delta x}=\lim_{\Delta x\to 0}\frac{f(x+\Delta x,y,z)-f(x,y,z)}{\Delta x},$$

$$f_y(x,y,z)=\lim_{\Delta y\to 0}\frac{\Delta w_y}{\Delta y}=\lim_{\Delta y\to 0}\frac{f(x,y+\Delta y,z)-f(x,y,z)}{\Delta y},$$

$$f_z(x,y,z)=\lim_{\Delta z\to 0}\frac{\Delta w_z}{\Delta z}=\lim_{\Delta z\to 0}\frac{f(x,y,z+\Delta z)-f(x,y,z)}{\Delta z}.$$

此时要求点 (x,y,z) 是函数 $w=f(x,y,z)$ 定义域 D 的内点. 它们的求法也是一元函数求导数问题.

例 1 求函数 $z=x^y\,(x>0)$ 的偏导数 $\frac{\partial z}{\partial x},\frac{\partial z}{\partial y}$.

解 对 x 求偏导数时,视 y 为常量,这时 $z=x^y$ 是幂函数,有 $\frac{\partial z}{\partial x}=yx^{y-1}$.

对 y 求偏导数时，视 x 为常量，这时 $z=x^y$ 是指数函数，有 $\frac{\partial z}{\partial y}=x^y\ln x$.

例 2 求函数 $f(x,y)=x^2+2xy^3+y^4$ 在点(1,2)处的偏导数.

解 先求偏导数 $f_x(x,y)$，$f_y(x,y)$. 视 y 为常量，对 x 求导数，得 $f_x(x,y)=2x+2y^3$. 视 x 为常量，对 y 求导，得 $f_y(x,y)=6xy^2+4y^3=2y^2(3x+2y)$.

再将 $x=1$，$y=2$ 代入偏导数，得

$$f_x(1,2)=(2x+2y^3)\big|_{(1,2)}=2+2\cdot 2^3=18,$$

$$f_y(1,2)=2y^2(3x+2y)\big|_{(1,2)}=2\cdot 2^2(3+2\cdot 2)=56.$$

例 3 求函数 $f(x,y)=\frac{x\cos y-y\cos x}{1+\sin x+\sin y}$ 在点(0,0)处的偏导数.

解 由于 $f(x,0)=\frac{x}{1+\sin x}$，因此

$$f_x(0,0)=\frac{\mathrm{d}f(x,0)}{\mathrm{d}x}\bigg|_{x=0}=\left(\frac{x}{1+\sin x}\right)'\bigg|_{x=0}=\frac{1+\sin x-x\cos x}{(1+\sin x)^2}\bigg|_{x=0}=1.$$

由于 $f(0,y)=\frac{-y}{1+\sin y}$，因此

$$f_y(0,0)=\frac{\mathrm{d}f(0,y)}{\mathrm{d}y}\bigg|_{y=0}=\left(\frac{-y}{1+\sin y}\right)'\bigg|_{y=0}=-\frac{1+\sin y-y\cos y}{(1+\sin y)^2}\bigg|_{y=0}=-1$$

例 2、例 3 告诉我们，求函数 $f(x,y)$ 在点 $P_0(x_0,y_0)$ 处的偏导数 $f_x(x_0,y_0)$ 与 $f_y(x_0,y_0)$ 时，可采用例 2 的“先求导后代入”及例 3 的“先代入后求导”的两种方法，视具体函数 $f(x,y)$ 及点 $P_0(x_0,y_0)$ 而定.

例 4 求函数 $z=\arctan\frac{y}{x}$ 的偏导数 $\frac{\partial z}{\partial x}$ 和 $\frac{\partial z}{\partial y}$.

解 求 $\frac{\partial z}{\partial x}$ 时，只要把 y 看成常量，对 x 求导数，得

$$\frac{\partial z}{\partial x}=\frac{1}{1+\left(\frac{y}{x}\right)^2}\cdot\left(-\frac{y}{x^2}\right)=-\frac{y}{x^2+y^2}.$$

求 $\frac{\partial z}{\partial y}$ 时，只要把 x 看成常量，对 y 求导数，得

$$\frac{\partial z}{\partial y}=\frac{1}{1+\left(\frac{y}{x}\right)^2}\cdot\frac{1}{x}=\frac{x}{x^2+y^2}.$$

例 5 求三元函数 $u=\frac{1}{\sqrt{x^2+y^2+z^2}}$ 的偏导数 $\frac{\partial u}{\partial x},\frac{\partial u}{\partial y},\frac{\partial u}{\partial z}$.

解 求 $\frac{\partial u}{\partial x}$ 时，在 $u=\frac{1}{\sqrt{x^2+y^2+z^2}}$ 中把 y 和 z 都看成常量，对 x 求导数，得

$$\frac{\partial u}{\partial x}=-\frac{1}{2}(x^2+y^2+z^2)^{-\frac{3}{2}}\cdot 2x=\frac{-x}{(x^2+y^2+z^2)^{\frac{3}{2}}}.$$

类似地，有

$$\frac{\partial u}{\partial y}=\frac{-y}{(x^2+y^2+z^2)^{\frac{3}{2}}},\quad \frac{\partial u}{\partial z}=\frac{-z}{(x^2+y^2+z^2)^{\frac{3}{2}}}.$$

2. 偏导数的几何意义

设二元函数 $z=f(x,y)$ 在点 $P_0(x_0,y_0)$ 处的偏导数存在，点 $M_0(x_0,y_0,f(x_0,y_0))$ 为曲面 Σ: $z=f(x,y)$ 上一点. 过点 $M_0(x_0,y_0,f(x_0,y_0))$ 作平面 $y=y_0$，该平面与曲面 Σ 相交得一条曲线 Γ_1，其方程为 $\begin{cases} z=f(x,y), \\ y=y_0 \end{cases}$（如图 6-31）. 由于函数 $f(x,y)$ 偏导数 $f_x(x_0,y_0)$ 等于一元函数 $z=f(x,y_0)$ 在 x_0 处的导数 $f'(x,y_0)\big|_{x=x_0}$，因此由一元函数导数的几何意义知，$f_x(x_0,y_0)$ 就是曲线 Γ_1 在点 M_0 处的切线 M_0T_x 对 x 轴的斜率 k_1.

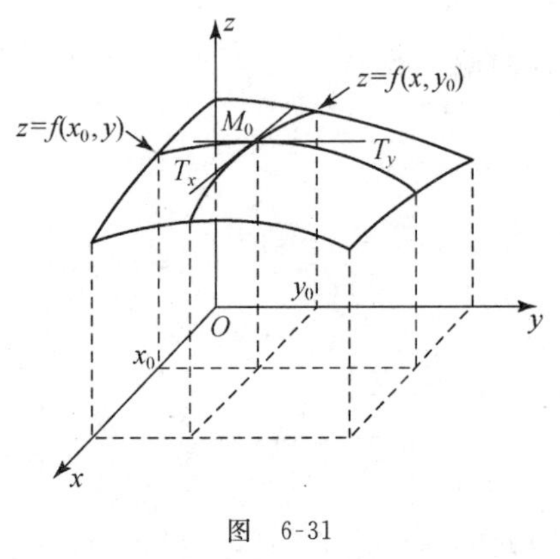

图 6-31

同样地，$f_y(x_0,y_0)$ 就是曲面 Σ 与平面 $x=x_0$ 的交线 Γ_2 在点 M_0 处的切线 M_0T_y 对 y 轴的斜率 k_2.

例 6 设函数 $f(x,y)=\begin{cases} \dfrac{xy}{x^2+y^2}, & x^2+y^2\neq 0, \\ 0, & x^2+y^2=0, \end{cases}$ 试讨论 $f(x,y)$ 在点 $(0,0)$ 处的偏导数的存在性.

解 由偏导数的定义，有

$$f_x(0,0)=\lim_{\Delta x\to 0}\frac{f(\Delta x,0)-f(0,0)}{\Delta x}=\lim_{\Delta x\to 0}\frac{0}{\Delta x}=0,$$

$$f_y(0,0)=\lim_{\Delta y\to 0}\frac{f(0,\Delta y)-f(0,0)}{\Delta y}=\lim_{\Delta y\to 0}\frac{0}{\Delta y}=0.$$

由此可见，$f(x,y)$ 在点 $(0,0)$ 处的两个偏导数都存在.

但是，我们在 §6.2 例 7 中知 $f(x,y)$ 在点 $(0,0)$ 不连续. 这个例子告诉我们，二元函数 $f(x,y)$ 在点 (x_0,y_0) 处可偏导，并不能保证它在该点连续. 这是二元函数与一元函数的重大区别. 反之，函数 $f(x,y)$ 在点 (x_0,y_0) 处连续，也不能保证它在该点偏导数存在，这点与一元函数相似.

例 7 证明函数 $f(x,y)=\sqrt{x^2+y^2}$ 在点 $(0,0)$ 处连续，但偏导数不存在.

证 因为 $\lim\limits_{(x,y)\to(0,0)}\sqrt{x^2+y^2}=f(0,0)$，所以函数 $f(x,y)=\sqrt{x^2+y^2}$ 在点 $(0,0)$ 处连续. 又

因为

$$\lim_{\Delta x\to 0}\frac{\sqrt{(\Delta x)^2+0^2}-0}{\Delta x}=\lim_{\Delta x\to 0}\frac{|\Delta x|}{\Delta x}=\begin{cases}1, & \Delta x>0,\\ -1, & \Delta x<0,\end{cases}$$

该极限不存在，所以偏导数 $f_x(0,0)$ 不存在. 同理偏导数 $f_y(0,0)$ 也不存在.

例 6 和例 7 告诉我们二元函数在某点可偏导但在该点未必连续，二元函数在某点连续在该点也未必可偏导. 二元函数偏导性与连续性之间的关系和一元函数不同，原因在于二元函数极限的趋近方式的任意性.

二、高阶偏导数

一般来说，函数 $z=f(x,y)$ 的两个偏导数 $\frac{\partial z}{\partial x}$ 和 $\frac{\partial z}{\partial y}$ 仍然是 x,y 的二元函数. 若它们关于 x 和 y 的偏导数存在，则称 $\frac{\partial z}{\partial x}$ 和 $\frac{\partial z}{\partial y}$ 关于 x 和 y 的偏导数为函数 $z=f(x,y)$ 的**二阶偏导函数**. 二元函数的二阶偏导数共有四个：

$$\frac{\partial}{\partial x}\left(\frac{\partial z}{\partial x}\right)=\frac{\partial^2 z}{\partial x^2}=f_{xx}(x,y),\qquad \frac{\partial z}{\partial y}\left(\frac{\partial z}{\partial x}\right)=\frac{\partial^2 z}{\partial x\partial y}=f_{xy}(x,y),$$

$$\frac{\partial z}{\partial x}\left(\frac{\partial z}{\partial y}\right)=\frac{\partial^2 z}{\partial y\partial x}=f_{yx}(x,y),\qquad \frac{\partial}{\partial y}\left(\frac{\partial z}{\partial y}\right)=\frac{\partial^2 z}{\partial y^2}=f_{yy}(x,y),$$

其中 $f_{xy}(x,y)$ 与 $f_{yx}(x,y)$ 两个偏导数称为**混合偏导数**. 类似可得函数 $z=f(x,y)$ 的三阶、四阶，…，n 阶偏导数. 二阶及二阶以上的偏导数称为**高阶偏导数**. 相应于各高阶偏导数，$\frac{\partial z}{\partial x}$ 和 $\frac{\partial z}{\partial y}$ 又称为函数 $z=f(x,y)$ 的一阶偏导数.

例 8 设函数 $z=x^3y^2-3xy^2+1$，求 $\frac{\partial^2 z}{\partial x^2},\frac{\partial^2 z}{\partial y\partial x},\frac{\partial^2 z}{\partial x\partial y},\frac{\partial^2 z}{\partial y^2}$.

解 $\frac{\partial z}{\partial x}=3x^2y^2-3y^2$，$\frac{\partial^2 z}{\partial x^2}=6xy^2$，$\frac{\partial^2 z}{\partial x\partial y}=6x^2y-6y$，

$\frac{\partial z}{\partial y}=2x^3y-6xy$，$\frac{\partial^2 z}{\partial y\partial x}=6x^2y-6y$，$\frac{\partial^2 z}{\partial y^2}=2x^3-6x$.

例 9 求函数 $z=\mathrm{e}^{xy}+\sin(xy)$ 的二阶偏导数.

解 先求一阶偏导数

$$\frac{\partial z}{\partial x}=y\mathrm{e}^{xy}+y\cos(xy),\quad \frac{\partial z}{\partial y}=x\mathrm{e}^{xy}+x\cos(xy).$$

再求二阶偏导数

$$\frac{\partial^2 z}{\partial x^2}=y^2[\mathrm{e}^{xy}-\sin(xy)],\quad \frac{\partial^2 z}{\partial x\partial y}=(1+xy)\mathrm{e}^{xy}+\cos(xy)-xy\sin(xy),$$

$$\frac{\partial^2 z}{\partial y \partial x}=(1+xy)\mathrm{e}^{xy}+\cos(xy)-xy\sin(xy),\quad \frac{\partial^2 z}{\partial y^2}=x^2[\mathrm{e}^{xy}-\sin(xy)].$$

在上面两例中都有$\frac{\partial^2 z}{\partial y\partial x}=\frac{\partial^2 z}{\partial x\partial y}$.要注意,由于求偏导数运算的次序不同,两个混合偏导数未必相等.但是,可以证明,在二阶混合偏导数是x,y的连续函数时,这两个混合偏导数必相等.

定理 若函数$z=f(x,y)$的两个混合偏导数$\frac{\partial^2 z}{\partial y\partial x}$及$\frac{\partial^2 z}{\partial x\partial y}$在区域$D$内连续,则在该区域内这两个混合偏导数必相等.

这一定理告诉我们二阶混合偏导数在连续的条件下与求导数的次序无关. 此定理也可推广到更高阶的混合偏导数的情形.

三、偏导数在经济学中的应用

一元函数微分学中边际和弹性分别表示经济函数在一点的变化率和相对变化率,这些概念可以推广到多元函数微分学中,并赋予了更丰富的经济含义.这里简单介绍多元函数边际问题和偏弹性概念.

1. 边际问题

一元函数的导数在经济学中称为边际,同样地,二元函数$z=f(x,y)$的偏导数$f_x(x,y)$与$f_y(x,y)$分别称为函数$f(x,y)$关于x与y的**边际**,边际在该点的值称为**边际值**.边际的概念可以推广到多元函数上.

1.1 边际产量

在西方经济学中,柯布-道格拉斯生产函数为$Q=AK^{\alpha}L^{\beta}$(A,α,β为正常数),其中L,K分别表示投入的劳动力数量和资本数量,Q表示产量.

当劳动力投入保持不变,而资本投入发生变化时,产量的变化率正是我们所说的产量对资本要素的边际,为

$$\frac{\partial Q}{\partial K}=A\alpha K^{\alpha-1}L^{\beta}=\alpha\frac{Q}{K}\quad\left(\frac{\partial Q}{\partial K}\text{表示关于资本的边际产量}\right).$$

当资本投入保持不变,而劳动力投入发生变化时,产量的变化率为

$$\frac{\partial Q}{\partial L}=A\beta K^{\alpha}L^{\beta-1}=\beta\frac{Q}{L}\quad\left(\frac{\partial Q}{\partial L}\text{表示关于劳动的边际产量}\right).$$

例 10 某企业的生产函数为$Q=200K^{\frac{1}{2}}L^{\frac{2}{3}}$,其中$Q$是产量(单位: 件),$K$是资本投入(单位: 千元),$L$是劳动力投入(单位: 千工时). 求当$L=8,K=9$时的边际产量,并解释其意义.

解 资本的边际产量为

$$\frac{\partial Q}{\partial K}=100\frac{L^{\frac{2}{3}}}{K^{\frac{1}{2}}}=\frac{1}{2}\frac{Q}{K};$$

劳动力的边际产量为

$$\frac{\partial Q}{\partial L}=\frac{400}{3}\cdot\frac{K^{\frac{1}{2}}}{L^{\frac{1}{3}}}=\frac{2}{3}\cdot\frac{Q}{L}.$$

当 $L=8,K=9$ 时，产量 $Q\big|_{\substack{L=8\\K=9}}=200\times 9^{\frac{1}{2}}\times 8^{\frac{2}{3}}=2400$. 所以，当 $L=8,K=9$ 时，边际产量为

$$\left.\frac{\partial Q}{\partial K}\right|_{\substack{L=8\\K=9}}=\frac{400}{3},\quad \left.\frac{\partial Q}{\partial L}\right|_{\substack{L=8\\K=9}}=200.$$

这说明，在劳动力投入 8 千工时和资本投入 9 千元时，产量是 2400 件. 当劳动力投入保持不变，再增加一个单位资本投入时，增加的产量为 $\frac{400}{3}$ 件；当资本投入保持不变，再增加一个单位劳动力投入时，增加的产量为 200 件.

1.2　边际成本与边际利润

某工厂生产甲、乙两种产品，当两种产品的产量分别为 Q_1,Q_2（单位：kg）时，总成本（单位：元）、总收益、总利润均为甲、乙两种产品产量 Q_1,Q_2 的二元函数，即总成本函数为 $C(Q_1,Q_2)$，总收益函数为 $R(Q_1,Q_2)$，总利润函数为 $L(Q_1,Q_2)$. 这些函数分别关于 Q_1 与 Q_2 的偏导数就是甲、乙两种产品的边际成本、边际收益和边际利润.

例 11　某工厂生产甲、乙两种产品，其产量分别为 Q_1,Q_2，总成本为

$$C(Q_1,Q_2)=3Q_1^2+2Q_1Q_2+5Q_2^2+10.$$

(1) 求每种产品的边际成本；

(2) 当 $Q_1=8,Q_2=8$ 时，求每种产品的边际成本；

(3) 当出售两种产品的单价分别为 80 元和 100 元时，求每种产品的边际利润.

解　(1) 甲种产品 Q_1 的边际成本为 $\frac{\partial C}{\partial Q_1}=6Q_1+2Q_2$；乙种产品 Q_2 的边际成本为 $\frac{\partial C}{\partial Q_2}=2Q_1+10Q_2$.

(2) 当 $Q_1=8,Q_2=8$ 时，甲种产品 Q_1 的边际成本为

$$\left.\frac{\partial C}{\partial Q_1}\right|_{\substack{Q_1=8\\Q_2=8}}=(6Q_1+2Q_2)\Big|_{\substack{Q_1=8\\Q_2=8}}=64.$$

当 $Q_1=8,Q_2=8$ 时，乙种产品 Q_2 的边际成本为

$$\left.\frac{\partial C}{\partial Q_2}\right|_{\substack{Q_1=8\\Q_2=8}}=(2Q_1+10Q_2)\Big|_{\substack{Q_1=8\\Q_2=8}}=96.$$

(3) 总利润函数

$$\begin{aligned}L(Q_1,Q_2)&=R(Q_1,Q_2)-C(Q_1,Q_2)\\&=80Q_1+100Q_2-(3Q_1^2+2Q_1Q_2+5Q_2^2+10)\end{aligned}$$

$$= 80Q_1 + 100Q_2 - 3Q_1^2 - 2Q_1Q_2 - 5Q_2^2 - 10,$$

所以总利润函数对 Q_1,Q_2 的边际利润分别为

$$\frac{\partial L}{\partial Q_1} = 80 - 6Q_1 - 2Q_2, \quad \frac{\partial L}{\partial Q_2} = 100 - 2Q_1 - 10Q_2.$$

2. 偏弹性

一元函数 $y=f(x)$ 在 x 处的弹性为 $\frac{\mathrm{E}f(x)}{\mathrm{E}x}=x\frac{f'(x)}{f(x)}$，它表示 $f(x)$ 在 x 处的相对变化率，可以类似地将它推广到多元函数上，从而就有偏弹性的概念，即偏弹性是多元函数关于某个自变量的相对变化率.

设函数 $z=f(x,y)$ 在点 (x,y) 处的偏导数存在. 若 $f(x,y)\neq 0$，则称

$$\frac{\mathrm{E}z}{\mathrm{E}x} = x\frac{f_x(x,y)}{f(x,y)} = \frac{x}{f(x,y)} \cdot \frac{\partial f}{\partial x}$$

和

$$\frac{\mathrm{E}z}{\mathrm{E}y} = y\frac{f_y(x,y)}{f(x,y)} = \frac{y}{f(x,y)} \cdot \frac{\partial f}{\partial y}$$

分别为函数 $z=f(x,y)$ 在点 (x,y) 处对 x 和 y 的**偏弹性**，即 $\frac{\mathrm{E}z}{\mathrm{E}x}$ 表示 y 保持不变，对 x 的相对变化率，$\frac{\mathrm{E}z}{\mathrm{E}y}$ 表示 x 保持不变，对 y 的相对变化率.

下面以需求函数为例，介绍偏弹性的经济学意义.

设甲和乙是两个有关联的商品，P_1 和 P_2 分别为它们的单位价格，Q_1 和 Q_2 分别为它们的需求量. 若甲和乙的需求函数分别为

$$Q_1 = Q_1(P_1,P_2), \quad Q_2 = Q_2(P_1,P_2),$$

则商品甲和商品乙的需求量 Q_1 和 Q_2 对自身价格 P_1 和 P_2 的**价格偏弹性**分别为

$$\mathrm{E}_{11} = \frac{\mathrm{E}Q_1}{\mathrm{E}P_1} = \frac{P_1}{Q_1} \cdot \frac{\partial Q_1}{\partial P_1}, \quad \mathrm{E}_{22} = \frac{\mathrm{E}Q_2}{\mathrm{E}P_2} = \frac{P_2}{Q_2} \cdot \frac{\partial Q_2}{\partial P_2},$$

其中 E_{11} 称为**商品甲需求量 Q_1 对自身价格 P_1 的直接价格偏弹性**；E_{22} 称为**商品乙需求量 Q_2 对自身价格 P_2 的直接价格偏弹性**.

商品甲和商品乙的需求量 Q_1 和 Q_2 对相互交叉价格 P_2 和 P_1 的价格偏弹性分别为

$$\mathrm{E}_{12} = \frac{\mathrm{E}Q_1}{\mathrm{E}P_2} = \frac{P_2}{Q_1} \cdot \frac{\partial Q_1}{\partial P_2}, \quad \mathrm{E}_{21} = \frac{\mathrm{E}Q_2}{\mathrm{E}P_1} = \frac{P_1}{Q_2} \cdot \frac{\partial Q_2}{\partial P_1},$$

其中 E_{12} 称为**商品甲需求量 Q_1 对相关价格 P_2 的交叉价格偏弹性**；E_{21} 称为**商品乙需求量 Q_2 对相关价格 P_1 的交叉价格偏弹性**.

如果商品甲(乙)的需求量对商品乙(甲)的交叉价格偏弹性 $\frac{\mathrm{E}Q_1}{\mathrm{E}P_2}<0\left(\frac{\mathrm{E}Q_2}{\mathrm{E}P_1}<0\right)$，则表示当商品甲(乙)的价格 $P_1(P_2)$ 不变，而商品乙(甲)的价格 $P_2(P_1)$ 上升时，商品甲(乙)的需求量

将相应地减少.这时称商品甲和商品乙是相互补充的关系.如果$\frac{EQ_1}{EP_2}>0\left(\frac{EQ_2}{EP_1}>0\right)$,则表示当商品甲(乙)的价格不变,而商品乙(甲)的价格上升时,商品甲(乙)的需求量将相应地增加.这时称商品甲和商品乙之间是相互竞争(相互替代)的关系.如果交叉价格偏弹性等于零,则两种商品为相互独立的商品.

例如,计算机和软盘这两种商品是相互补充的关系,用交叉价格偏弹性来表示就有

$$\frac{EQ_1}{EP_2}<0 \quad \text{或} \quad \frac{EQ_2}{EP_1}<0;$$

摩托车和电动自行车这两种商品的关系就是相互竞争的关系,用交叉价格偏弹性来表示就有

$$\frac{EQ_1}{EP_2}>0 \quad \text{或} \quad \frac{EQ_2}{EP_1}>0.$$

例 12 某款小汽车的销售量 Q 除与它自身的价格 P_1(单位: 万元)有关外,还与其配置系统价格 P_2(单位: 万元)有关,具体关系为

$$Q=100+\frac{250}{P_1}-100P_2-P_2^2.$$

当 $P_1=25,P_2=2$ 时,求:

(1) 销售量 Q 对自身价格 P_1 的直接价格偏弹性;

(2) 销售量 Q 对相关价格 P_2 的交叉价格偏弹性.

解 (1) 销售量 Q 对自身价格 P_1 的直接价格偏弹性为

$$\frac{EQ}{EP_1}=\frac{P_1}{Q}\cdot\frac{\partial Q}{\partial P_1}=\frac{P_1}{100+\frac{250}{P_1}-100P_2-P_2^2}\cdot\left(-\frac{250}{P_1^2}\right)$$

$$=-\frac{250}{100P_1+250-100P_1P_2-P_1P_2^2}.$$

当 $P_1=25,P_2=2$ 时,销售量 Q 对自身价格 P_1 的直接价格偏弹性为

$$\left.\frac{EQ}{EP_1}\right|_{\substack{P_1=25\\P_2=2}}=-\frac{250}{100\times 25+250-100\times 25\times 2-25\times 2^2}\approx 0.1.$$

(2) 销售量 Q 对相关价格 P_2 的交叉价格偏弹性为

$$\frac{EQ}{EP_2}=\frac{P_2}{Q}\cdot\frac{\partial Q}{\partial P_2}=\frac{P_2}{100+\frac{250}{P_1}-100P_2-P_2^2}(-100-2P_2)$$

$$=-\frac{(100+2P_2)P_1P_2}{100P_1+250-100P_1P_2-P_1P_2^2}.$$

当 $P_1=25,P_2=2$ 时,销售量 Q 对相关价格 P_2 的交叉价格偏弹性为

$$\left.\frac{EQ}{EP_2}\right|_{\substack{P_1=25\\P_2=2}}=-\frac{(100+2\times 2)\times 2\times 25}{100\times 25+250-100\times 25\times 2-25\times 2^2}\approx -2.2.$$

习 题 6.3

1. 求下列函数的偏导数:

(1) $z=x^3y^2-y^3x^2$; (2) $z=\dfrac{xy}{x-y}$; (3) $z=\tan\dfrac{x^2}{y}$;

(4) $z=\sin(x+y)e^{xy}$; (5) $z=\arctan\dfrac{y^2-x}{x^2-y}$; (6) $z=\ln\sin(x-2y)$;

(7) $z=(x+2y)^{x+2y}$; (8) $z=x^{\frac{x}{y}}$; (9) $z=\left(\dfrac{y}{x}\right)^y$;

(10) $u=e^{\frac{yz}{x}}\ln x$.

2. 设函数 $z=e^{-\left(\frac{1}{x}+\frac{1}{y}\right)}$,求证:$x^2\dfrac{\partial z}{\partial x}+y^2\dfrac{\partial z}{\partial y}=2z$.

3. 求下列函数在指定点处的偏导数:

(1) $f(x,y)=x\sin(x+y)$,求 $f_x\left(\dfrac{\pi}{4},\dfrac{\pi}{4}\right)$,$f_y\left(\dfrac{\pi}{4},\dfrac{\pi}{4}\right)$;

(2) $f(x,y)=x+(y-1)\arcsin\sqrt{\dfrac{x}{y}}$,求 $f_x(x,1)$.

(3) $z=\sqrt{|xy|}$,求$\left.\dfrac{\partial z}{\partial x}\right|_{\substack{x=0\\y=0}}$.

4. 求下列函数的二阶偏导数:

(1) $z=\arcsin\dfrac{x}{\sqrt{x^2+y^2}}(y>0)$,求 $\dfrac{\partial^2 z}{\partial x\partial y}$; (2) $z=\cos\dfrac{x+y}{x-y}$,求 $\dfrac{\partial^2 z}{\partial x^2}$,$\dfrac{\partial^2 z}{\partial y^2}$;

(3) $f(x,y)=\arctan\dfrac{x+y}{1-xy}$,求 $\dfrac{\partial^2 f}{\partial x^2}$,$\dfrac{\partial^2 f}{\partial y^2}$,$\dfrac{\partial^2 f}{\partial x\partial y}$.

5. 设函数 $f(x,y)=\ln(1+x^2+y)$,求 $f_{xy}(1,1)$.

6. 求下列函数的三阶偏导数:

(1) $f(x,y)=y^2\sqrt{x}$,求 $f_{xxx}(x,y)$,$f_{yyy}(x,y)$,$f_{xyy}(x,y)$,$f_{yxx}(x,y)$;

(2) $z=\sin(xy)$,求$\dfrac{\partial^3 z}{\partial x\partial y^2}$.

7. 某商品的生产函数为 $Q=40K^{\frac{2}{3}}L^{\frac{1}{3}}$,其中 Q 是产量,K 是资本投入,L 是劳动力投入,求使得资本 K 的边际产量等于劳动力 L 的边际产量的点(K,L).

8. 设两种产品的产量 Q_1 与 Q_2 的成本函数为

$$C(Q_1,Q_2)=50Q_1+100Q_2+Q_1^2+Q_1Q_2+Q_2^2+10000.$$

(1) 求 $C(Q_1,Q_2)$关于 Q_1 与 Q_2 的边际成本;

(2) 当 $Q_1=3$,$Q_2=6$ 时,求出边际成本值,并解释所得结果的经济意义.

9. 某企业生产产品甲 x 单位与产品乙 y 单位的总利润为

$$L(x,y)=10x+20y-x^2+xy-0.5y^2-10000,$$

试求 $L_x(10,20)$ 与 $L_y(10,20)$，并解释所得结果的经济意义.

10. 根据市场调查，影碟机和影碟的需求量 Q_1 和 Q_2 与其价格 P_1 和 P_2 的关系如下：

$$Q_1=1600-P_1+\frac{1000}{P_2}-P_2^2,\quad Q_2=29+\frac{1000}{P_1}-P_2.$$

当 $P_1=1000, P_2=20$ 时，求需求量 Q_1 与 Q_2 的直接价格偏弹性和交叉价格偏弹性.

§6.4 全 微 分

一、全微分的概念

1. 全微分的定义

定义 1 设二元函数 $z=f(x,y)$ 在 $U(P_0)$ 内有定义，自变量 x,y 分别取得增量 $\Delta x,\Delta y$，且 $P(x_0+\Delta x,y_0+\Delta y)\in U(P_0)$，则相应地有函数增量

$$\Delta z=f(x_0+\Delta x,y_0+\Delta y)-f(x_0,y_0),$$

称 Δz 为函数 $z=f(x,y)$ 在点 $P_0(x_0,y_0)$ 处的**全增量**.

一般情况下，求函数的全增量计算起来比较复杂. 因此，我们想找一个量来近似代替它. 在一元函数 $y=f(x)$ 中求函数的改变量 Δy 时，我们引入了微分 $\mathrm{d}y=f'(x)\Delta x$，当 $|\Delta x|$ 很小时，用 $\mathrm{d}y$ 近似代替 Δy，计算起来简单且近似程度较好. 对于二元函数也有类似的问题，为计算全增量 Δz，引入全微分的定义.

定义 2 设二元函数 $z=f(x,y)$ 在 $U(P_0)$ 内有定义. 若 $z=f(x,y)$ 在点 $P_0(x_0,y_0)$ 处的全增量

$$\Delta z=f(x_0+\Delta x,y_0+\Delta y)-f(x_0,y_0) \tag{1}$$

可以表示为

$$\Delta z=A\Delta x+B\Delta y+o(\rho), \tag{2}$$

其中 A,B 是与 $\Delta x,\Delta y$ 无关的常数，$\rho=\sqrt{(\Delta x)^2+(\Delta y)^2}$，则称函数 $z=f(x,y)$ 在点 $P_0(x_0,y_0)$ 处**可微**，并称 $A\Delta x+B\Delta y$ 为 $z=f(x,y)$ 在点 $P_0(x_0,y_0)$ 处的**全微分**，记做 $\mathrm{d}z|_{(x_0,y_0)}$，即

$$\mathrm{d}z|_{(x_0,y_0)}=A\Delta x+B\Delta y.$$

若函数 $z=f(x,y)$ 在区域 D 内每一点都可微，则称 $z=f(x,y)$ **在 D 内可微**.

在 §6.3 例 6 中知道，多元函数在某点的偏导数存在并不能保证函数在该点连续. 但是，由全微分定义可知，若函数 $z=f(x,y)$ 在点 $P_0(x_0,y_0)$ 处可微，则函数在该点必连续. 事实上，由(2)式两边取极限得

$$\lim_{(\Delta x,\Delta y)\to(0,0)}\Delta z=\lim_{(\Delta x,\Delta y)\to(0,0)}[A\Delta x+B\Delta y+o(\rho)]=0,$$

从而

$$\lim_{(\Delta x,\Delta y)\to(0,0)} f(x+\Delta x, y+\Delta y) = \lim_{(\Delta x,\Delta y)\to(0,0)} [f(x,y)+\Delta z]$$
$$= f(x,y) + \lim_{\rho\to 0} o(\rho) = f(x,y),$$

因此函数 $z=f(x,y)$ 在点 (x_0,y_0) 处连续.

2. 全微分的计算

下面讨论函数 $z=f(x,y)$ 在点 $P_0(x_0,y_0)$ 处可微的条件.

定理 1(可微的必要条件) 若函数 $z=f(x,y)$ 在点 $P_0(x_0,y_0)$ 处可微,则该函数在点 $P_0(x_0,y_0)$ 处的偏导数 $f_x(x_0,y_0)$, $f_y(x_0,y_0)$ 一定存在,且

$$f_x(x_0,y_0) = A, \quad f_y(x_0,y_0) = B.$$

证 设函数 $z=f(x,y)$ 在点 $P_0(x_0,y_0)$ 处可微,于是,对于点 P_0 的某个邻域内的任意一点 $P_1(x_0+\Delta x, y_0+\Delta y)$,(2)式总成立. 取 $\Delta y=0$ 时(2)式也应成立,这时 $\rho=|\Delta x|$,因此(2)式表为

$$f(x_0+\Delta x,y_0)-f(x_0,y_0)=A\Delta x+o(|\Delta x|).$$

上式两端同除以 Δx,再令 $\Delta x\to 0$ 取极限,就得

$$\lim_{\Delta x\to 0}\frac{f(x_0+\Delta x,y_0)-f(x_0,y_0)}{\Delta x} = A.$$

所以偏导数 $f_x(x_0,y_0)$ 存在,且等于 A,即 $f_x(x_0,y_0)=A$. 同样可证 $f_y(x_0,y_0)=B$. 定理得证.

由于自变量的增量等于自变量的微分,即 $\Delta y=\mathrm{d}y$, $\Delta x=\mathrm{d}x$,因此,由定理 1 可得

$$\mathrm{d}z\big|_{(x_0,y_0)} = f_x(x_0,y_0)\mathrm{d}x + f_y(x_0,y_0)\mathrm{d}y.$$

若函数 $z=f(x,y)$ 在区域 D 内可微,则在 D 内任一点 $P(x,y)$ 的全微分记为

$$\mathrm{d}z = f_x(x,y)\mathrm{d}x + f_y(x,y)\mathrm{d}y$$

或

$$\mathrm{d}z=\frac{\partial z}{\partial x}\mathrm{d}x+\frac{\partial z}{\partial y}\mathrm{d}y.$$

我们知道,一元函数在某点可导与可微是等价的. 但对于多元函数来说,情况就不同了,即使两个偏导数 $\frac{\partial z}{\partial x}$, $\frac{\partial z}{\partial y}$ 都存在,函数 $z=f(x,y)$ 也未必可微. 也就是说,函数偏导数存在只是函数可微的必要条件,而非充分条件. 例如,函数 $z=f(x,y)=\sqrt{|xy|}$ 在点(0,0)处偏导数存在,且

$$f_x(0,0) = \lim_{\Delta x\to 0}\frac{f(\Delta x,0)-f(0,0)}{\Delta x} = 0,$$

$$f_y(0,0) = \lim_{\Delta y\to 0}\frac{f(0,\Delta y)-f(0,0)}{\Delta y} = 0,$$

但是由于

$$\Delta z-[f_x(0,0)\Delta x+f_y(0,0)\Delta y]=\sqrt{|\Delta x\Delta y|},$$

$$\frac{\sqrt{|\Delta x\Delta y|}}{\rho}=\sqrt{\frac{|\Delta x\Delta y|}{(\Delta x)^2+(\Delta y)^2}},$$

如果考虑点 $P_1(\Delta x,\Delta y)$ 沿着直线 $y=x$ 趋于 $(0,0)$，则有

$$\frac{\sqrt{|\Delta x\Delta y|}}{\rho}=\sqrt{\frac{|\Delta x\Delta y|}{(\Delta x)^2+(\Delta y)^2}}=\sqrt{\frac{|\Delta x|^2}{(\Delta x)^2+(\Delta x)^2}}=\frac{1}{\sqrt{2}},$$

它不随 $\rho\to 0$ 而趋于 0，这表示当 $\rho\to 0$ 时，

$$\Delta z-[f_x(0,0)\Delta x+f_y(0,0)\Delta y]$$

并不是 ρ 的高阶无穷小量，因此函数在点 $(0,0)$ 处的全微分并不存在，即函数在点 $(0,0)$ 处是不可微的.

定理 2(可微的充分条件) 若函数 $z=f(x,y)$ 在 $U(P_0)$ 内有定义，偏导数 $f_x(x_0,y_0)$，$f_y(x_0,y_0)$ 存在，且这两个偏导数在点 $P_0(x_0,y_0)$ 处都连续，则 $z=f(x,y)$ 在点 $P_0(x_0,y_0)$ 处一定可微.(证明略)

综上讨论可知，二元函数的可微性，偏导数存在与连续性之间的关系如下：

$$\text{函数偏导数存在且连续}\Longrightarrow\text{函数可微}\begin{cases}\Longrightarrow\text{函数连续},\\\Longrightarrow\text{偏导数存在}.\end{cases}$$

以上关系一般不可逆.

全微分的概念也可以推广到二元以上的多元函数，例如若三元函数 $u=f(x,y,z)$ 可微，则其全微分的表达式为

$$\mathrm{d}u=\frac{\partial u}{\partial x}\mathrm{d}x+\frac{\partial u}{\partial y}\mathrm{d}y+\frac{\partial u}{\partial z}\mathrm{d}z.$$

例 1 计算函数 $z=x^3y+y^3$ 的全微分.

解 因为 $\frac{\partial z}{\partial x}=3x^2y$，$\frac{\partial z}{\partial y}=x^3+3y^2$，所以 $\mathrm{d}z=3x^2y\mathrm{d}x+(x^3+3y^2)\mathrm{d}y$.

例 2 计算函数 $z=\mathrm{e}^{xy}$ 在点 $(1,2)$ 处的全微分.

解 因为 $\frac{\partial z}{\partial x}=y\mathrm{e}^{xy}$，$\frac{\partial z}{\partial y}=x\mathrm{e}^{xy}$，所以 $\mathrm{d}z\Big|_{\substack{x=1\\y=2}}=2\mathrm{e}^2\mathrm{d}x+\mathrm{e}^2\mathrm{d}y$.

例 3 计算函数 $u=\frac{z}{x^2+y^2}$ 的全微分.

解 因为 $\frac{\partial u}{\partial x}=-\frac{2xz}{(x^2+y^2)^2}$，$\frac{\partial u}{\partial y}=-\frac{2yz}{(x^2+y^2)^2}$，$\frac{\partial u}{\partial z}=\frac{1}{x^2+y^2}$，所以

$$\mathrm{d}u=-\frac{z}{(x^2+y^2)^2}2x\mathrm{d}x-\frac{z}{(x^2+y^2)^2}2y\mathrm{d}y+\frac{1}{x^2+y^2}\mathrm{d}z.$$

二、全微分在近似计算中的应用

在实际问题中，经常需要计算一些较复杂多元函数在某点处自变量发生微小改变时函

数的变化.利用全微分可以得到这方面计算的近似公式.

由全微分的定义知,若 $z=f(x,y)$ 在点 (x_0,y_0) 处可微,并且当 $\rho=\sqrt{\Delta x^2+\Delta y^2}$ 很小时,有

$$\begin{aligned}\Delta z&=f(x_0+\Delta x,y_0+\Delta y)-f(x_0,y_0)\\&\approx f_x(x_0,y_0)\Delta x+f_y(x_0,y_0)\Delta y,\end{aligned}$$

即

$$f(x_0+\Delta x,y_0+\Delta y)\approx f(x_0,y_0)+f_x(x_0,y_0)\Delta x+f_y(x_0,y_0)\Delta y. \tag{3}$$

例 4 计算 $(1.03)^{1.98}$ 的近似值.

解 令 $z=f(x,y)=x^y$,则本题要求 $f(x,y)=x^y$ 在 $x=1.03,y=1.98$ 时的函数近似值.

取 $x_0=1,\Delta x=0.03,y_0=2,\Delta y=-0.02$.因为 $f_x(x,y)=yx^{y-1}$, $f_y(x,y)=x^y\ln x$,代入(3)式得

$$\begin{aligned}1.03^{1.98}&=f(1.03,1.98)\approx f(1,2)+f_x(1,2)\Delta x+f_y(1,2)\Delta y\\&=1^2+2\times1\times0.03+1^2\ln1\times(-0.02)=1.06.\end{aligned}$$

例 5 要用钢板造一个无盖的圆柱形油槽,其内半径为 2 m,高为 4 m,厚度为 0.01 m,估计需要多少钢材.

解 当圆柱底半径为 r,高为 h 时,其体积 $V=\pi r^2h$,所以当 r,h 在 (r_0,h_0) 处分别有增量 $\Delta r,\Delta h$ 时,有

$$\Delta V\approx \mathrm{d}V=2\pi rh\Delta r+\pi r^2\Delta h.$$

将 $r_0=2$ m,$h_0=4$ m,$\Delta r=\Delta h=0.01$ m 代入上式得

$$\Delta V\approx \mathrm{d}V=(2\pi\times2\times4\times0.01+\pi\times2^2\times0.01)\ \mathrm{m}^3=0.2\pi\ \mathrm{m}^3.$$

如果直接计算 ΔV,可得 $\Delta V=0.200801\pi\ \mathrm{m}^3$.可见,这里算出的 $\mathrm{d}V$ 与 ΔV 的值很接近.故所求钢材大约为 $0.2\pi\ \mathrm{m}^3$.

习 题 6.4

1. 计算下列函数的全微分:

(1) $z=xy+\dfrac{x}{y}$; (2) $z=\dfrac{x+y}{1+y}$; (3) $z=\ln(1+\sqrt{x^2+y^2})$;

(4) $z=\dfrac{y}{\sqrt{x^2+y^2}}$; (5) $u=z\arcsin\dfrac{x}{y}$; (6) $u=x\mathrm{e}^{xy+2z}$.

2. 求下列函数在指定点处的全微分:

(1) 设函数 $z=\sqrt{x+y}(\ln x+\ln y)$,求它在点 (e,e) 处的全微分.

(2) 若 $u=f(x,y,z)=\left(\dfrac{x}{y}\right)^{\frac{1}{z}}$,求 $\mathrm{d}f(1,1,1)$.

3. 求函数 $z=e^{xy}$ 当 $x=1,y=1,\Delta x=0.15,\Delta y=0.1$ 时的全微分.

4. 求下列数值的近似值：

(1) $\sqrt{(1.02)^3+(1.97)^3}$； (2) $(10.1)^{2.03}$.

§6.5 多元函数微分法

本节要讨论将一元函数微分学中复合函数的求导法则推广到多元复合函数的情形，以及隐函数的存在性和求导方法. 多元复合函数求导法则在多元函数微分学中起很大的作用，是多元函数微分学的核心.

一、复合函数微分法

下面根据多元复合函数不同的复合情形，分别加以讨论.

1. 全导数(复合函数的中间变量为一元函数的情形)

定理 1 若函数 $u=\varphi(t)$ 及 $v=\psi(t)$ 都在点 t 可导，函数 $z=f(u,v)$ 在对应点 (u,v) 具有连续偏导数，则复合函数 $z=f(\varphi(t),\psi(t))$ 在点 t 处可导，且有

$$\frac{\mathrm{d}z}{\mathrm{d}t}=\frac{\partial z}{\partial u}\cdot\frac{\mathrm{d}u}{\mathrm{d}t}+\frac{\partial z}{\partial v}\cdot\frac{\mathrm{d}v}{\mathrm{d}t}. \tag{1}$$

证 设自变量 t 有改变量 Δt，则 u,v 分别有改变量

$$\Delta u=\varphi(t+\Delta t)-\varphi(t),\quad \Delta v=\psi(t+\Delta t)-\psi(t),$$

函数 $z=f(u,v)$ 在相应点 (u,v) 的全增量是

$$\Delta z=f(u+\Delta u,v+\Delta v)-f(u,v).$$

已知 $z=f(u,v)$ 在相应点 (u,v) 处有连续偏导数，由 §6.4 定理 2 知，$z=f(u,v)$ 在点 (u,v) 处可微，即

$$\Delta z=f(u+\Delta u,v+\Delta v)-f(u,v)=\frac{\partial z}{\partial u}\Delta u+\frac{\partial z}{\partial v}\Delta v+o(\rho),$$

其中 $\rho=\sqrt{(\Delta u)^2+(\Delta v)^2}$. 上式两端同除以 Δt，得

$$\frac{\Delta z}{\Delta t}=\frac{\partial z}{\partial u}\cdot\frac{\Delta u}{\Delta t}+\frac{\partial z}{\partial v}\cdot\frac{\Delta v}{\Delta t}+\frac{o(\rho)}{\Delta t}.$$

由 $u=\varphi(t)$ 及 $v=\psi(t)$ 都在点 t 处可导，故 u,v 在 t 处一定连续，所以当 $\Delta t\to 0$ 时，

$$\frac{\Delta u}{\Delta t}\to\frac{\mathrm{d}u}{\mathrm{d}t},\quad \frac{\Delta v}{\Delta t}\to\frac{\mathrm{d}v}{\mathrm{d}t},\quad \Delta u\to 0,\Delta v\to 0,\text{ 从而 }\rho\to 0.$$

又

$$\left|\frac{o(\rho)}{\Delta t}\right|=\left|\frac{o(\rho)}{\rho}\cdot\frac{\rho}{\Delta t}\right|=\left|\frac{o(\rho)}{\rho}\right|\left|\frac{\sqrt{(\Delta u)^2+(\Delta v)^2}}{\Delta t}\right|=\left|\frac{o(\rho)}{\rho}\right|\sqrt{\left(\frac{\Delta u}{\Delta t}\right)^2+\left(\frac{\Delta v}{\Delta t}\right)^2},$$

所以由$\lim\limits_{\Delta t\to 0}\left|\dfrac{o(\rho)}{\rho}\right|=0$，即知$\lim\limits_{\Delta t\to 0}\dfrac{o(\rho)}{\Delta t}=0$. 因此，当 $\Delta t\to 0$ 时，有

$$\begin{aligned}\frac{\mathrm{d}z}{\mathrm{d}t}&=\lim_{\Delta t\to 0}\frac{\Delta z}{\Delta t}=\frac{\partial z}{\partial u}\lim_{\Delta t\to 0}\frac{\Delta u}{\Delta t}+\frac{\partial z}{\partial v}\lim_{\Delta t\to 0}\frac{\Delta v}{\Delta t}+\lim_{\Delta t\to 0}\frac{o(\rho)}{\Delta t}\\&=\frac{\partial z}{\partial u}\cdot\frac{\mathrm{d}u}{\mathrm{d}t}+\frac{\partial z}{\partial v}\cdot\frac{\mathrm{d}v}{\mathrm{d}t},\end{aligned}$$

即

$$\frac{\mathrm{d}z}{\mathrm{d}t}=\frac{\partial z}{\partial u}\cdot\frac{\mathrm{d}u}{\mathrm{d}t}+\frac{\partial z}{\partial v}\cdot\frac{\mathrm{d}v}{\mathrm{d}t}.$$

定理得证.

用同样的方法，可把定理推广到复合函数的中间变量多于两个的情形. 例如，设由 $z=f(u,v,w)$，$u=\varphi(t)$，$v=\psi(t)$，$w=\omega(t)$复合而成的复合函数为

$$z=f(\varphi(t),\psi(t),\omega(t)),$$

则在与定理 1 相类似的条件下，此复合函数在点 t 处可导，且其导数可用下面的公式计算：

$$\frac{\mathrm{d}z}{\mathrm{d}t}=\frac{\partial z}{\partial u}\cdot\frac{\mathrm{d}u}{\mathrm{d}t}+\frac{\partial z}{\partial v}\cdot\frac{\mathrm{d}v}{\mathrm{d}t}+\frac{\partial z}{\partial w}\cdot\frac{\mathrm{d}w}{\mathrm{d}t}.\tag{2}$$

公式(1)与(2)中的导数$\dfrac{\mathrm{d}z}{\mathrm{d}t}$称为**全导数**.

例 1 设函数 $z=uv^2$，其中 $u=\mathrm{e}^t$，$v=\sin t$，求全导数$\dfrac{\mathrm{d}z}{\mathrm{d}t}$.

解 由公式(1)，有

$$\begin{aligned}\frac{\mathrm{d}z}{\mathrm{d}t}&=\frac{\partial z}{\partial u}\cdot\frac{\mathrm{d}u}{\mathrm{d}t}+\frac{\partial z}{\partial v}\cdot\frac{\mathrm{d}v}{\mathrm{d}t}=v^2\mathrm{e}^t+u(2v)\cos t\\&=\mathrm{e}^t\sin t(\sin t+2\cos t).\end{aligned}$$

2. 偏导数(复合函数的中间变量为多元函数的情形)

定理 2 若函数 $u=\varphi(x,y)$及 $v=\psi(x,y)$都在点(x,y)处偏导数存在，函数 $z=f(u,v)$在对应点(u,v)具有连续偏导数，则复合函数 $z=f(\varphi(x,y),\psi(x,y))$在点$(x,y)$处的两个偏导数都存在，且有

$$\frac{\partial z}{\partial x}=\frac{\partial z}{\partial u}\cdot\frac{\partial u}{\partial x}+\frac{\partial z}{\partial v}\cdot\frac{\partial v}{\partial x},\tag{3}$$

$$\frac{\partial z}{\partial y}=\frac{\partial z}{\partial u}\cdot\frac{\partial u}{\partial y}+\frac{\partial z}{\partial v}\cdot\frac{\partial v}{\partial y}.\tag{4}$$

事实上，这里在求$\dfrac{\partial z}{\partial x}$时，是把 y 看做常量，因此，$u=\varphi(x,y)$及 $v=\psi(x,y)$仍可看做一元函数而应用定理 1，但由于复合函数 $z=f(\varphi(x,y),\psi(x,y))$以及函数 $u=\varphi(x,y)$，$v=\psi(x,y)$都是 x,y 的二元函数，所以应把(1)式中的 d 改为 ∂，再把 t 换成 x，这样便由(1)式得到(3)式. 同理

由(1)式可以得到(4)式.

对于更复杂的复合函数,只要满足定理 2 的相应条件,同样有类似的结论. 例如,设函数 $u=\varphi(x,y)$, $v=\psi(x,y)$, $w=w(x,y)$ 都在点 (x,y) 处具有对 x 及对 y 的偏导数,函数 $z=f(u,v,w)$ 在对应点 (u,v,w) 具有连续偏导数,则复合函数

$$z=f(\varphi(x,y),\psi(x,y),w(x,y))$$

在点 (x,y) 处的两个偏导数都存在,且可用下面公式来计算:

$$\frac{\partial z}{\partial x}=\frac{\partial z}{\partial u}\cdot\frac{\partial u}{\partial x}+\frac{\partial z}{\partial v}\cdot\frac{\partial v}{\partial x}+\frac{\partial z}{\partial w}\cdot\frac{\partial w}{\partial x}, \tag{5}$$

$$\frac{\partial z}{\partial y}=\frac{\partial z}{\partial u}\cdot\frac{\partial u}{\partial y}+\frac{\partial z}{\partial v}\cdot\frac{\partial v}{\partial y}+\frac{\partial z}{\partial w}\cdot\frac{\partial w}{\partial y}. \tag{6}$$

公式(1)—(6)称为复合函数求导数的**链式规则**.

例 2 设函数 $z=e^u\sin v$,其中 $u=xy$, $v=x+y$,求 $\frac{\partial z}{\partial x}$ 和 $\frac{\partial z}{\partial y}$.

解 $\frac{\partial z}{\partial x}=\frac{\partial z}{\partial u}\cdot\frac{\partial u}{\partial x}+\frac{\partial z}{\partial v}\cdot\frac{\partial v}{\partial x}=e^u\sin v\cdot y+e^u\cos v\cdot 1=e^{xy}[y\sin(x+y)+\cos(x+y)]$,

$\frac{\partial z}{\partial y}=\frac{\partial z}{\partial u}\cdot\frac{\partial u}{\partial y}+\frac{\partial z}{\partial v}\cdot\frac{\partial v}{\partial y}=e^u\sin v\cdot x+e^u\cos v\cdot 1=e^{xy}[x\sin(x+y)+\cos(x+y)]$.

例 3 设函数 $z=f(\cos(xy),x^2-y^2)$,其中 f 具有连续偏导数,求 $\frac{\partial z}{\partial x}$ 和 $\frac{\partial z}{\partial y}$.

解 设 $u=\cos(xy)$, $v=x^2-y^2$,则有

$$\frac{\partial z}{\partial x}=\frac{\partial z}{\partial u}\cdot\frac{\partial u}{\partial x}+\frac{\partial z}{\partial v}\cdot\frac{\partial v}{\partial x}=-\sin(xy)yf_u+2xf_v,$$

$$\frac{\partial z}{\partial y}=\frac{\partial z}{\partial u}\cdot\frac{\partial u}{\partial y}+\frac{\partial z}{\partial v}\cdot\frac{\partial v}{\partial y}=-\sin(xy)xf_u-2yf_v.$$

例 4 设函数 $u=f(x,y,z)=e^{x^2+y^2+z^2}$,其中 $z=x^2\sin y$,求 $\frac{\partial u}{\partial x}$ 和 $\frac{\partial u}{\partial y}$.

解 $\frac{\partial u}{\partial x}=\frac{\partial f}{\partial x}+\frac{\partial f}{\partial z}\cdot\frac{\partial z}{\partial x}=2xe^{x^2+y^2+z^2}+2ze^{x^2+y^2+z^2}\cdot 2x\sin y$

$=2x(1+2x^2\sin^2 y)e^{x^2+y^2+x^4\sin^2 y}$,

$\frac{\partial u}{\partial y}=\frac{\partial f}{\partial y}+\frac{\partial f}{\partial z}\cdot\frac{\partial z}{\partial y}=2ye^{x^2+y^2+z^2}+2ze^{x^2+y^2+z^2}\cdot x^2\cos y$

$=2(y+x^4\sin y\cos y)e^{x^2+y^2+x^4\sin^2 y}$.

例 5 设函数 $z=f\left(xy,\frac{y}{x}\right)$,其中 f 具有二阶连续偏导数,求 $\frac{\partial^2 z}{\partial x^2}$ 和 $\frac{\partial^2 z}{\partial x\partial y}$.

解 令 $u=xy$, $v=\frac{y}{x}$,则 $z=f(u,v)$. 为表达简便起见,引入以下记号:

$$f_1(u,v)=f_u(u,v),\quad f_{12}(u,v)=f_{uv}(u,v),$$

这里的下标 1 表示对第一个变量 u 求偏导数,下标 2 表示对第二个变量 v 求偏导数;同理有记号 f_2',f_{11}'',f_{22}'' 等.

因所给函数 $z=f(u,v)$ 是由 $u=xy,v=\dfrac{y}{x}$ 复合而成,根据复合函数求导法则,有

$$\frac{\partial z}{\partial x}=\frac{\partial f}{\partial u}\cdot\frac{\partial u}{\partial x}+\frac{\partial f}{\partial v}\cdot\frac{\partial v}{\partial x}=yf_1-\frac{y}{x^2}f_2,$$

注意到 $f_1=f_u\left(xy,\dfrac{y}{x}\right)$ 和 $f_2=f_v\left(xy,\dfrac{y}{x}\right)$,再由复合函数求导法则,有

$$\frac{\partial^2 z}{\partial x^2}=y\left(yf_{11}-\frac{y}{x^2}f_{12}\right)+\frac{2y}{x^3}f_2-\frac{y}{x^2}\left(yf_{21}-\frac{y}{x^2}f_{22}\right).$$

由于 f 具有二阶连续偏导数,所以 $f_{12}=f_{21}$,故

$$\frac{\partial^2 z}{\partial x^2}=\frac{2y}{x^3}f_2+y^2f_{11}-2\frac{y^2}{x^2}f_{12}+\frac{y^2}{x^4}f_{22},$$

$$\begin{aligned}\frac{\partial^2 z}{\partial x\partial y}&=f_1+y\left(xf_{11}+\frac{1}{x}f_{12}\right)-\frac{1}{x^2}f_2-\frac{y}{x^2}\left(xf_{21}+\frac{1}{x}f_{22}\right)\\&=f_1-\frac{1}{x^2}f_2+xyf_{11}-\frac{y}{x^3}f_{22}.\end{aligned}$$

二、全微分形式的不变性

设函数 $z=f(u,v)$ 具有连续偏导数,则有全微分

$$\mathrm{d}z=\frac{\partial z}{\partial u}\mathrm{d}u+\frac{\partial z}{\partial v}\mathrm{d}v.$$

当 u,v 为中间变量 $u=\varphi(x,y),v=\psi(x,y)$,且它们也具有连续偏导数时,由复合函数求导法则,函数 $z=f(\varphi(x,y),\psi(x,y))$ 的全微分为

$$\begin{aligned}\mathrm{d}z&=\frac{\partial z}{\partial x}\mathrm{d}x+\frac{\partial z}{\partial y}\mathrm{d}y\\&=\left(\frac{\partial z}{\partial u}\cdot\frac{\partial u}{\partial x}+\frac{\partial z}{\partial v}\cdot\frac{\partial v}{\partial x}\right)\mathrm{d}x+\left(\frac{\partial z}{\partial u}\cdot\frac{\partial u}{\partial y}+\frac{\partial z}{\partial v}\cdot\frac{\partial v}{\partial y}\right)\mathrm{d}y\\&=\frac{\partial z}{\partial u}\left(\frac{\partial u}{\partial x}\mathrm{d}x+\frac{\partial u}{\partial y}\mathrm{d}y\right)+\frac{\partial z}{\partial v}\left(\frac{\partial v}{\partial x}\mathrm{d}x+\frac{\partial v}{\partial y}\mathrm{d}y\right)\\&=\frac{\partial z}{\partial u}\mathrm{d}u+\frac{\partial z}{\partial v}\mathrm{d}v.\end{aligned}$$

由此可知,无论 u,v 是自变量还是中间变量,$z=f(u,v)$ 的一阶全微分形式是不变的.这个性质称为**全微分形式不变性**.

利用全微分形式不变性计算全微分和偏导数也比较简便.

例 6 求函数 $z=\left(\frac{y}{x}\right)^2\ln(x^2+y^2)$的偏导数和全微分.

解 由全微分形式不变性,得

$$\mathrm{d}z=\mathrm{d}\left[\left(\frac{y}{x}\right)^2\ln(x^2+y^2)\right]=\mathrm{d}\left(\frac{y}{x}\right)^2\cdot\ln(x^2+y^2)+\left(\frac{y}{x}\right)^2\cdot\mathrm{d}(\ln(x^2+y^2))$$

$$=2\left(\frac{y}{x}\right)\cdot\ln(x^2+y^2)\cdot\frac{x\mathrm{d}y-y\mathrm{d}x}{x^2}+\left(\frac{y}{x}\right)^2\cdot\frac{1}{x^2+y^2}\cdot(2x\mathrm{d}x+2y\mathrm{d}y)$$

$$=\left[\frac{2y^2}{x(x^2+y^2)}-\frac{2y^2\ln(x^2+y^2)}{x^3}\right]\mathrm{d}x+\left[\frac{2y\ln(x^2+y^2)}{x^2}+\frac{2y^3}{x^2(x^2+y^2)}\right]\mathrm{d}y,$$

因此 $$\frac{\partial z}{\partial x}=\frac{2y^2}{x(x^2+y^2)}-\frac{2y^2\ln(x^2+y^2)}{x^3},\quad \frac{\partial z}{\partial y}=\frac{2y\ln(x^2+y^2)}{x^2}+\frac{2y^3}{x^2(x^2+y^2)}.$$

例 7 求函数 $u=\frac{x}{x^2+y^2+z^2}$的全微分和三个一阶偏导数.

解 求函数 u 的全微分得

$$\mathrm{d}u=\frac{(x^2+y^2+z^2)\mathrm{d}x-x\mathrm{d}(x^2+y^2+z^2)}{(x^2+y^2+z^2)^2}=\frac{(y^2+z^2-x^2)\mathrm{d}x-2xy\mathrm{d}y-2xz\mathrm{d}z}{(x^2+y^2+z^2)^2},$$

因此

$$\frac{\partial u}{\partial x}=\frac{y^2+z^2-x^2}{(x^2+y^2+z^2)^2},\quad \frac{\partial u}{\partial y}=\frac{-2xy}{(x^2+y^2+z^2)^2},\quad \frac{\partial u}{\partial z}=\frac{-2xz}{(x^2+y^2+z^2)^2}.$$

三、隐函数微分法

设已给方程 $F(x,y)=0$,现在要问:在什么条件下,它能确定一个函数 $y=f(x)$,满足方程 $F(x,f(x))=0$,又怎样去求这个函数的导数呢?

我们首先叙述隐函数存在定理.

定理 3 设函数 $F(x,y)$在点 $P_0(x_0,y_0)$的某一邻域内具有连续偏导数 $F_x(x,y)$,$F_y(x,y)$,且 $F(x_0,y_0)=0$,$F_y(x_0,y_0)\neq0$,则

(1) 方程 $F(x,y)=0$ 在点(x_0,y_0)的某一邻域内能唯一确定一个隐函数 $y=f(x)$,使得 $F(x,f(x))=0(x\in U(x_0))$,且满足条件 $y_0=f(x_0)$;

(2) $y=f(x)$在 $U(x_0)$内有连续的导数,且

$$\frac{\mathrm{d}y}{\mathrm{d}x}=-\frac{F_x}{F_y}. \tag{7}$$

公式(7)就是隐函数的求导公式.

定理证明略,现仅就公式(7)作如下推导:

由于方程 $F(x,y)=0$ 确定了函数 $y=f(x)$,且已知偏导数 $F_x(x,y)$,$F_y(x,y)$连续,$F_y(x,y)\neq0$,将函数 $y=f(x)$代入方程 $F(x,y)=0$,得

$$F(x,f(x))=0,$$

两端对 x 求导，由复合函数求导法则，得

$$F_x + F_y \frac{\mathrm{d}y}{\mathrm{d}x} = 0.$$

因为 $F_y(x,y)\neq 0$，所以 $\frac{\mathrm{d}y}{\mathrm{d}x}=-\frac{F_x}{F_y}$.

类似地，设方程 $F(x,y,z)=0$ 确定具有连续偏导数的二元函数 $z=f(x,y)$ 且 $F_z(x,y,z)\neq 0$，则有偏导数公式：

$$\frac{\partial z}{\partial x}=-\frac{F_x}{F_z}, \quad \frac{\partial z}{\partial y}=-\frac{F_y}{F_z}.$$

例 8 求由方程 $x-y-\varepsilon\sin y=0(0<\varepsilon<1)$（开普勒方程）所确定的隐函数 $y=f(x)$ 的导数.

解 设 $F(x,y)=x-y-\varepsilon\sin y$. 因为

$$F_x=\frac{\partial F}{\partial x}=1,$$

$$F_y=\frac{\partial F}{\partial y}=-1-\varepsilon\cos y=-(1+\varepsilon\cos y)\neq 0 \quad (0<\varepsilon<1),$$

因此

$$\frac{\mathrm{d}y}{\mathrm{d}x}=-\frac{F_x}{F_y}=\frac{1}{1+\varepsilon\cos y}.$$

例 9 求由方程 $\mathrm{e}^{-xy}-2z+\mathrm{e}^z=0$ 所确定的隐函数 $z=f(x,y)$ 关于 x 和 y 的偏导数.

解 令 $F(x,y,z)=\mathrm{e}^{-xy}-2z+\mathrm{e}^z$. 因为

$$\frac{\partial F}{\partial x}=-y\mathrm{e}^{-xy}, \quad \frac{\partial F}{\partial y}=-x\mathrm{e}^{-xy}, \quad \frac{\partial F}{\partial z}=-2+\mathrm{e}^z,$$

所以

$$\frac{\partial z}{\partial x}=-\frac{\frac{\partial F}{\partial x}}{\frac{\partial F}{\partial z}}=\frac{y\mathrm{e}^{-xy}}{\mathrm{e}^z-2}, \quad \frac{\partial z}{\partial y}=-\frac{\frac{\partial F}{\partial y}}{\frac{\partial F}{\partial z}}=\frac{x\mathrm{e}^{-xy}}{\mathrm{e}^z-2}.$$

例 10 求由方程 $x^2+2y^2+3z^2-4=0$ 所确定的隐函数 $z=f(x,y)$ 关于 x 和 y 的偏导数.

解 令 $F(x,y,z)=x^2+2y^2+3z^2-4$. 因为

$$\frac{\partial F}{\partial x}=2x, \quad \frac{\partial F}{\partial y}=4y, \quad \frac{\partial F}{\partial z}=6z,$$

所以

$$\frac{\partial z}{\partial x}=-\frac{\frac{\partial F}{\partial x}}{\frac{\partial F}{\partial z}}=-\frac{x}{3z}, \quad \frac{\partial z}{\partial y}=-\frac{\frac{\partial F}{\partial y}}{\frac{\partial F}{\partial z}}=-\frac{2y}{3z}.$$

在例 10 中也可以用全微分求隐函数的导数，把方程 $x^2+2y^2+3z^2-4=0$ 中的 z 看成 x,y 的函数，则方程就是关于 x,y 的恒等式，对其求全微分，则有

$$2x\mathrm{d}x+4y\mathrm{d}y+6z\mathrm{d}z=0,$$

即

$$\mathrm{d}z=-\frac{x}{3z}\mathrm{d}x-\frac{2y}{3z}\mathrm{d}y.$$

由此可得

$$\frac{\partial z}{\partial x}=-\frac{x}{3z},\quad \frac{\partial z}{\partial y}=-\frac{2y}{3z}.$$

习 题 6.5

1. 求下列复合函数的偏导数或导数：

(1) $z=uv,u=\mathrm{e}^x,v=\sin x$，求$\dfrac{\mathrm{d}z}{\mathrm{d}x}$；

(2) $u=\dfrac{y-z}{1+a^2}\mathrm{e}^{ax},y=a\sin x,z=\cos x$，求$\dfrac{\mathrm{d}u}{\mathrm{d}x}$；

(3) $z=u^2\ln v,u=\dfrac{y}{x},v=x^2+y^2$，求$\dfrac{\partial z}{\partial x},\dfrac{\partial z}{\partial y}$；

(4) $z=\mathrm{e}^{uv},u=\ln\sqrt{x^2+y^2},v=\arctan\dfrac{y}{x}$，求$\dfrac{\partial z}{\partial x},\dfrac{\partial z}{\partial y}$.

2. 求下列函数的一阶偏导数(其中 f 具有一阶连续偏导数，φ,g 可导)：

(1) $z=\dfrac{y}{f(x^2-y^2)}$，求$\dfrac{\partial z}{\partial x},\dfrac{\partial z}{\partial y}$；

(2) $z=f(\mathrm{e}^{xy},x^2-y^2)$，求$\dfrac{\partial z}{\partial x}$；

(3) $z=f(\sqrt{xy},\sin x)$，求$\dfrac{\partial z}{\partial x},\dfrac{\partial z}{\partial y}$；

(4) $u=f(x,xy,xyz)$，求$\dfrac{\partial u}{\partial x},\dfrac{\partial u}{\partial y},\dfrac{\partial u}{\partial z}$；

(5) $z=\varphi(xy)+g\left(\dfrac{x}{y}\right)$，求$\dfrac{\partial z}{\partial x},\dfrac{\partial z}{\partial y}$.

3. 求下列函数的二阶偏导数(其中 f 具有二阶连续偏导数)：

(1) $z=f(xy,y)$；

(2) $z=f(s+t,st)$.

4. (1) 求由方程 $x+y-\mathrm{e}^{-x^2y}=0$ 所确定的隐函数 $y=f(x)$ 的导数；

(2) 求由方程 $1+xy-\ln(\mathrm{e}^{xy}+\mathrm{e}^{-xy})=0$ 所确定的隐函数 $y=f(x)$ 的 $\dfrac{\mathrm{d}y}{\mathrm{d}x}$ 及 $\dfrac{\mathrm{d}^2y}{\mathrm{d}x^2}$；

(3) 设 $z=f(x,y)$ 是由方程 $\sin z=xyz$ 所确定的隐函数，求 $\dfrac{\partial z}{\partial x}$ 及 $\dfrac{\partial z}{\partial y}$.

§6.6 多元函数的极值及其求法

在许多实际问题中,经常会遇到求多元函数的极值和最值问题.与一元函数类似,多元函数的极值也是区域上的局部概念,而最值则是整体概念,二者之间有着密切联系.这些问题都可用多元函数的微分法来处理.因此,我们以二元函数为例,先来研究二元函数的极值问题.

一、二元函数的极值

1. 极值的定义

定义 设函数 $z=f(x,y)$ 在 $U(P_0)$ 内有定义.对于 $U(P_0)$ 内异于点 $P_0(x_0,y_0)$ 的任何点 (x,y),

(1) 若有 $f(x,y)<f(x_0,y_0)$,则称点 $P_0(x_0,y_0)$ 为函数 $f(x,y)$ 的**极大值点**,并称函数值 $f(x_0,y_0)$ 是函数 $f(x,y)$ 的**极大值**;

(2) 若有 $f(x,y)>f(x_0,y_0)$,则称点 $P_0(x_0,y_0)$ 为函数 $f(x,y)$ 的**极小值点**,并称函数值 $f(x_0,y_0)$ 是函数 $f(x,y)$ 的**极小值**.

极大值点与极小值点统称为**极值点**;极大值与极小值统称为**极值**.

例 1 对于函数 $z=\sqrt{1-x^2-y^2}$(见图 6-28),点 $(0,0)$ 是其极大值点,$f(0,0)=1$ 是极大值.原因是在点 $(0,0)$ 的空心邻域内,$\forall(x,y)$ 点,都有

$$f(0,0)=1>f(x,y),\quad (x,y)\neq(0,0).$$

例 2 对于函数 $f(x,y)=x^2+y^2$(见图 6-14),点 $(0,0)$ 是其极小值点,$f(0,0)=0$ 是极小值,这是因为在点 $(0,0)$ 的空心邻域内,除 $(0,0)$ 点外的函数值均为正,且

$$f(0,0)=0<f(x,y),\quad (x,y)\neq(0,0).$$

2. 极值的求法

定理 1(极值存在的必要条件) 设函数 $z=f(x,y)$ 在点 (x_0,y_0) 具有偏导数,且在点 (x_0,y_0) 处有极值,则有

$$f_x(x_0,y_0)=0,\quad f_y(x_0,y_0)=0.$$

证 不妨设 $z=f(x,y)$ 在点 (x_0,y_0) 处有极大值,由极大值的定义,在点 (x_0,y_0) 的某邻域内,任何异于 (x_0,y_0) 的点 (x,y) 都满足不等式 $f(x,y)<f(x_0,y_0)$.特别地,对该邻域内的点 $(x,y_0)\neq(x_0,y_0)$,有 $f(x,y_0)<f(x_0,y_0)$.这表明一元函数 $f(x,y_0)$ 在点 $x=x_0$ 处取得极大值.由一元函数极值的必要条件可知,$f_x(x_0,y_0)=0$.

同理可证

$$f_y(x_0,y_0)=0.$$

使 $f_x(x,y)=0$ 与 $f_y(x,y)=0$ 同时成立的点 (x_0,y_0) 称为函数 $z=f(x,y)$ 的**驻点**. 偏导数存在的函数的极值点是驻点. 但是驻点未必是函数极值点.

例 3 对于函数 $z=\dfrac{x^2}{a^2}-\dfrac{y^2}{b^2}$(双曲抛物面,见第 165 页图 6-20),点 $(0,0)$ 是函数的驻点,但却不是极值点. 因为在点 $(0,0)$ 处的函数值为零,而在点 $(0,0)$ 的任一邻域内,总有使函数值为正的点,也有使函数值为负的点.

注 极值点也可能是偏导数不存在的点.

例 4 函数 $z=\sqrt{x^2+y^2}$(上半锥面,如图 6-32)在 $(0,0)$ 处的偏导数不存在,但 $(0,0)$ 点是函数极小值点,且函数的极小值为 0.

那么怎样判断一个驻点是否为极值点? 下面我们给出极值存在的充分条件.

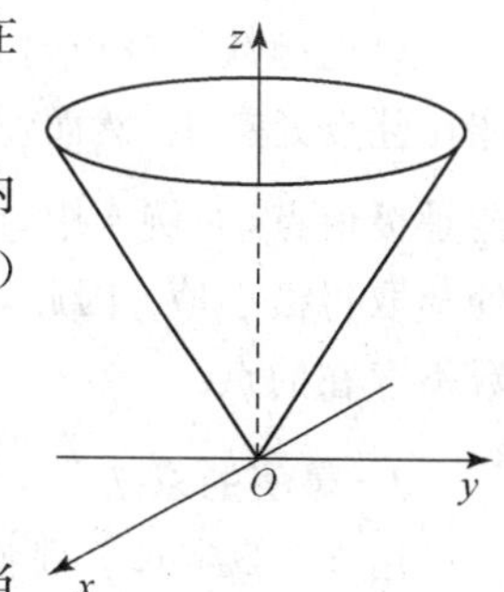

图 6-32

定理 2(极值存在的充分条件) 设函数 $z=f(x,y)$ 在 $U(P_0)$ 内具有二阶连续偏导数,且点 $P_0(x_0,y_0)$ 是函数的驻点,即 $f_x(x_0,y_0)=0$ 与 $f_y(x_0,y_0)=0$. 记

$$A=f_{xx}(x_0,y_0),\quad B=f_{xy}(x_0,y_0),\quad C=f_{yy}(x_0,y_0),$$

则

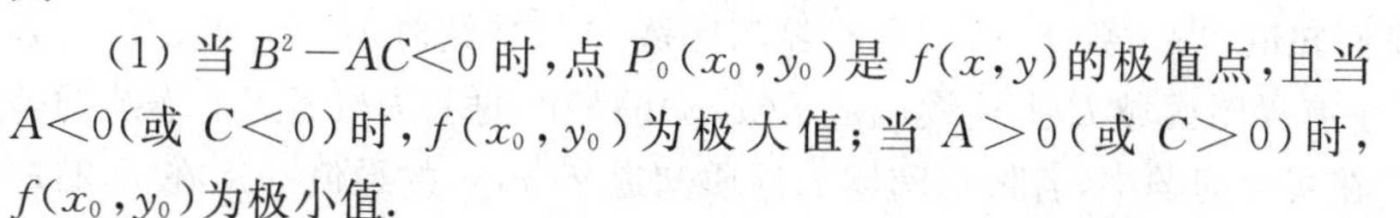

(1) 当 $B^2-AC<0$ 时,点 $P_0(x_0,y_0)$ 是 $f(x,y)$ 的极值点,且当 $A<0$(或 $C<0$)时,$f(x_0,y_0)$ 为极大值;当 $A>0$(或 $C>0$)时,$f(x_0,y_0)$ 为极小值.

(2) 当 $B^2-AC>0$ 时,点 $P_0(x_0,y_0)$ 不是 $f(x,y)$ 的极值点.

(3) 当 $B^2-AC=0$ 时,点 $P_0(x_0,y_0)$ 可能是 $f(x,y)$ 的极值点,也可能不是极值点,需要另作讨论.

定理证明略.

由定理 1 和定理 2,若函数 $z=f(x,y)$ 具有二阶连续的偏导数,则求极值的方法步骤如下:

第一步:解方程组 $\begin{cases} f_x(x,y)=0, \\ f_y(x,y)=0 \end{cases}$ 求出一切实数解,即得函数的驻点.

第二步:对所求得的每一个驻点 $P_0(x_0,y_0)$,计算出二阶偏导数 A,B 和 C.

第三步:确定出 B^2-AC 的符号,按定理 2 的结论判定 $f(x_0,y_0)$ 是不是极值,是极大值还是极小值.

例 5 求函数 $f(x,y)=x^3-y^3+3x^2+3y^2-9x$ 的极值.

解 解方程组 $\begin{cases} f_x(x,y)=3x^2+6x-9=0, \\ f_y(x,y)=-3y^2+6y=0, \end{cases}$ 求得驻点为 $P_1(1,0)$,$P_2(1,2)$,$P_3(-3,0)$,$P_4(-3,2)$. 计算 $f(x,y)$ 的二阶偏导数:

$$f_{xx}(x,y)=6x+6,\quad f_{xy}(x,y)=0,\quad f_{yy}(x,y)=-6y+6.$$

在点 $P_1(1,0)$处，由于 $A=12,B=0,C=6,B^2-AC=0^2-12\times 6<0$，且 $A>0$，所以函数在 $P_1(1,0)$处取极小值 $f(1,0)=-5$；

在点 $P_2(1,2)$处，由于 $A=12,B=0,C=-6,B^2-AC=0^2-12\cdot(-6)>0$，所以点 $P_2(1,2)$不是极值点；

在点 $P_3(-3,0)$处，由于 $A=-12,B=0,C=6,B^2-AC=0^2-(-12)\cdot 6>0$，所以点 $P_3(-3,0)$不是极值点；

在点 $P_4(-3,2)$处，由于 $A=-12,B=0,C=-6,B^2-AC=0^2-(-12)\cdot(-6)<0$，且 $A<0$，所以函数在点 $P_4(-3,2)$处取极大值 $f(-3,2)=31$.

讨论函数的极值时，如果函数在所讨论的区域内具有偏导数，则由定理 1 知，极值只可能在驻点处产生. 然而，如果函数在个别点处的偏导数不存在，这些点当然不是驻点，但也可能是极值点，如例 4 中，函数 $z=\sqrt{x^2+y^2}$在点(0,0)处的偏导数不存在，但该函数在点(0,0)处却取得极小值. 因此，在讨论函数的极值时，除了考虑函数的驻点外，还要考虑函数偏导数不存在的点.

3. 最值的求法

由§6.2 定理 3 我们知道，当函数 $f(x,y)$在有界闭区域 D 上连续时，$f(x,y)$在 D 上必有最大值和最小值. 对于有界闭区域 D 上连续函数 $f(x,y)$的最值的求法与闭间上连续的一元函数最值求法相似. 在实际问题中，若根据问题的性质知道 $f(x,y)$的最值一定在 D 的内部取得，并且 $f(x,y)$在 D 的内部只有一个驻点，那么可以断定该驻点处的函数值就是 $f(x,y)$在 D 上的最值.

例 6 求二元函数 $z=f(x,y)=x^2y(4-x-y)$在由直线 $x+y=6$，x 轴及 y 轴所围成的闭区域 D(图 6-33)上的最大值和最小值.

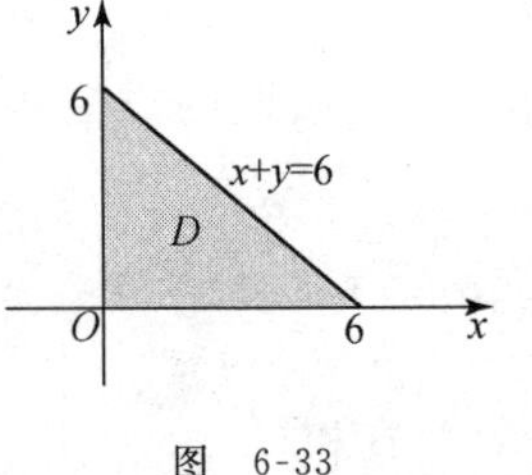

图 6-33

解 解方程组$\begin{cases}f_x(x,y)=2xy(4-x-y)-x^2y=0,\\ f_y(x,y)=x^2(4-x-y)-x^2y=0\end{cases}$得驻点：(2,1)，(4,0)，(0,y) ($y\in(0,6)$). 因为点 (4,0)，(0,y) ($y\in(0,6)$)，不在区域 D 内，所以 $f(x,y)$在 D 内有唯一的驻点(2,1)，对应函数值 $f(2,1)=4$.

考虑函数 $f(x,y)$在 D 的边界上的情况：

当 $x=0,0\leqslant y\leqslant 6$ 时，$f(x,y)=0$；

当 $y=0,0\leqslant x\leqslant 6$ 时，$f(x,y)=0$；

当 $x+y=6$，$(0\leqslant x\leqslant 6)$时，$f(x,y)$可表示为一元函数

$$g(x)=f(x,6-x)=2x^3-12x^2,\quad x\in[0,6].$$

令 $g'(x)=6x^2-24x=0$，得 $g(x)$在$[0,6]$上的唯一驻点 $x=4$，且 $g(4)=f(4,2)=-64$，而

$g(0)=g(6)=0$，知 $g(x)$在$[0,6]$上的最大值为 0，最小值为-64.

综上所述，$f(x,y)$在 D 上的最大值为 $f(2,1)=4$，最小值为-64.

例 7 某厂家在生产中采用甲、乙两种原料，已知甲和乙两种原料分别使用 x 单位和 y 单位可生产Q 单位的产品且 $Q(x,y)=10xy+20.2x+30.3y-10x^2-5y^2$，又已知甲原料的价格为 20 元/单位，乙原料的价格为 30 元/单位，产品每单位售价为 100 元，产品固定成本为 1000 元，求该厂家的最大利润.

解 设 $L(x,y)$表示该厂家的利润，则

$$\begin{aligned} L(x,y) &= 100Q(x,y)-(20x+30y+1000) \\ &= 1000xy+2000x+3000y-1000x^2-500y^2-1000. \end{aligned}$$

解方程组

$$\begin{cases} L_x(x,y)=1000y+2000-2000x=0, \\ L_y(x,y)=1000x+3000-1000y=0, \end{cases}$$

求得唯一驻点$(5,8)$. 由于

$$A=L_{xx}(5,8)=-2000,\quad B=L_{xy}(5,8)=1000,\quad C=L_{yy}(5,8)=-1000,$$

$$B^2-AC=-10^6<0,\quad 且\quad A=-2000<0,$$

所以函数 $L(x,y)$ 在点$(5,8)$处取得极大值 $L(5,8)=16000$，即该厂家的最大利润为 16000 元.

二、条件极值与拉格朗日乘数法

前面所研究的极值问题当中，所考虑的函数的自变量，除受到函数定义域的限制外，别无其他的附加条件. 这种情况下所求得的极值，一般称其为**无条件极值**. 然而，在一些实际问题当中，函数的自变量除受到函数的定义域的限制外，还要受到其他附加条件的限制. 例如，对于求周长为 a 而面积最大的长方形问题，若用 x,y 分别表示长方形的长与宽，则它是一个在附加条件 $2x+2y=a$ 的限制之下，求函数 $S=xy$ 的最大值问题. 一般地，称这种对函数自变量有约束条件的极值为**条件极值**.

在有些情况下，可以将条件极值问题化为无条件极值问题去求解. 例如，在约束条件 $2x+2y=a$的限制之下，求函数 $S=xy$ 的最大值问题，就可以转化为求 $S=x\left(\frac{a-2x}{2}\right)$，$\left(或 S=y\left(\frac{a-2y}{2}\right)\right)$的最大值问题. 但在很多情况下，将条件极值化为无条件极值并非这样简单. 下面我们介绍一种求条件极值的方法——**拉格朗日乘数法**.

为求函数 $z=f(x,y)$在约束条件 $\varphi(x,y)=0$ 下的极值，可采取以下步骤：

(1) 用常数 λ 乘 $\varphi(x,y)$后与 $f(x,y)$相加，得**拉格朗日函数**

$$L(x,y,\lambda)=f(x,y)+\lambda\varphi(x,y).$$

(2) 求出 $L(x,y)$ 关于 x,y 及 λ 的一阶偏导数并令其为零，然后联立方程组

$$\begin{cases} L_x(x,y,\lambda) = f_x(x,y) + \lambda\varphi_x(x,y) = 0, \\ L_y(x,y,\lambda) = f_y(x,y) + \lambda\varphi_y(x,y) = 0, \\ L_\lambda(x,y,\lambda) = \varphi(x,y) = 0. \end{cases}$$

由这个方程组解出 x,y 及 λ，这样得到的 (x,y) 就是 $f(x,y)$ 在附加条件 $\varphi(x,y)=0$ 下的可能极值点.

(3) 判别上面所解出的 x,y 是否为 $z=f(x,y)$ 的极值点，若是则求出其值.

这种方法还可以推广到自变量多于两个而条件多于一个的情形. 例如，要求函数

$$u = f(x,y,z)$$

在附加条件 $\varphi(x,y,z)=0,\psi(x,y,z)=0$ 下的极值，也是先作拉格朗日函数

$$L(x,y,z,\lambda,\mu) = f(x,y,z) + \lambda\varphi(x,y,z) + \mu\psi(x,y,z),$$

其中 λ,μ 均为参数，求其一阶偏导数，并令其为零，联立方程组

$$\begin{cases} L_x(x,y,z,\lambda,\mu) = f_x(x,y,z) + \lambda\varphi_x(x,y,z) + \mu\psi_x(x,y,z) = 0, \\ L_y(x,y,z,\lambda,\mu) = f_y(x,y,z) + \lambda\varphi_y(x,y,z) + \mu\psi_y(x,y,z) = 0, \\ L_z(x,y,z,\lambda,\mu) = f_z(x,y,z) + \lambda\varphi_z(x,y,z) + \mu\psi_z(x,y,z) = 0, \\ L_\lambda(x,y,z,\lambda,\mu) = \varphi(x,y,z) = 0, \\ L_\mu(x,y,z,\lambda,\mu) = \psi(x,y,z) = 0, \end{cases}$$

解出 $\lambda,\mu,x,y,z,(x,y,z)$ 即是可能的极值点；然后判别求出的 (x,y,z) 是否为极值点.

例 8　用拉格朗日乘数法求解容量一定的具有最小表面积的长方体.

解　设所求长方体的容量为 V，并设其长、宽、高分别为 x,y,z，表面积为 S. 此时，问题就化为求函数

$$S = 2(xy + yz + xz)$$

在约束条件 $xyz-V=0$ 限制之下的最小值. 先作拉格朗日函数

$$L(x,y,z,\lambda) = 2(xy + yz + xz) + \lambda(xyz - V),$$

然后求出 $L(x,y,z,\lambda)$ 关于 x,y,z,λ 的一阶偏导数并令其为零，联立方程组，即

$$\begin{cases} L_x = 2(y+z) + \lambda yz = 0, \\ L_y = 2(x+y) + \lambda xz = 0, \\ L_z = 2(y+x) + \lambda xy = 0, \\ L_\lambda = V - xyz = 0. \end{cases}$$

解方程组得
$$x=y=z=\sqrt[3]{V}.$$

因为这是唯一可能的极值点，又由问题本身可知最小值一定存在，所以最小值就在这点处取得，也就是说，容量为 V 时，以棱长为 $\sqrt[3]{V}$ 的正方体的表面积为最小，最小表面积为

$$S = 6\sqrt[3]{V^2}.$$

例 9 某公司同时销售煤气和电力，并且它自身也以其为能源. 设煤气的销售量为 x(单位：万 m^3)，电力的销售量为 y(单位：kW)，C 为总成本(单位：万元)，总成本函数为

$$C(x,y)=\frac{1}{2}x^2+\frac{3}{4}y^2-7xy+134x+12y+250,$$

其中 x,y 满足条件 $y+4x-36=0$，试求其最低总成本.

解 令 $L(x,y,\lambda)=C(x,y)+\lambda(y+4x-36)$，即

$$L(x,y,\lambda)=\frac{1}{2}x^2+\frac{3}{4}y^2-7xy+134x+12y+250+\lambda(y+4x-36).$$

求出 $L(x,y)$ 对 x,y,λ 的偏导数并令其为 0，即

$$\begin{cases} L_x(x,y,\lambda)=x-7y+134+4\lambda=0, \\ L_y(x,y,\lambda)=\dfrac{3}{2}y-7x+12+\lambda=0, \\ L_\lambda(x,y,\lambda)=y+4x-36=0. \end{cases}$$

解方程组得

$$x=4.72,\quad y=17.12.$$

由题意可知，$C(x,y)$ 存在最小值，故所求最低成本为

$$C(4.72,17.12)=753.24\text{ 万元}.$$

例 10 某公司为销售产品作两种方式的广告宣传，当两种方式的宣传费分别为 x,y(单位：万元)时，销售量为 $Q(x,y)=\dfrac{200x}{5+x}+\dfrac{100y}{10+y}$. 若销售产品所得利润是销量的 $\dfrac{1}{5}$ 减去广告费，现要使用广告费 25 万元，应如何选择两种广告形式，才能使广告产生的利润最大？最大利润是多少？

解 依题意，利润为

$$f(x,y)=\frac{1}{5}Q-25=\frac{40x}{5+x}+\frac{20y}{10+y}-25,$$

附加条件为 $x+y=25$. 引入拉格朗日函数

$$L(x,y,\lambda)=\frac{40x}{5+x}+\frac{20y}{10+y}-25+\lambda(x+y-25).$$

解方程组

$$\begin{cases} L_x=\dfrac{200}{(5+x)^2}+\lambda=0, \\ L_y=\dfrac{200}{(10+y)^2}+\lambda=0, \\ L_\lambda=x+y-25=0, \end{cases}$$

得 $x=15,y=10,\lambda=-\dfrac{1}{2}$. 由问题的实际意义知，存在最大利润，且驻点唯一，所以当两种广告

方式分别投入 15 万元和 10 万元时，广告产生的利润最大，最大利润为 $f(15,10)=15$ 万元.

习 题 6.6

1. 求下列函数的极值：

(1) $z=x^3-4x^2+2xy-y^2$；　　(2) $f(x,y)=x^3+y^3-3xy$；

(3) $f(x,y)=x^2+y^2-2\ln x-2\ln y$.

2. 设 $z=f(x,y)$ 是由方程 $x^2+y^2+z^2-2x+4y-6z-11=0$ 确定的隐函数，求函数 $f(x,y)$ 的极值.

3. 求下列函数在给定约束条件下的条件极值：

(1) $z=x^2+y^2$，约束条件 $x+y=1$；

(2) $u=xyz$，约束条件 $\frac{1}{x}+\frac{1}{y}+\frac{1}{z}=\frac{1}{a}$ $(x>0,y>0,z>0,a>0)$；

(3) $z=xy$，约束条件 $x+y=2$.

复 习 题 六

1. 选择题：

(1) 极限 $\lim\limits_{(x,y)\to(0,0)}\frac{xy}{x^2+y^2}=$(　　)；

(A) $\frac{1}{2}$　　(B) 0　　(C) $\frac{2}{5}$　　(D) 不存在

(2) 函数 $f(x,y)$ 在点 (x_0,y_0) 处偏导数存在，是 $f(x,y)$ 在该点处(　　)；

(A) 连续的充分条件　　(B) 连续的必要条件

(C) 可微的必要条件　　(D) 可微的充分条件

(3) 设函数 $f(x,y)=y(x-1)^2+x(y-2)^2$，在下列求 $f_x(1,2)$ 的方法中，不正确的是(　　)；

(A) 因为 $f(x,2)=2(x-1)^2$，$f_x(x,2)=4(x-1)$，所以 $f_x(x,2)\big|_{x=1}=4(x-1)\big|_{x=1}=0$

(B) 因为 $f(1,2)=0$，所以 $f_x(1,2)=(0)=0$

(C) 因为 $f_x(x,y)=2y(x-1)+(y-2)^2$，所以 $f_x(1,2)=f_x(x,y)\Big|_{\substack{x=1\\y=2}}=0$

(D) $f_x(1,2)=\lim\limits_{x\to1}\frac{f(x,2)-f(1,2)}{x-1}=\lim\limits_{x\to1}\frac{2(x-1)^2-0}{x-1}=0$

(4) 函数 $f(x,y)=\begin{cases}\frac{xy}{\sqrt{x^2+y^2}}, & (x,y)\neq(0,0),\\ 0, & (x,y)=(0,0)\end{cases}$ 在点 $(0,0)$ 处(　　)；

(A) 连续,但偏导数不存在　　(B) 偏导数存在,但不可微

(C) 可微,但偏导数不连续　　(D) 偏导数存在且连续

(5) 设方程 $F(x-y,y-z,z-x)=0$ 确定 z 是 x,y 的函数,F 是可微函数,则$\frac{\partial z}{\partial x}=$(　　);

(A) $-\frac{F_1}{F_3}$　(B) $\frac{F_1}{F_3}$　(C) $\frac{F_x-F_z}{F_y-F_z}$　(D) $\frac{F_1-F_3}{F_2-F_3}$

(6) 函数 $z=xy(1-x-y)$ 的极值点是(　　);

(A) $(0,0)$　(B) $(0,1)$　(C) $(1,0)$　(D) $\left(\frac{1}{3},\frac{1}{3}\right)$

(7) 函数 $u=\sin x\sin y\sin z$ 满足条件 $x+y+z=\frac{\pi}{2}(x>0,y>0,z>0)$ 的条件极值为(　　).

(A) 1　(B) 0　(C) $\frac{1}{6}$　(D) $\frac{1}{8}$

2. 填空题:

(1) 函数 $f(x,y)=\arcsin\frac{x^2+y^2}{4}+\sqrt{x^2+y^2-1}$ 的定义域为________;

(2) $\lim\limits_{(x,y)\to(0,0)}\frac{1-\cos(x^2+y^2)}{(x^2+y^2)\mathrm{e}^{x^2y^2}}=$________;

(3) 设函数 $z=(xy+1)^x$,则$\frac{\partial z}{\partial x}=$________;

(4) 设函数 $u=\arcsin\frac{z}{x+y}$,则 $\mathrm{d}u=$________;

(5) 由方程 $x^2+y^2+z^2-2xyz=0$ 所确定的隐函数 $z=f(x,y)$ 关于 y 的偏导数为 $f_y(x,y)=$________;

(6) 设 $z=f(x,y)$ 是由方程$\frac{x}{z}=\ln\frac{z}{y}$所确定的隐函数,则$\frac{\partial z}{\partial x}=$________;

(7) 设函数 $u=f(x,xy,xyz)$ 具有连续的二阶偏导数,则$\frac{\partial^2 u}{\partial x\partial y}=$________;

(8) 由方程 $xyz+\sqrt{x^2+y^2+z^2}=\sqrt{2}$ 所确定隐函数 $z=f(x,y)$ 在点 $(1,0,-1)$ 处的全微分为 $\mathrm{d}z=$________;

(9) 函数 $z=x+y$ 在条件$\frac{1}{x}+\frac{1}{y}=1(x>0,y>0)$下的极值为________.

3. 求下列极限:

(1) $\lim\limits_{(x,y)\to(0,0)}\frac{2-\sqrt{xy+4}}{xy}$;　(2) $\lim\limits_{(x,y)\to(0,0)}\frac{xy}{\sqrt{2-\mathrm{e}^{xy}}-1}$;

(3) $\lim\limits_{\substack{x\to+\infty\\y\to+\infty}}(x^2+y^2)\mathrm{e}^{-(x+y)}$;　(4) $\lim\limits_{\substack{x\to\infty\\y\to\infty}}\frac{x^2+y^2}{x^4+y^4}$.

4. 求下列函数的一阶偏导数：

(1) $z=\sin\dfrac{x}{y}+xe^{-xy}$；　　(2) $z=\ln(x+\sqrt{x^2+y^2})$；

(3) $u=\arctan(x-y)^z$；　　(4) $u=x^{y^z}$ 在点(2,2,1)处的偏导数；

(5) $z=f(x,y)=e^{xy}\sin\pi y+(x-1)\arctan\sqrt{\dfrac{x}{y}}$ 在点(1,1)处的偏导数；

(6) $z=f(x,y)=(x^2-y^2)\ln(x+y)+\arctan\left(\dfrac{y}{x}e^{x^2+y^2}\right)$ 在点(1,0)处的偏导数；

(7) $u=\displaystyle\int_{yz}^{xz}e^{t^2}\,dt$.

5. 求下函数的二阶偏导数：

(1) $z=\sin(x^2+2y)$；　　(2) $z=\arctan\dfrac{y}{x}$；　　(3) $z=y^x$；

(4) $z=x\ln(x+y)$；　　(5) $z=e^x\cos y$.

6. 证明：函数 $u=\dfrac{1}{r}$ 满足方程 $\dfrac{\partial^2 u}{\partial x^2}+\dfrac{\partial^2 u}{\partial y^2}+\dfrac{\partial^2 u}{\partial z^2}=0$，其中 $r=\sqrt{x^2+y^2+z^2}$.

7. 求下列函数的全微分：

(1) $z=\arcsin\dfrac{x}{y}$；　　(2) $z=e^{xy}\ln y$；　　(3) $u=2x+\ln\dfrac{y}{3}+e^{yz}$；

8. 求下列函数的导数或偏导数：

(1) $x+y-z=e^z,\ xe^x=\tan t,\ y=\cos t$，求 $\dfrac{dz}{dt}$；

(2) $z=x^2y-xy^2,\ x=t\cos\theta,\ y=t\sin\theta$，求 $\dfrac{\partial z}{\partial t},\dfrac{\partial z}{\partial \theta}$；

(3) $z=uv,\ x=e^u\cos v,\ y=e^u\sin v$，求 $\dfrac{\partial z}{\partial x},\dfrac{\partial z}{\partial y}$；

(4) $z=u^2\ln v,\ u=\dfrac{x}{y},\ v=3x-2y$，求 $\dfrac{\partial z}{\partial x},\dfrac{\partial z}{\partial y}$；

9. 设 f 具有二阶连续偏导数，求下列函数的偏导数：

(1) $z=f\left(x,\dfrac{x}{y}\right)$，求 $\dfrac{\partial z}{\partial x},\dfrac{\partial z}{\partial y}$；

(2) $z=x^2f\left(\dfrac{y}{x},xy\right)$，求 $\dfrac{\partial z}{\partial x}$；

(3) $z=f(x+y,y^2)$，求 $\dfrac{\partial^2 z}{\partial y^2}$；

(4) $z=\dfrac{1}{x}f(xy)+y\varphi(x+y)$，$\varphi$ 二阶可导，求 $\dfrac{\partial^2 z}{\partial x^2},\dfrac{\partial^2 z}{\partial x\partial y}$.

10. 求下列隐函数的导数或偏导数：

(1) $z^3-3xyz=a^3$，求 $\frac{\partial z}{\partial x},\frac{\partial z}{\partial y}$；　　(2) $F\left(\frac{x}{z},\frac{y}{z}\right)=0$，求 $\frac{\partial z}{\partial x},\frac{\partial z}{\partial y}$；

(3) $z=f(x,y)$ 且 $\begin{cases}x=t+\sin t,\\ y=\varphi(t)\end{cases}$ 确定 y 为 x 的函数，其中 f 具有连续偏导数，φ 有连续导数，求 z 对 x 的全导数 $\frac{\mathrm{d}z}{\mathrm{d}x}$.

11. 设函数 $z=x^nf\left(\frac{y}{x^2}\right)$，其中 f 为可微函数，证明：$x\frac{\partial z}{\partial x}+2y\frac{\partial z}{\partial y}=nz$.

12. 设函数 $f(u)$ 具有二阶连续的导数，而 $z=f(\mathrm{e}^x\sin y)$ 满足方程 $\frac{\partial^2 z}{\partial x^2}+\frac{\partial^2 z}{\partial y^2}=\mathrm{e}^{2x}z$，求 $f(u)$ 所应满足的关系式.

13. (1) 求函数 $z=x^3-4x^2+2xy-y^2$ 的极值；

(2) 求函数 $f(x,y)=x^2-2xy+2y^2$ 在区域 $D=\{(x,y)\mid 0\leqslant x\leqslant 3,0\leqslant y\leqslant 2\}$ 上的最大值和最小值.

14. 经济学中著名的柯布-道格拉斯生产函数为

$$f(x,y)=Ax^{\alpha}y^{\beta}\quad(0<\alpha<1,0<\beta<1),$$

其中 x 表示劳动力数量，y 表示资本数量，A 是常数，由不同企业的具体情形决定，函数值表示生产量. 已知某生产商的柯布-道格拉斯生产函数为

$$f(x,y)=100x^{\frac{3}{4}}y^{\frac{1}{4}},$$

其中每个劳动力与每单位资本的成本分别为 150 元与 250 元，该生产商的总预算是 50000 元，问他该如何分配这笔钱用于雇用劳动力及投入资本，以使生产量最高.

15. 某企业有两种产品，市场每年对其需求量分别为 1200 件和 2000 件，若分批生产，其每批生产准备费分别为 40 元和 70 元，每年每件产品库存费均为 0.15 元，两种产品每批总生产量为 1000 件，试确定最优批量 x 和 y，使生产准备费和库存费之和最小.

第七章 二重积分

在第五章我们讨论了一元函数的定积分. 多元函数的重积分的定义和定积分一样,都是用和式的极限定义的,只是定积分的积分域是区间,而多元函数重积分的积分域是平面区域或空间区域. 在定积分的基础上学习多重积分是一个类推和扩展的过程. 本章主要介绍二元函数的二重积分.

§7.1 二重积分的概念与性质

一、曲顶柱体的体积

平顶柱体的体积因高不变,求体积时可用公式"体积=底面积×高"来计算,如圆柱体、长方体等. 所谓**曲顶柱体**指的是:底是 Oxy 坐标面上的有界闭区域 D,侧面是以 D 的边界曲线为准线而母线平行于 z 轴的柱面,顶是曲面 $z=f(x,y)$ $(f(x,y)\geqslant 0)$的柱体,其中 $f(x,y)$在 D 上连续(如图 7-1). 计算它的体积,就需要类似于求曲边梯形面积的思想,采用分割—取近似—作和式—求极限的方法计算.

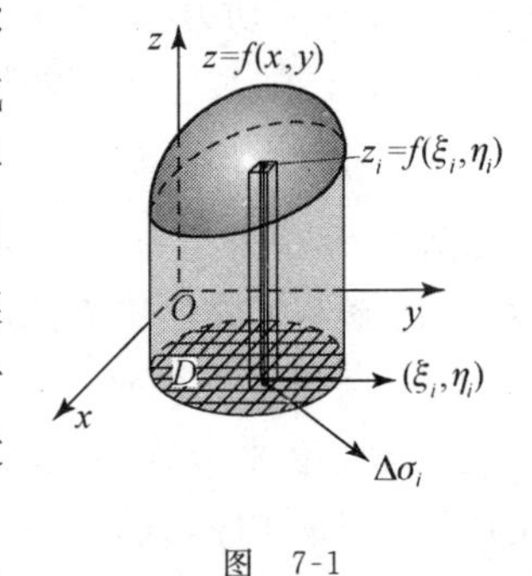

图 7-1

下面我们计算如图 7-1 所示的曲顶柱体的体积 V.

第一步:分割. 先把区域 D 划分成 n 个小闭区域:

$$\Delta\sigma_i \quad (i=1,2,\cdots,n),$$

分别用这 n 个小闭区域的边界曲线为准线作母线平行于 z 轴的柱面,这 n 个柱面把曲顶柱体分为 n 个小曲顶柱体. 设 λ_i 为小区域 $\Delta\sigma_i$ $(i=1,2,\cdots,n)$的直径(即 $\Delta\sigma_i$ 中任意两点间距离的最大者).

第二步:取近似. 在每个小区域 $\Delta\sigma_i$ 内任取一点(ξ_i,η_i) $(i=1,2,\cdots,n)$,用以 $\Delta\sigma_i$ 为底面,$f(\xi_i,\eta_i)$为高的小平顶柱体的体积 $f(\xi_i,\mu_i)\Delta\sigma_i$(这里仍用 $\Delta\sigma_i$ 表示它自身的面积)近似代替小曲顶柱体的体积 ΔV_i,即

$$\Delta V_i \approx f(\xi_i,\eta_i)\Delta\sigma_i \quad (i=1,2,\cdots,n).$$

第三步：作和式.将 n 个小曲顶柱体的体积近似值求和得

$$V=\Delta V_i \approx \sum_{i=1}^{n} f(\xi_i,\eta_i)\Delta\sigma_i.$$

第四步：求极限.设 $\lambda=\max\{\lambda_1,\lambda_2,\cdots,\lambda_n\}$，求和式的极限 $\lim\limits_{\lambda\to 0}\sum\limits_{i=1}^{n} f(\xi_i,\eta_i)\Delta\sigma_i$，则得到的极限值为曲顶柱体的体积，即

$$V=\lim_{\lambda\to 0}\sum_{i=1}^{n} f(\xi_i,\eta_i)\Delta\sigma_i.$$

二、二重积分的定义

定义 设函数 $z=f(x,y)$ 是有界闭区域 D 上的有界函数，将闭区域 D 划分成 n 个小区域：$\Delta\sigma_1,\Delta\sigma_2,\cdots,\Delta\sigma_n$，其中 $\Delta\sigma_i$ 表示第 i 个小区域，并表示它的面积.记每个小区域 $\Delta\sigma_i$ 的直径为 $\lambda_i\ (i=1,2,\cdots,n)$，其中最大的直径为 λ，即 $\lambda=\max\{\lambda_1,\lambda_2,\cdots,\lambda_n\}$.在每个小区域 $\Delta\sigma_i$ 上任取一点 $(\xi_i,\eta_i)\ (i=1,2,\cdots,n)$，作 $f(\xi_i,\eta_i)$ 与 $\Delta\sigma_i$ 乘积的和式

$$\sum_{i=1}^{n} f(\xi_i,\eta_i)\Delta\sigma_i.$$

若和式的极限 $\lim\limits_{\lambda\to 0}\sum\limits_{i=1}^{n} f(\xi_i,\eta_i)\Delta\sigma_i$ 存在，则称 $f(x,y)$ 在闭区域 D 上**可积**，并称此极限值为函数 $f(x,y)$ 在闭区域 D 上的**二重积分**，记为 $\iint\limits_D f(x,y)\mathrm{d}\sigma$，即

$$\iint_D f(x,y)\mathrm{d}\sigma=\lim_{\lambda\to 0}\sum_{i=1}^{n} f(\xi_i,\eta_i)\Delta\sigma_i,$$

其中 $f(x,y)$ 称为**被积函数**，D 称为**积分区域**，x,y 称为**积分变量**，$\mathrm{d}\sigma$ 称为**面积微元**，$\sum\limits_{i=1}^{n} f(\xi_i,\eta_i)\Delta\sigma_i$ 称为**积分和**.

由二重积分的定义可知，曲顶柱体的体积可表示为

$$V=\iint_D f(x,y)\mathrm{d}\sigma.$$

注 1 与一元函数的定积分相似，二元函数的二重积分的定义中闭区域 D 的划分是任意的，点 (ξ_i,η_i) 的取法也是任意的.

注 2 二重积分 $\iint\limits_D f(x,y)\mathrm{d}\sigma$ 是一个常数值，其值与被积函数 $f(x,y)$ 和积分区域 D 有关.

注 3 若函数 $f(x,y)$ 在有界闭区域 D 上连续，则 $f(x,y)$ 在 D 上的二重积分一定存在.

注 4 (1) 若积分区域 D 关于 y 轴($x=0$)对称，则

$$\iint_D f(x,y)\,d\sigma=\begin{cases}0, & \text{当 } f(x,y) \text{ 为 } x \text{ 的奇函数时},\\ 2\iint_{D_1} f(x,y)\,d\sigma, & \text{当 } f(x,y) \text{ 为 } x \text{ 的偶函数时},\end{cases}$$

其中 D_1 为 D 在 $x\geqslant 0$ 的部分；

(2) 若积分区域 D 关于 x 轴($y=0$)对称，则

$$\iint_D f(x,y)\,d\sigma=\begin{cases}0, & \text{当 } f(x,y) \text{ 为 } y \text{ 的奇函数时},\\ 2\iint_{D_1} f(x,y)\,d\sigma, & \text{当 } f(x,y) \text{ 为 } y \text{ 的偶函数时},\end{cases}$$

其中 D_1 为 D 在 $y\geqslant 0$ 的部分.

三、二重积分的性质

二重积分与定积分具有类似的性质. 在下面的性质中假设二元函数 $f(x,y)$, $g(x,y)$ 在积分区域 D 上均为可积函数，其证明从略.

性质 1 函数代数和的二重积分等于各项二重积分的代数和，即

$$\iint_D [f(x,y)\pm g(x,y)]\,d\sigma=\iint_D f(x,y)\,d\sigma\pm\iint_D g(x,y)\,d\sigma.$$

性质 2 被积函数的常数因子可以提到积分号外，即

$$\iint_D kf(x,y)\,d\sigma=k\iint_D f(x,y)\,d\sigma \quad (k \text{ 为不等于零的常数}).$$

这个性质可以推广到有限多个函数的代数和的情形.

性质 3 (二重积分对区域的可加性) 设闭区域 D 被一条曲线分为闭区域 D_1, D_2, 即 $D=D_1\cup D_2$, 则有

$$\iint_D f(x,y)\,d\sigma=\iint_{D_1} f(x,y)\,d\sigma+\iint_{D_2} f(x,y)\,d\sigma.$$

若积分区域 D 被有限条曲线分为有限个部分闭区域，则 $f(x,y)$ 在 D 上的二重积分等于在各部分闭区域上的二重积分之和.

性质 4 如果被积函数在积分区域 D 上有 $f(x,y)\equiv 1$, 且 σ 为 D 的面积，则有

$$\iint_D 1\,d\sigma=\iint_D d\sigma=\sigma.$$

这个性质的几何意义很明显，即高为 1 的平顶柱体的体积在数值上就等于底的面积.

性质 5 若在闭区域 D 上有 $f(x,y)\leqslant g(x,y)$, 则有

$$\iint_D f(x,y)\,d\sigma\leqslant\iint_D g(x,y)\,d\sigma.$$

特别地，由于

$$-|f(x,y)|\leqslant f(x,y)\leqslant |f(x,y)|,$$

又有

$$\left|\iint\limits_D f(x,y)\mathrm{d}\sigma\right|\leqslant \iint\limits_D |f(x,y)|\mathrm{d}\sigma.$$

性质6(估值定理) 设函数 $f(x,y)$在闭区域 D 上的最大值和最小值分别为M 与 m,σ为区域D 的面积,则有

$$m\sigma\leqslant \iint\limits_D f(x,y)\mathrm{d}\sigma\leqslant M\sigma.$$

该性质的几何意义表示,以曲面 $z=f(x,y)$为顶,闭区域 D 为底的曲顶柱体体积介于以被积函数的最大值 M 为高,区域 D 为底的平顶柱体体积与以最小值m 为高,区域 D 为底的平顶柱体体积值之间.

性质7(二重积分的中值定理) 设函数 $z=f(x,y)$在闭区域 D 上连续,σ 为 D 的面积,则在 D 内至少存在一点(ξ,η),使得二重积分的中值公式成立:

$$\iint\limits_D f(x,y)\mathrm{d}\sigma = f(\xi,\eta)\sigma.$$

中值定理的几何意义为:以曲面 $z=f(x,y)$($f(x,y)\geqslant 0$)为顶、闭区域 D 为底的曲顶柱体体积等于以区域 D 上的某一点(ξ,η)的函数值 $f(\xi,\eta)$为高,闭区域 D 为底的平顶柱体体积.

习 题 7.1

1. 根据二重积分的性质,比较下列积分的大小:

(1) $\iint\limits_D (x+y)^2\mathrm{d}\sigma$ 与 $\iint\limits_D (x+y)^3\mathrm{d}\sigma$,其中 D 是由直线 $x=0,y=0,x+y=1$ 所围成的区域;

(2) $\iint\limits_D \ln(x+y)\mathrm{d}\sigma$ 与 $\iint\limits_D [\ln(x+y)]^2\mathrm{d}\sigma$,其中 $D=\{(x,y)\mid 3\leqslant x\leqslant 5,0\leqslant y\leqslant 1\}$.

§7.2 直角坐标系下二重积分的计算

二重积分是利用和式的极限定义的,只有少数被积函数和积分区域都在比较简单的情况下才能用定义计算,而对一般的函数和区域,计算比较困难,很难求出结果. 本节我们将介绍在直角坐标系下计算二重积分的方法.

若穿过区域 D 内且平行于 y 轴的任意一条直线都与 D 的两条连续边界曲线 $y=\varphi_1(x)$,$y=\varphi_2(x)$相交,则称区域 D 为 X **型区域**(如图 7-2). 这时 D 可表示为

$$D=\{(x,y)\mid a\leqslant x\leqslant b,\varphi_1(x)\leqslant y\leqslant \varphi_2(x)\}.$$

若穿过区域 D 内且平行于 x 轴的任意一条直线都与 D 的两条连续边界曲线 $x=$

$\psi_1(y), x=\psi_2(y)$ 相交，则称区域 D 为 Y **型区域**(如图 7-3). 这时 D 可表示为

$$D=\{(x,y)\mid c\leqslant y\leqslant d, \psi_1(y)\leqslant x\leqslant \psi_2(y)\}.$$

我们称 X 型区域与 Y 型区域为平面上的**标准区域**.

下面我们给出在直角坐标系下计算二重积分 $\iint\limits_D f(x,y)\mathrm{d}\sigma$ 的方法.

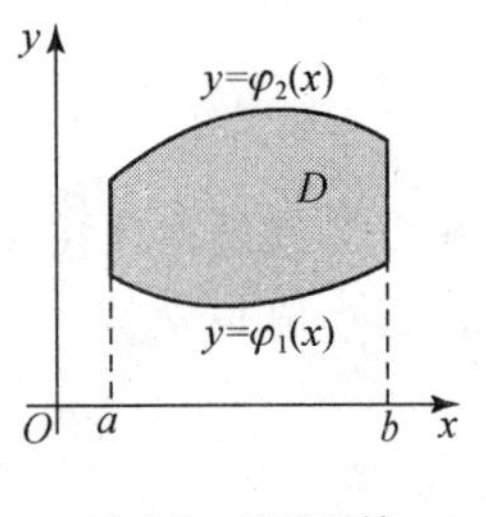

图 7-2　X 型区域

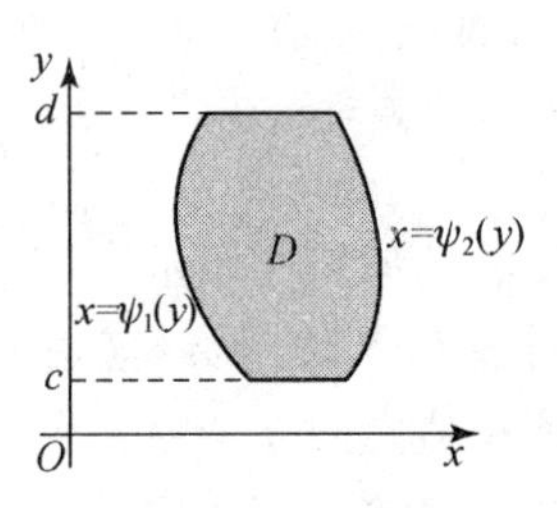

图 7-3　Y 型区域

设二元函数 $f(x,y)$ 在有界闭区域 D 上连续. 我们用一组平行于 y 轴和一组平行于 x 轴的直线划分区域 D，则 D 的面积微元为 $\mathrm{d}\sigma=\mathrm{d}x\mathrm{d}y$，此时二重积分可表示为

$$\iint\limits_D f(x,y)\mathrm{d}\sigma=\iint\limits_D f(x,y)\mathrm{d}x\mathrm{d}y.$$

(1) 若积分区域 D 为 X 型区域，即

$$D=\{(x,y)\mid a\leqslant x\leqslant b, \varphi_1(x)\leqslant y\leqslant \varphi_2(x)\},$$

则
$$\iint\limits_D f(x,y)\mathrm{d}\sigma=\int_a^b\left[\int_{\varphi_1(x)}^{\varphi_2(x)}f(x,y)\mathrm{d}y\right]\mathrm{d}x. \tag{1}$$

(2) 若积分区域 D 为 Y 型区域，即

$$D=\{(x,y)\mid c\leqslant y\leqslant d, \psi_1(y)\leqslant x\leqslant \psi_2(y)\},$$

则
$$\iint\limits_D f(x,y)\mathrm{d}\sigma=\int_c^d\left[\int_{\psi_1(y)}^{\psi_2(y)}f(x,y)\mathrm{d}x\right]\mathrm{d}y. \tag{2}$$

下面我们仅对公式(1)的正确性作说明. 事实上，由二重积分的几何意义，二重积分 $\iint\limits_D f(x,y)\mathrm{d}\sigma$ 的值等于以 D 为底，曲面 $z=f(x,y)$ 为顶的曲顶柱体的体积(如图 7-4)，计算体积可用"已知平行截面面积求体积"的方法：

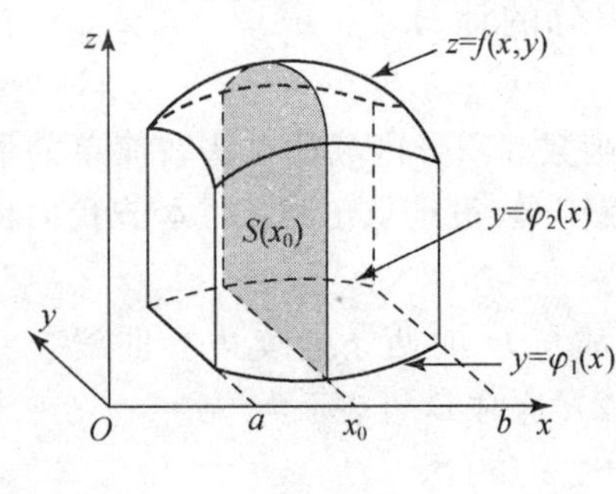

图 7-4

先求截面积. 在区间 $[a,b]$ 上任取一点 x_0，由平面 $x=x_0$ 与曲面 $z=f(x,y)$ 相交得曲线 $z=f(x_0,y)$，以区间 $[\varphi_1(x_0),\varphi_2(x_0)]$ 为底，曲线 $z=f(x_0,y)$ 为曲边的曲边梯形的面积为

$$S(x_0)=\int_{\varphi_1(x_0)}^{\varphi_2(x_0)} f(x_0,y)\mathrm{d}y.$$

若在区间$[a,b]$上任取一点 x,则截面面积为 x 的函数:

$$S(x)=\int_{\varphi_1(x)}^{\varphi_2(x)} f(x,y)\mathrm{d}y \quad (a\leqslant x\leqslant b).$$

于是,再利用已知平行截面面积求立体体积的公式,得曲顶柱体体积

$$V=\int_a^b S(x)\mathrm{d}x=\int_a^b\left[\int_{\varphi_1(x)}^{\varphi_2(x)} f(x,y)\mathrm{d}y\right]\mathrm{d}x,$$

从而

$$\iint_D f(x,y)\mathrm{d}\sigma=\int_a^b\left[\int_{\varphi_1(x)}^{\varphi_2(x)} f(x,y)\mathrm{d}y\right]\mathrm{d}x.$$

此公式的右边称为先对 y 后对 x 的**二次积分**,也就是先将 x 看成常数,把 $z=f(x,y)$只看成 y 的函数计算从 $\varphi_1(x)$到 $\varphi_2(x)$的定积分,所得结果是 x 的函数;然后将此函数再对 x 计算区间$[a,b]$上的定积分即得二重积分 $\iint\limits_D f(x,y)\mathrm{d}\sigma$ 的值.

二重积分 $\iint\limits_D f(x,y)\mathrm{d}\sigma=\int_a^b\left[\int_{\varphi_1(x)}^{\varphi_2(x)} f(x,y)\mathrm{d}y\right]\mathrm{d}x$ 也常记为

$$\iint_D f(x,y)\mathrm{d}\sigma=\int_a^b\mathrm{d}x\int_{\varphi_1(x)}^{\varphi_2(x)} f(x,y)\mathrm{d}y.$$

同理公式(2)也可记为

$$\iint_D f(x,y)\mathrm{d}\sigma=\int_c^d\mathrm{d}y\int_{\psi_1(y)}^{\psi_2(y)} f(x,y)\mathrm{d}x.$$

在闭区域 D 上计算二重积分,可先画出闭区域 D 的平面图形,由此确定积分限和积分次序,再将二重积分化为两次的定积分进行计算. 所以,计算二重积分的关键是确定二重积分的积分限和积分次序.

例 1 计算二重积分 $\iint\limits_D xy\mathrm{d}\sigma$,其中 D 由曲线 $y=x^2$ $y=0$,$x=1$ 所围成.

解 因为积分区域(如图 7-5)可表示为 X 型区域:

$$D=\{(x,y)\mid 0\leqslant x\leqslant 1,0\leqslant y\leqslant x^2\},$$

所以

$$\iint_D xy\mathrm{d}\sigma=\int_0^1\mathrm{d}x\int_0^{x^2} xy\mathrm{d}y=\int_0^1 x\cdot\frac{y^2}{2}\bigg|_0^{x^2}\mathrm{d}x$$

$$=\frac{1}{2}\int_0^1 x^5\mathrm{d}x=\frac{1}{12}.$$

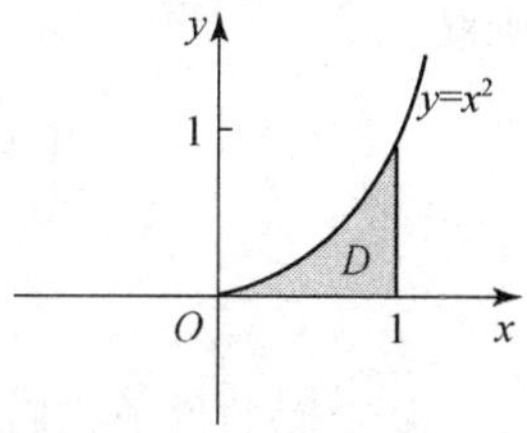

图 7-5

例 2 计算二重积分 $\iint\limits_D (x+y)\mathrm{d}\sigma$,其中 D 由曲线 $y=x$,$y=\frac{1}{x}$,$y=2$ 所围成.

解 积分区域 D(如图 7-6)可表示为 X 型区域:

$$D=D_1\cup D_2=\left\{(x,y)\left|\frac{1}{2}\leqslant x\leqslant 1,\frac{1}{x}\leqslant y\leqslant 2\right.\right\}\cup\{(x,y)\mid 1\leqslant x\leqslant 2,x\leqslant y\leqslant 2\}.$$

区域 D 也可表示为 Y 型区域：

$$D=\left\{(x,y)\left|1\leqslant y\leqslant 2,\frac{1}{y}\leqslant x\leqslant y\right.\right\}.$$

显然，选择 Y 型区域计算二重积分更简单：

$$\begin{aligned}\iint_D(x+y)\mathrm{d}\sigma&=\int_1^2\mathrm{d}y\int_{\frac{1}{y}}^{y}(x+y)\mathrm{d}x\\&=\int_1^2\left(\frac{x^2}{2}+xy\right)\bigg|_{\frac{1}{y}}^{y}\mathrm{d}y=\int_1^2\left(\frac{3}{2}y^2-\frac{1}{2}\cdot\frac{1}{y^2}-1\right)\mathrm{d}y\\&=\left(\frac{1}{2}y^3+\frac{1}{2}\cdot\frac{1}{y}-y\right)\bigg|_1^2=\frac{9}{4}.\end{aligned}$$

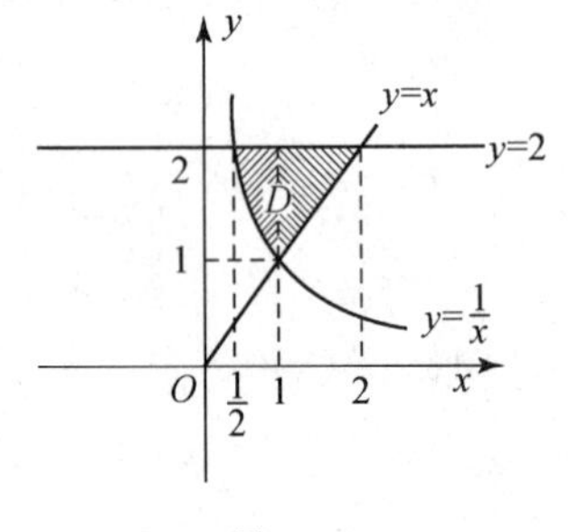

图 7-6

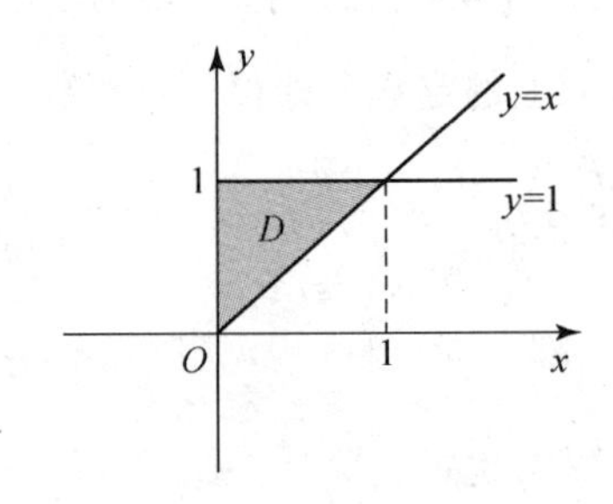

图 7-7

例 3 计算二重积分 $\iint\limits_D\frac{\sin y}{y}\mathrm{d}x\mathrm{d}y$，其中 D 由曲线 $y=x,x=0,y=1$ 所围成.

解 积分区域 D 如图 7-7 所示. 因为被积函数 $\frac{\sin y}{y}$ 对 y“积不出”，因此积分区域 D 应选择 Y 型区域，即

$$D=\{(x,y)\mid 0\leqslant y\leqslant 1,0\leqslant x\leqslant y\}.$$

所以

$$\begin{aligned}\iint_D\frac{\sin y}{y}\mathrm{d}x\mathrm{d}y&=\int_0^1\mathrm{d}y\int_0^y\frac{\sin y}{y}\mathrm{d}x=\int_0^1\frac{\sin y}{y}\cdot x\bigg|_0^y\mathrm{d}y\\&=\int_0^1\sin y\mathrm{d}y=(-\cos y)\bigg|_0^1=1-\cos 1.\end{aligned}$$

从上面的例子我们可以看到，选择积分次序对计算二重积分至关重要，而如何选择积分次序，主要取决于积分区域 D 的图形和被积函数 $f(x,y)$ 的结构形式.

例 4 交换积分次序：$\int_{-1}^1\mathrm{d}x\int_{-\sqrt{1-x^2}}^{1-x^2}f(x,y)\mathrm{d}y$.

解 因为积分区域 D 为 X 型区域(如图 7-8)，所以区域 D 可表示为

$$D=\{(x,y)\mid -1\leqslant x\leqslant 1,-\sqrt{1-x^2}\leqslant y\leqslant 1-x^2\}.$$

若表示为 Y 型区域,则有 $D=D_1\cup D_2$,其中

$$D_1=\left\{(x,y)\mid -1\leqslant y\leqslant 0,-\sqrt{1-y^2}\leqslant x\leqslant\sqrt{1-y^2}\right\},$$

$$D_2=\left\{(x,y)\mid 0\leqslant y\leqslant 1,-\sqrt{1-y}\leqslant x\leqslant\sqrt{1-y}\right\}.$$

所以交换积分次序后有

$$\int_{-1}^{1}\mathrm{d}x\int_{-\sqrt{1-x^2}}^{1-x^2}f(x,y)\mathrm{d}y$$

$$=\int_{-1}^{0}\mathrm{d}y\int_{-\sqrt{1-y^2}}^{\sqrt{1-y^2}}f(x,y)\mathrm{d}x+\int_{0}^{1}\mathrm{d}y\int_{-\sqrt{1-y}}^{\sqrt{1-y}}f(x,y)\mathrm{d}x.$$

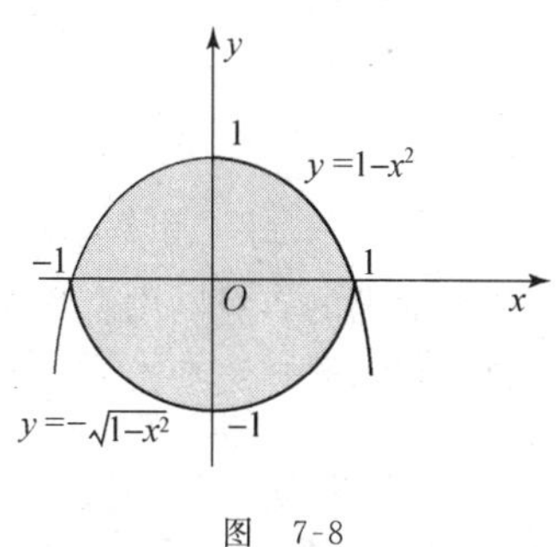

图 7-8

习 题 7.2

1. 计算下列二重积分:

(1) $\iint\limits_D(x^2+y^2)\mathrm{d}\sigma$,其中 $D=\{(x,y)\mid |x|\leqslant 1,|y|\leqslant 2\}$;

(2) $\iint\limits_D(x+2y)\mathrm{d}\sigma$,其中 D 由直线 $x=0,y=0,x+y=1$ 所围成;

(3) $\iint\limits_D \mathrm{e}^{x+y}\mathrm{d}\sigma$,其中 $D=\{(x,y)\mid |x|+|y|\leqslant 1\}$;

(4) $\iint\limits_D \frac{y}{x}\mathrm{d}\sigma$,其中 D 由直线 $x=1,x=2,y=x,y=2x$ 所围成;

(5) $\iint\limits_D x^2y\mathrm{d}\sigma$,其中 $D=\{(x,y)\mid x^2+y^2\leqslant 2x,y\geqslant x,0\leqslant x\leqslant 1\}$;

(6) $\iint\limits_D y\mathrm{e}^{xy}\mathrm{d}\sigma$,其中 D 由直线 $x=2,x=4,y=\ln 2,y=\ln 3$ 所围成;

(7) $\int_0^{\frac{\pi}{6}}\mathrm{d}y\int_y^{\frac{\pi}{6}}\frac{\cos x}{x}\mathrm{d}x$;　　(8) $\int_0^1\mathrm{d}x\int_x^{\sqrt[3]{x}}\mathrm{e}^{\frac{y^2}{2}}\mathrm{d}y$;

(9) $\iint\limits_D\sqrt{|y-x|}\mathrm{d}\sigma$,其中 D 由直线 $|x|\leqslant 1,|y|\leqslant 1$ 所围成;

(10) $\iint\limits_D|\cos(x+y)|\mathrm{d}\sigma$,其中 D 由直线 $x=\pi/2,y=0,y=x$ 所围成.

2. 交换下列二重积分的积分次序:

(1) $\int_a^b\mathrm{d}x\int_a^x f(x,y)\mathrm{d}y\ (a<b)$;　　(2) $\int_0^1\mathrm{d}y\int_0^{2y}f(x,y)\mathrm{d}x+\int_1^3\mathrm{d}y\int_0^{3-y}f(x,y)\mathrm{d}x$;

(3) $\int_0^1\mathrm{d}y\int_{2-y}^{1+\sqrt{1-y^2}}f(x,y)\mathrm{d}x$;　　(4) $\int_1^{\mathrm{e}}\mathrm{d}x\int_0^{\ln x}f(x,y)\mathrm{d}y$;

(5) $\int_0^1 dx\int_{1-x^2}^1 f(x,y)dy+\int_1^e dx\int_{\ln x}^1 f(x,y)dy$.

§7.3 极坐标系下二重积分的计算

平面上的点可以用直角坐标系的(x,y)表示，也可以用极坐标系的(r,θ)表示(如图 7-9)，它们之间的相互关系为

$$\begin{cases}x=r\cos\theta,\\ y=r\sin\theta.\end{cases}$$

在极坐标系下有些曲线的方程可以表示得更为简单，如方程 $r=a\ (a>0,0\leqslant\theta<2\pi)$表示圆心在极点 O，半径为 a 的圆，而此圆在直角坐标系中的方程是 $x^2+y^2=a^2$.

一般地，当二重积分$\iint\limits_D f(x,y)d\sigma$的被积函数 $f(x,y)$可化为 $f(x^2+y^2)$，$f\left(\frac{y}{x}\right)$类型或积分区域 D 是圆、半圆、圆环、扇形时，选用极坐标系计算二重积分较为简单.

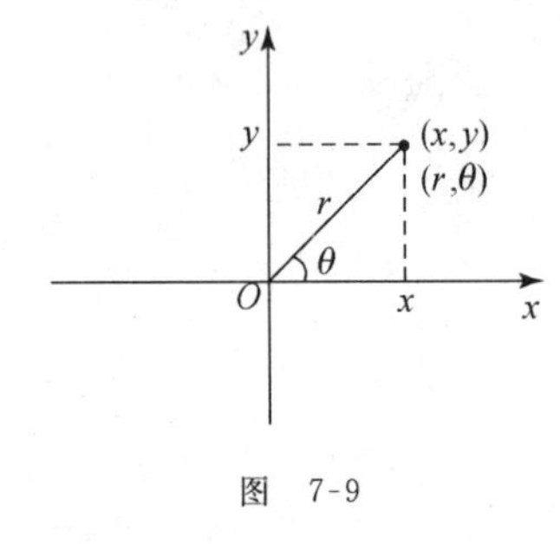

图 7-9

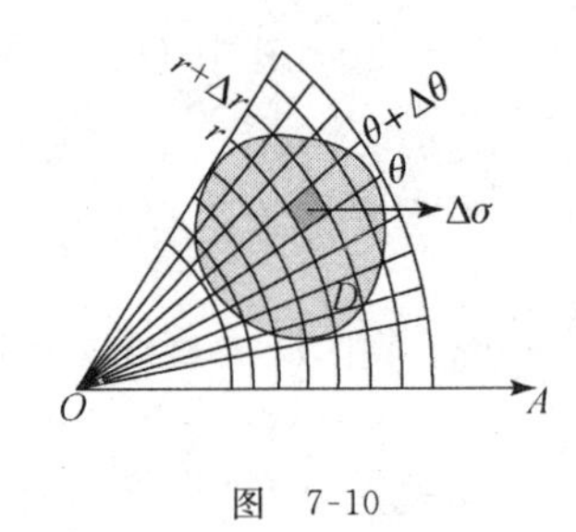

图 7-10

下面我们讨论在极坐标系下二重积分的计算.

设积分区域 D 在极坐标系中，用一组以极点为圆心的同心圆($r=$常数)和一组过极点的射线($\theta=$常数)将积分区域 D 分割为 n 个小区域(如图 7-10)：

$$\Delta\sigma_1,\ \Delta\sigma_2,\ \cdots,\ \Delta\sigma_n.$$

每一个小区域 $\Delta\sigma$ 分别由半径 r 和 $r+\Delta r$ 的圆弧与极角为 θ 和 $\theta+\Delta\theta$ 的射线所围成，由扇形面积的计算公式知其面积(仍用 $\Delta\sigma$ 表示)为

$$\Delta\sigma=\frac{1}{2}(r+\Delta r)^2\Delta\theta-\frac{1}{2}r^2\Delta\theta=r\Delta r\Delta\theta+\frac{1}{2}(\Delta r)^2\Delta\theta.$$

当 $\Delta r\to0,\Delta\theta\to0$ 时，$(\Delta r)^2\Delta\theta$ 是 $\Delta r\Delta\theta$ 的高阶无穷小量，略去不计，则有 $\Delta\sigma\approx r\Delta r\Delta\theta$，从而可以得到极坐标系下的面积微元为

$$d\sigma=rdrd\theta.$$

由此，二重积分$\iint\limits_D f(x,y)d\sigma$在极坐标系下可化为

$$\iint\limits_D f(x,y)\mathrm{d}\sigma = \iint\limits_D f(r\cos\theta, r\sin\theta) r\mathrm{d}r\mathrm{d}\theta.$$

在极坐标系下计算二重积分 $\iint\limits_D f(x,y)\mathrm{d}\sigma$，仍需将其化为变量 r 和 θ 的二次积分. 由极点与积分区域 D 的位置关系，可分为以下三种情况：

第一种情况 当极点在积分区域 D 内，且 D 的边界曲线为 $r=r(\theta)$ 时(如图 7-11)，在极坐标系下

$$D=\{(r,\theta)\mid 0\leqslant\theta\leqslant 2\pi, 0\leqslant r\leqslant r(\theta)\},$$

则
$$\iint\limits_D f(x,y)\mathrm{d}\sigma = \iint\limits_D f(r\cos\theta, r\sin\theta) r\mathrm{d}r\mathrm{d}\theta = \int_0^{2\pi}\mathrm{d}\theta\int_0^{r(\theta)} f(r\cos\theta, r\sin\theta) r\mathrm{d}r.$$

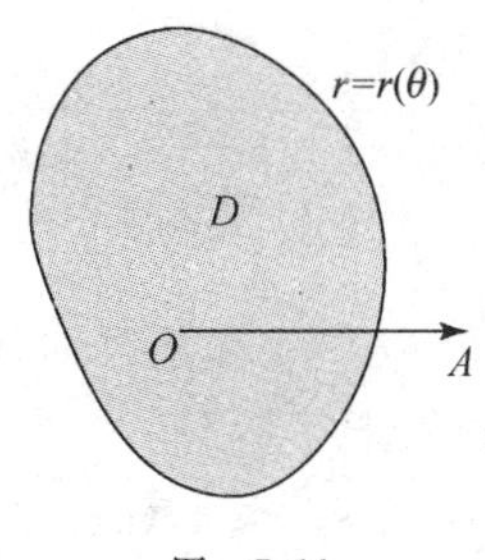

图 7-11

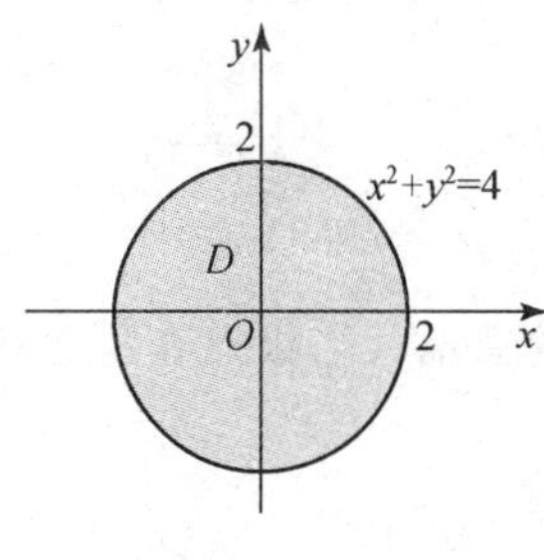

图 7-12

例 1 计算二重积分 $\iint\limits_D (x^2+y^2)\mathrm{d}x\mathrm{d}y$，其中 $D=\{(x,y)\mid y^2+x^2\leqslant 4\}$.

解 如图 7-12 所示，因为极点在积分区域 D 内，在极坐标系下 D 可表示为

$$D=\{(r,\theta)\mid 0\leqslant\theta\leqslant 2\pi, 0\leqslant r\leqslant 2\},$$

所以
$$\iint\limits_D (x^2+y^2)\mathrm{d}x\mathrm{d}y = \iint\limits_D r^3\mathrm{d}r\mathrm{d}\theta = \int_0^{2\pi}\mathrm{d}\theta\int_0^2 r^3\mathrm{d}r = 8\pi.$$

第二种情况 当极点在积分区域 D 的边界上，且 D 由射线 $\theta=\alpha, \theta=\beta$ 与连续曲线 $r=r(\theta)$ 所围成时(如图 7-13)，在极坐标系下

$$D=\{(r,\theta)\mid \alpha\leqslant\theta\leqslant\beta, 0\leqslant r\leqslant r(\theta)\},$$

则
$$\iint\limits_D f(x,y)\mathrm{d}\sigma = \iint\limits_D f(r\cos\theta, r\sin\theta) r\mathrm{d}r\mathrm{d}\theta = \int_\alpha^\beta\mathrm{d}\theta\int_0^{r(\theta)} f(r\cos\theta, r\sin\theta) r\mathrm{d}r.$$

图 7-13

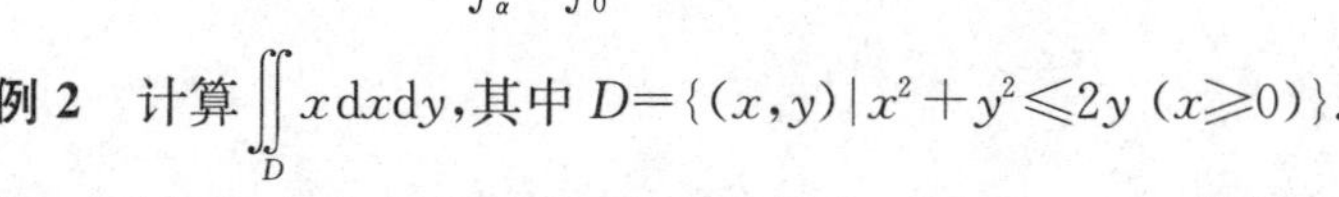

例 2 计算 $\iint\limits_D x\mathrm{d}x\mathrm{d}y$，其中 $D=\{(x,y)\mid x^2+y^2\leqslant 2y\ (x\geqslant 0)\}$.

解 因为极点在积分区域 D 的边界上(如图 7-14)，在极坐标系中 D 可表示为

$$D=\left\{(r,\theta)\,\middle|\,0\leqslant\theta\leqslant\frac{\pi}{2},0\leqslant r\leqslant 2\sin\theta\right\},$$

所以
$$\iint\limits_D x\,\mathrm{d}x\mathrm{d}y=\int_0^{\frac{\pi}{2}}\mathrm{d}\theta\int_0^{2\sin\theta}r^2\cos\theta\mathrm{d}r=\int_0^{\frac{\pi}{2}}\cos\theta\frac{r^3}{3}\bigg|_0^{2\sin\theta}\mathrm{d}\theta=\frac{8}{3}\int_0^{\frac{\pi}{2}}\sin^3\theta\cos\theta\mathrm{d}\theta$$
$$=\frac{8}{3}\left(\frac{1}{4}\sin^4\theta\right)\bigg|_0^{\frac{\pi}{2}}=\frac{2}{3}.$$

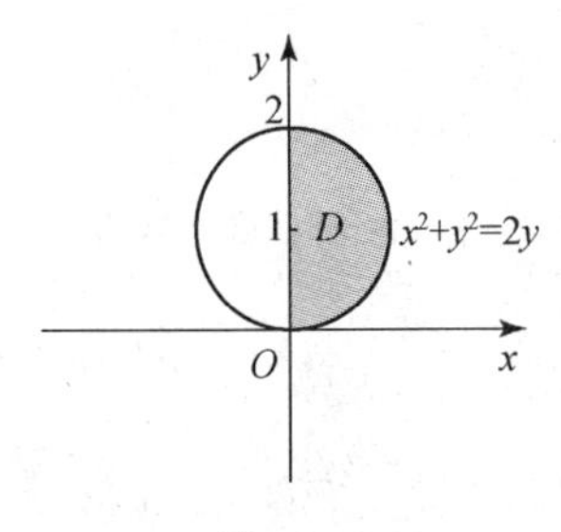

图 7-14

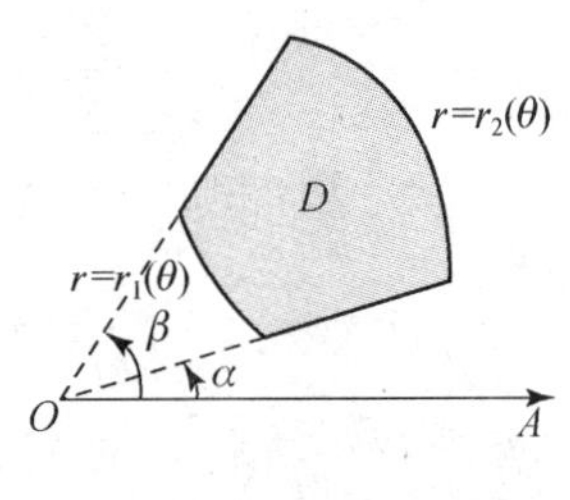

图 7-15

第三种情况 当极点在积分区域 D 外，且 D 由射线 $\theta=\alpha,\theta=\beta$ 和连续曲线 $r=r_1(\theta)$，$r=r_2(\theta)$ 所围成时(如图 7-15)，在极坐标系下

$$D=\{(r,\theta)\,|\,\alpha\leqslant\theta\leqslant\beta,r_1(\theta)\leqslant r\leqslant r_2(\theta)\},$$

则

$$\iint\limits_D f(x,y)\mathrm{d}\sigma=\iint\limits_{D'}f(r\cos\theta,r\sin\theta)r\mathrm{d}r\mathrm{d}\theta$$
$$=\int_\alpha^\beta\mathrm{d}\theta\int_{r_1(\theta)}^{r_2(\theta)}f(r\cos\theta,r\sin\theta)r\mathrm{d}r.$$

图 7-16

例 3 计算二重积分 $\iint\limits_D(x^2+y^2)\mathrm{d}x\mathrm{d}y$，其中 D 为圆环 $1\leqslant x^2+y^2\leqslant 4$ 在第一象限部分(如图 7-16).

解 因为在极坐标系下积分区域 $D=\left\{(r,\theta)\,\middle|\,0\leqslant\theta\leqslant\frac{\pi}{2},1\leqslant r\leqslant 2\right\}$，所以

$$\iint\limits_D(x^2+y^2)\mathrm{d}x\mathrm{d}y=\iint\limits_D r^2\cdot r\mathrm{d}r\mathrm{d}\theta=\int_0^{\frac{\pi}{2}}\mathrm{d}\theta\int_1^2 r^3\mathrm{d}r=\int_0^{\frac{\pi}{2}}\frac{1}{4}r^4\bigg|_1^2\mathrm{d}\theta=\frac{15}{4}\cdot\frac{\pi}{2}=\frac{15}{8}\pi.$$

习 题 7.3

1. 在极坐标系下计算下列二重积分：

(1) $\iint\limits_D\sqrt{x}\,\mathrm{d}x\mathrm{d}y$，其中 $D=\{(x,y)\,|\,x^2+y^2\leqslant x\}$；

(2) $\iint\limits_D(x+y)\mathrm{d}x\mathrm{d}y$，其中 $D=\{(x,y)\,|\,x^2+y^2\leqslant x+y\}$；

(3) $\iint\limits_D \sqrt{\dfrac{1-x^2-y^2}{1+x^2+y^2}}\mathrm{d}x\mathrm{d}y$,其中 $D=\left\{(x,y)\,\middle|\,x^2+y^2\leqslant 1,x\geqslant 0,y\geqslant 0\right\}$;

(4) $\iint\limits_D \arctan\dfrac{y}{x}\mathrm{d}x\mathrm{d}y$,其中 D 是由 $x^2+y^2=1,x^2+y^2=4,y=0,y=x$ 所围成图形在第一象限部分;

(5) $\int_0^1\mathrm{d}x\int_x^{\sqrt{3}x}\dfrac{1}{\sqrt{x^2+y^2}}\mathrm{d}y$.

2. 选择适当的坐标系计算下列二重积分:

(1) $\iint\limits_D(\sqrt{x}+\sqrt{y})\mathrm{d}x\mathrm{d}y$,其中 D 由坐标轴与抛物线 $\sqrt{x}+\sqrt{y}=1$ 所围成;

(2) $\iint\limits_D y\mathrm{d}x\mathrm{d}y$,其中 D 由 $x=-2,y=0,y=2,x=-\sqrt{2y-y^2}$ 所围成;

(3) $\iint\limits_D \dfrac{x^2}{y^2}\mathrm{d}x\mathrm{d}y$,其中 D 由 $x=2,y=x,xy=1$ 所围成;

(4) $\iint\limits_D \sin\sqrt{x^2+y^2}\mathrm{d}x\mathrm{d}y$,其中 $D=\{(x,y)\,|\,\pi^2\leqslant x^2+y^2\leqslant 4\pi^2\}$.

§7.4 二重积分的应用

一、计算平面图形的面积

利用二重积分可以计算平面图形的面积.

例 1 求由曲线 $y=\sqrt{x-x^2}$, $y=\sqrt{2x-x^2}$, $y=x$ 及 x 轴所围成的区域 D 的面积.

解 由于曲线 $y=\sqrt{x-x^2}$, $y=\sqrt{2x-x^2}$ 及直线 $y=x$ 的极坐标方程分别为 $r_1(\theta)=\cos\theta$, $r_2(\theta)=2\cos\theta$, $\theta=\dfrac{\pi}{4}$(如图 7-17),因此所求面积为

$$S=\iint\limits_D\mathrm{d}x\mathrm{d}y=\iint\limits_D r\,\mathrm{d}r\mathrm{d}\theta=\int_0^{\frac{\pi}{4}}\mathrm{d}\theta\int_{\cos\theta}^{2\cos\theta}r\,\mathrm{d}r=\int_0^{\frac{\pi}{4}}\frac{r^2}{2}\Big|_{\cos\theta}^{2\cos\theta}\mathrm{d}\theta$$

$$=\frac{1}{2}\int_0^{\frac{\pi}{4}}(4\cos^2\theta-\cos^2\theta)\mathrm{d}\theta=\frac{3}{2}\int_0^{\frac{\pi}{4}}\frac{1+\cos 2\theta}{2}\mathrm{d}\theta$$

$$=\frac{3}{4}\left(\theta+\frac{1}{2}\sin 2\theta\right)\Big|_0^{\frac{\pi}{4}}=\frac{3}{16}(\pi+2).$$

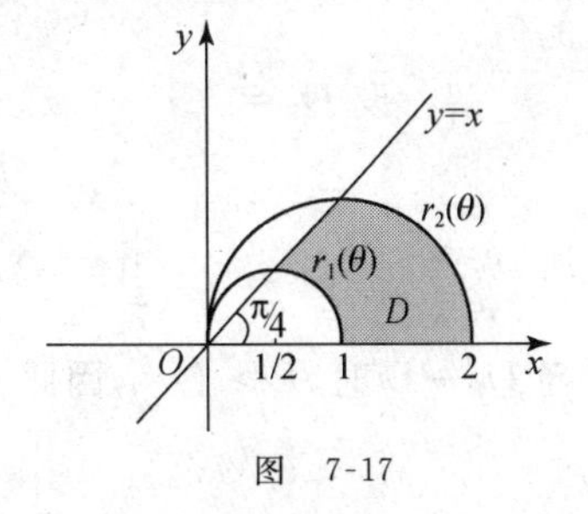

图 7-17

二、计算立体的体积

利用二重积分可以计算曲顶柱体的体积.

例 2 计算由抛物柱面 $z=1-x^2(x\geqslant 0)$ 与抛物柱面 $x=1-y^2(y\geqslant 0)$ 及平面 $x=0,y=$

$0, z=0$ 所围成的立体体积.

解 所围立体如图 7-18 所示,所求体积为

$$V=\iint\limits_{D}(1-x^2)\mathrm{d}x\mathrm{d}y$$

$$=\int_0^1\mathrm{d}y\int_0^{1-y^2}(1-x^2)\mathrm{d}x=\frac{18}{35}.$$

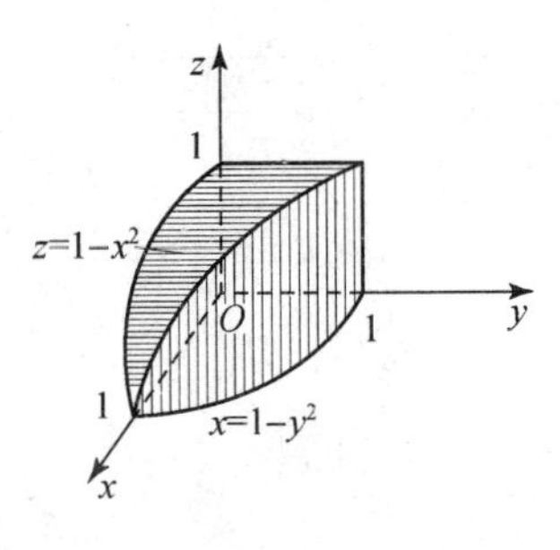

图 7-18

三、计算广义积分

与一元函数在无限区间上的广义积分类似,可以定义二元函数在无界区域上的广义积分.

定义 设函数 $f(x,y)$ 在无界区域 D 上有定义.用任意光滑曲线 L 在 D 中划出有界闭区域 D_L(如图 7-19),当曲线 L 连续变动,使区域 D_L 无限扩展而趋于区域 D 时,若极限

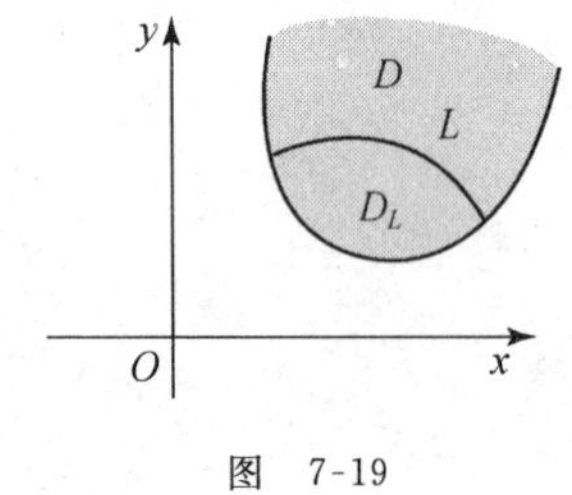

图 7-19

$$\lim_{D_L\to D}\iint\limits_{D_L}f(x,y)\mathrm{d}\sigma$$

存在且总取相同的值 I,则称**广义二重积分** $\iint\limits_{D}f(x,y)\mathrm{d}\sigma$ **收敛**,并称此极限值 I 为函数 $f(x,y)$ 在无界区域 D 上的**广义二重积分**,即

$$\iint\limits_{D}f(x,y)\mathrm{d}\sigma=\lim_{D_L\to D}\iint\limits_{D_L}f(x,y)\mathrm{d}\sigma=I;$$

否则称**广义二重积分** $\iint\limits_{D}f(x,y)\mathrm{d}\sigma$ **发散**.

例 3 计算广义二重积分 $\iint\limits_{D}\mathrm{e}^{-x^2-y^2}\mathrm{d}x\mathrm{d}y$,其中 D 为全平面,并由此计算 $\int_0^{+\infty}\mathrm{e}^{-x^2}\mathrm{d}x$ 的值.

解 设 $D_R=\{(x,y)\mid x^2+y^2\leqslant R^2\}$,在极坐标系下

$$D_R=\{(r,\theta)\mid 0\leqslant\theta\leqslant 2\pi, 0\leqslant r\leqslant R\},$$

所以
$$\iint\limits_{D_R}\mathrm{e}^{-x^2-y^2}\mathrm{d}x\mathrm{d}y=\int_0^{2\pi}\mathrm{d}\theta\int_0^R r\mathrm{e}^{-r^2}\mathrm{d}r=\pi(1-\mathrm{e}^{-R^2}).$$

当 $D_R\to D$ 时,$R\to+\infty$,因此

$$\iint\limits_{D}\mathrm{e}^{-x^2-y^2}\mathrm{d}x\mathrm{d}y=\lim_{R\to+\infty}\pi(1-\mathrm{e}^{-R^2})=\pi.$$

又因为
$$\iint\limits_{D}\mathrm{e}^{-x^2-y^2}\mathrm{d}x\mathrm{d}y=\int_{-\infty}^{+\infty}\mathrm{e}^{-x^2}\mathrm{d}x\cdot\int_{-\infty}^{+\infty}\mathrm{e}^{-y^2}\mathrm{d}y=\left(\int_{-\infty}^{+\infty}\mathrm{e}^{-x^2}\mathrm{d}x\right)^2=\pi,$$

所以
$$\int_{-\infty}^{+\infty}\mathrm{e}^{-x^2}\mathrm{d}x=\sqrt{\pi},\quad 也即\quad \int_0^{+\infty}\mathrm{e}^{-x^2}\mathrm{d}x=\frac{\sqrt{\pi}}{2}.$$

习 题 7.4

1. 求下列各题的面积或体积：

(1) 曲线 $x=y^2$，$x=2y-y^2$ 所围的面积；

(2) 由平面 $x+2y+3z=1$，$x=0$，$y=0$，$z=0$ 所围的体积；

(3) 由柱面 $x^2+y^2=1$ 与平面 $x+y+z=3$，$z=0$ 所围的体积.

2. 求下列无界区域上的广义积分：

(1) $\iint\limits_D e^{-(x+y)}\mathrm{d}x\mathrm{d}y$，其中 $D=\{(x,y)\mid x\geqslant 0, y\geqslant x\}$；

(2) $\iint\limits_D \frac{1}{(x^2+y^2)^2}\mathrm{d}x\mathrm{d}y$，其中 $D=\{(x,y)\mid x^2+y^2\geqslant 1\}$.

复 习 题 七

1. 估计二重积分 $I=\iint\limits_{|x|+|y|\leqslant 10}\frac{1}{100+\cos^2 x+\cos^2 y}\mathrm{d}x\mathrm{d}y$ 的值.

2. 计算二重积分 $I=\iint\limits_{x^2+y^2\leqslant a^2}(x^2-2\sin x+3y+4)\mathrm{d}x\mathrm{d}y$.

3. 计算二重积分 $I=\iint\limits_D \max\{x,y\}\sin x\sin y\mathrm{d}x\mathrm{d}y$，其中 $D=\{(x,y)\mid 0\leqslant x\leqslant\pi, 0\leqslant y\leqslant\pi\}$.

4. 计算极限 $\lim\limits_{r\to 0}\frac{1}{\pi r^2}\iint\limits_D e^{x^2-y^2}\cos(x+y)\mathrm{d}x\mathrm{d}y$，其中 $D=\{(x,y)\mid x^2+y^2\leqslant r^2\}$.

5. 设函数 $f(x,y)$ 在区域 D 内连续，且满足

$$f(x,y)=1+\sqrt{1-x^2-y^2}\iint\limits_D f(u,v)\mathrm{d}u\mathrm{d}v,$$

其中 $D=\{(x,y)\mid x^2+y^2\leqslant 1\}$，求 $f(x,y)$.

6. 设函数 $f(x)$ 连续，a,b 为常数，证明：

(1) $\int_a^b \mathrm{d}x\int_a^x f(y)\mathrm{d}y=\int_a^b f(y)(b-y)\mathrm{d}y$；

(2) $\int_0^a \mathrm{d}y\int_0^y e^{(a-x)}\mathrm{d}x=\int_0^a (a-x)e^{(a-x)}\mathrm{d}x\ (a>0)$；

(3) $\int_0^1 \mathrm{d}y\int_y^{\sqrt{y}} e^y f(x)\mathrm{d}x=\int_0^1 (e^x-e^{x^2})f(x)\mathrm{d}x$；

(4) $\left[\int_a^b f(x)\mathrm{d}x\right]^2\leqslant(b-a)\int_a^b [f(x)]^2\mathrm{d}x$.

7. 设函数 $f(x)$ 连续，证明：

$$\iint\limits_D f(x-y)\mathrm{d}\sigma=\int_{-a}^a f(t)(a-|t|)\mathrm{d}t，其中 D=\left\{(x,y)\,\middle|\,|x|\leqslant\frac{a}{2},\ |y|\leqslant\frac{a}{2}\right\}.$$

第八章 无穷级数

无穷级数是高等数学理论的重要组成部分. 它是表示函数、研究函数性质以及进行数值近似计算的一种有效工具. 本章重点介绍常数项级数的基本概念、性质和敛散性判别法,以及幂级数的性质和函数的幂级数展开.

§8.1　常数项级数

一、常数项级数的概念

定义 1　设给定数列

$$u_1,\ u_2,\ \cdots,\ u_n,\ \cdots,$$

则称式子

$$u_1+u_2+\cdots+u_n+\cdots$$

为**常数项无穷级数**,简称**级数**,记做 $\sum\limits_{n=1}^{\infty}u_n$,即

$$\sum_{n=1}^{\infty}u_n=u_1+u_2+\cdots+u_n+\cdots,$$

其中 u_n 称为级数的**第 n 项或一般项**. 称级数的前 n 项和 $u_1+u_2+\cdots+u_n$ 为级数 $\sum\limits_{n=1}^{\infty}u_n$ 的**部分和**,记做 s_n,即

$$s_n=\sum_{k=1}^{n}u_k=u_1+u_2+\cdots+u_n,$$

并称数列$\{s_n\}$为级数 $\sum\limits_{n=1}^{\infty}u_n$ 的**部分和数列**.

显然,若给定级数 $\sum\limits_{n=1}^{\infty}u_n$,则其部分和数列$\{s_n\}$为

$$s_1=u_1,\ s_2=u_1+u_2,\ \cdots,\ s_n=u_1+u_2+\cdots+u_n,\ \cdots,$$

它是唯一确定的;反之,若给定数列$\{s_n\}$,令

$$u_1=s_1,\ u_2=s_2-s_1,\ \cdots,\ u_n=s_n-s_{n-1},\ \cdots,$$

则级数 $\sum_{n=1}^{\infty}u_n$ 也唯一确定，且 $u_1+u_2+\cdots+u_n=s_n$，从而级数 $\sum_{n=1}^{\infty}u_n$ 与数列$\{s_n\}$有着一一对应的关系. 由此，我们引入级数收敛和发散的概念.

定义 2 若级数 $\sum_{n=1}^{\infty}u_n$ 的部分和数列$\{s_n\}$有极限 s，即

$$\lim_{n\to\infty}s_n=s,$$

则称级数 $\sum_{n=1}^{\infty}u_n$ **收敛**，并称 s 为级数 $\sum_{n=1}^{\infty}u_n$ 的**和**，记做

$$s=u_1+u_2+\cdots+u_n+\cdots=\sum_{n=1}^{\infty}u_n.$$

若$\{s_n\}$的极限不存在，则称级数 $\sum_{n=1}^{\infty}u_n$ **发散**.

从级数的定义及级数收敛的定义得知，级数 $\sum_{n=1}^{\infty}u_n$ 与其部分和数列$\{s_n\}$具有相同的敛散性. 换言之，为了判别级数 $\sum_{n=1}^{\infty}u_n$ 的敛散性，可以通过判别其部分和数列$\{s_n\}$的敛散性得知；反之亦然，即为了判别数列$\{s_n\}$的敛散性，也可以通过讨论级数 $\sum_{n=1}^{\infty}u_n$ 的敛散性得知.

当级数 $\sum_{n=1}^{\infty}u_n$ 收敛于 s，则部分和 s_n 是 s 的近似值. 通常称

$$r_n=s-s_n=u_{n+1}+u_{n+2}+\cdots$$

为级数 $\sum_{n=1}^{\infty}u_n$ 的**余项**.

例 1 判别级数 $\sum_{n=1}^{\infty}\frac{1}{n(n+1)}$的敛散性.

解 因为 $u_n=\frac{1}{n(n+1)}=\frac{1}{n}-\frac{1}{n+1}$，于是

$$\begin{aligned}s_n&=\frac{1}{1\cdot 2}+\frac{1}{2\cdot 3}+\cdots+\frac{1}{n\cdot(n+1)}\\&=\left(1-\frac{1}{2}\right)+\left(\frac{1}{2}-\frac{1}{3}\right)+\cdots+\left(\frac{1}{n}-\frac{1}{n+1}\right)=1-\frac{1}{n+1},\end{aligned}$$

从而

$$\lim_{n\to\infty}s_n=\lim_{n\to\infty}\left(1-\frac{1}{n+1}\right)=1,$$

所以级数收敛，且其和为 1.

例 2 讨论**几何级数(等比级数)**

$$\sum_{n=0}^{\infty}aq^n=a+aq+\cdots+aq^n+\cdots$$

的敛散性,其中 $a\neq 0$.

解 级数的前 n 项和为

$$s_n=a+aq+\cdots+aq^n=\frac{a-aq^n}{1-q}\quad(q\neq 1).$$

(1) 当 $|q|<1$ 时,$\lim\limits_{n\to\infty}q^n=0$,则 $\lim\limits_{n\to\infty}s_n=\dfrac{a}{1-q}$,所以级数收敛,其和为 $\dfrac{a}{1-q}$.

(2) 当 $|q|>1$ 时,$\lim\limits_{n\to\infty}q^n=\infty$,则 $\lim\limits_{n\to\infty}s_n=\infty$,所以级数发散.

(3) 当 $|q|=1$ 时,若 $q=1$,则 $s_n=na\to\infty\,(n\to\infty)$,所以级数发散;若 $q=-1$,则 $s_n=\begin{cases}a, & n\text{ 为奇数},\\ 0, & n\text{ 为偶数},\end{cases}$ 显然 $\lim\limits_{n\to\infty}s_n$ 不存在,所以级数发散.

综上所述,几何级数 $\sum\limits_{n=0}^{\infty}aq^n$ 当 $|q|<1$ 时收敛,其和为 $\dfrac{a}{1-q}$;当 $|q|\geqslant 1$ 时发散.

例 3 **证明调和级数** $\sum\limits_{n=1}^{\infty}\dfrac{1}{n}$ **发散.**

证 显然函数 $f(x)=\ln x$ 在 $[n,n+1]$ $(n=1,2,\cdots)$ 上满足拉格朗日中值定理的条件,从而有

$$\ln(n+1)-\ln n=\frac{1}{\xi_n}<\frac{1}{n}\quad(n<\xi_n<n+1),$$

于是

$$\begin{aligned}s_n&=1+\frac{1}{2}+\cdots+\frac{1}{n}\\&>(\ln 2-\ln 1)+(\ln 3-\ln 2)+\cdots+[\ln(n+1)-\ln n]\\&=\ln(n+1),\end{aligned}$$

因此 $\lim\limits_{n\to\infty}s_n=+\infty$,所以调和级数 $\sum\limits_{n=1}^{\infty}\dfrac{1}{n}$ 发散.

二、级数的基本性质

性质 1 设 k 为非零常数,则级数 $\sum\limits_{n=1}^{\infty}u_n$ 与级数 $\sum\limits_{n=1}^{\infty}ku_n$ 具有相同的敛散性,即级数 $\sum\limits_{n=1}^{\infty}u_n$ 与级数 $\sum\limits_{n=1}^{\infty}ku_n$ 同时收敛或同时发散.

证 设级数 $\sum\limits_{n=1}^{\infty}u_n$ 与级数 $\sum\limits_{n=1}^{\infty}ku_n$ 的部分和分别为 s_n 与 s_n',则

$$s_n'=ku_1+ku_2+\cdots+ku_n=k(u_1+u_2+\cdots+u_n)=ks_n.$$

由数列 $\{s_n\}$ 与数列 $\{ks_n\}=\{s_n'\}$ $(k\neq 0)$ 具有相同的敛散性,因此级数 $\sum\limits_{n=1}^{\infty}u_n$ 与级数 $\sum\limits_{n=1}^{\infty}ku_n$ 具

有相同的敛散性.

从以上证明易知,若 $\sum_{n=1}^{\infty} u_n = s$,则 $\sum_{n=1}^{\infty} ku_n = ks$. 因此,若 $\sum_{n=1}^{\infty} u_n$ 收敛,则有

$$\sum_{n=1}^{\infty} ku_n = k\sum_{n=1}^{\infty} u_n.$$

显然,当 $k=0$ 时,无论级数 $\sum_{n=1}^{\infty} u_n$ 收敛与否,级数 $\sum_{n=1}^{\infty} ku_n$ 都收敛,且其和为零.

由性质 1 及例 2 可得级数 $\sum_{n=1}^{\infty} \frac{k}{n(n+1)}$ 收敛,且

$$\sum_{n=1}^{\infty} \frac{k}{n(n+1)} = k\sum_{n=1}^{\infty} \frac{1}{n(n+1)} = k.$$

由性质 1 及例 3 可得级数 $\sum_{n=1}^{\infty} \frac{k}{n}$ $(k\neq 0)$ 发散,如级数 $\frac{1}{2}+\frac{1}{4}+\cdots+\frac{1}{2n}+\cdots$ 是发散的.

性质 2 若级数 $\sum_{n=1}^{\infty} u_n$ 与级数 $\sum_{n=1}^{\infty} v_n$ 都收敛,且其和分别为 A 与 B,则级数 $\sum_{n=1}^{\infty} (u_n \pm v_n)$ 也收敛,且其和为 $A\pm B$,记做

$$\sum_{n=1}^{\infty} (u_n \pm v_n) = \sum_{n=1}^{\infty} u_n \pm \sum_{n=1}^{\infty} v_n = A \pm B.$$

证 设级数 $\sum_{n=1}^{\infty} u_n$,$\sum_{n=1}^{\infty} v_n$ 与 $\sum_{n=1}^{\infty} (u_n \pm v_n)$ 的部分和分别为 A_n,B_n 与 s_n,则

$$\begin{aligned} s_n &= (u_1 \pm v_1) + (u_2 \pm v_2) + \cdots + (u_n \pm v_n) \\ &= (u_1 + u_2 + \cdots + u_n) \pm (v_1 + v_2 + \cdots + v_n) \\ &= A_n \pm B_n. \end{aligned}$$

由题设可知

$$\lim_{n\to\infty} A_n = A, \quad \lim_{n\to\infty} B_n = B,$$

因此

$$\lim_{n\to\infty} s_n = \lim_{n\to\infty} A_n \pm \lim_{n\to\infty} B_n = A \pm B.$$

这里必须注意的是,若级数 $\sum_{n=1}^{\infty} (u_n \pm v_n)$ 收敛,不能推出级数 $\sum_{n=1}^{\infty} u_n$ 与级数 $\sum_{n=1}^{\infty} v_n$ 都收敛,如级数 $\sum_{n=1}^{\infty} (1-1)$ 收敛,而级数

$$\sum_{n=1}^{\infty} 1 = 1 + 1 + \cdots + 1 + \cdots$$

与级数

$$\sum_{n=1}^{\infty} (-1) = -1 - 1 - \cdots - 1 - \cdots$$

都发散.

性质 3 添加、去掉或改变级数的有限项不改变级数的敛散性.

证 不妨设在原级数 $\sum_{n=1}^{\infty} u_n$ 的前面添加 m 项所得的新级数为

$$a_1+a_2+\cdots+a_m+u_1+u_2+\cdots+u_n+\cdots,$$

记 $a_1+a_2+\cdots+a_m=A$.

若原级数 $\sum_{n=1}^{\infty} u_n$ 与新级数的部分和数列从第 n 项开始列出，则分别为

$$s_n,\ s_{n+1},\ s_{n+2},\ \cdots$$

与
$$A+s_n,\ A+s_{n+1},\ A+s_{n+2},\ \cdots.$$

比较这两个部分和数列易知，它们具有相同的敛散性，因此级数前面加上有限项所得的新级数与原级数具有相同的敛散性. 同理可证，去掉或改变级数有限项所得的新级数与原级数具有相同的敛散性.

利用性质 3，在讨论级数敛散性而不关心级数的和等于多少时，可以只考查从该级数中去掉前有限项或添上有限项所得的新级数的敛散性.

例如，若在例 1 与例 3 的级数中去掉前面的 10 项，由性质 3 可得级数

$$\frac{1}{11\times 12}+\frac{1}{12\times 13}+\cdots=\sum_{n=1}^{\infty}\frac{1}{(n+10)(n+11)}$$

收敛，而级数

$$\frac{1}{11}+\frac{1}{12}+\cdots=\sum_{n=1}^{\infty}\frac{1}{(n+10)}$$

发散.

性质 4 收敛级数 $\sum_{n=1}^{\infty} u_n$ 任意添加括号所得到的新级数仍为收敛级数，且收敛于原级数之和.

证 设原级数 $\sum_{n=1}^{\infty} u_n$ 收敛，且其和为 s，则

$$\lim_{n\to\infty} s_n = s \quad \left(s_n=\sum_{k=1}^{n} u_k\right).$$

又设 $\sum_{n=1}^{\infty} u_n$ 按以下规律加括号后所得的新级数为 $\sum_{n=1}^{\infty} v_n$ ，其中

$$v_1=u_1+u_2+\cdots+u_{k_1},$$
$$v_2=u_{k_1+1}+u_{k_1+2}+\cdots+u_{k_2},$$
$$\cdots\cdots$$

$$v_n = u_{k_{n-1}+1} + u_{k_{n-1}+2} + \cdots + u_{k_n},$$

$$\cdots\cdots$$

因此,新级数 $\sum_{n=1}^{\infty} v_n$ 的部分和为

$$s_n' = v_1 + v_2 + \cdots + v_n = s_{k_n},$$

显然,$k_n > n$,因此,当 $n \to \infty$ 时,$k_n \to \infty$,从而有

$$\lim_{n\to\infty} s_n' = \lim_{k_n \to \infty} s_{k_n} = s.$$

例 4 证明级数 $\frac{1}{3} + 1 + \frac{1}{3^2} + \frac{1}{2} + \frac{1}{3^3} + \frac{1}{3} + \frac{1}{3^4} + \frac{1}{4} + \cdots$ 发散.

证 用反证法.设原级数收敛,则由性质 4 得新级数

$$\left(\frac{1}{3}+1\right) + \left(\frac{1}{3^2}+\frac{1}{2}\right) + \left(\frac{1}{3^3}+\frac{1}{3}\right) + \left(\frac{1}{3^4}+\frac{1}{4}\right) + \cdots$$
$$= \sum_{n=1}^{\infty}\left(\frac{1}{3^n}+\frac{1}{n}\right)$$

也收敛.由于几何级数 $\sum_{n=1}^{\infty} \frac{1}{3^n}$ 收敛 $\left(|q| = \frac{1}{3} < 1\right)$,于是由性质 2 可知级数

$$\sum_{n=1}^{\infty}\left(\frac{1}{3^n}+\frac{1}{n}-\frac{1}{3^n}\right) = \sum_{n=1}^{\infty}\frac{1}{n}$$

也收敛.这与调和级数 $\sum_{n=1}^{\infty}\frac{1}{n}$ 发散矛盾.所以原级数发散.

这里必须强调指出,由加括号后所得的新级数收敛不能推出原级数收敛,即性质 4 的逆命题不一定成立.但如果加括号后所得的新级数发散,则原级数一定发散.

例如,级数

$$(1-1)+(1-1)+\cdots+(1-1)+\cdots$$

收敛,其和为零,而级数

$$1-1+1-1+1-1+\cdots$$

发散.

性质 5(级数收敛的必要条件) 若级数 $\sum_{n=1}^{\infty} u_n$ 收敛,则 $\lim_{n\to\infty} u_n = 0$.

证 设级数 $\sum_{n=1}^{\infty} u_n$ 的部分和为 s_n.由于级数 $\sum_{n=1}^{\infty} u_n$ 收敛,所以

$$\lim_{n\to\infty} s_n = \lim_{n\to\infty} s_{n-1} = s.$$

因此

$$\lim_{n\to\infty} u_n = \lim_{n\to\infty}(s_n - s_{n-1}) = \lim_{n\to\infty} s_n - \lim_{n\to\infty} s_{n-1} = 0.$$

应该注意的是，这个性质可以用来判别级数发散，但不能用来判别级数收敛. 也就是说，若 $\lim\limits_{n\to\infty}u_n\neq 0$，则级数 $\sum\limits_{n=1}^{\infty}u_n$ 发散；而当 $\lim\limits_{n\to\infty}u_n=0$ 时，级数 $\sum\limits_{n=1}^{\infty}u_n$ 可能收敛，也可能发散. 例如调和级数 $\sum\limits_{n=1}^{\infty}\frac{1}{n}$ 与级数 $\sum\limits_{n=1}^{\infty}\frac{1}{n(n+1)}$ 都满足

$$\lim_{n\to\infty}u_n=\lim_{n\to\infty}\frac{1}{n}=0 \quad 与 \quad \lim_{n\to\infty}u_n=\lim_{n\to\infty}\frac{1}{n(n+1)}=0,$$

但调和级数 $\sum\limits_{n=1}^{\infty}\frac{1}{n}$ 发散，而级数 $\sum\limits_{n=1}^{\infty}\frac{1}{n(n+1)}$ 收敛. 因此 $\lim\limits_{n\to\infty}u_n=0$ 是级数 $\sum\limits_{n=1}^{\infty}u_n$ 收敛的必要条件，而不是充分条件. 换言之，$\lim\limits_{n\to\infty}u_n\neq 0$ 是级数发散的充分条件，而不是必要条件.

习 题 8.1

1. 写出下列级数的一般项：

(1) $\frac{2}{1}+\frac{3}{2}+\frac{4}{3}+\frac{5}{4}+\frac{6}{5}+\cdots$；　　(2) $\frac{1}{1\cdot 2\cdot 3}+\frac{3}{2\cdot 3\cdot 4}+\frac{5}{3\cdot 4\cdot 5}+\cdots$；

(3) $\tan\frac{1}{2}+2\tan\frac{1}{4}+3\tan\frac{1}{8}+4\tan\frac{1}{16}+\cdots$.

2. 用级数收敛的定义判别下列级数的敛散性，若收敛，求其和：

(1) $\sum\limits_{n=1}^{\infty}\ln\frac{n+1}{n}$；　　(2) $\sum\limits_{n=1}^{\infty}\frac{1}{\sqrt{n+1}+\sqrt{n}}$；

(3) $\sum\limits_{n=1}^{\infty}\frac{1}{(2n-1)(2n+1)}$；　　(4) $\sum\limits_{n=1}^{\infty}\frac{2+(-1)^n}{2^n}$.

3. 判别下列级数的敛散性：

(1) $\sum\limits_{n=1}^{\infty}\frac{n}{2n+1}$；　　(2) $\sum\limits_{n=1}^{\infty}(-1)^{n-1}$；

(3) $\frac{2}{3}-\frac{2^2}{3^2}+\frac{2^3}{3^3}-\cdots$；　　(4) $\frac{1}{2}+\frac{1}{\sqrt{2}}+\frac{1}{\sqrt[3]{2}}+\frac{1}{\sqrt[4]{2}}+\cdots$；

(5) $\frac{1}{3}+\frac{1}{6}+\frac{1}{9}+\frac{1}{12}+\frac{1}{15}+\cdots$；

(6) $1+\frac{1}{2}+\frac{1}{3}+\cdots+\frac{1}{100}+\frac{1}{2}+\frac{1}{2^2}+\cdots+\frac{1}{2^n}+\cdots$；

(7) $\frac{1}{2}+\frac{1}{3}+\frac{1}{2^2}+\frac{1}{3^2}+\cdots+\frac{1}{2^n}+\frac{1}{3^n}+\cdots$；

(8) $1+\frac{1}{5}+\frac{1}{2}+\frac{1}{5^2}+\frac{1}{3}+\frac{1}{5^3}+\cdots+\frac{1}{n}+\frac{1}{5^n}+\cdots$.

§8.2 正项级数

一般的常数项级数,它的各项可以是正数、负数或者零.

定义 若级数 $\sum_{n=1}^{\infty} u_n$ 的一般项 $u_n \geqslant 0$ $(n=1,2,\cdots)$,则称之为**正项级数**.

正项级数的部分和数列 $\{s_n\}$ 是一个单调增加数列:

$$s_1 \leqslant s_2 \leqslant \cdots \leqslant s_n \leqslant \cdots.$$

定理 1 正项级数 $\sum_{n=1}^{\infty} u_n$ 收敛的充分必要条件是它的部分和数列 $\{s_n\}$ 有界.

证 若数列 $\{s_n\}$ 有界,即存在正常数 M,使得 $0 \leqslant u_1 \leqslant s_n \leqslant M$,根据单调有界数列必有极限存在的准则可得 $\lim\limits_{n\to\infty} s_n = s \leqslant M$,所以,正项级数 $\sum_{n=1}^{\infty} u_n$ 收敛,且其和为 s.

反之,若正项级数 $\sum_{n=1}^{\infty} u_n$ 收敛于和 s,即 $\lim\limits_{n\to\infty} s_n = s$,则数列 $\{s_n\}$ 有界.

由定理 1 可知,正项级数 $\sum_{n=1}^{\infty} u_n$ 收敛的充分必要条件是它的部分和数列 $\{s_n\}$ 有界. 也就是说,若部分和数列 $\{s_n\}$ 有界,$\lim\limits_{n\to\infty} s_n$ 存在,则级数 $\sum_{n=1}^{\infty} u_n$ 收敛;若 $\{s_n\}$ 无界,$\lim\limits_{n\to\infty} s_n = +\infty$,则级数 $\sum_{n=1}^{\infty} u_n$ 发散.

定理 2(比较判别法) 设正项级数 $\sum_{n=1}^{\infty} u_n$ 和 $\sum_{n=1}^{\infty} v_n$ 满足 $u_n \leqslant v_n$ $(n=1,2,\cdots)$.

(1) 若级数 $\sum_{n=1}^{\infty} v_n$ 收敛,则级数 $\sum_{n=1}^{\infty} u_n$ 也收敛;

(2) 若级数 $\sum_{n=1}^{\infty} u_n$ 发散,则级数 $\sum_{n=1}^{\infty} v_n$ 也发散.

证 设 $\sum_{n=1}^{\infty} u_n$ 和 $\sum_{n=1}^{\infty} v_n$ 的部分和分别为 s_n 和 s_n',则由 $0 \leqslant u_n \leqslant v_n$ 可得

$$s_n = u_1 + u_2 + \cdots + u_n \leqslant v_1 + v_2 + \cdots + v_n = s_n'.$$

于是,若 $\sum_{n=1}^{\infty} v_n$ 收敛,由定理 1 可知,数列 $\{s_n'\}$ 有上界,所以数列 $\{s_n\}$ 有上界. 又由定理 1 可得级数 $\sum_{n=1}^{\infty} u_n$ 收敛. 若 $\sum_{n=1}^{\infty} u_n$ 发散,由定理 1 可知,数列 $\{s_n\}$ 无界,从而数列 $\{s_n'\}$ 也无界. 又由定理 1 可得 $\sum_{n=1}^{\infty} v_n$ 发散.

推论 设 $\sum_{n=1}^{\infty}u_n$ 和 $\sum_{n=1}^{\infty}v_n$ 都是正项级数，且存在常数 $C>0$ 和正整数 N，当 $n\geqslant N$ 时，恒有 $u_n\leqslant Cv_n$.

(1) 若 $\sum_{n=1}^{\infty}v_n$ 收敛，则 $\sum_{n=1}^{\infty}u_n$ 收敛；

(2) 若 $\sum_{n=1}^{\infty}u_n$ 发散时，则 $\sum_{n=1}^{\infty}v_n$ 发散.

证明略.

例 1 判别级数

$$1+\frac{1}{3}+\frac{1}{5}+\frac{1}{7}+\cdots+\frac{1}{2n-1}+\cdots$$

的敛散性.

解 因为

$$u_n=\frac{1}{2n-1}>\frac{1}{2n}\quad(n=1,2,\cdots),$$

而级数 $\sum_{n=1}^{\infty}\frac{1}{2n}$ 发散，所以级数 $\sum_{n=1}^{\infty}\frac{1}{2n-1}$ 也发散.

例 2 讨论 p 级数

$$\sum_{n=1}^{\infty}\frac{1}{n^p}=1+\frac{1}{2^p}+\frac{1}{3^p}+\cdots+\frac{1}{n^p}+\cdots\quad(p>0)$$

的敛散性.

解 当 $p\leqslant 1$ 时，$\frac{1}{n^p}\geqslant\frac{1}{n}$. 因为级数 $\sum_{n=1}^{\infty}\frac{1}{n}$ 发散，所以由比较判别法知，级数 $\sum_{n=1}^{\infty}\frac{1}{n^p}$ 发散.

当 $p>1$ 时，由于当 $k-1\leqslant x\leqslant k$ 时，有 $\frac{1}{k^p}\leqslant\frac{1}{x^p}$ $(k=2,3,\cdots)$，因此

$$\frac{1}{k^p}=\int_{k-1}^{k}\frac{1}{k^p}\mathrm{d}x\leqslant\int_{k-1}^{k}\frac{1}{x^p}\mathrm{d}x\quad(k=2,3,\cdots),$$

从而级数的部分和

$$\begin{aligned}s_n&=1+\sum_{k=2}^{n}\frac{1}{k^p}\leqslant 1+\sum_{k=2}^{n}\int_{k-1}^{k}\frac{1}{x^p}\mathrm{d}x=1+\int_{1}^{n}\frac{1}{x^p}\mathrm{d}x\\&=1+\frac{1}{p-1}\left(1-\frac{1}{n^{p-1}}\right)<1+\frac{1}{p-1}=\frac{p}{p-1}.\end{aligned}$$

这说明级数的部分和数列 $\{s_n\}$ 有界，所以级数 $\sum_{n=1}^{\infty}\frac{1}{n^p}$ 收敛.

综上所述，当 $p\leqslant 1$ 时，p 级数发散；当 $p>1$ 时，p 级数收敛.

注 几何级数、调和级数和 p 级数经常作为收敛性已知的级数用于比较判别法.

例 3 判别级数

$$\frac{1}{1\cdot 3}+\frac{1}{2\cdot 4}+\frac{1}{3\cdot 5}+\cdots+\frac{1}{n(n+2)}+\cdots$$

的敛散性.

解 因为 $0<\frac{1}{n(n+2)}<\frac{1}{n^2}$,而级数 $\sum\limits_{n=1}^{\infty}\frac{1}{n^2}$ 是 $p=2$ 的 p 级数,它是收敛的,所以原级数也收敛.

比较判别法是一种基本方法,但有时不等式很难建立. 因此,更常用的方法是比较判别法的极限形式.

定理 3(比较判别法的极限形式) 设级数 $\sum\limits_{n=1}^{\infty}u_n$ 与 $\sum\limits_{n=1}^{\infty}v_n$ 都为正项级数,且满足

$$\lim_{n\to\infty}\frac{u_n}{v_n}=l.$$

(1) 若 $0<l<+\infty$,则 $\sum\limits_{n=1}^{\infty}u_n$ 与 $\sum\limits_{n=1}^{\infty}v_n$ 具有相同的敛散性;

(2) 若 $l=0$,且 $\sum\limits_{n=1}^{\infty}v_n$ 收敛,则 $\sum\limits_{n=1}^{\infty}u_n$ 收敛;

(3) 若 $l=+\infty$,且 $\sum\limits_{n=1}^{\infty}v_n$ 发散,则 $\sum\limits_{n=1}^{\infty}u_n$ 发散.

证 (1) 因为 $\lim\limits_{n\to\infty}\frac{u_n}{v_n}=l$,所以,对 $\varepsilon=\frac{l}{2}>0$,存在 $N\in\mathbf{N}^+$,当 $n>N$ 时,有

$$\left|\frac{u_n}{v_n}-l\right|<\frac{l}{2},\quad 即\quad \frac{l}{2}v_n<u_n<\frac{3l}{2}v_n.$$

由定理 2 的推论,从上面右边的不等式可知,若 $\sum\limits_{n=1}^{\infty}v_n$ 收敛,则 $\sum\limits_{n=1}^{\infty}u_n$ 收敛;又从上面左边的不等式可知,若 $\sum\limits_{n=1}^{\infty}u_n$ 收敛,则 $\sum\limits_{n=1}^{\infty}v_n$ 收敛. 故级数 $\sum\limits_{n=1}^{\infty}u_n$ 与 $\sum\limits_{n=1}^{\infty}v_n$ 同时收敛. 反之,从上面左边的不等式可知,若 $\sum\limits_{n=1}^{\infty}v_n$ 发散;则 $\sum\limits_{n=1}^{\infty}u_n$ 发散;又从上面右边的不等式可知,若 $\sum\limits_{n=1}^{\infty}u_n$ 发散,则 $\sum\limits_{n=1}^{\infty}v_n$ 发散. 因此 $\sum\limits_{n=1}^{\infty}u_n$ 与 $\sum\limits_{n=1}^{\infty}v_n$ 同时发散.

(2),(3)的证明略.

注 定理 3 表明,一个正项级数,它的收敛与否除了要考查其一般项是否趋于零外,还与它的一般项趋于零的"快慢"程度有关. 我们可以借助等价无穷小量的有关结果来判断一般项趋于零的"快慢"程度.

例 4 判别级数 $\sum\limits_{n=1}^{\infty}\frac{1}{\sqrt{n(n+1)}}$的敛散性.

解 由于

$$\lim_{n\to\infty}\frac{\frac{1}{\sqrt{n(n+1)}}}{\frac{1}{n}}=\lim_{n\to\infty}\frac{n}{\sqrt{n(n+1)}}=1,$$

而级数 $\sum\limits_{n=1}^{\infty}\frac{1}{n}$发散,所以原级数发散.

例 5 判别级数 $\sum\limits_{n=1}^{\infty}\sin\frac{1}{2^n}$的敛散性.

解 由于当 $n\to\infty$时, $\sin\frac{1}{2^n}\sim\frac{1}{2^n}$,而级数 $\sum\limits_{n=1}^{\infty}\frac{1}{2^n}$ 收敛,所以原级数收敛.

例 6 判别级数 $\sum\limits_{n=1}^{\infty}\left(1-\cos\frac{1}{n}\right)$的敛散性.

解 由于当 $n\to\infty$时, $1-\cos\frac{1}{n}\sim\frac{1}{2n^2}$,而级数 $\sum\limits_{n=1}^{\infty}\frac{1}{n^2}$收敛,所以原级数收敛.

下面介绍的两个判别法,不需寻找一个已知敛散性的级数来作比较,只需根据本身的前后项,就可以判别级数的敛散性.

定理 4(比值判别法或达朗贝尔(D'Alembert)判别法) 设 $\sum\limits_{n=1}^{\infty}u_n$ 是正项级数,且

$$\lim_{n\to\infty}\frac{u_{n+1}}{u_n}=\rho.$$

(1) 若 $\rho<1$,则级数 $\sum\limits_{n=1}^{\infty}u_n$ 收敛;

(2) 若 $\rho>1$,则级数 $\sum\limits_{n=1}^{\infty}u_n$ 发散;

(3) 若 $\rho=1$,则级数 $\sum\limits_{n=1}^{\infty}u_n$ 可能收敛,也可能发散.

证 (1) 当 $\rho<1$ 时,由于$\lim\limits_{n\to\infty}\frac{u_{n+1}}{u_n}=\rho$,因此,对 $\varepsilon=\frac{1-\rho}{2}>0$,存在 $N\in\mathbf{N}^+$,使得当 $n\geqslant N$ 时,恒有$\left|\frac{u_{n+1}}{u_n}-\rho\right|<\frac{1-\rho}{2}$成立,所以

$$\frac{u_{n+1}}{u_n}<\rho+\frac{1-\rho}{2}=\frac{1+\rho}{2}.$$

记 $q=\frac{1+\rho}{2}<1$,从而

$$u_{N+1} < qu_N,$$
$$u_{N+2} < qu_{N+1} < q^2 u_N,$$
$$\cdots\cdots$$
$$u_{N+m} < qu_{N+m-1} < \cdots < q^m u_N,$$
$$\cdots\cdots$$

由上述不等式得 $\sum_{m=1}^{\infty} u_{N+m} \leqslant \sum_{m=1}^{\infty} q^m u_N$. 于是，由几何级数 $\sum_{m=1}^{\infty} q^m u_N$ ($0<q<1$)收敛可得级数 $\sum_{m=1}^{\infty} u_{N+m} = \sum_{n=N+1}^{\infty} u_n$ 收敛，再由级数的性质 3 可得级数 $\sum_{n=1}^{\infty} u_n$ 收敛.

(2) 当 $\rho>1$ 时，由于 $\lim_{n\to\infty}\frac{u_{n+1}}{u_n}=\rho$，因此，对 $\varepsilon=\frac{\rho-1}{2}>0$，存在 $N\in\mathbf{N}^+$，使得当 $n\geqslant N$ 时，恒有 $\left|\frac{u_{n+1}}{u_n}-\rho\right|<\frac{\rho-1}{2}$ 成立，所以

$$\frac{u_{n+1}}{u_n}>\rho-\frac{\rho-1}{2}=\frac{1+\rho}{2}.$$

记 $q=\frac{1+\rho}{2}>1$ ($n\geqslant N$)，则

$$u_{N+1} > qu_N,$$
$$u_{N+2} > qu_{N+1} > q^2 u_N,$$
$$\cdots\cdots$$
$$u_{N+m} > qu_{N+m-1} > \cdots > q^m u_N,$$
$$\cdots\cdots$$

于是，由几何级数 $\sum_{m=1}^{\infty} q^m u_N$ ($q>1$) 发散可得级数 $\sum_{m=1}^{\infty} u_{N+m} = \sum_{n=N+1}^{\infty} u_n$ 发散，再由级数的性质 3 可得级数 $\sum_{n=1}^{\infty} u_n$ 发散.

(3) 当 $\rho=1$ 时，显然级数 $\sum_{n=1}^{\infty}\frac{1}{n}$ 与 $\sum_{n=1}^{\infty}\frac{1}{n^2}$ 都满足

$$\lim_{n\to\infty}\frac{u_{n+1}}{u_n}=\rho=1,$$

然而级数 $\sum_{n=1}^{\infty}\frac{1}{n}$ 发散，级数 $\sum_{n=1}^{\infty}\frac{1}{n^2}$ 收敛.

例 7 判别级数 $\sum_{n=1}^{\infty}\frac{n^2}{3^n}$ 的敛散性.

解 由于

$$\lim_{n\to\infty}\frac{u_{n+1}}{u_n}=\lim_{n\to\infty}\frac{(n+1)^2}{3^{n+1}}\cdot\frac{3^n}{n^2}=\frac{1}{3}<1,$$

所以级数收敛.

例 8 判别级数 $\sum\limits_{n=1}^{\infty}\frac{n!}{n^n}$ 的敛散性.

解 由于

$$\lim_{n\to\infty}\frac{u_{n+1}}{u_n}=\lim_{n\to\infty}\frac{(n+1)!}{(n+1)^{n+1}}\cdot\frac{n^n}{n!}=\lim_{n\to\infty}\left(\frac{n}{n+1}\right)^n=\frac{1}{\mathrm{e}}<1,$$

所以级数收敛.

例 9 判别级数 $\sum\limits_{n=1}^{\infty}\frac{n+1}{n(n+2)}$ 的敛散性.

解 由于

$$\lim_{n\to\infty}\frac{u_{n+1}}{u_n}=\lim_{n\to\infty}\frac{n+2}{(n+1)(n+3)}\cdot\frac{n(n+2)}{n+1}=1,$$

所以比值判别法失效.

我们用比较判别法的极限形式来判别. 由于

$$\lim_{n\to\infty}\frac{\frac{n+1}{n(n+2)}}{\frac{1}{n}}=\lim_{n\to\infty}\frac{n(n+1)}{n(n+2)}=1,$$

而调和级数 $\sum\limits_{n=1}^{\infty}\frac{1}{n}$ 发散,所以原级数发散.

定理 5(根值判别法或柯西判别法) 设 $\sum\limits_{n=1}^{\infty}u_n$ 是正项级数,且

$$\lim_{n\to\infty}\sqrt[n]{u_n}=\rho.$$

(1) 若 $\rho<1$,则级数 $\sum\limits_{n=1}^{\infty}u_n$ 收敛;

(2) 若 $\rho>1$,则级数 $\sum\limits_{n=1}^{\infty}u_n$ 发散;

(3) 若 $\rho=1$,则级数 $\sum\limits_{n=1}^{\infty}u_n$ 可能收敛,也可能发散.

证明略.

例 10 判别级数 $\sum\limits_{n=1}^{\infty}\left(\frac{n}{3n+1}\right)^n$ 的敛散性.

解 由于

$$\lim_{n\to\infty}\sqrt[n]{u_n}=\lim_{n\to\infty}\left(\frac{n}{3n+1}\right)=\frac{1}{3}<1,$$

所以级数收敛.

例 11 判别级数 $\sum_{n=1}^{\infty}\frac{2+(-1)^n}{2^n}$ 的敛散性.

解 由于

$$\lim_{n\to\infty}\sqrt[n]{u_n}=\lim_{n\to\infty}\frac{1}{2}\sqrt[n]{2+(-1)^n}=\frac{1}{2}<1,$$

所以,由根值判别法可知级数 $\sum_{n=1}^{\infty}\frac{2+(-1)^n}{2^n}$ 收敛.

当正项级数的一般项中含有连乘积或阶乘形式时常用比值判别法;含有 n 次方的形式时,常用根值判别法. 正项级数敛散性的判别还有其他方法,以上介绍的是常用的几种方法. 具体运用时,一般可按以下顺序判别之:

(1) 检查级数的通项 u_n 是否收敛于零;

(2) 用比值判别法或根值判别法判别之;

(3) 用比较判别法的极限形式、比较判别法的推论、比较判别法判别之;

(4) 用级数的部分和数列 $\{s_n\}$ 是否有上界判别之;

(5) 用级数收敛的定义即其部分和数列 $\{s_n\}$ 是否收敛判别之.

习 题 8.2

1. 用比较判别法或其极限形式判别下列级数的敛散性:

(1) $\sum_{n=1}^{\infty}\frac{1}{n^2+n+1}$; (2) $\sum_{n=1}^{\infty}\frac{n}{2n^2+1}$; (3) $\sum_{n=1}^{\infty}\frac{1}{\sqrt{n}}$;

(4) $\sum_{n=2}^{\infty}\frac{1}{\sqrt{n^2-n}}$; (5) $\sum_{n=1}^{\infty}\ln\left(1+\frac{1}{n^2}\right)$; (6) $\sum_{n=1}^{\infty}\frac{\ln n}{n^2}$;

(7) $\sum_{n=1}^{\infty}\sin\frac{\pi}{2^n}$; (8) $\sum_{n=1}^{\infty}\frac{1}{1+\alpha^n}\ (\alpha>0)$.

2. 用比值判别法或根值判别法判别下列级数的敛散性:

(1) $\sum_{n=1}^{\infty}\frac{n}{2^n+1}$; (2) $\sum_{n=1}^{\infty}\frac{3^n}{n!}$; (3) $\sum_{n=1}^{\infty}n\sin\frac{1}{3^n}$;

(4) $\sum_{n=1}^{\infty}n\tan\frac{\pi}{2^n}$; (5) $\sum_{n=1}^{\infty}\frac{2^n\cdot n!}{n^n}$; (6) $\sum_{n=1}^{\infty}\left(\frac{n}{2n+1}\right)^n$;

(7) $\sum_{n=1}^{\infty}\left(\frac{n}{3n-1}\right)^{2n}$; (8) $\sum_{n=1}^{\infty}\frac{1}{[\ln(n+1)]^n}$.

3. 判别下列级数的敛散性:

(1) $\sum_{n=1}^{\infty}\frac{n+1}{n^2+2n}$; (2) $\sum_{n=1}^{\infty}\frac{1}{\sqrt{n(n+2)}}$; (3) $\sum_{n=1}^{\infty}2^n\sin\frac{\pi}{3^n}$;

(4) $\sum_{n=1}^{\infty} \frac{3^n \cdot n!}{n^n}$; (5) $\sum_{n=1}^{\infty} \left(\frac{n}{n+1}\right)^{n^2}$; (6) $\sum_{n=1}^{\infty} \frac{1}{(\ln n)^n}$.

§8.3 任意项级数

上节我们讨论了正项级数敛散性的判别法，本节讨论任意项级数敛散性的判别法.

若级数 $u_1+u_2+\cdots+u_n+\cdots$ 中的 $u_n(n=1,2,\cdots)$ 为任意实数，则称为**任意项级数**或**一般项级数**.

一、交错级数

定义 1 设 $u_n>0\ (n=1,2,\cdots)$，称

$$\sum_{n=1}^{\infty}(-1)^{n-1}u_n = u_1 - u_2 + u_3 - \cdots \tag{1}$$

或

$$\sum_{n=1}^{\infty}(-1)^{n}u_n = -u_1 + u_2 - u_3 + \cdots \tag{2}$$

为**交错级数**，即各项符号正、负交错的数项级数称为交错级数.

由于级数(2)可由级数(1)乘以(−1)得到，所以我们为了叙述方便，以后对交错级数的讨论均按级数(1)进行.

定理 1(莱布尼茨(Leibnizi)判别法) 设交错级数 $\sum\limits_{n=1}^{\infty}(-1)^{n-1}u_n$ 满足条件：

(1) $u_n \geqslant u_{n+1}\ (n=1,2,\cdots)$；

(2) $\lim\limits_{n\to\infty}u_n=0$，

则交错级数 $\sum\limits_{n=1}^{\infty}(-1)^{n-1}u_n$ 收敛，且其和 $s\leqslant u_1$.

证 由于 $u_n\geqslant u_{n+1}(n=1,2,\cdots)$，而

$$s_{2n}=(u_1-u_2)+(u_3-u_4)+\cdots+(u_{2n-1}-u_{2n}),$$
$$s_{2n}=u_1-(u_2-u_3)-(u_4-u_5)-\cdots-(u_{2n-2}-u_{2n-1})-u_{2n}<u_1$$

所以数列 $\{s_{2n}\}$ 单调增加，且有上界 u_1，从而必有

$$\lim_{n\to\infty}s_{2n}=s\leqslant u_1.$$

又由于 $\lim\limits_{n\to\infty}u_n=0$，则

$$\lim_{n\to\infty}s_{2n+1}=\lim_{n\to\infty}(s_{2n}+u_{2n+1})=\lim_{n\to\infty}s_{2n}+\lim_{n\to\infty}u_{2n+1}=s.$$

所以

$$\lim_{n\to\infty}s_n=s,$$

即交错级数 $\sum\limits_{n=1}^{\infty}(-1)^{n-1}u_n$ 收敛,且其和 $s\leqslant u_1$.

例 1 判别交错级数 $1-\dfrac{1}{2}+\dfrac{1}{3}-\dfrac{1}{4}+\cdots+(-1)^{n-1}\dfrac{1}{n}+\cdots$ 的敛散性.

解 由于

$$u_n=\frac{1}{n}>\frac{1}{n+1}=u_{n+1},\quad \text{且}\quad \lim_{n\to\infty}u_n=\lim_{n\to\infty}\frac{1}{n}=0,$$

则由莱布尼茨判别法知级数收敛.

例 2 判别交错级数 $\sum\limits_{n=1}^{\infty}(-1)^{n-1}\dfrac{1}{n^p}$ $(p>0)$的敛散性.

解 由于

$$u_n=\frac{1}{n^p}>\frac{1}{(n+1)^p}=u_{n+1},\quad \text{且}\quad \lim_{n\to\infty}u_n=\lim_{n\to\infty}\frac{1}{n^p}=0,$$

则由莱布尼茨判别法知级数收敛.

交错级数的一般项可以看成自变量为 n 的函数,即 $u_n=f(n)$,所以在应用莱布尼茨判别法时,我们可以借助函数单调性的判断.由莱布尼茨判别法知,若函数 $f(x)$ 当 x 大于某一正数时单调减少时(或 $f'(x)<0$),且 $\lim\limits_{x\to+\infty}f(x)=0$,则交错级数 $\sum\limits_{n=1}^{\infty}(-1)^{n-1}f(n)$ 收敛.

莱布尼茨判别法所给的条件只是交错级数收敛的充分条件,而非必要条件.

二、绝对收敛与条件收敛

上面研究了正、负项交错出现的级数的敛散性,现在研究正、负项不一定交错出现的任意项级数的敛散性.一般地,对于任意项级数 $\sum\limits_{n=1}^{\infty}u_n$ 的敛散性判别,主要是转化为正数项级数 $\sum\limits_{n=1}^{\infty}|u_n|$ 后进行判别.

定理 2 若级数 $\sum\limits_{n=1}^{\infty}|u_n|$ 收敛,则级数 $\sum\limits_{n=1}^{\infty}u_n$ 收敛.

证 由于

$$-|u_n|\leqslant u_n\leqslant|u_n|\quad (n=1,2,\cdots),$$

因此

$$0\leqslant\frac{u_n+|u_n|}{2}\leqslant|u_n|.$$

若令

$$v_n=\frac{u_n+|u_n|}{2},$$

显然有 $0\leqslant v_n\leqslant |u_n|$，于是，由级数 $\sum\limits_{n=1}^{\infty}|u_n|$ 收敛可知，级数 $\sum\limits_{n=1}^{\infty}v_n$ 收敛. 又由 §7.1的性质1和性质 2 可得级数 $\sum\limits_{n=1}^{\infty}u_n = \sum\limits_{n=1}^{\infty}(2v_n-|u_n|)$ 也收敛.

定理 2 的逆命题不成立，即若级数 $\sum\limits_{n=1}^{\infty}u_n$ 收敛，级数 $\sum\limits_{n=1}^{\infty}|u_n|$ 不一定收敛. 例如交错级数

$$\sum_{n=1}^{\infty}(-1)^{n-1}\frac{1}{n}=1-\frac{1}{2}+\frac{1}{3}-\frac{1}{4}+\cdots+(-1)^{n-1}\frac{1}{n}+\cdots$$

是收敛的，而 $\sum\limits_{n=1}^{\infty}|u_n|=\sum\limits_{n=1}^{\infty}\left|(-1)^{n-1}\frac{1}{n}\right|=\sum\limits_{n=1}^{\infty}\frac{1}{n}$ 却是发散的. 因此，当 $\sum\limits_{n=1}^{\infty}|u_n|$ 发散时，不能断言 $\sum\limits_{n=1}^{\infty}u_n$ 发散. 但是，如果 $\sum\limits_{n=1}^{\infty}|u_n|$ 发散是由比值判别法或根值判别法判断的，则可断言 $\sum\limits_{n=1}^{\infty}u_n$ 必发散，因为此时 $\lim\limits_{n\to\infty}|u_n|\neq 0$，必有 $\lim\limits_{n\to\infty}u_n\neq 0$.

定义 2 设 $\sum\limits_{n=1}^{\infty}u_n$ 为任意项级数.

(1) 若级数 $\sum\limits_{n=1}^{\infty}|u_n|$ 收敛，则称级数 $\sum\limits_{n=1}^{\infty}u_n$ **绝对收敛**；

(2) 若级数 $\sum\limits_{n=1}^{\infty}u_n$ 收敛，而级数 $\sum\limits_{n=1}^{\infty}|u_n|$ 发散，则称级数 $\sum\limits_{n=1}^{\infty}u_n$ **条件收敛**.

由例 1 易知，交错级数 $\sum\limits_{n=1}^{\infty}(-1)^{n-1}\frac{1}{n^p}$ 当 $0<p\leqslant 1$ 时条件收敛，当 $p>1$ 时绝对收敛.

例 3 判别下列级数是否收敛，若收敛，指出是绝对收敛，还是条件收敛：

(1) $\sum\limits_{n=1}^{\infty}\frac{\sin n\alpha}{n^3}$；　(2) $\sum\limits_{n=1}^{\infty}(-1)^n\frac{n}{2^n}$；　(3) $\sum\limits_{n=1}^{\infty}(-1)^n\frac{1}{\ln n}$.

解 (1) 由于

$$|u_n|=\left|\frac{\sin n\alpha}{n^3}\right|\leqslant\frac{1}{n^3},$$

而 $\sum\limits_{n=1}^{\infty}\frac{1}{n^3}$ 收敛，故 $\sum\limits_{n=1}^{\infty}|u_n|$ 收敛，所以原级数绝对收敛.

(2) 由于 $|u_n|=\frac{n}{2^n}$，而

$$\lim_{n\to\infty}\left|\frac{u_{n+1}}{u_n}\right|=\lim_{n\to\infty}\frac{n+1}{2^{n+1}}\cdot\frac{2^n}{n}=\frac{1}{2}<1,$$

故 $\sum\limits_{n=1}^{\infty}|u_n|$ 收敛，所以原级数绝对收敛.

(3) 由于 $|u_n|=\frac{1}{\ln n}>\frac{1}{n}$，而 $\sum\limits_{n=1}^{\infty}\frac{1}{n}$ 发散，故 $\sum\limits_{n=1}^{\infty}|u_n|$ 发散. 又因为

$$u_n=\frac{1}{\ln n}>\frac{1}{\ln(n+1)}=u_{n+1},\quad 且\quad \lim_{n\to\infty}u_n=\lim_{n\to\infty}\frac{1}{\ln n}=0,$$

则由莱布尼茨判别法知，级数 $\sum\limits_{n=1}^{\infty}(-1)^n\frac{1}{\ln n}$ 收敛，故级数 $\sum\limits_{n=1}^{\infty}(-1)^n\frac{1}{\ln n}$ 条件收敛.

例 4 讨论级数 $\sum\limits_{n=1}^{\infty}\frac{(-1)^{n-1}}{n}x^n$ 的敛散性.

解 显然当 $x=0$ 时，原级数收敛，且绝对收敛.

当 $x\neq 0$ 时，由于

$$\lim_{n\to\infty}\left|\frac{u_{n+1}}{u_n}\right|=\lim_{n\to\infty}\left|\frac{x^{n+1}}{n+1}\cdot\frac{n}{x^n}\right|=\lim_{n\to\infty}\frac{n}{n+1}|x|,$$

因此

(1) 当 $0<|x|<1$ 时，级数 $\sum\limits_{n=1}^{\infty}\left|\frac{(-1)^{n-1}}{n}x^n\right|$ 收敛，从而级数 $\sum\limits_{n=1}^{\infty}\frac{(-1)^{n-1}}{n}x^n$ 绝对收敛.

(2) 当 $|x|>1$ 时，级数 $\sum\limits_{n=1}^{\infty}\left|\frac{(-1)^{n-1}}{n}\right|x^n$ 发散，且有 $\lim\limits_{n\to\infty}\frac{(-1)^{n-1}}{n}x^n=\infty$，因此，由级数收敛的必要条件可知，级数 $\sum\limits_{n=1}^{\infty}\frac{(-1)^{n-1}}{n}x^n$ 发散.

(3) 当 $|x|=1$ 时，显然若 $x=-1$，则级数 $\sum\limits_{n=1}^{\infty}\frac{(-1)^{n-1}}{n}x^n=\sum\limits_{n=1}^{\infty}\frac{-1}{n}$ 发散；若 $x=1$，则 $\sum\limits_{n=1}^{\infty}\frac{(-1)^{n-1}}{n}x^n=\sum\limits_{n=1}^{\infty}(-1)^{n-1}\frac{1}{n}$ 为交错级数，由莱布尼茨判别法知道级数 $\sum\limits_{n=1}^{\infty}(-1)^{n-1}\frac{1}{n}$ 收敛，且为条件收敛.

综上所述，当 $|x|<1$ 时，原级数绝对收敛；当 $x=1$ 时，原级数条件收敛；当 $x=-1$ 或 $|x|>1$ 时，原级数发散.

注 判别任意项级数 $\sum\limits_{n=1}^{\infty}u_n$ 敛散性的一般步骤：

(1) 观察 $\lim\limits_{n\to\infty}u_n=0$ 是否成立，若不成立，则级数发散.

(2) 判别 $\sum\limits_{n=1}^{\infty}|u_n|$ 是否收敛，若收敛，则级数绝对收敛.

(3) 判别 $\sum\limits_{n=1}^{\infty}u_n$ 是否收敛，若收敛，而 $\sum\limits_{n=1}^{\infty}|u_n|$ 发散，则级数条件收敛；若发散，则级数发散.

习　题　8.3

判别下列级数是否收敛，若收敛，指出是绝对收敛，还是条件收敛：

(1) $\sum_{n=1}^{\infty}(-1)^{n}\frac{n}{2n+1}$；　(2) $\sum_{n=1}^{\infty}(-1)^{n}\frac{1}{\sqrt{n^{2}+2n}}$；　(3) $\sum_{n=1}^{\infty}\frac{\sin n\alpha}{n^{2}}$；

(4) $\sum_{n=1}^{\infty}(-1)^{n-1}\tan\frac{\pi}{2^{n}}$；　(5) $\sum_{n=1}^{\infty}(-1)^{n}\frac{1}{\ln(n+1)}$；　(6) $\sum_{n=1}^{\infty}(-1)^{n}\frac{n^{2}}{3^{n-1}}$；

(7) $\sum_{n=1}^{\infty}(-1)^{n-1}\frac{1}{n^{p}}$.

§8.4 幂 级 数

一、函数项级数的概念

定义 1 设$\{u_n(x)\}$为定义在实数集合 X 上的函数序列：

$$u_0(x),\ u_1(x),\ u_2(x),\ \cdots,\ u_n(x),\ \cdots,$$

则称式子

$$u_0(x)+u_1(x)+u_2(x)+\cdots+u_n(x)+\cdots$$

为定义在 X 上的**函数项无穷级数**,简称**函数项级数**,记做 $\sum_{n=0}^{\infty}u_n(x)$,即

$$\sum_{n=0}^{\infty}u_n(x)=u_0(x)+u_1(x)+u_2(x)+\cdots+u_n(x)+\cdots.$$

对于某个确定值 $x_0\in X$,级数 $\sum_{n=0}^{\infty}u_n(x_0)$ 为常数项级数. 若$\sum_{n=0}^{\infty}u_n(x_0)$ 收敛,则称点 x_0 为函数项级数$\sum_{n=0}^{\infty}u_n(x)$ 的**收敛点**. 若$\sum_{n=0}^{\infty}u_n(x_0)$ 发散,则称点 x_0 为函数项级数$\sum_{n=0}^{\infty}u_n(x)$ 的**发散点**. 称函数项级数$\sum_{n=0}^{\infty}u_n(x)$ 所有收敛点组成的集合为该函数项级数的**收敛域**;而函数项级数$\sum_{n=0}^{\infty}u_n(x)$ 所有发散点组成的集合为该函数项级数的**发散域**. 对于收敛域中的每一个 x,函数项级数$\sum_{n=0}^{\infty}u_n(x)$ 都有唯一确定的和 $s(x)$,通常称之为该函数项级数的**和函数**,即

$$\sum_{n=0}^{\infty}u_n(x)=s(x)\quad(x\text{ 属于收敛域}).$$

而

$$s_n(x)=\sum_{k=0}^{n}u_k=u_0(x)+u_1(x)+u_2(x)+\cdots+u_n(x)$$

称为函数项级数 $\sum_{n=0}^{\infty}u_n(x)$ 的**部分和函数**. 当 x 属于该函数项级数$\sum_{n=0}^{\infty}u_n(x)$ 的收敛域时,部

分和序列$\{s_n(x)\}$收敛，且收敛于$s(x)$，即

$$s(x)=\lim_{n\to\infty}s_n(x).$$

通常称

$$r_n(x)=s(x)-s_n(x)=u_{n+1}(x)+u_{n+2}(x)+\cdots$$

为函数项级数的**余项**.

例 1 讨论函数项级数

$$\sum_{n=1}^{\infty}x^{n-1}=1+x+x^2+\cdots+x^{n-1}+\cdots$$

的收敛域及和函数.

解 由于

$$\sum_{n=1}^{\infty}x^{n-1}=1+x+x^2+\cdots+x^{n-1}+\cdots$$

是公比为x的等比级数，所以当$|x|<1$时级数收敛，当$|x|\geqslant 1$时级数发散.故所求的收敛域为$(-1,1)$，和函数为

$$s(x)=\frac{1}{1-x},\quad x\in(-1,1).$$

二、幂级数

下面我们讨论函数项级数中最简单而应用最广泛的幂级数.

定义 2 称函数项级数

$$\sum_{n=0}^{\infty}a_nx^n=a_0+a_1x+a_2x^2+\cdots+a_nx^n+\cdots \tag{1}$$

或

$$\sum_{n=0}^{\infty}a_n(x-x_0)^n=a_0+a_1(x-x_0)+a_2(x-x_0)^2+\cdots+a_n(x-x_0)^n+\cdots \tag{2}$$

为**幂级数**，其中$a_n(n=0,1,2,\cdots)$和x_0均为常数，并称a_n为幂级数的**系数**.

由§8.1例2可知

$$\frac{1}{1-x}=\sum_{n=0}^{\infty}x^n=1+x+x^2+\cdots+x^n+\cdots\quad(-1<x<1);$$

在§8.1的例2中，若令$q=-x$，则

$$\frac{1}{1+x}=\sum_{n=0}^{\infty}(-x)^n=1-x+x^2-x^3+\cdots+(-1)^nx^n+\cdots\quad(-1<x<1);$$

若令$q=x^2$，则

$$\frac{1}{1-x^2}=\sum_{n=0}^{\infty}x^{2n}=1+x^2+x^4+\cdots+x^{2n}+\cdots\quad(-1<x<1).$$

从以上例子可以看出，幂级数的收敛域通常都是区间，称之为该幂级数的**收敛区间**.

定理1 若幂级数 $\sum_{n=0}^{\infty} a_n x^n$ 在点 $x_0(x_0 \neq 0)$ 处收敛，则满足不等式 $|x|<|x_0|$ 的一切点 x 都使该幂级数绝对收敛；反之，若幂级数 $\sum_{n=0}^{\infty} a_n x^n$ 在点 $x_1(x_1 \neq 0)$ 处发散，则满足不等式 $|x|>|x_1|$ 的一切点 x 都使该幂级数发散.

证 若幂级数 $\sum_{n=0}^{\infty} a_n x^n$ 在点 $x_0(x_0 \neq 0)$ 处收敛，由级数收敛的必要条件可得

$$\lim_{n\to\infty} a_n x_0^n = 0,$$

于是存在常数 $M>0$，使得

$$|a_n x_0^n| \leqslant M \quad (n=0,1,2,\cdots),$$

从而有

$$|a_n x^n| = \left|a_n x_0^n \cdot \frac{x^n}{x_0^n}\right| = |a_n x_0^n| \cdot \left|\frac{x}{x_0}\right|^n \leqslant M\left|\frac{x}{x_0}\right|^n.$$

当 $|x|<|x_0|$ 时，几何级数 $\sum_{n=0}^{\infty} M\left|\frac{x}{x_0}\right|^n$ 收敛$\left(\text{公比 } q=\left|\frac{x}{x_0}\right|<1\right)$，因此，由正项级数的比较判别法可知，级数 $\sum_{n=0}^{\infty}|a_n x^n|$ 收敛，即幂级数 $\sum_{n=0}^{\infty} a_n x^n$ 绝对收敛.

若幂级数 $\sum_{n=0}^{\infty} a_n x^n$ 在点 $x_1(x_1 \neq 0)$ 处发散，则对满足不等式 $|x|>|x_1|$ 的一切点 x，幂级数 $\sum_{n=0}^{\infty} a_n x^n$ 都发散；否则存在 x_2，当 $|x_2|>|x_1|$ 时，级数 $\sum_{n=0}^{\infty} a_n x_2^n$ 收敛. 由上述前半部分的证明可得级数 $\sum_{n=0}^{\infty} a_n x_1^n$ 收敛. 这与题设矛盾，所以定理的后半部分证毕.

定理1说明，若幂级数 $\sum_{n=0}^{\infty} a_n x^n$ 在点 $x_0(x_0 \neq 0)$ 处收敛，则在开区间 $(-|x_0|,|x_0|)$ 内的任何点 x，幂级数 $\sum_{n=0}^{\infty} a_n x^n$ 都收敛；若幂级数 $\sum_{n=0}^{\infty} a_n x^n$ 在点 $x_1(x_1 \neq 0)$ 处发散，则在闭区间 $[-|x_1|,|x_1|]$ 外的任何点 x，幂级数 $\sum_{n=0}^{\infty} a_n x^n$ 都发散.

综上所述可得，对幂级数 $\sum_{n=0}^{\infty} a_n x^n$，存在常数 $R>0$，且 $|x_0| \leqslant R \leqslant |x_1|$，使得

(1) 当 $|x|<R$ 时，幂级数 $\sum_{n=0}^{\infty} a_n x^n$ 绝对收敛；

(2) 当 $|x|>R$ 时，幂级数 $\sum_{n=0}^{\infty} a_n x^n$ 发散；

(3) 当 $x=R$ 或 $x=-R$ 时，幂级数 $\sum\limits_{n=0}^{\infty}a_nx^n$ 可能收敛，也可能发散，需另行判别.

称上述的正数 R 为幂级数 $\sum\limits_{n=0}^{\infty}a_nx^n$ 的**收敛半径**，开区间 $(-R,R)$ 为幂级数 $\sum\limits_{n=0}^{\infty}a_nx^n$ 的**收敛区间**. 若幂级数 $\sum\limits_{n=0}^{\infty}a_nx^n$ 仅在 $x=0$ 处收敛，则 $R=0$；若幂级数 $\sum\limits_{n=0}^{\infty}a_nx^n$ 对一切实数 x 都收敛，则 $R=+\infty$.

设幂级数 $\sum\limits_{n=0}^{\infty}a_nx^n$ 的收敛半径 $R>0$，我们有如下结论：

(1) 若幂级数 $\sum\limits_{n=0}^{\infty}a_nx^n$ 在 $x=\pm R$ 处都发散，则幂级数 $\sum\limits_{n=0}^{\infty}a_nx^n$ 的收敛区间与收敛域均为 $(-R,R)$；

(2) 若幂级数 $\sum\limits_{n=0}^{\infty}a_nx^n$ 在 $x=R$ 处收敛，在 $x=-R$ 处发散，则幂级数 $\sum\limits_{n=0}^{\infty}a_nx^n$ 的收敛区间为 $(-R,R)$；收敛域为 $(-R,R]$；

(3) 若幂级数 $\sum\limits_{n=0}^{\infty}a_nx^n$ 在 $x=R$ 处发散，在 $x=-R$ 处收敛，则幂级数 $\sum\limits_{n=0}^{\infty}a_nx^n$ 的收敛区间为 $(-R,R)$；收敛域为 $[-R,R)$；

(4) 若幂级数 $\sum\limits_{n=0}^{\infty}a_nx^n$ 在 $x=\pm R$ 处都收敛，则幂级数 $\sum\limits_{n=0}^{\infty}a_nx^n$ 的收敛区间为 $(-R,R)$；收敛域为 $[-R,R]$.

总之，若幂级数 $\sum\limits_{n=0}^{\infty}a_nx^n$ 的收敛半径 $R>0$，则其收敛区间为 $(-R,R)$，而收敛域是开区间 $(-R,R)$ 或半开半闭区间 $(-R,R]$，$[-R,R)$ 或闭区间 $[-R,R]$ 应视幂级数 $\sum\limits_{n=0}^{\infty}a_nx^n$ 在 $x=\pm R$ 处的敛散性而定. 若幂级数 $\sum\limits_{n=0}^{\infty}a_nx^n$ 的收敛半径 $R=+\infty$，则其收敛区间及收敛域均为 $(-\infty,+\infty)$.

定理 2 设幂级数 $\sum\limits_{n=0}^{\infty}a_nx^n$ 满足 $\lim\limits_{n\to\infty}\left|\dfrac{a_{n+1}}{a_n}\right|=\rho$，则幂级数 $\sum\limits_{n=0}^{\infty}a_nx^n$ 的收敛半径为

$$R=\begin{cases}\dfrac{1}{\rho}, & \rho\neq 0,\\ +\infty, & \rho=0,\\ 0, & \rho=+\infty.\end{cases}$$

证 显然，当 $x=0$ 时，幂级数 $\sum\limits_{n=0}^{\infty}a_nx^n$ 绝对收敛. 当 $x\neq 0$ 时，由于

$$\lim_{n\to\infty}\left|\frac{u_{n+1}}{u_n}\right|=\lim_{n\to\infty}\left|\frac{a_{n+1}x^{n+1}}{a_nx^n}\right|=\lim_{n\to\infty}\left|\frac{a_{n+1}}{a_n}\right||x|=\rho|x|,$$

所以，由正项级数的比值判别法可知：

(1) 当$\rho|x|<1,\rho\neq 0$，即$|x|<\dfrac{1}{\rho}$时，幂级数$\sum\limits_{n=0}^{\infty}a_nx^n$绝对收敛；当$\rho\ |\ x\ |>1,\rho\neq 0$，即$|\ x\ |>\dfrac{1}{\rho}$时，幂级数$\sum\limits_{n=0}^{\infty}a_nx^n$发散，因此$R=\dfrac{1}{\rho}$.

(2) 当$\rho=0$时，幂级数$\sum\limits_{n=0}^{\infty}a_nx^n$对一切$x$都绝对收敛，因此$R=+\infty$.

(3) 当$\rho=+\infty$时，幂级数$\sum\limits_{n=0}^{\infty}a_nx^n$对一切$x\neq 0$都发散，仅在$x=0$处收敛，因此$R=0$，收敛域为$\{0\}$.

例 2 求幂级数

$$\sum_{n=1}^{\infty}\frac{(-1)^{n-1}}{n}x^n=x-\frac{1}{2}x^2+\cdots+\frac{(-1)^{n-1}}{n}x^n+\cdots$$

的收敛半径及收敛域.

解 因为

$$\rho=\lim_{n\to\infty}\left|\frac{a_{n+1}}{a_n}\right|=\lim_{n\to\infty}\left|\frac{(-1)^n}{n+1}\cdot\frac{n}{(-1)^{n-1}}\right|=\lim_{n\to\infty}\frac{n}{n+1}=1,$$

所以，幂级数的收敛半径$R=1$.

当$x=1$时，幂级数$\sum\limits_{n=1}^{\infty}\dfrac{(-1)^{n-1}}{n}x^n=\sum\limits_{n=1}^{\infty}\dfrac{(-1)^{n-1}}{n}$为交错级数，且满足

(1) $u_n=\dfrac{1}{n}>\dfrac{1}{n+1}=u_{n+1}$；　　(2) $\lim\limits_{n\to\infty}u_n=\lim\limits_{n\to\infty}\dfrac{1}{n}=0$，

因此，原级数在$x=1$处收敛.

当$x=-1$时，幂级数$\sum\limits_{n=1}^{\infty}\dfrac{(-1)^{n-1}}{n}x^n=\sum\limits_{n=1}^{\infty}\dfrac{-1}{n}$显然发散.

因此，原级数的收敛域为$(-1,1]$.

例 3 求下列幂级数的收敛半径和收敛域：

(1) $\sum\limits_{n=0}^{\infty}\dfrac{x^n}{n!}$；　　(2) $\sum\limits_{n=0}^{\infty}n!x^n$.

解 (1) 因为

$$\rho=\lim_{n\to\infty}\left|\frac{a_{n+1}}{a_n}\right|=\lim_{n\to\infty}\frac{\dfrac{1}{(n+1)!}}{\dfrac{1}{n!}}=\lim_{n\to\infty}\frac{1}{(n+1)}=0,$$

故收敛半径$R=+\infty$，收敛域为$(-\infty,+\infty)$.

（2）因为

$$\rho=\lim_{n\to\infty}\left|\frac{a_{n+1}}{a_n}\right|=\lim_{n\to\infty}\frac{(n+1)!}{n!}=\lim_{n\to\infty}(n+1)=\infty,$$

故收敛半径 $R=0$，收敛域为 $\{0\}$.

例 4 求下列幂级数的收敛域：

（1）$\sum\limits_{n=1}^{\infty}2^n x^{2n}$；（2）$\sum\limits_{n=1}^{\infty}\frac{(x-1)^n}{2^n n}$.

解 （1）*方法 1* 幂级数缺少奇次幂的项，不能用公式 $\rho=\lim\limits_{n\to\infty}\left|\frac{a_{n+1}}{a_n}\right|$ 计算，应根据比值判别法来求收敛半径：

$$\lim_{n\to\infty}\left|\frac{u_{n+1}(x)}{u_n(x)}\right|=\lim_{n\to\infty}\left|\frac{2^{n+1}x^{2n+2}}{2^n x^{2n}}\right|=2x^2.$$

当 $2x^2<1$，即 $|x|<\frac{1}{\sqrt{2}}$ 时，级数收敛；当 $2x^2>1$，即 $|x|>\frac{1}{\sqrt{2}}$ 时，级数发散；当 $2x^2=1$ 时，级数为 $\sum\limits_{n=1}^{\infty}1$ 发散. 所以收敛域为 $\left(-\frac{1}{\sqrt{2}},\frac{1}{\sqrt{2}}\right)$.

方法 2 将原级数改写为 $\sum\limits_{n=1}^{\infty}(2x^2)^n \xlongequal{q=2x^2} \sum\limits_{n=1}^{\infty}q^n$，则由等比级数的收敛域 $|q|<1$，可得原级数的收敛域为 $2x^2<1$，即 $|x|<\frac{1}{\sqrt{2}}$. 再考虑当 $2x^2=1$ 时，级数 $\sum\limits_{n=1}^{\infty}1$ 发散，所以收敛域为 $\left(-\frac{1}{\sqrt{2}},\frac{1}{\sqrt{2}}\right)$.

方法 3 令 $x^2=t$，原级数变为 $\sum\limits_{n=1}^{\infty}2^n t^n$，容易得到与方法 1 同样的结论.

（2）*方法 1* 令 $\frac{x-1}{2}=t$，原级数变为 $\sum\limits_{n=1}^{\infty}\frac{t^n}{n}$. 由于

$$\rho=\lim_{n\to\infty}\left|\frac{a_{n+1}}{a_n}\right|=\lim_{n\to\infty}\frac{\frac{1}{n+1}}{\frac{1}{n}}=1,$$

故收敛半径 $R=1$.

当 $t=1$ 时，级数为 $\sum\limits_{n=1}^{\infty}\frac{1}{n}$，发散；当 $t=-1$ 时，级数为 $\sum\limits_{n=1}^{\infty}\frac{(-1)^n}{n}$，收敛.

所以当 $-1\leqslant t<1$，即 $-1\leqslant\frac{x-1}{2}<1$ 时，级数 $\sum\limits_{n=1}^{\infty}\frac{(x-1)^n}{2^n n}$ 收敛，故其收敛域为 $[-1,3)$.

方法 2 令 $x-1=t$，原级数变为 $\sum\limits_{n=1}^{\infty}\frac{t^n}{2^n n}$，容易得到与方法 1 同样的结论.

三、幂级数的运算

设幂级数

$$\sum_{n=0}^{\infty} a_n x^n = a_0 + a_1 x + a_2 x^2 + \cdots + a_n x^n + \cdots$$

与

$$\sum_{n=0}^{\infty} b_n x^n = b_0 + b_1 x + b_2 x^2 + \cdots + b_n x^n + \cdots$$

的收敛半径分别为 $R_1, R_2 (R_1 > 0, R_2 > 0)$，其和函数分别为 $f_1(x), f_2(x)$. 令 $R = \min\{R_1, R_2\}$，则在区间 $(-R, R)$ 内两个幂级数可以进行下列运算：

(1) 两幂级数求代数和运算：

$$\begin{aligned} &\sum_{n=0}^{\infty} a_n x^n \pm \sum_{n=0}^{\infty} b_n x^n \\ &\quad = (a_0 + a_1 x + a_2 x^2 + \cdots + a_n x^n + \cdots) \pm (b_0 + b_1 x + b_2 x^2 + \cdots + b_n x^n + \cdots) \\ &\quad = (a_0 \pm b_0) + (a_1 \pm b_1) x + (a_2 \pm b_2) x^2 + \cdots + (a_n \pm b_n) x^n + \cdots \\ &\quad = \sum_{n=0}^{\infty} (a_n \pm b_n) x^n = f_1(x) \pm f_2(x). \end{aligned}$$

(2) 两幂级数作乘法运算：

$$\begin{aligned} &\sum_{n=0}^{\infty} a_n x^n \cdot \sum_{n=0}^{\infty} b_n x^n \\ &\quad = (a_0 + a_1 x + a_2 x^2 + \cdots + a_n x^n + \cdots) \cdot (b_0 + b_1 x + b_2 x^2 + \cdots + b_n x^n + \cdots) \\ &\quad = a_0 b_0 + (a_1 b_0 + a_0 b_1) x + (a_2 b_0 + a_1 b_1 + a_0 b_2) x^2 + \cdots \\ &\qquad + (a_n b_0 + a_{n-1} b_1 + \cdots + a_0 b_n) x^n + \cdots. \end{aligned}$$

幂级数的除法运算比较复杂，本书这里不加详述. 下面介绍幂级数的和函数 $s(x)$ 的性质(它们的证明从略).

设幂级数 $\sum\limits_{n=0}^{\infty} a_n x^n$ 的收敛半径 $R > 0$，则有

性质 1 幂级数 $\sum\limits_{n=0}^{\infty} a_n x^n$ 的和函数 $s(x)$ 在 $(-R, R)$ 内连续，且幂级数 $\sum\limits_{n=0}^{\infty} a_n x^n$ 在 $x = R$(或 $x = -R$) 处收敛时，则 $s(x)$ 在 $x = R$(或 $x = -R$) 处左(或右) 连续，即

$$\lim_{x \to R^-} s(x) = s(R) = \sum_{n=0}^{\infty} a_n R^n \quad \left(\text{或} \lim_{x \to -R^+} s(x) = s(-R) = \sum_{n=0}^{\infty} a_n (-R)^n\right).$$

性质 2 幂级数 $\sum\limits_{n=0}^{\infty} a_n x^n$ 的和函数 $s(x)$ 在 $(-R, R)$ 内可导，且

$$s'(x) = \sum_{n=0}^{\infty} (a_n x^n)' = \sum_{n=1}^{\infty} n a_n x^{n-1}.$$

这表明幂级数 $\sum\limits_{n=0}^{\infty} a_n x^n$ 在收敛区间 $(-R,R)$ 内逐项可导. 上式右边的幂级数 $\sum\limits_{n=1}^{\infty} n a_n x^{n-1}$ 与原级数 $\sum\limits_{n=0}^{\infty} a_n x^n$ 具有相同的收敛半径,但在端点 $x=R$(或 $x=-R$) 处的敛散性可能不同,即若原级数 $\sum\limits_{n=0}^{\infty} a_n x^n$ 在 $x=R$(或 $x=-R$) 处收敛,逐项求导后的级数 $\sum\limits_{n=1}^{\infty} n a_n x^{n-1}$ 在 $x=R$(或 $x=-R$) 处可能发散,需要判别之.

性质 3 幂级数 $\sum\limits_{n=0}^{\infty} a_n x^n$ 的和函数 $s(x)$ 在 $(-R,R)$ 内可积,且

$$\int_0^x s(t)\,\mathrm{d}t = \int_0^x \left(\sum_{n=0}^{\infty} a_n t^n\right)\mathrm{d}t = \sum_{n=0}^{\infty}\int_0^x a_n t^n\,\mathrm{d}t = \sum_{n=0}^{\infty}\frac{a_n}{n+1}x^{n+1}.$$

这表明幂级数 $\sum\limits_{n=0}^{\infty} a_n x^n$ 在收敛区间 $(-R,R)$ 内逐项可积. 上式右边的幂级数 $\sum\limits_{n=0}^{\infty} \dfrac{a_n}{n+1} x^{n+1}$ 与原级数 $\sum\limits_{n=0}^{\infty} a_n x^n$ 具有相同的收敛半径,但在端点 $x=R$(或 $x=-R$)处其敛散性可能不同,即若原级数 $\sum\limits_{n=0}^{\infty} a_n x^n$ 在 $x=R$(或 $x=-R$) 处发散,逐项积分后的级数 $\sum\limits_{n=0}^{\infty} \dfrac{a_n}{n+1} x^{n+1}$ 在 $x=R$(或 $x=-R$) 处可能收敛.

幂级数的运算及其和函数的三个重要性质对求幂级数的和函数有着十分重要的作用.

以下是几个常用公式:

(1) $\sum\limits_{n=0}^{\infty} x^n = 1+x+x^2+\cdots+x^n+\cdots = \dfrac{1}{1-x}\ (-1<x<1)$;

(2) $\sum\limits_{n=0}^{\infty} (-1)^n x^n = 1-x+x^2+\cdots+(-1)^n x^n+\cdots = \dfrac{1}{1+x}\ (-1<x<1)$;

(3) $\sum\limits_{n=1}^{\infty} x^n = x+x^2+\cdots+x^n+\cdots = \dfrac{x}{1-x}\ (-1<x<1)$.

例 5 求幂级数 $\sum\limits_{n=1}^{\infty} \dfrac{(-1)^{n-1}}{n} x^n = x-\dfrac{1}{2}x^2+\cdots+\dfrac{(-1)^{n-1}}{n}x^n+\cdots$ 的和函数,并求交错级数 $\sum\limits_{n=1}^{\infty} \dfrac{(-1)^{n-1}}{n}$ 的和.

解 由本节的例 1 可知该幂级数的收敛半径 $R=1$,收敛域为 $(-1,1]$,于是,该幂级数在 $(-1,1]$ 内必有和函数,设为 $s(x)$,即

$$s(x) = \sum_{n=1}^{\infty} \frac{(-1)^{n-1}}{n} x^n, \quad x \in (-1,1].$$

两边求导数得

$$s'(x)=\sum_{n=1}^{\infty}(-1)^{n-1}x^{n-1}=\frac{1}{1+x},\quad x\in(-1,1).$$

两边积分得

$$\int_0^x s'(t)\,\mathrm{d}t=\int_0^x\frac{1}{1+t}\mathrm{d}t,$$

$$s(x)-s(0)=\ln(1+x),\quad x\in(-1,1].$$

显然 $s(0)=0$，所以

$$s(x)=\ln(1+x),\quad x\in(-1,1].$$

由性质(1)可知：只需令 $x=1$ 即可得

$$\sum_{n=1}^{\infty}\frac{(-1)^{n-1}}{n}=\ln 2.$$

例 6 求幂级数 $\sum\limits_{n=1}^{\infty}nx^{n-1}=1+2x+3x^2+\cdots+nx^{n-1}+\cdots$ 的和函数，并求数项级数 $\sum\limits_{n=1}^{\infty}\frac{n}{2^{n-1}}$ 的和.

解 因为

$$\rho=\lim_{n\to\infty}\left|\frac{a_{n+1}}{a_n}\right|=\lim_{n\to\infty}\frac{n+1}{n}=1,$$

所以该级数的收敛半径 $R=1$. 显然，当 $x=\pm1$ 时，原级数发散，故原级数的收敛域为 $(-1,1)$，于是该幂级数在 $(-1,1)$ 内必有和函数，设为 $s(x)$，即

$$s(x)=\sum_{n=1}^{\infty}nx^{n-1},\quad x\in(-1,1).$$

方法 1 两边积分得

$$\int_0^x s(t)\,\mathrm{d}t=\sum_{n=1}^{\infty}\int_0^x nt^{n-1}\,\mathrm{d}t=\sum_{n=1}^{\infty}x^n$$

$$=x+x^2+\cdots+x^n+\cdots=\frac{x}{1-x},\quad x\in(-1,1).$$

上式两边求导数得

$$s(x)=\left(\frac{x}{1-x}\right)'=\frac{1}{(1-x)^2},\quad x\in(-1,1).$$

若取 $x=\frac{1}{2}$，则由本节性质 1 可得

$$\sum_{n=1}^{\infty}\frac{n}{2^{n-1}}=s\left(\frac{1}{2}\right)=\frac{1}{\left(1-\frac{1}{2}\right)^2}=4.$$

方法 2 利用 $\left(\sum\limits_{n=1}^{\infty}x^n\right)'=\sum\limits_{n=1}^{\infty}nx^{n-1}$，有

$$s(x)=\sum_{n=1}^{\infty}nx^{n-1}=\sum_{n=1}^{\infty}(x^n)'=\left(\sum_{n=1}^{\infty}x^n\right)'$$
$$=\left(\frac{x}{1-x}\right)'=\frac{1}{(1-x)^2},\quad x\in(-1,1).$$

例 7 求幂级数 $\sum\limits_{n=1}^{\infty}n^2x^{n-1}=1+2^2x+3^2x^2+\cdots+n^2x^{n-1}+\cdots$ 的和函数.

解 因为

$$\rho=\lim_{n\to\infty}\left|\frac{a_{n+1}}{a_n}\right|=\lim_{n\to\infty}\frac{(n+1)^2}{n^2}=1,$$

所以该级数的收敛半径 $R=1$. 显然,当 $x=\pm1$ 时,原级数发散,因此原幂级数的收敛域为 $(-1,1)$,于是该幂级数在 $(-1,1)$ 内必有和函数,设为 $s(x)$,即

$$s(x)=\sum_{n=1}^{\infty}n^2x^{n-1},\quad x\in(-1,1).$$

上式两端积分得

$$\int_0^x s(t)\mathrm{d}t=\sum_{n=1}^{\infty}\int_0^x n^2t^{n-1}\mathrm{d}t=\sum_{n=1}^{\infty}nx^n=x\sum_{n=1}^{\infty}nx^{n-1},\quad x\in(-1,1),$$

其中幂级数 $\sum\limits_{n=1}^{\infty}nx^{n-1}$ 的收敛域为 $(-1,1)$. 所以该幂级数在 $(-1,1)$ 内必有和函数,设为 $g(x)$,即

$$g(x)=\sum_{n=1}^{\infty}nx^{n-1},\quad x\in(-1,1).$$

由本节例 6 可知

$$g(x)=\frac{1}{(1-x)^2},\quad x\in(-1,1),$$

从而有
$$\int_0^x s(t)\mathrm{d}t=\frac{x}{(1-x)^2}.$$

两边求导得
$$s(x)=\left(\frac{x}{(1-x)^2}\right)'=\frac{1+x}{(1-x)^3},\quad x\in(-1,1).$$

习 题 8.4

1. 求下列幂级数的收敛半径、收敛区间和收敛域:

(1) $\sum\limits_{n=0}^{\infty}(n+1)!x^n$;　　(2) $\sum\limits_{n=0}^{\infty}\frac{2^nx^n}{\sqrt{n+1}\cdot5^n}$;　　(3) $\sum\limits_{n=0}^{\infty}(-1)^n\frac{2n+1}{n!}x^n$;

(4) $\sum\limits_{n=0}^{\infty}(-1)^n\frac{3^n}{(n+1)!}x^n$;　　(5) $\sum\limits_{n=1}^{\infty}\frac{x^n}{2^nn^2}$.

2. 求下列幂级数的收敛域：

(1) $\sum_{n=1}^{\infty}(-1)^{n+1}\frac{(x+1)^n}{n+1}$；　　(2) $\sum_{n=0}^{\infty}(-1)^{n-1}\frac{(x-2)^n}{2^n}$；

(3) $\sum_{n=0}^{\infty}(-1)^n\frac{x^{2n+1}}{3^n(2n+1)}$.

3. 求下列幂级数的和函数：

(1) $\sum_{n=0}^{\infty}(n+1)x^n$；　(2) $\sum_{n=1}^{\infty}2nx^{2n-1}$；　(3) $\sum_{n=0}^{\infty}\frac{x^n}{n+1}$；　(4) $\sum_{n=0}^{\infty}(-1)^n\frac{x^{2n+1}}{2n+1}$.

4. 求幂级数 $\sum_{n=1}^{\infty}nx^n$ 的和函数，并求级数 $\sum_{n=1}^{\infty}\frac{n}{2^n}$ 的和.

5. 求级数 $\sum_{n=1}^{\infty}\frac{n(n+1)}{2^n}$ 的和.

§8.5　函数的幂级数展开

由上一节知，幂级数在收敛区间存在和函数；反过来，能否将函数 $f(x)$ 在某个区间表示成幂级数？若能解决这个问题，则对用多项式逼近函数 $f(x)$ 提供了方法.

一、泰勒公式

如果函数 $f(x)$ 在某个区间可以表示成幂级数，即

$$f(x)=a_0+a_1(x-x_0)+a_2(x-x_0)^2+\cdots+a_n(x-x_0)^n+\cdots,$$

关键的问题在于：

(1) 在什么条件下，函数 $f(x)$ 可以表示成幂级数？

(2) 系数 $a_0,a_1,\cdots,a_n,\cdots$ 如何确定？

首先，考虑用 n 次多项式

$$P_n(x)=a_0+a_1(x-x_0)+a_2(x-x_0)^2+\cdots+a_n(x-x_0)^n$$

近似表示 $f(x)$. 若误差 $|f(x)-P_n(x)|\to 0(n\to\infty)$，为了使 $P_n(x)$ 与 $f(x)$ 在 x_0 的某邻域内近似程度更好，应要求 $P_n(x)$ 满足：

$$\begin{aligned}&P_n(x_0)=f(x_0),\\&P_n'(x_0)=f'(x_0),\\&\cdots\cdots\\&P_n^{(n)}(x_0)=f^{(n)}(x_0).\end{aligned}$$

而

$$P_n(x)=a_0+a_1(x-x_0)+a_2(x-x_0)^2+\cdots+a_n(x-x_0)^n,$$

$$P_n'(x) = a_1 + 2a_2(x-x_0) + 3a_3(x-x_0)^2 + \cdots + na_n(x-x_0)^{n-1},$$
$$P_n''(x) = 2a_2 + 3\cdot 2a_3(x-x_0) + \cdots + n(n-1)a_n(x-x_0)^{n-2},$$
$$\cdots\cdots\cdots$$
$$P_n^{(n)}(x) = n!a_n,$$

令 $x=x_0$,从而

$$a_0=f(x_0),\quad a_1=f'(x_0),\quad a_2=\frac{1}{2!}f''(x_0),\quad \cdots,\quad a_n=\frac{1}{n!}f^{(n)}(x_0),$$

所以有

$$P_n(x)=f(x_0)+\frac{f'(x_0)}{1!}(x-x_0)+\frac{f''(x_0)}{2!}(x-x_0)^2+\cdots+\frac{f^{(n)}(x_0)}{n!}(x-x_0)^n,$$

及

$$f(x)=f(x_0)+\frac{f'(x_0)}{1!}(x-x_0)+\frac{f''(x_0)}{2!}(x-x_0)^2+\cdots+\frac{f^{(n)}(x_0)}{n!}(x-x_0)^n+\cdots.$$

定理 1(泰勒(Taylor)**中值定理)** 如果函数 $f(x)$在 x_0 的某邻域内具有直至 $n+1$ 阶导数,则对此邻域内任意点 x,有

$$f(x) =f(x_0) + \frac{f'(x_0)}{1!}(x-x_0) + \frac{f''(x_0)}{2!}(x-x_0)^2 + \cdots + \frac{f^{(n)}(x_0)}{n!}(x-x_0)^n + R_n(x), \tag{1}$$

其中余项

$$R_n(x)=\frac{f^{(n+1)}(\xi)}{(n+1)!}(x-x_0)^{n+1}\quad(\xi\text{在 }x_0\text{ 与 }x\text{ 之间}). \tag{2}$$

证明略.

定义 1 称公式(1)为函数 $f(x)$在点 $x=x_0$ 处的 n **阶泰勒公式**,称余项(2)为**拉格朗日型余项**.

由泰勒公式知,用多项式 $P_n(x)$近似表示函数 $f(x)$时,其误差为$|R_n(x)|$. 若对 x_0 的某邻域内任一点 x,有$|f^{(n+1)}(x)|\leqslant M$,则有误差估计式

$$|R_n(x)|=\left|\frac{f^{(n+1)}(\xi)}{(n+1)!}(x-x_0)^{n+1}\right|\leqslant\frac{M}{(n+1)!}|x-x_0|^{n+1}.$$

当 $x\to x_0$ 时,余项 $R_n(x)$是$(x-x_0)^n$ 的高阶无穷小量.

n 阶泰勒公式也可写成

$$f(x)=f(x_0)+\frac{f'(x_0)}{1!}(x-x_0)+\cdots+\frac{f^{(n)}(x_0)}{n!}(x-x_0)^n+o((x-x_0)^n),$$

其中余项 $R_n(x)=o((x-x_0)^n)$称为**佩亚诺**(Peano)**型余项**.

定义 2 当 $x_0=0$ 时,泰勒公式称为**麦克劳林**(Maclaurin)**公式**,即

$$f(x)=f(0)+\frac{f'(0)}{1!}x+\frac{f''(0)}{2!}x^2+\cdots+\frac{f^{(n)}(0)}{n!}x^n+R_n(x), \tag{3}$$

其中
$$R_n(x)=\frac{f^{(n+1)}(\xi)}{(n+1)!}x^{n+1} \quad (\xi\text{在 0 与 }x\text{ 之间}) \tag{4}$$

或
$$R_n(x)=o(x^n).$$

如果令 $\xi=\theta x$,则有

$$R_n(x)=\frac{f^{(n+1)}(\theta x)}{(n+1)!}x^{n+1}, \quad 0<\theta<1.$$

例 1 写出 $f(x)=\mathrm{e}^x$ 的 n 阶麦克劳林公式.

解 因为 $f(x)=\mathrm{e}^x$,所以

$$f(x)=f'(x)=f''(x)=\cdots=f^{(n)}(x)=f^{(n+1)}(x)=\mathrm{e}^x,$$

$$\mathrm{e}^x=1+x+\frac{x^2}{2!}+\cdots+\frac{x^n}{n!}+\frac{x^{n+1}}{(n+1)!}\mathrm{e}^{\theta x}, \quad 0<\theta<1.$$

也可写成

$$\mathrm{e}^x=1+x+\frac{x^2}{2!}+\cdots+\frac{x^n}{n!}+o(x^n).$$

类似可推出常用函数的麦克劳林公式:

(1) $\mathrm{e}^x=1+x+\frac{x^2}{2!}+\cdots+\frac{x^n}{n!}+\frac{x^{n+1}}{(n+1)!}\mathrm{e}^{\theta x}, 0<\theta<1$;

(2) $\sin x=x-\frac{x^3}{3!}+\frac{x^5}{5!}+\cdots+(-1)^{m-1}\frac{x^{2m-1}}{(2m-1)!}+R_{2m}(x)$,其中

$$R_{2m}(x)=\frac{\sin\left(\theta x+(2m+1)\frac{\pi}{2}\right)}{(2m+1)!}x^{2m+1}, \quad 0<\theta<1;$$

(3) $\cos x=1-\frac{x^2}{2!}+\frac{x^4}{4!}+\cdots+(-1)^m\frac{x^{2m}}{(2m)!}+R_{2m+1}(x)$,其中

$$R_{2m+1}(x)=\frac{\cos(\theta x+(m+1)\pi)}{(2m+2)!}x^{2m+2}, \quad 0<\theta<1;$$

(4) $\ln(1+x)=x-\frac{x^2}{2}+\frac{x^3}{3}+\cdots+(-1)^{n-1}\frac{x^n}{n}+R_n(x)$,其中

$$R_n(x)=\frac{(-1)^n}{n+1}\cdot\frac{x^{n+1}}{(1+\theta x)^{n+1}}, \quad 0<\theta<1;$$

(5) $(1+x)^\alpha=1+\alpha x+\frac{\alpha(\alpha-1)}{2!}x^2+\cdots+\frac{\alpha(\alpha-1)\cdots(\alpha-n+1)}{n!}x^n+R_n(x)$,其中

$$R_n(x)=\frac{\alpha(\alpha-1)\cdots(\alpha-n)}{(n+1)!}(1+\theta x)^{\alpha-n-1}x^{n+1}, \quad 0<\theta<1.$$

二、泰勒级数

定义 3 如果函数 $f(x)$ 在 x_0 的某邻域内有任意阶导数,则

$$f(x_0)+\frac{f'(x_0)}{1!}+\frac{f''(x_0)}{2!}(x-x_0)^2+\cdots+\frac{f^{(n)}(x_0)}{n!}(x-x_0)^n+\cdots \tag{5}$$

称为 $f(x)$ 在 $x=x_0$ 处的**泰勒级数**，记为 $\sum\limits_{n=0}^{\infty}\frac{f^{(n)}(x_0)}{n!}(x-x_0)^n$，其中 $a_n=\frac{f^{(n)}(x_0)}{n!}$ 称为**泰勒系数**.

定义 4 在 $f(x)$ 的泰勒级数(5)中，当 $x_0=0$ 时，有

$$f(0)+\frac{f'(0)}{1!}x+\frac{f''(0)}{2!}x^2+\cdots+\frac{f^n(0)}{n!}x^n+\cdots,$$

称之为**麦克劳林级数**.

定理 2 设函数 $f(x)$ 在点 x_0 的某一邻域 $U_\delta(x_0)$ 内有任意阶导数，则 $f(x)$ 在该邻域内能展开成泰勒级数，即

$$f(x)=\sum_{n=0}^{\infty}\frac{f^{(n)}(x_0)}{n!}(x-x_0)^n$$

的充分必要条件是

$$\lim_{n\to\infty}R_n(x)=0 \quad (x\in U_\delta(x_0)).$$

证 $f(x)=\sum\limits_{n=0}^{\infty}a_n(x-x_0)^n \Leftrightarrow \sum\limits_{n=0}^{\infty}\frac{f^{(n)}(x_0)}{n!}(x-x_0)^n$ 收敛于 $f(x)$

$$\Leftrightarrow \lim_{n\to\infty}R_n(x)=0.$$

定理 3 若函数 $f(x)$ 在点 x_0 的某一邻域 $U_\delta(x_0)$ 内可以展开成 $x-x_0$ 的幂级数 $\sum\limits_{n=0}^{\infty}a_n(x-x_0)^n$，则必有

$$a_n=\frac{f^{(n)}(x_0)}{n!} \quad (n=0,1,2,\cdots).$$

证明略.

注 如果 $f(x)$ 能展开成 x 的幂级数，那么这个展开式是唯一的，而且一定是 $f(x)$ 的泰勒级数.

三、函数展开成幂级数

下面主要介绍将 $f(x)$ 展开成麦克劳林级数的直接展开法和间接展开法.

1. 直接展开法

直接展开法是指直接按公式 $a_n=\frac{f^{(n)}(0)}{n!}$ $(n=0,1,2,\cdots)$ 计算泰勒级数的系数，并写出泰勒级数.

直接展开法一般步骤：

(1) 求出 $f(x)$ 的各阶导数，并计算 $f(0),f'(0),f''(0),\cdots,f^{(n)}(0),\cdots$；

(2) 写出麦克劳林级数

$$f(0)+f'(0)x+\frac{f''(0)}{2!}x^2+\cdots+\frac{f^{(n)}(0)}{n!}x^n+\cdots,$$

并求出收敛半径 R.

(3) 对 $\forall x\in(-R,R)$，证明 $\lim\limits_{n\to\infty}R_n(x)=0$，则有

$$f(x)=f(0)+f'(0)x+\frac{f''(0)}{2!}x^2+\cdots+\frac{f^{(n)}(0)}{n!}x^n+\cdots,\quad -R<x<R.$$

例 2 将函数 $f(x)=e^x$ 展开成 x 的幂级数.

解 由于 $f^{(n)}(x)=e^x$ $(n=0,1,2,\cdots)$，因此

$$f^{(n)}(0)=1\quad(n=0,1,2,\cdots).$$

于是得麦克劳林级数

$$1+x+\frac{x^2}{2!}+\cdots+\frac{x^n}{n!}+\cdots,$$

其收敛半径 $R=+\infty$. 对任意 x，有

$$|R_n(x)|=\left|\frac{e^{\theta x}}{(n+1)!}x^{n+1}\right|<e^{|x|}\frac{|x|^{n+1}}{(n+1)!},\quad 0<\theta<1.$$

因 $e^{|x|}$ 为有限值，而 $\frac{|x|^{n+1}}{(n+1)!}$ 是收敛级数 $\sum\limits_{n=0}^{\infty}\frac{|x|^{n+1}}{(n+1)!}$ 的一般项，所以当 $n\to\infty$ 时，有 $|R_n(x)|\to0$. 于是得展开式

$$e^x=1+x+\frac{x^2}{2!}+\cdots+\frac{x^n}{n!}+\cdots,\quad -\infty<x<+\infty.$$

2. 间接展开法

间接展开法是指从已知函数的展开式出发，经过适当的代换及运算，如四则运算、逐项求导、逐项积分等，求出函数的泰勒级数展开式.

常用函数的麦克劳林展开式：

(1) $e^x=\sum\limits_{n=0}^{\infty}\frac{x^n}{n!}=1+x+\frac{x^2}{2!}+\cdots+\frac{x^n}{n!}+\cdots,\ -\infty<x<+\infty$；

(2) $\sin x=\sum\limits_{n=0}^{\infty}(-1)^n\frac{x^{2n+1}}{(2n+1)!}$

$$=x-\frac{x^3}{3!}+\frac{x^5}{5!}+\cdots+(-1)^n\frac{x^{2n+1}}{(2n+1)!}+\cdots,\ -\infty<x<+\infty;$$

(3) $\cos x=\sum\limits_{n=0}^{\infty}(-1)^n\frac{x^{2n}}{(2n)!}=1-\frac{x^2}{2!}+\frac{x^4}{4!}+\cdots+(-1)^n\frac{x^{2n}}{(2n)!}+\cdots,\ -\infty<x<+\infty$；

(4) $\ln(1+x)=\sum\limits_{n=0}^{\infty}(-1)^n\frac{x^{n+1}}{n+1}=x-\frac{x^2}{2}+\frac{x^3}{3}+\cdots+(-1)^n\frac{x^{n+1}}{n+1}+\cdots,\ -1<x\leqslant1$；

(5) $$(1+x)^{\alpha}=\sum_{n=0}^{\infty}\frac{\alpha(\alpha-1)\cdots(\alpha-n+1)}{n!}x^n$$

$$=1+\alpha x+\frac{\alpha(\alpha-1)}{2!}x^2+\cdots+\frac{\alpha(\alpha-1)\cdots(\alpha-n+1)}{n!}x^n+\cdots,\quad -1<x<1.$$

特别地,有

$$\frac{1}{1-x}=1+x+x^2+\cdots+x^n+\cdots,\quad -1<x<1;$$

$$\frac{1}{1+x}=1-x+x^2+\cdots+(-1)^n x^n+\cdots,\quad -1<x<1.$$

例 3 将函数 $f(x)=\mathrm{e}^{-2x}$ 展开成 x 的幂级数.

解 由于

$$\mathrm{e}^x=1+x+\frac{x^2}{2!}+\cdots+\frac{x^n}{n!}+\cdots,\quad -\infty<x<+\infty,$$

因此 $$\mathrm{e}^{-2x}=1-2x+\frac{(-2x)^2}{2!}+\cdots+\frac{(-2x)^n}{n!}+\cdots,\quad -\infty<x<+\infty,$$

即 $$\mathrm{e}^{-2x}=1-2x+\frac{4}{2!}x^2+\cdots+\frac{(-2)^n}{n!}x^n+\cdots,\quad -\infty<x<+\infty.$$

例 4 将函数 $f(x)=\dfrac{1}{2x-1}$ 展开成 x 的幂级数.

解 由于

$$\frac{1}{1-x}=1+x+x^2+\cdots+x^n+\cdots,\quad -1<x<1,$$

因此

$$\frac{1}{2x-1}=-\frac{1}{1-2x}=-[1+2x+(2x)^2+\cdots+(2x)^n+\cdots]$$

$$=-1-2x-4x^2-\cdots-2^n x^n-\cdots\quad (-1/2<x<1/2).$$

*四、幂级数的应用

1. 计算函数值的近似值

例 5 计算 e 的近似值.

解 e 的值就是函数 e^x 在 $x=1$ 时的函数值,即

$$\mathrm{e}=\sum_{n=0}^{\infty}\frac{1}{n!}=1+1+\frac{1}{2!}+\cdots+\frac{1}{n!}+\cdots.$$

取

$$\mathrm{e}=\sum_{n=0}^{\infty}\frac{1}{n!}\approx 1+1+\frac{1}{2!}+\cdots+\frac{1}{n!},$$

则由 e^x 展开式的误差公式有

$$|R_n(x)|=\left|\frac{e^{\theta x}}{(n+1)!}x^{n+1}\right|<e^{|x|}\frac{|x|^{n+1}}{(n+1)!},\quad 0<\theta<1.$$

特别取 $x=1$,得

$$R_n(1)<\frac{e}{(n+1)!}<\frac{3}{(n+1)!}.$$

当 $n=9$ 时,可得 $e=2.718281$,其误差

$$R_9(1)=\frac{3}{10!}<0.000001.$$

2. 求极限

例 6 求极限 $\lim\limits_{x\to 0}\dfrac{\cos x-e^{-\frac{x^2}{2}}}{x^4}$.

解 把 $\cos x$ 和 $e^{-\frac{x^2}{2}}$ 的幂级数展开式代入所求极限式,有

$$\begin{aligned}\lim_{x\to 0}\frac{\cos x-e^{-\frac{x^2}{2}}}{x^4}&=\lim_{x\to 0}\frac{\left(1-\frac{x^2}{2}+\frac{x^4}{24}-\cdots\right)-\left(1-\frac{x^2}{2}+\frac{x^4}{2\cdot 2^2}-\cdots\right)}{x^4}\\&=\lim_{x\to 0}\frac{-\frac{1}{12}x^4+o(x^4)}{x^4}=-\frac{1}{12}.\end{aligned}$$

3. 计算积不出来的不定积分

例 7 求不定积分 $\int e^{-x^2}dx$.

解 由于 e^{-x^2} 的原函数不是初等函数,所以这个不定积分"积不出来",但如果用幂级数表示函数,就能"积出来".

把 e^{-x^2} 的幂级数展开式代入到积分式中得

$$\begin{aligned}\int e^{-x^2}dx&=\int\left(1-x^2+\frac{x^4}{2!}-\frac{x^6}{3!}+\cdots+(-1)^n\frac{x^{2n}}{n!}+\cdots\right)dx\\&=x-\frac{x^3}{3}+\frac{x^5}{5\cdot 2!}-\frac{x^7}{7\cdot 3!}+\cdots+(-1)^n\frac{x^{2n+1}}{(2n+1)n!}+\cdots+C.\end{aligned}$$

习 题 8.5

将下列函数展开成麦克劳林级数,并求收敛域:

(1) $f(x)=\dfrac{1}{2+x}$; (2) $f(x)=\sin^2 x$; (3) $f(x)=\ln(1-x)$;

(4) $f(x)=x^2e^{-x}$; (5) $f(x)=\dfrac{1}{2}(e^x+e^{-x})$; (6) $f(x)=\dfrac{1}{x^2-2x-3}$.

复 习 题 八

1. 填空题:

(1) 如果级数 $\sum_{n=1}^{\infty} u_n$ 收敛,则 $\lim_{n\to\infty} u_n =$ ______;

(2) 如果级数 $\sum_{n=1}^{\infty} u_n$ 收敛,s_n 是其前 n 项和,则 $\sum_{n=1}^{\infty} u_n =$ ______;

(3) 几何级数 $\sum_{n=1}^{\infty} aq^n$ $(a \neq 0)$ 当______时收敛,当______时发散;

(4) p 级数 $\sum_{n=1}^{\infty} \frac{1}{n^p}$ $(p > 0)$ 当______时收敛,当______时发散;

(5) 若级数 $\sum_{n=1}^{\infty} u_n$ 绝对收敛,则级数 $\sum_{n=1}^{\infty} u_n$ 必定______;

(6) 若级数 $\sum_{n=1}^{\infty} u_n$ 条件收敛,则级数 $\sum_{n=1}^{\infty} |u_n|$ 必定______;

(7) 若级数 $\sum_{n=1}^{\infty} u_n$ 条件收敛,则级数 $\sum_{n=1}^{\infty} (|u_n| + u_n)$ 必定______;

(8) 若 $\lim_{n\to\infty} u_n \neq 0$,则级数 $\sum_{n=1}^{\infty} (-1)^n u_n$ $(u_n > 0)$ 必定______;

(9) 幂级数 $\sum_{n=0}^{\infty} a_n x^n$ 至少有一个收敛点 $x =$ ______;

(10) 若级数 $\sum_{n=0}^{\infty} a_n x^n$ 的收敛半径为 R,则级数 $\sum_{n=0}^{\infty} \frac{a_n}{2^{n+1}} x^n$ 的收敛半径为______.

2. 选择题:

(1) 级数 $\sum_{n=1}^{\infty} u_n$ 的部分和数列 $\{s_n\}$ 有极限 s,是该级数收敛的(　　)条件;

(A) 充分但非必要　　(B) 必要但非充分

(C) 充分且必要　　(D) 既不充分又非必要

(2) 级数 $\sum_{n=1}^{\infty} u_n$ 的一般项 u_n 趋于零,是该级数收敛的(　　)条件;

(A) 充分但非必要　　(B) 必要但非充分

(C) 充分且必要　　(D) 既不充分又非必要

(3) 若级数 $\sum_{n=1}^{\infty} u_n$ 发散,常数 $a \neq 0$,则级数 $\sum_{n=1}^{\infty} a u_n$(　　);

(A) 一定收敛　　(B) 一定发散

(C) 当 $a>0$ 时收敛，当 $a<0$ 时发散　　(D) 当 $|a|<1$ 当收敛，当 $|a|>1$ 当发散

(4) 若级数 $\sum_{n=1}^{\infty}u_n$ 收敛($u_n\neq 0, n=1,2,\cdots$)，则级数 $\sum_{n=1}^{\infty}\frac{1}{u_n}$ (　　)；

(A) 收敛　　(B) 发散

(C) 收敛且 $\sum_{n=1}^{\infty}\frac{1}{u_n}=\frac{1}{\sum_{n=1}^{\infty}u_n}$　　(D) 可能收敛，也可能发散

(5) 若级数 $\sum_{n=1}^{\infty}u_n$ 收敛，则下列级数收敛的是(　　)；

(A) $\sum_{n=1}^{\infty}(u_n+10)$　(B) $\sum_{n=1}^{\infty}u_{n+10}$　(C) $\sum_{n=1}^{\infty}(u_n-10)$　(D) $\sum_{n=1}^{\infty}|u_n|$

(6) 下列级数中，收敛的级数是(　　)；

(A) $\sum_{n=1}^{\infty}\frac{n}{2n+1}$　(B) $\sum_{n=1}^{\infty}\frac{1}{\sqrt{n+2}}$　(C) $\sum_{n=1}^{\infty}\frac{1}{2n+1}$　(D) $\sum_{n=1}^{\infty}\frac{1}{\sqrt{n}(n+1)}$

(7) 下列级数中，条件收敛的级数是(　　)；

(A) $\sum_{n=1}^{\infty}(-1)^{n-1}\frac{1}{\ln(n+1)}$　　(B) $\sum_{n=1}^{\infty}\frac{(-1)^{n-1}}{(n+1)(n+4)}$

(C) $\sum_{n=1}^{\infty}(-1)^{n-1}\left(\frac{3}{2}\right)^n$　　(D) $\sum_{n=1}^{\infty}(-1)^{n-1}\frac{n}{3n+4}$

(8) 设 $k>0$，则级数 $\sum_{n=1}^{\infty}(-1)^n\frac{k+n}{n^2}$ (　　)；

(A) 发散　(B) 绝对收敛　(C) 条件收敛　(D) 敛散性不能确定

(9) 幂级数 $\sum_{n=1}^{\infty}\frac{(-1)^{n+1}}{2n+1}x^n$ 的收敛域是(　　)；

(A) $[-1,1]$　(B) $(-1,1]$　(C) $[-1,1)$　(D) $(-1,1)$

(10) 幂级数 $\sum_{n=1}^{\infty}\frac{(-1)^{n+1}}{n(2n+1)}(2x)^{2n}$的收敛域是(　　).

(A) $\left[-\frac{1}{2},\frac{1}{2}\right]$　(B) $\left(-\frac{1}{2},\frac{1}{2}\right]$　(C) $\left[-\frac{1}{2},\frac{1}{2}\right)$　(D) $\left(-\frac{1}{2},\frac{1}{2}\right)$

3. 判定下列正项级数的敛散性：

(1) $\sum_{n=1}^{\infty}\frac{n}{n^2+1}$；　(2) $\sum_{n=1}^{\infty}\frac{3^n}{n2^n}$；　(3) $\sum_{n=1}^{\infty}2^n\tan\frac{\pi}{3^n}$.

4. 判定下列级数是否收敛，若收敛，指出是绝对收敛，还是条件收敛：

(1) $\sum_{n=1}^{\infty}\frac{\sin n}{(n+1)^2}$；　(2) $\sum_{n=1}^{\infty}\frac{\sin\frac{n\pi}{2}}{\sqrt{n^3}}$；　(3) $\sum_{n=1}^{\infty}(-1)^n\ln\left(1+\frac{1}{n}\right)$；

(4) $\sum_{n=1}^{\infty}(-1)^{n-1}\frac{n}{3^{n-1}}$； (5) $\sum_{n=1}^{\infty}(-1)^{n+1}\frac{2^{n^2}}{n!}$； (6) $\sum_{n=1}^{\infty}(-1)^{n-1}\frac{1}{\sqrt{n}}$.

5．求下列幂级数的收敛半径、收敛区间和收敛域：

(1) $\sum_{n=0}^{\infty}\frac{x^n}{2^n(n+1)^2}$； (2) $\sum_{n=0}^{\infty}\frac{2n+1}{n!}x^n$； (3) $\sum_{n=1}^{\infty}(-1)^n\frac{x^{2n}}{n\cdot 2^n}$；

(4) $\sum_{n=1}^{\infty}\frac{2n-1}{2^n}x^{2n-2}$； (5) $\sum_{n=1}^{\infty}\frac{(x-5)^n}{\sqrt{n}}$； (6) $\sum_{n=1}^{\infty}(-1)^n\frac{\ln(n+1)}{n+1}(x+1)^n$.

6．求下列幂级数的和函数或级数的和：

(1) $\sum_{n=0}^{\infty}(-1)^n x^{2n}$； (2) $\sum_{n=1}^{\infty}2nx^{2n-1}$； (3) $\sum_{n=1}^{\infty}n(n+1)x^n$；

(4) $\sum_{n=1}^{\infty}\frac{1}{n(n+1)}x^{n+1}$； (5) $\sum_{n=1}^{\infty}\frac{1}{n\cdot 2^n}$； (6) $\sum_{n=1}^{\infty}n\left(-\frac{1}{3}\right)^{n-1}$.

7．将下列函数展开成麦克劳林级数，并求收敛域：

(1) $f(x)=\frac{1}{1+x^2}$； (2) $f(x)=\mathrm{e}^{-x^2}$； (3) $f(x)=\sin\frac{x}{2}$；

(4) $f(x)=(1+x)\ln(1+x)$； (5) $f(x)=\arctan x$； (6) $f(x)=\arcsin x$.

第九章 常微分方程

微分方程是数学领域中的一个分支，在经济和管理科学里解决实际问题时有着极其重要的应用. 在研究事物的变化及其规律时，往往需要根据实际问题，列出含有未知函数及其导数(或微分)的关系式——微分方程. 对它进行研究，找出未知函数，这就是解微分方程.

本章主要介绍常微分方程的一些基本概念、常见微分方程的解法以及微分方程在经济中的简单应用.

§9.1 微分方程的基本概念

一、微分方程的定义

例 1 设一曲线通过点(1,2)，且在该曲线上任一点 $M(x,y)$ 处的切线的斜率为 $2x$，求这曲线的方程.

解 设曲线方程为 $y=y(x)$，根据导数的几何意义，曲线任一点处的切线斜率就是函数 $y=y(x)$ 在该点处的导数 $\frac{\mathrm{d}y}{\mathrm{d}x}$，由题意有

$$\frac{\mathrm{d}y}{\mathrm{d}x}=2x.$$

两边积分得
$$y=\int 2x\mathrm{d}x,$$

因此
$$y=x^2+C.$$

当 $x=1$ 时，$y=2$，得 $C=1$，则所求曲线的方程为 $y=x^2+1$.

例 2 设某地区在 t 时刻人口数量为 $P(t)$，在没有人员迁入和迁出的情况下，人口增长率与 t 时刻人口数 $P(t)$ 成正比，于是有微分方程

$$\frac{\mathrm{d}P(t)}{\mathrm{d}t}=rP(t),$$

其中 r 为常数. 此方程表述的定律称为群体增长的马尔萨斯率. 求人口数量函数 $P(t)$ 的表达式.

解 将微分方程变形得

$$\frac{\mathrm{d}P(t)}{P(t)}=r\mathrm{d}t,$$

两边积分得
$$\ln P(t)=rt+C_1,$$
因此
$$P(t)=C\mathrm{e}^{rt}\quad (C=\mathrm{e}^{C_1}).$$

当 $t=0$ 时，$P(0)=P_0$，得 $C=P_0$，所以 $P(t)=P_0\mathrm{e}^{rt}$.

定义 1 含有自变量、未知函数以及未知函数的导数(或微分)的方程称为**微分方程**，而微分方程中出现的未知函数的最高阶导数的阶数，称为**微分方程的阶**.

定义 2 形如 $F(x,y,y',\cdots,y^{(n)})=0$ 的方程称为 n **阶微分方程**，其中自变量是 x，未知函数是 y，且 $y^{(n)}$ 在方程中一定出现. 二阶或二阶以上的微分方程统称为**高阶微分方程**.

定义 3 未知函数是一元函数的微分方程称为**常微分方程**，未知函数是多元函数的微分方程称为**偏微分方程**.

本章讨论的微分方程均为常微分方程.

例 3 判断下列方程是否是微分方程，若是，指出阶数：

(1) $y^2+\ln(x+y)=1$；　　(2) $y''+2y'-3y=\mathrm{e}^x$；

(3) $yy'''-(y')^6=0$；　　(4) $x\dfrac{\mathrm{d}^4y}{\mathrm{d}x^4}=x^2+1$.

解 (1) 因为方程中不含导数(或微分)，所以不是微分方程；(2) 它是二阶微分方程；(3) 它是三阶微分方程；(4) 它是四阶微分方程.

定义 4 若 n 阶微分方程可以表为如下形式：

$$y^{(n)}+a_1(x)y^{(n-1)}+\cdots+a_{n-1}(x)y'+a_n(x)y=f(x),$$

则称之为 n **阶线性微分方程**，其中 $a_1(x),a_2(x),\cdots,a_n(x)$ 和 $f(x)$ 均是自变量为 x 的已知函数；否则，统称为 n **阶非线性微分方程**.

在例 3 中，(2)，(4)为线性微分方程；(3)是非线性微分方程.

二、微分方程的解

定义 5 满足微分方程的函数 $y=y(x)$ 或 $F(x,y)=0$，称为该**微分方程的解**，并把 $y=y(x)$ 称为**显式解**，$F(x,y)=0$ 称为**隐式解**.

若在微分方程的解中，含有与该方程的阶数相同的个数且相互独立的任意常数，则称这个解为**微分方程的通解**.

通解中给任意常数以确定值的解称为该**微分方程的特解**.

确定通解中任意常数的条件称为**初始条件**或**定解条件**.

在例 1 中，$y=x^2+C$，$y=x^2+1$ 都是微分方程 $\dfrac{\mathrm{d}y}{\mathrm{d}x}=2x$ 的解，其中 $y=x^2+C$ 是通解，$y=x^2+1$ 是特解，而 $y\big|_{x=1}=2$ 为求特解的初始条件.

例 4 验证：函数 $x=C_1\cos kt+C_2\sin kt$ 是微分方程 $\frac{d^2x}{dt^2}+k^2x=0$ 的解，其中 C_1,C_2,k 为常数.

解 由于 $\frac{dx}{dt}=-kC_1\sin kt+kC_2\cos kt$，因此

$$\frac{d^2x}{dt^2}=-k^2C_1\cos kt-k^2C_2\sin kt.$$

将 $\frac{d^2x}{dt^2}$ 和 x 的表达式代入所给的微分方程，得

$$-k^2(C_1\cos kt+C_2\sin kt)+k^2(C_1\cos kt+C_2\sin kt)\equiv 0,$$

故 $x=C_1\cos kt+C_2\sin kt$ 是所给微分方程的解.

习 题 9.1

1. 判断下列方程是否是微分方程，若是，指出其阶数：

(1) $3y^2+\cos(x+y)=1$； (2) $y''+2y'=e^x$；

(3) $yy'''-(y')^6+5y=0$； (4) $x\frac{d^4y}{dx^4}+4\frac{dy}{dx}=x^2+1$.

2. 验证 $y=x^2e^x$ 不是微分方程 $y''-2y'+y=0$ 的解.

3. 验证 $y=3\sin x-4\cos x$ 是微分方程 $y''+y=0$ 的解.

4. 验证 $y=Ce^x$（C 为任意常数）是方程 $y'-y=0$ 的通解，并求满足初始条件 $y(0)=1$ 的特解.

§9.2 一阶微分方程

一阶微分方程是最基本的微分方程，其一般形式为

$$F(x,y,y')=0 \quad 或 \quad y'=f(x,y).$$

下面介绍几种特殊类型的一阶微分方程的求解方法.

一、可分离变量方程

定义 1 形如

$$\frac{dy}{dx}=f(x)g(y)$$

的一阶微分方程称为**可分离变量方程**.

可分离变量方程的求解步骤为：

(1) 分离变量 $$\frac{1}{g(y)}dy=f(x)dx;$$

（2）两边积分 $$\int\frac{1}{g(y)}\mathrm{d}y=\int f(x)\mathrm{d}x+C,$$

得方程通解

$$G(y)=F(x)+C,$$

其中 $G(y)$，$F(x)$ 分别是 $\frac{1}{g(y)}$，$f(x)$ 的一个原函数，C 为任意常数.

注 $G(y)=F(x)+C$ 称为微分方程的**隐式通解**.

例 1 求微分方程 $\frac{\mathrm{d}y}{\mathrm{d}x}=2xy$ 的通解.

解 将微分方程分离变量，当 $y\neq0$ 时，得

$$\frac{1}{y}\mathrm{d}y=2x\mathrm{d}x,$$

两边积分有 $$\int\frac{\mathrm{d}y}{y}=\int 2x\mathrm{d}x,\quad \ln|y|=x^2+C_1,$$

从而 $$y=\pm\mathrm{e}^{x^2+C_1}=B\mathrm{e}^{x^2}\quad(B=\pm\mathrm{e}^{C_1}).$$

在分离变量时两边同除函数 y，因此需要考虑当函数 $y=0$ 时是否为微分方程的解. 显然 $y=0$ 也是方程的解，所以原方程的通解为

$$y=C\mathrm{e}^{x^2}\quad(C\text{ 为任意常数}).$$

例 2 求微分方程 $\cos x\sin y\mathrm{d}y=\sin x\cos y\mathrm{d}x$ 的通解.

解 将方程分离变量，当 $\cos y\neq0$，$\cos x\neq0$ 时，得

$$\frac{\sin y}{\cos y}\mathrm{d}y=\frac{\sin x}{\cos x}\mathrm{d}x,$$

两边积分有 $$\int\frac{\sin y}{\cos y}\mathrm{d}y=\int\frac{\sin x}{\cos x}\mathrm{d}x,$$

从而得 $$\ln|\cos y|=\ln|\cos x|+C_1,$$

即 $$\ln\left|\frac{\cos y}{\cos x}\right|=C_1,$$

因此 $$\cos y=B\cos x\quad(B=\pm\mathrm{e}^{C_1}).$$

显然 $\cos y=0$，$\cos x=0$ 也是微分方程的解，所以原方程的通解为

$$\cos y=C\cos x\quad(C\text{ 为任意常数}).$$

二、齐次微分方程

定义 2 形如

$$\frac{\mathrm{d}y}{\mathrm{d}x}=f\left(\frac{y}{x}\right)$$

的一阶微分方程称为**齐次微分方程**.

齐次微分方程的求解步骤如下：

(1) 将原微分方程化为

$$\frac{dy}{dx}=f\left(\frac{y}{x}\right);$$

(2) 令 $u=\frac{y}{x}$,即 $y=xu$,将$\frac{dy}{dx}=u+x\frac{du}{dx}$代入微分方程,得

$$u+x\frac{du}{dx}=f(u);$$

(3) 分离变量得

$$\frac{du}{f(u)-u}=\frac{dx}{x};$$

(4) 两边积分得

$$\int\frac{du}{f(u)-u}=\int\frac{dx}{x}=\ln|x|+C;$$

(5) 求出函数$\frac{1}{f(u)-u}$的一个原函数后,将 $u=\frac{y}{x}$代入,即得原微分方程的通解.

注 若常数 a 是方程 $u-f(u)=0$ 的根,则函数 $y=ax$ 也是原微分方程的解.

例 3 求微分方程 $y'=\frac{x}{y}+\frac{y}{x}$的通解.

解 令$\frac{y}{x}=u$,即 $y=xu$,将$\frac{dy}{dx}=u+x\frac{du}{dx}$代入原微分方程得

$$u+x\frac{du}{dx}=u+\frac{1}{u}.$$

分离变量得
$$udu=\frac{dx}{x},$$

两边积分得
$$\frac{1}{2}u^2=\ln|x|+C_1.$$

代入$\frac{y}{x}=u$,即有

$$y^2=x^2(2\ln|x|+C).$$

它是原微分方程的通解,其中 $C=2C_1$ 为任意常数.

例 4 求微分方程$\left(x-y\cos\frac{y}{x}\right)dx+x\cos\frac{y}{x}dy=0$ 的通解.

解 原微分方程可化为

$$\frac{dy}{dx}=\frac{\frac{y}{x}\cos\frac{y}{x}-1}{\cos\frac{y}{x}}.$$

令 $u=\frac{y}{x}$,即 $y=xu$,将$\frac{dy}{dx}=u+x\frac{du}{dx}$代入原微分方程,有

$$u+x\frac{\mathrm{d}u}{\mathrm{d}x}=\frac{u\cos u-1}{\cos u}.$$

分离变量得 $$\cos u\mathrm{d}u=-\frac{\mathrm{d}x}{x},$$

两边积分得 $$\sin u=-\ln|x|+C.$$

将 $u=\frac{y}{x}$ 代入，得通解为

$$\sin\frac{y}{x}=-\ln|x|+C\quad(C\text{ 为任意常数}).$$

三、一阶线性微分方程

定义 3 形如

$$\frac{\mathrm{d}y}{\mathrm{d}x}+P(x)y=Q(x)\tag{1}$$

的微分方程称为**一阶线性微分方程**，其中 $P(x)$，$Q(x)$是已知的连续函数.

当 $Q(x)\equiv 0$ 时，$\frac{\mathrm{d}y}{\mathrm{d}x}+P(x)y=0$，称之为**一阶齐次线性微分方程**；

当 $Q(x)\neq 0$ 时，$\frac{\mathrm{d}y}{\mathrm{d}x}+P(x)y=Q(x)$，称之为**一阶非齐次线性微分方程**.

下面我们给出一阶非齐次线性微分方程$\frac{\mathrm{d}y}{\mathrm{d}x}+P(x)y=Q(x)$的求通解的方法.

1. 用分离变量法求齐次线性微分方程的通解

对齐次线性微分方程分离变量，求出其通解：由

$$\frac{\mathrm{d}y}{\mathrm{d}x}+P(x)y=0\tag{2}$$

分离变量得 $$\frac{\mathrm{d}y}{y}=-P(x)\mathrm{d}x,$$

两边积分得 $$\ln|y|=-\int P(x)\mathrm{d}x+C_1,$$

即 $$y=\pm\mathrm{e}^{-\int P(x)\mathrm{d}x+C_1}=B\mathrm{e}^{-\int P(x)\mathrm{d}x}\quad(B=\pm\mathrm{e}^{C_1}).$$

显然 $y=0$ 也是原齐次线性微分方程的解，因此通解为

$$y=C\mathrm{e}^{-\int P(x)\mathrm{d}x}.$$

2. 用常数变易法求非齐次线性微分方程

上面已求出齐次线性微分方程(2)的通解为 $y=C\mathrm{e}^{-\int P(x)\mathrm{d}x}$，为求出非齐次线性微分方程(1)的通解，令 $C=C(x)$，将 $y=C(x)\mathrm{e}^{-\int P(x)\mathrm{d}x}$ 代入非齐次线性微分方程(1)求出 $C(x)$ 即得

微分方程(1) 的通解. 设

$$y = C(x)\mathrm{e}^{-\int P(x)\mathrm{d}x}$$

为非齐次线性微分方程(1)的解,则

$$y' = C'(x)\mathrm{e}^{-\int P(x)\mathrm{d}x} - P(x)C(x)\mathrm{e}^{-\int P(x)\mathrm{d}x}.$$

代入非齐次线性微分方程(1),得

$$C'(x)\mathrm{e}^{-\int P(x)\mathrm{d}x} - P(x)C(x)\mathrm{e}^{-\int P(x)\mathrm{d}x} + P(x)C(x)\mathrm{e}^{-\int P(x)\mathrm{d}x} = Q(x),$$

即

$$C'(x) = \mathrm{e}^{\int P(x)\mathrm{d}x}Q(x).$$

两边积分得

$$C(x) = \int Q(x)\mathrm{e}^{\int P(x)\mathrm{d}x}\mathrm{d}x + C \quad (C\text{ 为任意常数}),$$

故

$$\begin{aligned} y &= \left(\int Q(x)\mathrm{e}^{\int P(x)\mathrm{d}x}\mathrm{d}x + C\right)\mathrm{e}^{-\int P(x)\mathrm{d}x} \\ &= \mathrm{e}^{-\int P(x)\mathrm{d}x}\int Q(x)\mathrm{e}^{\int P(x)\mathrm{d}x}\mathrm{d}x + C\mathrm{e}^{-\int P(x)\mathrm{d}x} \end{aligned} \tag{3}$$

为非齐次线性微分方程(1)的通解.

易见,(3)式中第一项是非齐次微分方程(1)的特解,第二项是相对应的齐次微分方程的通解.由此我们有一般结论:一阶非齐次线性微分方程(1)的通解等于该非齐次线性微分方程的特解与相对应的齐次线性微分方程的通解之和.

注 这种通过将对应的齐次微分方程通解中任意常数变异为函数求解非齐次微分方程的方法,称为**常数变易法**.

例 5 求微分方程 $\frac{\mathrm{d}y}{\mathrm{d}x}=2\frac{y}{x}+\frac{1}{2}x$ 的通解.

解 方法 1(常数变易法) 对应的齐次微分方程为

$$\frac{\mathrm{d}y}{\mathrm{d}x}=2\frac{y}{x}.$$

分离变量得

$$\frac{1}{y}\mathrm{d}y=\frac{2}{x}\mathrm{d}x,$$

两边积分

$$\int\frac{1}{y}\mathrm{d}y=\int\frac{2}{x}\mathrm{d}x,$$

易得对应的齐次微分方程的通解为

$$y=Cx^2 \quad (C\text{ 为任意常数}).$$

设 $y=C(x)x^2$ 是原非齐次微分方程的解,则

$$y'=C'(x)x^2+2xC(x).$$

代入原非齐次微分方程,得

$$C'(x)x^2+2xC(x)=\frac{2}{x}C(x)x^2+\frac{1}{2}x,$$

即
$$C'(x)=\frac{1}{2x}.$$

两边积分得
$$C(x)=\frac{1}{2}\ln|x|+C \quad (C\text{ 为任意常数}).$$

故原非齐次微分方程通解为

$$y=x^2\left(\frac{1}{2}\ln|x|+C\right) \quad (C\text{ 为任意常数}).$$

方法 2(公式法) 由于

$$P(x)=-\frac{2}{x}, \quad Q(x)=\frac{x}{2},$$

因此,原非齐次微分方程的通解为

$$\begin{aligned} y&=\mathrm{e}^{-\int P(x)\mathrm{d}x}\left(\int Q(x)\mathrm{e}^{\int P(x)\mathrm{d}x}\mathrm{d}x+C\right)=\mathrm{e}^{\int\frac{2}{x}\mathrm{d}x}\left(\int\frac{x}{2}\mathrm{e}^{-\int\frac{2}{x}\mathrm{d}x}\mathrm{d}x+C\right)\\ &=\mathrm{e}^{\ln x^2}\left(\int\frac{1}{2x}\mathrm{d}x+C\right)=x^2\left(\frac{1}{2}\ln|x|+C\right) \quad (C\text{ 为任意常数}). \end{aligned}$$

例 6 求微分方程$\frac{\mathrm{d}y}{\mathrm{d}x}+\frac{y}{x}=\frac{\sin x}{x}$的通解.

解 对应的齐次微分方程为

$$\frac{\mathrm{d}y}{\mathrm{d}x}+\frac{y}{x}=0.$$

分离变量得
$$\frac{1}{y}\mathrm{d}y=-\frac{1}{x}\mathrm{d}x,$$

两边积分
$$\int\frac{1}{y}\mathrm{d}y=-\int\frac{1}{x}\mathrm{d}x,$$

易得齐次微分方程的通解为

$$y=\frac{C}{x} \quad (C\text{ 为任意常数}).$$

设 $y=\frac{C(x)}{x}$是原非齐次微分方程的解,则

$$y'=\frac{C'(x)x-C(x)}{x^2}.$$

代入原非齐次微分方程,得

$$\frac{C'(x)x-C(x)}{x^2}+\frac{1}{x}\cdot\frac{C(x)}{x}=\frac{\sin x}{x},$$

即
$$C'(x)=\sin x,$$

积分得 $$C(x)=\int \sin x\mathrm{d}x=-\cos x+C \quad (C\text{ 为任意常数}).$$

故原非齐次微分方程的通解为

$$y=\frac{1}{x}(-\cos x+C) \quad (C\text{ 为任意常数}).$$

例 7 求微分方程 $y\mathrm{d}x+(x-y^3)\mathrm{d}y=0$ 的通解.

解 所给微分方程关于 y 不是线性的,但关于 x 是线性的. 将 x 看成 y 的函数,则方程可写成

$$\frac{\mathrm{d}x}{\mathrm{d}y}+\frac{1}{y}x=y^2.$$

由于 $P(y)=\frac{1}{y}$, $Q(y)=y^2$,因此原微分方程的通解为

$$\begin{aligned}x&=\mathrm{e}^{-\int P(y)\mathrm{d}y}\left(\int Q(y)\mathrm{e}^{\int P(y)\mathrm{d}y}\mathrm{d}y+C\right)=\mathrm{e}^{-\int\frac{1}{y}\mathrm{d}y}\left(\int y^2\mathrm{e}^{\int\frac{1}{y}\mathrm{d}y}\mathrm{d}y+C\right)\\&=\frac{1}{y}\left(\int y^3\mathrm{d}y+C\right)=\frac{1}{y}\left(\frac{y^4}{4}+C\right) \quad (C\text{ 为任意常数}).\end{aligned}$$

习 题 9.2

1. 求下列微分方程的通解或特解:

(1) $y'\tan x=y$;　　(2) $\sqrt{1-x^2}\,y'=\sqrt{1-y^2}$;

(3) $y\ln x\mathrm{d}x+x\ln y\mathrm{d}y=0$;　　(4) $\sec^2x\tan y\mathrm{d}x+\sec^2y\tan x\mathrm{d}y=0$;

(5) $x(y^2+1)\mathrm{d}x+y(1-x^2)\mathrm{d}y=0$, $y|_{x=0}=1$;

(6) $(\mathrm{e}^{x+y}-\mathrm{e}^x)\mathrm{d}x+(\mathrm{e}^{x+y}+\mathrm{e}^y)\mathrm{d}y=0$, $y(1)=0$.

2. 求下列微分方程的通解或特解:

(1) $x\frac{\mathrm{d}y}{\mathrm{d}x}=y\ln\frac{y}{x}$;　　(2) $y'=\frac{y}{x}+\tan\frac{y}{x}$;

(3) $(x^2+y^2)\mathrm{d}x-xy\mathrm{d}y=0$, $y|_{x=1}=2$;　　(4) $y'=\left(\frac{y}{x}\right)^2+\frac{y}{x}+4$, $y|_{x=1}=2$.

3. 求下列微分方程的通解或特解:

(1) $x\frac{\mathrm{d}y}{\mathrm{d}x}-3y=x$;　　(2) $y'-2y=\mathrm{e}^x$;

(3) $y'+y\cos x=\mathrm{e}^{-\sin x}$;　　(4) $y'+\frac{1}{x}y+\mathrm{e}^x=0$, $y(1)=0$.

§9.3 二阶常系数线性微分方程

对于微分方程 $F(x,y,y',\cdots,y^{(n)})=0$,当 $n\geqslant 2$ 时,称之为**高阶微分方程**. 一般情况下,

高阶微分方程的求解较为困难,本节主要研究二阶常系数线性微分方程.

一、二阶常系数齐次线性微分方程

定义 1 形如

$$y'' + py' + qy = 0 \tag{1}$$

的微分方程称为**二阶常系数齐次线性微分方程**,其中 p,q 为已知常数.

定义 2 设 $y_1(x),y_2(x),\cdots,y_n(x)$是定义在区间 I 上的函数. 如果存在不全为零的数 $k_1,k_2,\cdots,k_n$,使得

$$k_1 y_1 + k_2 y_2 + \cdots + k_n y_n \equiv 0, \tag{2}$$

则称 $y_1(x),y_2(x),\cdots,y_n(x)$在区间 I 上**线性相关**;否则称**线性无关**,即当且仅当

$$k_1 = k_2 = \cdots = k_n = 0$$

时(2)式成立,则称 $y_1(x),y_2(x),\cdots,y_n(x)$在区间 I 线性无关.

注 $y_1(x),y_2(x)$线性相关$\Leftrightarrow y_1(x)=ky_2(x)$,$k$ 为常数.

例如,1 与 x,e^x 与 x 都线性无关,而 x 与 $2x$,$\sin^2 x$ 与 $1-\cos^2 x$ 都线性相关.

定理 1 设 $y_1(x),y_2(x)$是微分方程(1)的解,则

$$y=y_1(x)+y_2(x) \quad 与 \quad y=ky_1(x) \quad (k\in \mathbf{R})$$

也是微分方程(1)的解.

定理 2(齐次线性微分方程通解结构定理) 设 $y_1(x),y_2(x)$是微分方程(1)的两个线性无关的解,则

$$y=C_1 y_1(x)+C_2 y_2(x)$$

是微分方程(1)的通解,其中 C_1,C_2 为任意常数.

定理 2 表明,求解微分方程(1)的关键是找到它的两个线性无关的特解.

我们知道,函数 $y=e^{rx}$(r 为常数)与其各阶导数之间只相差常数倍,符合微分方程(1)的系数特点,因此它有可能是微分方程(1)的解. 将其代入,得

$$(r^2+pr+q)e^{rx}=0.$$

因为 $e^{rx}\neq 0$,所以

$$r^2 + pr + q = 0. \tag{3}$$

可见,若 r 满足(3)式,则 $y=e^{rx}$是微分方程(1)的解.

定义 3 方程(3)称为微分方程(1)的**特征方程**,特征方程的根称为**特征根**.

下面根据特征方程(3)的根的情况,给出微分方程(1)的通解. 记 $\Delta=p^2-4q$.

(1) 当 $\Delta>0$ 时,特征方程(3)有两个相异实根 $r_1\neq r_2$. 此时,微分方程(1)有两个线性无关的特解:

$$y_1(x)=e^{r_1 x}, \quad y_2(x)=e^{r_2 x},$$

故微分方程(1)的通解为

$$y=C_1\mathrm{e}^{r_1x}+C_2\mathrm{e}^{r_2x}\quad (C_1,C_2\text{ 为任意常数}).$$

注 特征方程的求根公式为 $r_1=\dfrac{-p+\sqrt{p^2-4q}}{2}$，$r_2=\dfrac{-p-\sqrt{p^2-4q}}{2}$.

(2) 当 $\Delta=0$ 时，特征方程(3)有两个相同实根 $r_1=r_2=r=-\dfrac{p}{2}$. 此时，微分方程(1)有一个特解

$$y_1(x)=\mathrm{e}^{rx}.$$

可以验证，微分方程(1)有另一个特解

$$y_2(x)=x\mathrm{e}^{rx}.$$

显然，$y_1(x)$，$y_2(x)$线性无关，故微分方程(1)的通解为

$$y=(C_1+C_2x)\mathrm{e}^{rx}\quad (C_1,C_2\text{ 为任意常数}).$$

(3) 当 $\Delta<0$ 时，特征方程(3)有一对共轭复根 $r_{1,2}=\alpha\pm\mathrm{i}\beta$，其中 $\alpha=-\dfrac{p}{2}$，$\beta=\dfrac{\sqrt{4q-p^2}}{2}=\dfrac{\sqrt{-\Delta}}{2}$. 可以验证

$$y_1=\mathrm{e}^{\alpha x}\cos\beta x,\quad y_2=\mathrm{e}^{\alpha x}\sin\beta x$$

是微分方程(1)的两个线性无关的特解，故其通解为

$$y=\mathrm{e}^{\alpha x}(C_1\cos\beta x+C_2\sin\beta x)\quad (C_1,C_2\text{ 为任意常数}).$$

综上所述，求解二阶常系数齐次线性微分方程的步骤如下：

(1) 写出微分方程 $y''+py'+qy=0$ 的特征方程 $r^2+pr+q=0$；

(2) 求出特征方程的两个特征根 r_1,r_2；

(3) 根据如下表格给出的三种特征根的不同情形，写出 $y''+py'+qy=0$ 的通解：

特征根 r_1，r_2	通解 (C_1,C_2 为任意常数)
$r_1\neq r_2$	$y=C_1\mathrm{e}^{r_1x}+C_2\mathrm{e}^{r_2x}$
$r_1=r_2=r$	$y=(C_1+C_2x)\mathrm{e}^{rx}$
$r_{1,2}=\alpha\pm\mathrm{i}\beta$	$y=\mathrm{e}^{\alpha x}(C_1\cos\beta x+C_2\sin\beta x)$

例 1 求微分方程 $y''+y'-2y=0$ 的通解.

解 特征方程为

$$r^2+r-2=0,$$

特征根为 $r_1=1$，$r_2=-2$，则原微分方程的通解为

$$y=C_1\mathrm{e}^{x}+C_2\mathrm{e}^{-2x}\quad (C_1,C_2\text{ 为任意常数}).$$

例 2 求微分方程 $y''-6y'+9y=0$ 的通解.

解 特征方程为

$$r^2-6r+9=0,$$

特征根为 $r_1=r_2=3$，则原微分方程的通解为

$$y=(C_1+C_2x)e^{3x} \quad (C_1, C_2 \text{ 为任意常数}).$$

例 3 求微分方程 $y''-4y'+5y=0$ 的通解.

解 特征方程为

$$r^2-4r+5=0,$$

特征根为 $r_{1,2}=2\pm i$，则原微分方程的通解为

$$y=e^{2x}(C_1\cos x+C_2\sin x) \quad (C_1, C_2 \text{ 为任意常数}).$$

定义 4 形如

$$y^{(n)}+a_1y^{(n-1)}+\cdots+a_{n-1}y'+a_ny=0$$

的微分方程称为 n **阶常系数齐次线性微分方程**，其中 $a_1, a_2, \cdots, a_n$ 为已知常数，其**特征方程**为

$$r^n+a_1r^{n-1}+\cdots+a_{n-1}r+a_n=0 .$$

其他高阶常系数齐次线性微分方程通解的求法与二阶常系数齐次线性微分方程通解的求法类似.

求解 n 阶常系数线性齐次微分方程的步骤如下：

(1) 写出它的特征方程 $r^n+a_1r^{n-1}+\cdots+a_{n-1}r+a_n=0$；

(2) 求出特征方程的 n 个特征根 $r_1, r_2, \cdots, r_n$；

(3) 根据如下表格，写出该微分方程的通解：

特征根	通解中对应项
单根 r	Ce^{rx}（C 为任意常数）
k 重实根 r	$(C_1+C_2x+\cdots+C_kx^{k-1})e^{rx}$（$C_1, C_2, \cdots, C_k$ 为任意常数）
一对单复根 $\alpha\pm\beta i$	$e^{\alpha x}(C_1\cos\beta x+C_2\sin\beta x)$（$C_1, C_2$ 为任意常数）
一对 k 重复根 $\alpha\pm\beta i$	$(C_1+C_2x+\cdots+C_kx^{k-1})e^{\alpha x}\cos\beta x+(D_1+D_2x+\cdots+D_kx^{k-1})e^{\alpha x}\sin\beta x$ （$C_1, C_2, \cdots, C_k, D_1, D_2, \cdots, D_k$ 为任意常数）

例 4 求微分方程 $y'''-y''+y'-y=0$ 的通解.

解 特征方程为

$$r^3-r^2+r-1=0,$$

特征根为

$$r_1=1, \quad r_{2,3}=\pm i,$$

则该微分方程的通解为

$$y=C_1e^x+C_2\cos x+C_3\sin x \quad (C_1, C_2, C_3 \text{ 为任意常数}).$$

例 5 求微分方程 $y^{(4)}-2y'''+y''=0$ 的通解.

解 特征方程为

$$r^4-2r^3+r^2=0,$$

特征根为

$$r_1=r_2=0, \quad r_3=r_4=1,$$

该微分方程的通解为

$$y=C_1+C_2x+(C_3+C_4x)e^x,$$

其中 C_1,C_2,C_3,C_4 为任意常数.

二、二阶常系数非齐次线性微分方程

定义 5 形如

$$y''+py'+qy=f(x) \tag{4}$$

的微分方程,且 $f(x)\neq 0$,称为**二阶常系数非齐次线性微分方程**,其中 p,q 为已知常数.

下面先讨论微分方程(4)的解的结构.

定理 3(非齐次线性微分方程通解结构定理) 如果函数 y^* 为非齐次线性微分方程(4)的一个特解,Y 为其对应的齐次微分方程(1)的通解,则非齐次线性微分方程(4)的通解为

$$y=y^*+Y.$$

定理 4(解的叠加原理) 如果 y_1^*,y_2^* 分别是微分方程

$$y''+py'+qy=f_1(x) \quad 和 \quad y''+py'+qy=f_2(x)$$

的特解,则 $y_1^*+y_2^*$ 是微分方程

$$y''+py'+qy=f_1(x)+f_2(x)$$

的一个特解.

定理 3 与定理 4 的证明略.

求解二阶常系数非齐次线性微分方程的步骤如下:

(1) 求出对应的齐次微分方程 $y''+py'+qy=0$ 的通解 Y;

(2) 求出非齐次微分方程 $y''+py'+qy=f(x)$ 的一个特解 y^*;

(3) 写出非齐次微分方程 $y''+py'+qy=f(x)$ 的通解 $y=y^*+Y$.

求解二阶常系数非齐次线性微分方程的关键是确定非齐次微分方程的特解 y^*. 下面介绍常见的两种类型求特解的方法.

1. $f(x)=P_n(x)e^{\lambda x}$ 型

这里要求 $f(x)$ 表达式中的 $P_n(x)$ 是 n 次多项式,λ 是常数.

由于多项式与指数函数的乘积的导数仍是多项式与指数函数的乘积,故假设非齐次方程(4)的特解为

$$y^*=Q(x)e^{\lambda x},$$

其中 $Q(x)$ 为待定多项式,把 y^* 及其一、二阶导数代入微分方程(4)得

$$[Q''(x)+(2\lambda+p)Q'(x)+(\lambda^2+p\lambda+q)Q(x)]e^{\lambda x}=P_n(x)e^{\lambda x}.$$

因为 $e^{\lambda x}\neq 0$,所以

$$Q''(x)+(2\lambda+p)Q'(x)+(\lambda^2+p\lambda+q)Q(x)=P_n(x).$$

(1) 当 λ 不是特征根时,必有 $\lambda^2+p\lambda+q\neq 0$,则 $Q(x)$ 的次数必为 n,故设

$$Q(x)=Q_n(x)=b_0x^n+b_1x^{n-1}+\cdots+b_{n-1}x+b_n \quad (b_0\neq 0).$$

(2) 当 λ 是单特征根时,必有 $\lambda^2+p\lambda+q=0$,但 $2\lambda+p\neq 0$, 则 $Q'(x)$ 的次数必为 n,故设

$$Q(x)=xQ_n(x).$$

(3) 当 λ 是二重特征根时,必有 $\lambda^2+p\lambda+q=0$,且 $2\lambda+p=0$,则 $Q''(x)$ 的次数必为 n,故设

$$Q(x)=x^2Q_n(x).$$

综上所述,我们将特解 y^* 的表达式列在下表,其中 $Q_n(x)$ 为待定且与已知 $P_n(x)$ 同为 n 次多项式:

特征根	参数 k	特解形式 $y^*=x^kQ_n(x)e^{\lambda x}$
λ 不是特征根	$k=0$	$y^*=Q_n(x)e^{\lambda x}$
λ 是单特征根	$k=1$	$y^*=xQ_n(x)e^{\lambda x}$
λ 是二重特征根	$k=2$	$y^*=x^2Q_n(x)e^{\lambda x}$

例 6 写出下列微分方程的特解 y^* 的形式:

(1) $y''+2y'-3y=x^3$; (2) $y''+y'=(1+x^2)e^{-x}$; (3) $y''-4y'+4y=xe^{2x}$.

解 (1) 特征方程为 $r^2+2r-3=0$,特征根为 $r_1=1,r_2=-3$. 由于 $P_3(x)=x^3$ 为三次多项式,$\lambda=0$ 不是特征根,故特解设为

$$\begin{aligned}y^*&=(ax^3+bx^2+cx+d)e^{0\cdot x}\\&=ax^3+bx^2+cx+d.\end{aligned}$$

(2) 特征方程为 $r^2+r=0$,特征根为 $r_1=0,r_2=-1$. 由于 $P_2(x)=1+x^2$ 为二次多项式. $\lambda=-1$ 是特征单根,故特解设为

$$y^*=x(ax^2+bx+c)e^{-x}.$$

(3) 特征方程为 $r^2-4r+4=0$,特征根为 $r_{1,2}=2$. 由于 $P_1(x)=x$ 为一次代数多项式,$\lambda=2$ 是二重特征根,故特解设为

$$y^*=x^2(ax+b)e^{2x}.$$

例 7 求微分方程 $y''+y'=x^2$ 的通解.

解 特征方程为 $r^2+r=0$,特征根为 $r_1=0,r_2=-1$,则对应齐次微分方程的通解为

$$Y=C_1+C_2e^{-x}.$$

由于 $\lambda=0$ 是特征方程的单根,$P_2(x)=x^2$ 为二次多项式,故特解设为

$$y^*=x(ax^2+bx+c).$$

求 y^* 的一、二阶导数并代入原微分方程得

$$3ax^2+(6a+2b)x+2b+c=x^2.$$

比较同次系数得 $$a=\frac{1}{3},\quad b=-1,\quad c=2,$$

于是所求特解为 $$y^*=x\left(\frac{1}{3}x^2-x+2\right).$$

所以原微分方程的通解为

$$y=Y+y^*=C_1+C_2e^{-x}+x\left(\frac{1}{3}x^2-x+2\right) \quad (C_1,C_2 \text{ 为任意常数}).$$

例 8 求微分方程 $y''-y=4xe^x$.

解 特征方程为 $r^2-1=0$，特征根为 $r_{1,2}=\pm1$，故对应齐次微分方程的通解为

$$Y=C_1e^x+C_2e^{-x}.$$

因为 $\lambda=1$ 是特征方程的单根，$P_1(x)=4x$ 为一次代数多项式，所以设特解为

$$y^*=x(ax+b)e^x.$$

求 y^* 的一、二阶导数并代入原微分方程得

$$2a+2b+4ax=4x.$$

比较同类项系数得 $\qquad a=1,\quad b=-1,$

从而所求特解为 $\qquad y^*=x(x-1)e^x.$

故原微分方程的通解为

$$y=Y+y^*=C_1e^x+C_2e^{-x}+x(x-1)e^x \quad (C_1,C_2 \text{ 为任意常数}).$$

2. $f(x)=e^{\lambda x}(A\cos\omega x+B\sin\omega x)$ 型

这里要求 $f(x)$ 表达式中的 A,B,λ,ω 均为常数，且 $\omega>0$.

当函数 $f(x)$ 为此类形式时，则特解的假设形式如下表：

特征根	参数 k	特解形式 $y^*=x^ke^{\lambda x}(a\cos\omega x+b\sin\omega x)$
$\lambda\pm\omega i$ 不是特征根	$k=0$	$y^*=e^{\lambda x}(a\cos\omega x+b\sin\omega x)$
$\lambda\pm\omega i$ 是特征根	$k=1$	$y^*=xe^{\lambda x}(a\cos\omega x+b\sin\omega x)$

例 9 设微分方程 $y''+2y'+3y=f(x)$ 中的函数 $f(x)$ 为如下形式，写出此微分方程相应的特解 y^* 的形式：

(1) $f(x)=\cos2x$； (2) $f(x)=e^{-x}\cos\sqrt{2}x$； (3) $f(x)=2e^x\sin x$.

解 特征方程为 $r^2+2r+3=0$，特征根为 $r_{1,2}=-1\pm\sqrt{2}i$.

(1) $f(x)=\cos2x=e^0(\cos2x+0\sin2x)$，又 $\lambda\pm\omega i=\pm2i$ 不是特征方程的根，故 $k=0$，从而得特解为

$$y^*=a\cos2x+b\sin2x.$$

(2) $f(x)=e^{-x}\cos\sqrt{2}x=e^{-x}(\cos\sqrt{2}x+0\sin\sqrt{2}x)$，又 $\lambda\pm\omega i=-1\pm\sqrt{2}i$ 是特征方程的根，故 $k=1$，从而得特解为

$$y^*=xe^{-x}(a\cos\sqrt{2}x+b\sin\sqrt{2}x).$$

(3) $f(x)=2e^x\sin x=e^x(0\cos x+2\sin x)$，又 $\lambda\pm\omega i=1\pm i$ 不是特征方程的根，故 $k=0$，从而得特解为

$$y^*=e^x(a\cos x+b\sin x).$$

例 10 求微分方程 $y''-2y'+5y=e^x\sin x$ 的通解.

解 特征方程为 $r^2-2r+5=0$,特征根为 $r_{1,2}=1\pm 2i$,则对应齐次微分方程的通解为

$$Y=e^x(C_1\cos 2x+C_2\sin 2x).$$

又 $\lambda\pm\omega i=1\pm i$ 不是特征方程的根,故 $k=0$,从而得原微分方程的特解为

$$y^*=e^x(a\cos x+b\sin x).$$

求 y^* 的一、二阶导数并代入原微分方程得

$$3a\cos x+3b\sin x=\sin x.$$

比较系数得
$$a=0,\quad b=\frac{1}{3},$$

于是特解为
$$y^*=\frac{1}{3}e^x\sin x.$$

故原方程的通解为

$$y=Y+y^*=e^x(C_1\cos 2x+C_2\sin 2x)+\frac{1}{3}e^x\sin x\quad (C_1,C_2\text{ 为任意常数}).$$

例 11 求微分方程 $y''+4y=e^x+\cos 2x$ 的通解.

解 特征方程为 $r^2+4=0$,特征根为 $r_{1,2}=\pm 2i$,则对应齐次微分方程的通解为

$$Y=C_1\cos 2x+C_2\sin 2x.$$

先分别求下面两个非齐次微分方程的特解:

$$y''+4y=e^x, \tag{5}$$

$$y''+4y=\cos 2x. \tag{6}$$

对于微分方程(5),$\lambda=1$ 不是特征方程的根,故 $k=0$,从而特解设为

$$y^*=Ae^x.$$

代入微分方程(5)得
$$5Ae^x=e^x,\quad \text{解出}\quad A=\frac{1}{5},$$

于是微分方程(5)特解为

$$y_1^*=\frac{1}{5}e^x.$$

对于微分方程(6),$\lambda\pm\omega i=\pm 2i$ 是特征方程的根,故 $k=1$,从而特解设为

$$y^*=x(a\cos 2x+b\sin 2x).$$

代入微分方程(6),化简得

$$4b\cos 2x-4a\sin 2x=\cos 2x.$$

比较系数得
$$a=0,\quad b=\frac{1}{4},$$

于是微分方程(6)特解为

$$y_2^*=\frac{1}{4}x\sin 2x.$$

综上，原方程的通解为

$$y=Y+y_1^*+y_2^*=C_1\cos 2x+C_2\sin 2x+\frac{1}{5}\mathrm{e}^x+\frac{1}{4}x\sin 2x \quad (C_1, C_2 \text{ 为任意常数}).$$

习 题 9.3

1. 求下列微分方程的通解或特解：

(1) $y''-2y'-3y=0$；

(2) $y''-4y'+3y=0, y|_{x=0}=6, y'|_{x=0}=10$；

(3) $y''+4y'+4y=0$；

(4) $4y''+4y'+y=0, y|_{x=0}=2, y'|_{x=0}=0$；

(5) $y''-2y'+5y=0$；

(6) $y''-4y'+13y=0, y|_{x=0}=0, y'|_{x=0}=3$；

(7) $y^{(4)}-2y'''+2y''=0$；

(8) $y^{(4)}-4y'''+4y''=0$.

2. 设微分方程 $y''+5y'+4y=f(x)$ 中函数 $f(x)$ 为如下形式，写出该微分方程相应的特解 y^*（不必确定待定的常数）：

(1) $f(x)=x^2$；

(2) $f(x)=(1+x)\mathrm{e}^{-x}$；

(3) $f(x)=\sin 2x$；

(4) $f(x)=x\mathrm{e}^{-4x}$；

(5) $f(x)=\mathrm{e}^{-2x}+\sin x$.

3. 求下列微分方程的通解：

(1) $y''+y'=2x^2+1$；

(2) $y''-6y'+9y=(1+x)\mathrm{e}^{2x}$；

(3) $y''+4y'=2x\mathrm{e}^x$；

(4) $y''+3y'+2y=\mathrm{e}^{-x}\cos x$；

(5) $y''+y=x+\cos x$.

§9.4 微分方程在经济学中的应用

微分方程在经济学中有着广泛的应用，下面给出几个常见例子.

例 1 求逻辑斯谛(logistic)方程

$$\frac{\mathrm{d}y}{\mathrm{d}t}=ay(N-y)$$

的通解，其中 $a>0$ 是常数，N 是常数且 $N>y>0$.

解 由

$$\frac{\mathrm{d}y}{\mathrm{d}t}=ay(N-y)$$

分离变量得

$$\frac{\mathrm{d}y}{y(N-y)}=a\mathrm{d}t,$$

即

$$\left(\frac{1}{y}+\frac{1}{N-y}\right)\mathrm{d}y=Na\mathrm{d}t.$$

两边积分得

$$\ln y-\ln(N-y)=Nat+C_1 \quad (N>y>0),$$

即

$$\frac{y}{N-y}=Ce^{Nat} \quad (C=e^{C_1}).$$

所以逻辑斯谛方程的通解为

$$y=\frac{CNe^{Nat}}{1+Ce^{Nat}}=\frac{N}{1+\frac{1}{C}e^{-Nat}}, \quad C>0 \text{ 是任意常数}.$$

该解的图形(如图 9-1)称为**逻辑斯谛曲线**.

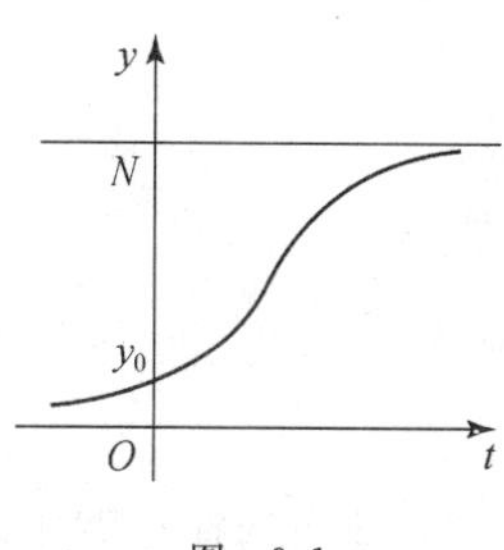

图 9-1

逻辑斯谛方程在经济学、生物学等学科中有着广泛的应用:当变量 $y=f(t)$ 的变化率与其 t 时的 y 值及 $N-y$(N 是饱和值)都成正比时,则 y 是按逻辑斯谛曲线变化的.

例 2 人口增长模型.

某地区,在任何 t 时刻人口的增长率是常数,或者说单位时间内人口增长的数量与当时人口数 $P(t)$ 成正比,且比例系数为常数. 若当 $t=0$ 时的人口数为 P_0,则有初值问题

$$\begin{cases}\frac{1}{P}\cdot\frac{dP}{dt}=r, \\ P|_{t=0}=P_0\end{cases} \quad \text{或} \quad \begin{cases}\frac{dP}{dt}=Pr, \\ P|_{t=0}=P_0,\end{cases} \quad r>0 \text{ 是常数}.$$

这是可分离变量的微分方程. 由 § 9.1 例 2 知初值问题的解为

$$P=P_0e^{rt}.$$

这就是人口增长的指数模型.

显然,若人口随时间按指数增长,这种增长是人类无法承受的,该模型忽略了资源与环境对人口增长的限制. 若考虑资源与环境的因素,可将模型中的常数 r 视为人口数 P 的函数,且应是 P 的减函数. 特别当 P 达到某一最大允许值 P_M 时,应有增长率为零,当人口数超过 P_M 时,应发生负增长. 由此,可令

$$r(P)=k\left(1-\frac{P}{P_M}\right)=\frac{k}{P_M}(P_M-P), \quad k>0 \text{ 是常数}.$$

那么,微分方程的初值问题即为

$$\begin{cases}\frac{dP}{dt}=\frac{k}{P_M}P(P_M-P), \ k>0 \text{ 是常数}, \\ P|_{t=0}=P_0.\end{cases}$$

若将上式中 $\frac{k}{P_M}$ 看做逻辑斯谛方程中的比例系数 a,P_M 是饱和值,该微分方程也是逻辑斯谛方程,其通解为

$$P=\frac{P_M}{1+\frac{1}{C}e^{-kt}}, \quad C>0 \text{ 是任意常数}.$$

将 $t=0, P=P_0$ 代入上式,得 $C=\frac{P_0}{P_M-P_0}$,则人口增长模型为

$$P=\frac{P_M}{1+\left(\frac{P_M}{P_0}-1\right)e^{-kt}}.$$

显然,有

$$\lim_{t\to+\infty}P=\lim_{t\to+\infty}\frac{P_M}{1+\left(\frac{P_M}{P_0}-1\right)e^{-kt}}=P_M.$$

若适当选择模型中的参数 k,可利用该模型预测未来人口数. 实际上,除人口外,上述模型还可用来讨论一般生物种群的变化率.

例 3 技术推广模型.

一项新技术要在总数为 N 个的企业群体中推广,$P=P(t)$ 为时刻 t 已掌握该项技术的企业数. 新技术推广采用已掌握该项技术的企业向尚未掌握该项技术的企业扩展. 若推广的速度与已掌握该项技术的企业数 P 及尚未掌握该项技术的企业数 $N-P$ 成正比,求 $P=P(t)$ 所满足的微分方程,并求方程的解.

解 新技术的推广速度为 $\frac{dP}{dt}$,依题意有

$$\frac{dP}{dt}=kP(N-P),$$

其中 $k>0$ 是比例系数. 显然,这是逻辑斯谛方程,方程中的 N 是饱和值,该方程的通解为

$$P(t)=\frac{N}{1+\frac{1}{C}e^{-Nkt}},\quad C>0 \text{ 是任意常数}.$$

这就是技术推广模型.

例 4 商品销售模型.

设某产品的销售量 $x(t)$ 是时间 t 的函数. 如果该商品的销售量对时间 t 的增长率 $\frac{dx}{dt}$ 与销售量及接近于饱和水平的程度 $N-x(t)$ 之积成正比($k>0$ 为比例常数,N 为饱和水平),且 $x(0)=\frac{1}{4}N$,求:

(1) 销售量 $x(t)$ 的表达式;

(2) 求 $x(t)$ 增长最快的时刻 T.

解 (1) 由题意有

$$\frac{dx}{dt}=kx(N-x).$$

显然,这是逻辑斯谛方程,其通解为

$$x(t)=\frac{N}{1+\frac{1}{C}\mathrm{e}^{-Nkt}},\quad C>0 \text{ 是任意常数.}$$

由 $x(0)=\frac{1}{4}N$，得 $C=\frac{1}{3}$，故销售量 $x(t)$ 的表达式为

$$x(t)=\frac{N}{1+3\mathrm{e}^{-Nkt}}.$$

(2) 由上式可得

$$\frac{\mathrm{d}x}{\mathrm{d}t}=\frac{3N^2k\mathrm{e}^{-Nkt}}{(1+3\mathrm{e}^{-Nkt})^2},$$

$$\frac{\mathrm{d}^2x}{\mathrm{d}t^2}=\frac{-3N^3k^2\mathrm{e}^{-Nkt}(1-3\mathrm{e}^{-Nkt})}{(1+3\mathrm{e}^{-Nkt})^3}.$$

令 $\frac{\mathrm{d}^2x}{\mathrm{d}t^2}=0$，得 $T=\frac{\ln 3}{kN}$. 显然，当 $t<T$ 时，$\frac{\mathrm{d}^2x}{\mathrm{d}t^2}>0$；当 $t>T$ 时，$\frac{\mathrm{d}^2x}{\mathrm{d}t^2}<0$. 所以，当 $t=T=\frac{\ln 3}{kN}$ 时，$x(t)$ 的导数取得最大值，$x(t)$ 的增长速度最快.

例 5 价格调整模型.

设某商品的需求函数与供给函数分别为

$$Q_d=a-bP,\quad Q_s=-c+dP\quad (a,b,c,d \text{ 为正常数}).$$

再假设商品价格 P 为时间 t 的函数，已知初始价格为 $P(0)=P_0$，且在任意 t 时刻，价格 $P(t)$ 的变化率总与这一时刻的超额需求 Q_d-Q_s 成正比(比例常数 $k>0$).

(1) 求供需相等时的价格 P_e(即为均衡价格)；

(2) 求价格 $P(t)$ 的表达式；

(3) 分析价格 $P(t)$ 随时间的变化情况.

解 (1) 由 $Q_d=Q_s$ 得

$$P_e=\frac{a+c}{b+d}.$$

(2) 由题设知

$$\frac{\mathrm{d}P}{\mathrm{d}t}=k(Q_d-Q_s),\quad \text{即}\quad \frac{\mathrm{d}P}{\mathrm{d}t}+k(b+d)P=k(a+c).$$

这是一阶线性非齐次微分方程，其通解为

$$P(t)=C\mathrm{e}^{-k(b+d)t}+\frac{a+c}{b+d},\quad C \text{ 为任意常数},$$

即

$$P(t)=C\mathrm{e}^{-\lambda t}+P_e,$$

其中 $\lambda=k(b+d)>0$.

由 $P(0)=P_0$ 得

$$C=P_0-P_e,$$

故价格 $P(t)$ 的表达式为

$$P(t)=(P_0-P_e)\mathrm{e}^{-\lambda t}+P_e.$$

(3) 由于 P_0-P_e 与 $\lambda>0$ 均为常数，所以当时间 $t\to+\infty$ 时，

$$(P_0-P_e)\mathrm{e}^{-\lambda t}\to 0,$$

因此
$$P(t)\to P_e\quad(t\to+\infty).$$

这说明，实际价格趋向于均衡价格 P_e.

习 题 9.4

1. 在理想情形下，人口数以常数比率增长. 若某地区的人口数在 1990 年为 3000 万，在 2000年为 3800 万，试确定在 2020 年的人口数.

2. 某商品的净利润 L 随广告费用 x 的变化而变化，假设它们之间的关系式可用如下方程表示：

$$\frac{\mathrm{d}L}{\mathrm{d}x}=k-a(L+x),$$

其中 a,k 均为常数. 当 $x=0$ 时，$L=L_0$，求 L 与 x 的函数关系式.

3. 设某商品的需求量 Q 对价格 P 的弹性为 $3P^2$. 如果该商品的最大需求量为 10000 件(即当 $P=0$ 时，$Q=10000$)，试求：

(1) 需求量 Q 与价格 P 的函数关系；

(2) 当价格为 1 时，市场对该商品的需求量.

4. 某公司年净资产有 $W(t)$(单位：万元)，并且资产本身每年以 5%的连续复利持续增长，同时该公司每年以 30 万元的金额支付职工工资.

(1) 给出描述净资产 $W(t)$ 满足的微分方程；

(2) 求解微分方程，并设初始净资产为 $W(0)=W_0$；

(3) 讨论 $W_0=500$ 万元，600 万元，700 万元三种情况下 $W(t)$ 的变化特点.

5. 设某商场的销售成本 y 和存储费用 x 均是时间 t 的函数. 如果销售成本对时间 t 的变化率 $\frac{\mathrm{d}y}{\mathrm{d}t}$ 是存储费用 x 的倒数与常数 5 之和，而存储费用对时间 t 的变化率是存储费用的 $-\frac{1}{3}$，且有 $y(0)=0,x(0)=10$，求销售成本 y 及存储费用 x 关于时间 t 的函数关系式.

6. 宏观经济研究发现，某地区的国民收入 y，国民储蓄 S 和投资 I 均为时间 t 的函数，且在任一 t 时刻，储蓄额 $S(t)$ 为国民收入 $y(t)$ 的 $\frac{1}{10}$，投资额 $I(t)$ 是国民收入增长率 $\frac{\mathrm{d}y}{\mathrm{d}t}$ 的 $\frac{1}{3}$. 如果 $y(0)=5$ 亿元，且在 t 时刻的储蓄额全部用于投资，求国民收入函数 $y(t)$.

复习题九

1. 填空题：

(1) 微分方程 $xy'''+2x^2y'^2+x^3y=x^4+1$ 是________阶微分方程；

(2) 微分方程 $xy''+3xy'^2+2x^6y^4=x^2+2$ 的通解含有________个独立的任意常数；

(3) 满足方程 $f(x)+2\int_0^x f(t)\mathrm{d}t=x^2$ 的函数 $f(x)=$________；

(4) 微分方程 $xy'+y=3$ 满足初始条件 $y\big|_{x=1}=0$ 的特解是________；

(5) 微分方程 $y''+2y'=2x^2-1$ 的特解 y^* 应设为________；

(6) 微分方程 $y''+6y'+9y=x\mathrm{e}^{3x}$ 的特解 y^* 应设为________；

(7) 微分方程 $2y''+5y'=\cos x$ 特解 y^* 应设为________；

(8) 已知 $y_1=\mathrm{e}^{x^2}$ 和 $y_2=x\mathrm{e}^{x^2}$ 都是微分方程 $y''-4xy'+(4x^2-2)y=0$ 的解，则此微分方程通解为________；

(9) 已知 $y_1^*=\frac{1}{4}x\sin 2x$ 是微分方程 $y''+4y=\cos 2x$ 的特解，$y_2^*=\frac{x}{4}$ 是微分方程 $y''+4y=x$ 的特解，则微分方程 $y''+4y=\cos 2x+x$ 的一个特解为________；

(10) 已知曲线 $y=f(x)$ 经过点 $\left(0,-\frac{1}{2}\right)$，且其上任意的一点 (x,y) 处的切线斜率为 $x\ln(1+x^2)$，则 $f(x)=$________.

2. 选择题：

(1) 微分方程 $yy''-(y')^5=x^2$ 是(　　)阶微分方程；

(A) 二　　(B) 三　　(C) 四　　(D) 五

(2) 微分方程 $y''-y'^4=x^3-2x^2+2$ 的通解含有(　　)个独立的任意常数；

(A) 一　　(B) 二　　(C) 三　　(D) 四

(3) 设非齐次线性微分方程 $y'+P(x)y=Q(x)$ 有两个不同的解 $y_1(x)$，$y_2(x)$，C 为任意常数，则微分方程的通解是(　　)；

(A) $C[y_1(x)+y_2(x)]$　　(B) $y_1(x)+C[y_1(x)+y_2(x)]$

(C) $C[y_1(x)-y_2(x)]$　　(D) $y_1(x)+C[y_1(x)-y_2(x)]$

(4) 微分方程 $xy'+y=\frac{1}{1+x^2}$ 的通解是(　　)；

(A) $y=\arctan x+C$　　(B) $y=\frac{1}{x}\arctan x+C$

(C) $y=\frac{1}{x}(\arctan x+C)$　　(D) $y=\frac{C}{x}+\arctan x$

(5) 微分方程 $y''+3y'+2y=x^2$ 的特解 y^* 应设为(　　);

(A) ax^2　　(B) ax^2+bx+c

(C) $x(ax^2+bx+c)$　　(D) $x^2(ax^2+bx+c)$

(6) 微分方程 $y''+3y'+2y=\sin x$ 的特解 y^* 应设为(　　);

(A) $b\sin x$　　(B) $a\cos x$　　(C) $a\cos x+b\sin x$　　(D) $x(a\cos x+b\sin x)$

(7) 微分方程 $y''-y'=e^x+3$ 的特解 y^* 应设为(　　);

(A) ae^x+b　　(B) axe^x+b　　(C) axe^x+bx　　(D) $x^2(a+be^x)$

(8) 满足方程 $f(x)=\int_0^{3x} f\left(\frac{t}{3}\right)dt+3x-3$ 的函数 $f(x)=$(　　).

(A) $-3e^{-3x+1}$　　(B) $-2e^{3x}-1$　　(C) $-2e^{3x}-2$　　(D) $-3e^{-3x}+1$

3. 验证 $y=Ce^{-3x}+e^{-2x}$(C为任意常数)是微分方程$\frac{dy}{dx}=e^{-2x}-3y$ 的通解,并求满足初始条件 $y|_{x=0}=0$ 的特解.

4. 验证函数 $y_1=e^x, y_2=xe^x$ 都是微分方程 $y''-2y'+y=0$ 的解,并写出微分方程的通解.

5. 求下列微分方程的通解:

(1) $xy'-y\ln y=0$;　　(2) $xyy'=1-x^2$;

(3) $y dx+(x^2-4x)dy=0$;　　(4) $x\sqrt{1-y^2}dx+y\sqrt{1-x^2}dy=0$;

(5) $(y+3)dx+\cot x dy=0$;　　(6) $\tan x\sin^2 y dx+\cos^2 x\cot y dy=0$.

6. 求下列微分方程的通解或特解:

(1) $y^2+x^2=xy\frac{dy}{dx}$, $y(e)=2e$;　　(2) $\frac{dy}{dx}=\frac{y}{x}-\frac{1}{2}\left(\frac{y}{x}\right)^3$, $y(1)=1$;

(3) $\frac{dy}{dx}=\frac{y}{x}+\sec\frac{y}{x}$;　　(4) $\frac{dy}{dx}=\frac{y}{x}+\frac{x}{y}$, $y(1)=2$.

7. 求下列微分方程的通解或特解:

(1) $y'+y\tan x=\cos x$;　　(2) $y'+\frac{1}{x}y+e^x=0$, $y(1)=0$;

(3) $xy'+2y=x\ln x$, $y(1)=-\frac{1}{9}$;　　(4) $y^2dx+(xy-1)dy=0$.

8. 求下列微分方程的通解或特解:

(1) $y''-3y'-4y=0$;　　(2) $y''-y'=0, y|_{x=0}=0$, $y'|_{x=0}=1$;

(3) $y''+8y'+16y=0$;　　(4) $y''+10y'+25y=0$, $y|_{x=0}=0$, $y'|_{x=0}=1$;

(5) $y''+2y'+5y=0$;　　(6) $y''+25y=0$, $y|_{x=0}=2$, $y'|_{x=0}=5$;

(7) $y'''-2y''+y'=0$;　　(8) $y'''-3y''+3y'-y=0$.

9. 求下列微分方程的通解:

(1) $y''+y'=-2x$;　　(2) $y''+4y'+4y=e^{-2x}$;

(3) $y''+2y'-3y=\mathrm{e}^{-3x}$；　　　　(4) $y''-3y'+2y=x\mathrm{e}^{x}$；

(5) $y''-2y'+5y=\mathrm{e}^{x}\cos x$；　　　　(6) $y''+y=\mathrm{e}^{x}+\sin x$.

10. 已知某商品的需求价格弹性 $\varepsilon_{QP}=\dfrac{P}{P-25}$，且该商品的最大需求量为 100，试求需求函数 $Q=\varphi(P)$.

11. 某银行账户以当年余额的 5% 的年利润连续每年盈取利息，假设最初存入的数额为 10000 元，并且这之后没有其他数额存入和取出，给出账户中余额所满足的微分方程，以及存款到第 10 年的余额.

12. 设某产品的制造和销售成本 C 与产量 Q 的关系如下：

$$\frac{\mathrm{d}C}{\mathrm{d}Q}+aC=b+kQ,$$

其中 a,b,k 均为常数. 若当 $Q=0$ 时，$C=0$，求 $C=C(Q)$.

13. 某池塘养鱼，最多能养 1000 条. 鱼数 y 是时间 t 的函数，且变化速度与鱼数 y 及 $1000-y$ 之积成正比. 现已知在该池塘内养鱼 100 条，3 个月后有 250 条，求放养鱼数与时间 t 的函数关系 $y(t)$，并求放养 6 个月后有多少条鱼.

14. 如果国民生产总值 y 与时间 t 有关，且国民生产总值每年的递增率为 10%. 以今年为基数 $t=0$，此时国民生产总值为 y_0，问：几年后能使国民生产总值翻两番？

15. 设 $S=S(t)$ 为 t 时刻的储蓄，$I=I(t)$ 为 t 时刻的投资，$Y=Y(t)$ 为 t 时刻的国民收入. 多马(E. D. Domar)提出下面的宏观经济增长模型：

$$\begin{cases} S(t)=\alpha Y(t), \\ I(t)=\beta\dfrac{\mathrm{d}Y(t)}{\mathrm{d}t}, \\ S(t)=I(t), \\ Y(0)=Y_0, \end{cases}$$

其中 $\alpha>0$ 称为储蓄率，$\beta>0$ 称为加速数，$Y_0>0$ 为初期的国民收入. 求函数 $S(t)$，$Y(t)$，$I(t)$ 的表达式.

16. 已知某商品的需求量 D 与供给量 S 都是价格 P 的函数：

$$D=D(P)=\frac{a}{P^2},\quad S=S(P)=bP,$$

其中 $a>0,b>0$ 为常数，价格 P 是时间 t 的函数，且满足

$$\frac{\mathrm{d}P}{\mathrm{d}t}=k[D(P)-S(P)],\quad k\text{ 为正常数}.$$

假设当 $t=0$ 时，价格为 1，试求：

(1) 需求量等于供给量时的均衡价格 P_e；

(2) 价格函数 $P(t)$；　　　　(3) $\lim\limits_{t\to+\infty}P(t)$.

第十章 差分方程

在经济与管理及其他实际问题中，许多数据都是以等间隔时间周期统计的. 例如，银行中的定期存款按所设定的时间等间隔计息，国民收入按年统计，等等. 通常称它们相应的这类变量为离散型变量. 描述离散型变量之间的关系的数学模型称为离散型模型. 差分方程是研究它们之间变化规律的有效方法.

本章介绍差分方程的基本概念、解的基本定理及其解法以及差分方程在经济中的简单应用.

§10.1 差分方程的基本概念

一、差分

设函数 $y=f(t)$，当自变量 t 取离散的等间隔整数值 $t=0,\pm 1,\pm 2,\cdots$ 时，相应的函数值列为

$$\cdots,\ f(-1),\ f(0),\ f(1),\ \cdots,\ f(t),\ f(t+1),\ \cdots,$$

简记为

$$\cdots,\ y_{-1},\ y_0,\ y_1,\ \cdots,\ y_t,\ y_{t+1},\ \cdots,$$

即 $y_t=f(t)\,(t=0,\pm 1,\pm 2,\cdots)$.

定义 1 设函数 $y_t=f(t)$，当自变量从 t 变到 $t+1$ 时，相应的函数值的改变量

$$\Delta y_t=y_{t+1}-y_t=f(t+1)-f(t)$$

称为函数 $y_t=f(t)$ 在 t 处的**一阶差分**，记做 Δy_t.

按一阶差分的定义，可以定义函数的高阶差分.

定义 2 函数 $y_t=f(t)$ 在 t 处的一阶差分的差分称为函数在 t 处的**二阶差分**，记做 $\Delta^2 y_t$，即

$$\begin{aligned}\Delta^2 y_t &= \Delta(\Delta y_t)=\Delta y_{t+1}-\Delta y_t=(y_{t+2}-y_{t+1})-(y_{t+1}-y_t)\\ &= y_{t+2}-2y_{t+1}+y_t.\end{aligned}$$

依次定义函数 $y_t=f(t)$ 在 t 处的**三阶差分**为

$$\Delta^3 y_t = \Delta(\Delta^2 y_t) = \Delta^2 y_{t+1} - \Delta^2 y_t = \Delta y_{t+2} - 2\Delta y_{t+1} + \Delta y_t$$
$$= y_{t+3} - 3y_{t+2} + 3y_{t+1} - y_t.$$

一般地,函数 $y_t = f(t)$ 在 t 处的 n **阶差分**定义为

$$\Delta^n y_t = \Delta(\Delta^{n-1} y_t) = \Delta^{n-1} y_{t+1} - \Delta^{n-1} y_t.$$

二阶以及二阶以上的差分称为**高阶差分**.

例 1 设函数 $y_t = t^2 + 2t - 3$,求 Δy_t,$\Delta^2 y_t$.

解 $\Delta y_t = y_{t+1} - y_t = [(t+1)^2 + 2(t+1) - 3] - (t^2 + 2t - 3) = 2t + 3$,

$\Delta^2 y_t = \Delta(\Delta y_t) = \Delta y_{t+1} - \Delta y_t = 2(t+1) + 3 - (2t+3) = 2.$

注 二阶差分也可由公式 $\Delta^2 y_t = y_{t+2} - 2y_{t+1} + y_t$ 计算.

二、差分方程

我们介绍最常见的两类差分方程.

例 2(等差数列模型) 公差为 $d = \frac{1}{2}$ 的数列 $\{a_n\}$ 满足

$$a_{n+1} - a_n = \frac{1}{2}, \quad n = 1, 2, \cdots, \tag{1}$$

其通项

$$a_n = a_1 + (n-1)d = a_1 + \frac{1}{2}(n-1), \quad n = 1, 2, \cdots. \tag{2}$$

例 3(等比数列模型) 公比为 $q = -3$ 的数列 $\{a_n\}$ 满足

$$a_{n+1} = -3a_n, \quad n = 1, 2, \cdots, \tag{3}$$

其通项

$$a_n = a_1 q^{n-1} = a_1(-3)^{n-1}, \quad n = 1, 2, \cdots. \tag{4}$$

方程(1),(3)就是差分方程,(2),(4)分别是它们的解.

定义 3 含有自变量、未知函数以及未知函数差分的函数方程,称为**差分方程**.

差分方程中,未知函数最大下标与最小下标之差(或含有差分的最高阶数)称为**差分方程的阶**.

定义 4 n 阶差分方程一般形式是

$$F(t, y_t, \Delta y_t, \Delta^2 y_t, \cdots, \Delta^n y_t) = 0 \tag{5}$$

或

$$F(t, y_t, y_{t+1}, \cdots, y_{t+n}) = 0, \tag{6}$$

其中(5)式中的 $\Delta^n y_t$ 在方程中一定出现,(6)式中的 y_t,y_{t+n} 在方程中一定要出现.

注 在一个差分方程中,由(5)式定义的阶数与将该方程化为(6)的形式后所定义的阶数不一定相同. 例如,差分方程 $\Delta^2 y_t - y_t = 0$ 按(5)式应是二阶差分方程. 由于

$$\Delta^2 y_t = y_{t+2} - 2y_{t+1} + y_t,$$

因此该方程可化为

$$y_{t+2}-2y_{t+1}=0,$$

从而按(6)式定义应为一阶差分方程.所以今后讨论差分方程的阶数按(6)式的定义.

例 4 判断下列差分方程的阶数:

(1) $\Delta^2 y_t-2y_t=3^t$; (2) $y_{t+2}-2y_{t+1}-y_t=3^t$;

(3) $y_t-2y_{t-1}-y_{t-2}=3^{t-2}$; (4) $\Delta^3 y_t+y_t+2^t=0$.

解 方程(1),(2),(3)都是二阶差分方程,实质上是同一差分方程.

方程(4)含有三阶差分 $\Delta^3 y_t$,但可化为

$$y_{t+3}-3y_{t+2}+3y_{t+1}+2^t=0,$$

因此,它是二阶差分方程.

定义 5 若 n 阶差分方程可以表为如下形式:

$$y_{t+n}+a_1(t)y_{t+n-1}+\cdots+a_{n-1}(t)y_{t+1}+a_n(t)y_t=f(t), \tag{7}$$

则称方程(7)为 **n 阶线性差分方程**,其中 $a_1(t),a_2(t),\cdots,a_n(t)$ 和 $f(t)$ 均为自变量是 t 的已知函数,且 $a_n(t)\neq 0$.

当 $f(t)\neq 0$ 时,方程(7)称为 **n 阶非齐次线性差分方程**.

当 $f(t)\equiv 0$ 时,方程(7)成为

$$y_{t+n}+a_1(t)y_{t+n-1}+\cdots+a_{n-1}(t)y_{t+1}+a_n(t)y_t=0, \tag{8}$$

称为 **n 阶齐次线性差分方程**,或称差分方程(7)**对应的齐次方程**.

例如,方程 $y_{t+2}-2y_{t+1}-y_t=3^t$ 是二阶非齐次线性差分方程,而 $y_{t+2}-2y_{t+1}-y_t=0$ 是其对应的齐次方程.

三、差分方程的解

定义 6 任何代入差分方程后使其成为恒等式的函数都称为该差分方程的**解**.

定义 7 若在差分方程的解中,含有与该差分方程的阶数相同的个数且相互独立的任意常数,则称这个解为差分方程的**通解**.

通解中给任意常数以确定值的解称为该差分方程的**特解**.

确定通解中任意常数的条件称为**初始条件**或**定解条件**.

例 5 设差分方程 $y_{t+1}-y_t=2$,验证 $y_t=2t+C$(C 为任意常数)是差分方程的通解,并求满足 $y_0=15$ 的特解.

解 将 $y_t=2t+C$ 代入差分方程,得

$$\text{左边}=2(t+1)+C-(2t+C)=2=\text{右边},$$

所以 $y_t=2t+C$ 是方程的解.该方程是一阶差分方程,且含一个任意常数 C,故 $y_t=2t+C$ 为差分方程的通解.

将 $y_0=15$ 代入,得 $C=15$,即 $y_t=2t+15$ 为所求特解.

注 微分描述变量变化的连续过程，差分描述变量变化的离散过程，两者之间的关系如下：

$$\lim_{\Delta x\to 0}\frac{\Delta y}{\Delta x}=\frac{\mathrm{d}y}{\mathrm{d}x}\Leftrightarrow\frac{\Delta y}{\Delta x}\approx\frac{\mathrm{d}y}{\mathrm{d}x}$$

$$\Leftrightarrow\frac{\Delta y}{\Delta x}=\frac{f(t+1)-f(t)}{(t+1)-t}=f(t+1)-f(t)=\Delta y_t\approx\frac{\mathrm{d}y}{\mathrm{d}x}.$$

所以，差分方程与微分方程在概念、解的结构及求解方法等很多方面均相似. 下面以二阶常系数线性差分方程为例讲述差分方程解的结构定理.

定义 8 形如

$$y_{t+2}+ay_{t+1}+by_t=f(t) \tag{9}$$

的差分方程称为**二阶常系数线性差分方程**，其中 a,b 为常数，且 $b\neq 0$，$f(t)$为 t 的已知函数.

当 $f(t)\neq 0$ 时，差分方程(9)又称为**二阶常系数非齐次线性差分方程**.

当 $f(t)\equiv 0$ 时，差分方程(9)成为

$$y_{t+2}+ay_{t+1}+by_t=0, \tag{10}$$

称为**二阶常系数齐次线性差分方程**或称差分方程(9)**对应的齐次方程**.

定理 1 若函数 $y_1(t)$，$y_2(t)$是二阶齐次线性差分方程(10)的解，则

$$y(t)=C_1y_1(t)+C_2y_2(t)$$

也是该差分方程的解，其中 C_1，C_2 为任意常数.

定理 2(齐次线性差分方程解的结构定理) 若函数 $y_1(t)$，$y_2(t)$是二阶齐次线性差分方程(10)的线性无关特解，则

$$y(t)=C_1y_1(t)+C_2y_2(t)$$

是该方程的通解，其中 C_1，C_2 为任意常数.

定理 3(非齐次线性差分方程解的结构定理) 若 $y^*(t)$是二阶非齐次线性差分方程(9)的一个特解，$Y(t)$是齐次线性差分方程(10)的通解，则差分方程(9)的通解为

$$y_t=Y(t)+y^*(t).$$

定理 4(解的叠加原理) 若函数 $y_1^*(t)$，$y_2^*(t)$分别是二阶非齐次线性差分方程

$$y_{t+2}+a(t)y_{t+1}+b(t)y_t=f_1(t)$$

与

$$y_{t+2}+a(t)y_{t+1}+b(t)y_t=f_2(t)$$

的特解，则

$$y_1^*(t)+y_2^*(t)$$

是差分方程

$$y_{t+2}+a(t)y_{t+1}+b(t)y_t=f_1(t)+f_2(t)$$

的特解.

注 上述解的结构定理,可推广到任意阶线性差分方程.

习 题 10.1

1. 求下列函数的一阶、二阶差分:

(1) $y_t=t^2+1$; (2) $y_t=t^2-2t$; (3) $y_t=3^t$; (4) $y_t=a^t$.

2. 改写下列差分方程,并指出其阶数:

(1) $\Delta^2 y_t-3y_t=5$; (2) $\Delta^3 y_t-3\Delta y_t-2y_t=3$;

(3) $\Delta^2 y_t+2\Delta y_t+3y_t=t^2$; (4) $\Delta^2 y_t-2y_t=3^t$.

§10.2 一阶常系数线性差分方程

定义 形如

$$y_{t+1}+ay_t=f(t) \tag{1}$$

的差分方程称为**一阶常系数线性差分方程**,其中常数 $a\neq 0$,$f(t)$为 t 的已知函数.

当 $f(t)\neq 0$ 时,差分方程(1)称为**一阶常系数非齐次线性差分方程**;

当 $f(t)\equiv 0$ 时,差分方程(1)成为

$$y_{t+1}+ay_t=0, \tag{2}$$

称为**一阶常系数齐次线性差分方程**或差分方程(1)对应的**齐次方程**.

一、一阶常系数齐次线性差分方程

由 $y_{t+1}+ay_t=0$ 得

$$\begin{aligned}&y_1=(-a)y_0,\\&y_2=(-a)y_1=(-a)^2y_0,\\&y_3=(-a)y_2=(-a)^3y_0,\\&\cdots\cdots\\&y_t=(-a)y_{t-1}=(-a)^ty_0.\end{aligned}$$

设 $y_0=C$ 为任意常数,则方程(2)的通解为

$$y_t=C(-a)^t.$$

注 差分方程(2)的通解实质是公比为 $q=-a$ 的等比数列通项

$$y_t=y_0q^t=C(-a)^t.$$

特别地,当 $a=-1$ 时,差分方程(2)的通解为

$$y_t=C \quad (C\text{ 为任意常数}).$$

例 1 求差分方程 $y_{t+1}+2y_t=0$ 的通解.

解 由于 $a=2$,所以差分方程的通解为

$$y_t=C(-2)^t \quad (C\text{为任意常数}).$$

例 2 求差分方程 $5y_{t+1}-y_t=0$ 的通解.

解 差分方程变形为 $y_{t+1}-\frac{1}{5}y_t=0$. 由于 $a=-\frac{1}{5}$,所以差分方程的通解为

$$y_t=C\left(\frac{1}{5}\right)^t \quad (C\text{为任意常数}).$$

二、一阶常系数非齐次线性差分方程

求一阶常系数非齐次线性差分方程通解的步骤如下:

(1) 求出对应齐次方程 $y_{t+1}+ay_t=0$ 的通解 $Y(t)$;

(2) 求出非齐次方程 $y_{t+1}+ay_t=f(t)$的一个特解 $y^*(t)$;

(3) 写出非齐次方程 $y_{t+1}+ay_t=f(t)$的通解 $y_t=Y+y^*$.

可见,求一阶常系数非齐次线性差分方程通解的关键是确定其特解 $y^*(t)$.

下面我们介绍常见两种类型的求特解的方法.

1. $f(x)=P_n(t)$型

这里要求 $f(x)$表达式中的 $P_n(t)$为 n 次多项式. 下表列出了方程 $y_{t+1}+ay_t=P_n(t)$的特解形式,其中 $Q_n(t)$为待定且与 $P_n(t)$同次的多项式:

系数 a	参数 k	特解形式 $y^*(t)=t^kQ_n(t)$
$a\neq-1$	$k=0$	$y^*(t)=Q_n(t)$
$a=-1$	$k=1$	$y^*(t)=tQ_n(t)$

例 3 写出下列差分方程的特解形式:

(1) $y_{t+1}-2y_t=1+t^2$;　　(2) $y_{t+1}-y_t=3+t$;　　(3) $2y_{t+1}+y_t=2+t$.

解 (1) 由于 $a=-2\neq-1$,$P_2(t)=1+t^2$ 为二次多项式,故特解设为

$$y^*(t)=At^2+Bt+D.$$

(2) 由于 $a=-1$,$P_1(t)=3+t$ 为一次多项式,故特解设为

$$y^*(t)=t(At+B).$$

(3) 差分方程可化为 $y_{t+1}+\frac{1}{2}y_t=1+\frac{1}{2}t$. 由于 $a=\frac{1}{2}\neq-1$,$P_1(t)=1+\frac{t}{2}$为一次多项式,故特解设为

$$y^*(t)=At+B.$$

例 4 求差分方程 $y_{t+1}-2y_t=2t^2-1$ 的通解.

解 由于 $a=-2\neq-1$,所以对应的齐次差分方程的通解为

$$Y(t)=C2^t \quad (C\text{为任意常数}).$$

又由于 $P_2(t)=2t^2-1$ 为二次多项式,因此原非齐次差分方程的特解为

$$y^*(t)=a_0t^2+a_1t+a_2.$$

代入原差分方程，得

$$-a_0t^2+(2a_0-a_1)t+(a_0+a_1-a_2)=2t^2-1.$$

比较系数，得 $a_0=-2,\quad a_1=-4,\quad a_2=-5,$

故特解为 $y^*(t)=-2t^2-4t-5,$

于是，原差分方程的通解为

$$y_t=Y+y^*=C2^t-2t^2-4t-5\quad (C\text{ 为任意常数}).$$

2. $f(x)=bd^t$ 型

这里要求 $f(x)$ 表达式中的 b,d 为非零常数. 下表列出了方程 $y_{t+1}+ay_t=bd^t$ 的特解形式：

系数 a	参数 k	特解形式 $y^*(t)=t^kAd^t$
$a\neq -d$	$k=0$	$y^*(t)=Ad^t$
$a=-d$	$k=1$	$y^*(t)=tAd^t$

例 5 写出下列差分方程的特解形式：

(1) $y_{t+1}+2y_t=3\cdot 2^t$； (2) $y_{t+1}-2y_t=2^t$； (3) $3y_{t+1}-y_t=3^t$.

解 (1) 由于 $a=2\neq -d$，故特解设为 $y^*(t)=A2^t$.

(2) 由于 $a=-2=-d$，故特解设为 $y^*(t)=At2^t$.

(3) 差分方程可化为 $y_{t+1}-\frac{1}{3}y_t=3^{t-1}$. 由于 $a=-\frac{1}{3}\neq -d$，故特解设为 $y^*(t)=A3^t$.

例 6 求差分方程 $y_{t+1}+y_t=2^t$ 的通解.

解 对应的齐次差分方程的通解为

$$Y(t)=C(-1)^t\quad (C\text{ 为任意常数}).$$

由于 $a=1\neq -d$，故设非齐次差分方程特解为

$$y^*(t)=A2^t.$$

代入原差分方程，得 $A2^{t+1}+A2^t=2^t.$

比较系数，得 $A=\frac{1}{3}$，故特解为

$$y^*(t)=\frac{1}{3}\cdot 2^t.$$

于是，原差分方程的通解为

$$y_t=Y+y^*=C(-1)^t+\frac{1}{3}\cdot 2^t\quad (C\text{ 为任意常数}).$$

例 7 求差分方程 $y_{t+1}+2y_t=3\cdot 2^t$ 满足 $y_0=4$ 的特解.

解 对应的齐次差分方程的通解为

$$Y(t)=C(-2)^t.$$

已知 $a=2\neq -d$，所以设非齐次差分方程的特解设为

$$y^*(t)=A2^t.$$

代入原方程，得

$$A2^{t+1}+2A2^t=3\cdot 2^t.$$

比较系数，得 $A=\frac{3}{4}$，故特解为

$$y^*(t)=\frac{3}{4}\cdot 2^t.$$

于是，原差分方程的通解为

$$y_t=Y+y^*=C(-2)^t+\frac{3}{4}\cdot 2^t \quad (C\text{为任意常数}).$$

由 $y_0=4$，得 $C=\frac{13}{4}$，故所求特解为

$$y_t=\frac{13}{4}(-2)^t+\frac{3}{4}\cdot 2^t.$$

习　题　10.2

求下列差分方程的通解或特解：

(1) $y_{t+1}-3y_t=-2$；

(2) $y_{t+1}-y_t=3+2t$；

(3) $2y_{t+1}-y_t=2+t^2$；

(4) $y_{t+1}-y_t=2^t$；

(5) $y_{t+1}-4y_t=4^t$；

(6) $y_{t+1}-y_t=t2^t$；

(7) $2y_{t+1}-y_t=2+t$，$y_0=4$；

(8) $y_{t+1}+y_t=2^t$，$y_0=2$.

§10.3　二阶常系数线性差分方程

二阶常系数非齐次线性差分方程的一般形式为

$$y_{t+2}+ay_{t+1}+by_t=f(t), \tag{1}$$

其中 a,b 为常数，且 $b\neq 0$，$f(t)$ 为 t 的已知函数，其对应的齐次方程为

$$y_{t+2}+ay_{t+1}+by_t=0. \tag{2}$$

一、二阶常系数齐次线性差分方程

由解的结构定理知，求解差分方程(2)的关键是找它的两个线性无关的特解. 显然 $y_t=\lambda^t$ 符合差分方程(2)的系数特点，将其代入差分方程(2)，有

$$\lambda^t(\lambda^2+a\lambda+b)=0.$$

因为 $\lambda^t\neq 0$，所以

$$\lambda^2 + a\lambda + b = 0. \tag{3}$$

定义 方程(3)称为差分方程(2)的**特征方程**,特征方程的根称为**特征根**.

可见,$y_t = \lambda^t$ 是差分方程(2)的解的充分必要条件是 λ 为其特征根.

与微分方程类似,我们给出二阶常系数齐次线性差分方程(2)的求解步骤:

(1) 写出它的特征方程 $\lambda^2 + a\lambda + b = 0$;

(2) 求出特征方程的两个特征根 λ_1, λ_2;

(3) 根据下表,写出微分方程(2)的通解:

特征根 λ_1, λ_2	通解形式
$\lambda_1 \neq \lambda_2$	$y_t = C_1\lambda_1^t + C_2\lambda_2^t$
$\lambda_1 = \lambda_2 = \lambda$	$y_t = (C_1 + C_2 t)\lambda^t$
$\lambda_{1,2} = \alpha \pm \mathrm{i}\beta$	$y_t = r^t (C_1 \cos\omega t + C_2 \sin\omega t)$ (其中 $r = \sqrt{b} = \sqrt{\alpha^2 + \beta^2}$, $\omega = \arctan(\beta/\alpha) \in (0, \pi)$;当 $\alpha = 0$ 时,$\omega = \pi/2$)

例 1 求差分方程 $y_{t+2} + y_{t+1} - 2y_t = 0$ 的通解.

解 特征方程为

$$\lambda^2 + \lambda - 2 = 0,$$

特征根为

$$\lambda_1 = -2, \quad \lambda_2 = 1,$$

则该差分方程通解为

$$y_t = C_1(-2)^t + C_2 \quad (C_1, C_2 \text{ 为任意常数}).$$

例 2 求差分方程 $y_{t+2} - 6y_{t+1} + 9y_t = 0$ 的通解.

解 特征方程为

$$\lambda^2 - 6\lambda + 9 = 0,$$

特征根为

$$\lambda_1 = \lambda_2 = 3,$$

则该差分方程通解为

$$y_t = (C_1 + C_2 t)3^t \quad (C_1, C_2 \text{ 为任意常数}).$$

例 3 求差分方程 $y_{t+2} - 4y_{t+1} + 16y_t = 0$ 的通解.

解 特征方程为

$$\lambda^2 - 4\lambda + 16 = 0,$$

特征根为

$$\lambda_{1,2} = 2 \pm 2\sqrt{3}\mathrm{i},$$

则令

$$r = \sqrt{b} = \sqrt{16} = 4,$$

由

$$\tan\omega = \frac{\beta}{\alpha} = \frac{2\sqrt{3}}{2} = \sqrt{3}, \quad \text{得} \quad \omega = \frac{\pi}{3},$$

所以原差分方程的通解为

$$y_t=4^t\left(C_1\cos\frac{\pi}{3}t+C_2\sin\frac{\pi}{3}t\right)\quad(C_1,C_2\text{ 为任意常数}).$$

二、二阶常系数非齐次线性差分方程

下面我们给出二阶常系数非齐次线性差分方程的求解步骤:

(1) 求出对应齐次差分方程 $y_{t+2}+ay_{t+1}+by_t=0$ 的通解 $Y(t)$;

(2) 求出非齐次差分方程 $y_{t+2}+ay_{t+1}+by_t=0=f(t)$的一个特解 $y^*(t)$;

(3) 写出非齐次差分方程 $y_{t+2}+ay_{t+1}+by_t=0=f(t)$的通解 $y_t=Y+y^*$.

同样,求二阶常系数非齐次线性差分方程通解的关键是确定其特解 $y^*(t)$的形式.常见特解的形式如下表所示,表中 $Q_n(t)$为待定且与 $P_n(t)$同次的多项式:

$f(t)$的形式	确定特解的条件	特解 $y^*(t)$的形式
$d^tP_n(t)$ $(d>0)$ $P_n(t)$是 n 次多项式	d 不是特征根 d 是单特征根 d 是 k $(k\geqslant 2)$重特征根	$d^tQ_n(t)$ $d^ttQ_n(t)$ $d^tt^kQ_n(t)$
$d^t(a\cos\theta t+b\sin\theta t)(d>0)$ 令 $\delta=d(\cos\theta t+i\sin\theta t)$	δ 不是特征根 δ 是单特征根 δ 是 k $(k\geqslant 2)$重特征根	$d^t(A\cos\theta t+B\sin\theta t)$ $d^tt(A\cos\theta t+B\sin\theta t)$ $d^tt^k(A\cos\theta t+B\sin\theta t)$

注 该表也适用于高阶常系数非齐次线性差分方程求特解.

例 4 求差分方程 $y_{t+2}-y_{t+1}-6y_t=3^t(2t+1)$的通解.

解 特征方程为

$$\lambda^2-\lambda-6=0,$$

特征根为
$$\lambda_1=-2,\quad \lambda_2=3,$$

故对应的齐次差分方程通解为

$$Y_t=C_1(-2)^t+C_2 3^t\quad(C_1,C_2\text{ 为任意常数}).$$

又由于 $f(t)=3^t(2t+1)$,其中 $d=3$ 是单根,$P_1(t)=2t+1$ 为一次多项式,故设特解为

$$y^*(t)=3^tt(a_0t+a_1).$$

代入原差分方程,化简得

$$(30a_0t+15a_1+33a_0)3^t=3^t(2t+1).$$

比较系数,得
$$a_1=-\frac{2}{25},\quad a_0=\frac{1}{15},$$

从而特解为
$$y^*(t)=3^tt\left(\frac{1}{15}t-\frac{2}{25}\right).$$

故所求的通解为

$$y_t=Y+y^*=C_1(-2)^t+C_2 3^t+3^tt\left(\frac{1}{15}t-\frac{2}{25}\right)\quad(C_1,C_2\text{ 为任意常数}).$$

例 5 求差分方程 $y_{t+2}-6y_{t+1}+9y_t=3^t$ 的通解.

解 特征方程为

$$\lambda^2-6\lambda+9=0,$$

特征根为
$$\lambda_1=\lambda_2=3,$$

故对应的齐次方程通解为

$$Y_t=(C_1+C_2t)3^t \quad (C_1, C_2 \text{ 为任意常数}),$$

又由于 $f(t)=3^t$，其中 $d=3$ 为二重根，故设特解为

$$y^*(t)=At^2 3^t.$$

将其代入差分方程，得

$$A(t+2)^2 3^{t+2}-6A(t+1)^2 3^{t+1}+9At^2 3^t=3^t,$$

解得 $A=\frac{1}{18}$，于是特解为

$$y^*(t)=\frac{1}{18}t^2 3^t.$$

故所求的通解为

$$y_t=Y+y^*=(C_1+C_2t)3^t+\frac{1}{18}t^2 3^t \quad (C_1, C_2 \text{ 为任意常数}).$$

例 6 求差分方程 $y_{t+2}-3y_{t+1}+3y_t=5$ 满足初值条件 $y_0=5, y_1=8$ 的特解.

解 特征方程为

$$\lambda^2-3\lambda+3=0,$$

特征根为
$$\lambda_{1,2}=\frac{3}{2}\pm\frac{\sqrt{3}}{2}\mathrm{i}.$$

因为 $r=\sqrt{3}$，由 $\tan\omega=\frac{\sqrt{3}}{3}$，得 $\omega=\frac{\pi}{6}$，所以齐次差分方程的通解为

$$Y_t=(\sqrt{3})^t\left(C_1\cos\frac{\pi}{6}t+C_2\sin\frac{\pi}{6}t\right).$$

又由于 $f(t)=5$，其中 $d=1$ 不是特征根，故设特解为

$$y^*(t)=A.$$

将其代入差分方程，得

$$A-3A+3A=5, \quad \text{解出} \quad A=5,$$

于是特解为

$$y^*(t)=5.$$

所以原方程的通解为

$$y(t)=(\sqrt{3})^t\left(C_1\cos\frac{\pi}{6}t+C_2\sin\frac{\pi}{6}t\right)+5,$$

将 $y_0=5, y_1=8$ 分别代入上式，解得

$$C_1=0, \quad C_2=2\sqrt{3},$$

故所求的特解为

$$y^*(t)=2(\sqrt{3})^{t+1}\sin\frac{\pi}{6}t+5.$$

习 题 10.3

1. 求下列差分方程的通解：

(1) $y_{t+2}-y_{t+1}-2y_t=0$；

(2) $y_{t+2}+2y_{t+1}-15y_t=0$；

(3) $4y_{t+2}-4y_{t+1}+y_t=0$；

(4) $y_{t+2}-2y_{t+1}+y_t=0$；

(5) $y_{t+2}-2y_{t+1}+2y_t=0$；

(6) $y_{t+2}+\frac{1}{9}y_t=0$.

2. 求下列差分方程的通解或特解：

(1) $y_{t+2}+y_{t+1}-2y_t=12$，$y_0=1, y_1=1$；

(2) $y_{t+2}+3y_{t+1}-4y_t=3t$；

(3) $y_{t+2}-2y_{t+1}+y_t=4$，$y_0=1, y_1=5$；

(4) $y_{t+2}-4y_{t+1}+4y_t=3+t$；

(5) $y_{t+2}+y_t=t+1$，$y_0=1, y_1=1$；

(6) $y_{t+2}+5y_{t+1}+4y_t=t$.

§10.4 差分方程在经济学中的应用

一、筹措教育经费模型

某家庭从现在起，从每月工资中拿出一部分资金存入银行，用于投资子女的教育，并计划 20 年后开始从投资账户中每月支取 1000 元，支取 10 年后子女大学毕业用完全部资金. 要实现这个投资目标，20 年内共要筹措多少资金？每月要向银行存入多少钱？假设投资的月利率为 0.5%.

设第 t 个月投资账户资金为 S_t 元，则第 $t+1$ 个月后本利和 $S_{t+1}=(1+0.005)S_t$. 又设每月存入资金为 a 元. 于是，20 年后关于 S_t 的差分方程模型为

$$S_{t+1}=1.005S_t-1000, \tag{1}$$

并且 $S_{120}=0, S_0=x$，其中 x 表示 20 年内共要筹措的资金数.

解差分方程(1)，得通解

$$S_t=C\cdot 1.005^t-\frac{1000}{1-1.005}=C\cdot 1.005^t+200000.$$

由 $S_{120}=0$ 得

$$S_{120}=C\cdot 1.005^{120}+200000=0,$$

因此 $C=-\frac{200000}{1.005^{120}}$. 又由 $S_0=x$ 有

$$S_0=C+200000=x,$$

从而有

$$x=200000-\frac{200000}{1.005^{120}}=90073.45.$$

从现在到 20 年内，S_t 满足的差分方程为

$$S_{t+1}=1.005S_t+a, \tag{2}$$

且 $S_0=0, S_{240}=90073.45$.

解差分方程(2)，得通解

$$S_t=C\cdot 1.005^t+\frac{a}{1-1.005}=C\cdot 1.005^t-200a,$$

以及

$$\begin{aligned} S_{240} &= C\cdot 1.005^{240}-200a=90073.45, \\ S_0 &= C-200a=0, \end{aligned}$$

从而有

$$a=194.95,$$

即要达到投资目标，20 年内要筹措资金 90073.45 元，平均每月要存入银行 194.95 元.

二、哈罗德投资模型

设 Y_t, S_t, I_t 分别为 t 期的国民收入、储蓄与投资，哈罗德(R. H. Harrod)提出了如下的宏观经济增长模型：

$$\begin{cases} S_t=\alpha Y_{t-1}, \\ I_t=\beta(Y_t-Y_{t-1}), \\ S_t=I_t, \\ Y(0)=Y_0, \end{cases} \tag{3}$$

其中 α, β 为正常数，称 α 为边际储蓄倾向，称 β 为加速数，Y_0 为初期的国民收入.

消去模型(3)中的 S_t 和 I_t 可得

$$\begin{cases} \beta Y_t=(\alpha+\beta)Y_{t-1} \\ Y(0)=Y_0 \end{cases} \quad (t=1,2,\cdots),$$

其通解为

$$Y_t=\left(1+\frac{\alpha}{\beta}\right)^t Y_0 \quad (t=0,1,2,\cdots).$$

从而

$$S_t=I_t=\alpha Y_{t-1}=\alpha\left(1+\frac{\alpha}{\beta}\right)^{t-1}Y_0 \quad (t=1,2,\cdots).$$

由于

$$S_1=\alpha Y_0,\quad I_1=\alpha Y_0,$$

因此

$$S_t=\left(1+\frac{\alpha}{\beta}\right)^{t-1}S_1 \quad (t=1,2,\cdots),$$

$$I_t=\left(1+\frac{\alpha}{\beta}\right)^{t-1}I_1 \quad (t=1,2,\cdots).$$

复 习 题 十

1. 填空题：

(1) 设函数 $y_t=\frac{1}{t}$,则 $\Delta y_t=$__________；

(2) 设函数 $y_t=\frac{1}{2}e^t$,则 $\Delta^2 y_t=$__________；

(3) 差分方程 $\Delta^2 y_t+2\Delta y_t=5$ 的阶数为__________；

(4) 差分方程 $\Delta^3 y_t-3\Delta y_t-y_t=3$ 的阶数为__________.

2. 求下列差分方程的通解或特解：

(1) $y_{t+1}+3y_t=2t$；

(2) $y_{t+1}-2y_t=t^2+1$；

(3) $2y_{t+1}+10y_t-5t=0$；

(4) $y_{t+1}-y_t=\frac{3^t}{2}$, $y_0=1$；

(5) $y_{t+1}+2y_t=2^t$, $y_0=\frac{3}{4}$；

(6) $2y_{t+1}-y_t=3\left(\frac{1}{2}\right)^t$.

3. 求下列差分方程的通解：

(1) $y_{t+2}+2y_{t+1}-3y_t=0$；

(2) $y_{t+2}+10y_{t+1}+25y_t=0$；

(3) $y_{t+2}-y_{t+1}+y_t=0$；

(4) $y_{t+2}-3y_{t+1}+2y_t=4$；

(5) $y_{t+2}-2y_{t+1}+y_t=8$；

(6) $y_{t+2}-2y_{t+1}+2y_t=3\cdot 5^t$.

4. 某公司每年的工资总额在比上一年增加 20% 的基础上再追加 2 百万元，若以 W_t 表示第 t 年的工资总额(单位：百万元)，求 W_t 满足的差分方程.

习题参考答案与提示

习　题　1.1

1. (1) $(0,1)\cup(1,2]$； (2) $[-2,0)$； (3) $[1,5]$； (4) $(2k\pi,2k\pi+\pi),k\in\mathbf{Z}$.　　**2.** (1) 9； (2) 1.

3. $f(x-1)=\begin{cases}x^2-2x+2, & x\geqslant 2,\\ 2x-2, & x<2.\end{cases}$　　**4.** $f(x)=\dfrac{1+x}{1-x},x\neq 1,x\neq\dfrac{1}{2}$.

***5.** $f(g(x))=1,x\in(-\infty,+\infty)$； $g(f(x))=\begin{cases}\mathrm{e}, & x>0,\\ 1, & x=0,\\ \mathrm{e}^{-1}, & x<0;\end{cases}$　$f(f(x))=\begin{cases}1, & x>0,\\ 0, & x=0,\\ -1, & x<0;\end{cases}$

$g(g(x))=\mathrm{e}^{\mathrm{e}^x},x\in(-\infty,+\infty)$.

6. (1) $y=\ln u,u=\sin v,v=\sqrt{x}$； (2) $y=\mathrm{e}^u,u=v^2,v=\cos w,w=\dfrac{1}{x}$； (3) $y=\mathrm{e}^u,u=v^2,v=\ln x$.

习　题　1.2

1. (1) 2； (2) $\dfrac{1}{2}$； (3) 2； (4) 3； (5) $\dfrac{3}{2}$； (6) $\dfrac{1}{3}$.　　**2.** (1) 1； (2) $\dfrac{1}{2}$； (3) 0； (4) A_1.

3. (2) **提示**　$x_n=\dfrac{1}{1^2}+\dfrac{1}{2^2}+\cdots+\dfrac{1}{n^2}<\dfrac{1}{1^2}+\dfrac{1}{1\cdot 2}+\cdots+\dfrac{1}{(n-1)n}<2$.

习　题　1.3

1. 1.　　**2.** (1) 1,1,1； (2) $1,-1,\lim\limits_{x\to 1}f(x)$不存在.

3. (1) $\dfrac{1}{2},\dfrac{3}{2}$； (2) $\dfrac{1}{8}$； (3) $\dfrac{3}{2}$； (4) -2； (5) -3； (6) 1； (7) $\dfrac{1}{2}$； (8) 2； (9) 0.

4. (1) 3； (2) $\dfrac{\alpha}{\beta}$； (3) 1； (4) $\sqrt{2}$； (5) $\dfrac{1}{2}$； (6) 1； (7) $\cos a$； (8) $-\sin a$.

5. (1) e^{-3}； (2) e^{-1}； (3) e^{-1}； (4) e； (5) e^{-2}； (6) 1.　　**6.** 1.

7. 当$x\to\infty$时，$\sin x$和$\cos x$在$1,-1$之间无限次振荡，不会趋于任何一个常数.

当$x\to 0$时，$\sin\dfrac{1}{x}$和$\cos\dfrac{1}{x}$情况一样.

习　题　1.4

1. (1) 2； (2) 2； (3) $\dfrac{1}{2}$； (4) e^2； (5) $\ln a$； (6) $\ln\dfrac{a}{b}$.　　**2.** 1,1.　　**3.** 2.　　**4.** -4.

习　题　1.5

1. (1) $a=-1$； (2) a为任意实数.　　**2.** 连续区间为$(-\infty,-1),(-1,1),(1,+\infty)$；间断点为$x=\pm 1$.

3. (1) $x=0$,属于第二类间断点. (2) $x=0$,属于第一类间断点(可去间断点).
(3) $x=0$,属于第一类间断点(跳跃间断点).
(4) $x=0$,属于第一类间断点(跳跃间断点);$x=1$,属于第一类间断点(可去间断点);$x=-1$,属于第二类间断点(无穷间断点).

复 习 题 一

1. $f(x+a)$的定义域为$[-a,1-a]$.
当$|a|>1$时,$f(x)+f(x+a)$的定义域为空集;当$0\leqslant a\leqslant 1$时,$f(x)+f(x+a)$的定义域为$[0,1-a]$;当$-1\leqslant a\leqslant 0$时,$f(x)+f(x+a)$的定义域为$[-a,1]$.

2. $g(x)=\sqrt{\ln(1-x)}$,$x\leqslant 0$.

3. (1) $f(x)=2^{\ln x}(\ln^2 x-1)$,$x>0$; (2) $\frac{1}{2}\ln a$; (3) 2;
(4) $a=1,A=3$; (5) $(-\infty,1)\cup(1,+\infty)$; (6) $-1,4$.

4. $a=0,b=\mathrm{e}$.

5. (1) -2. (2) 2. (3) 2/3. (4) 1. **提示** 考虑在$x=0$处的左、右极限.
(5) $\pi/3$. (6) 3. **提示** 分子分母同时除以x. (7) 0. (8) 0.
(9) $\frac{3}{2}$. (10) $\ln\frac{3}{2}$. (11) 0. (12) e^2. (13) e^{-2}.

习 题 2.1

1. (1) $\bar{v}=\frac{\Delta s}{\Delta t}=\frac{s(t+\Delta t)-s(t)}{\Delta t}$, $v=\lim\limits_{\Delta t\to 0}\frac{\Delta s}{\Delta t}=\lim\limits_{\Delta t\to 0}\frac{s(t+\Delta t)-s(t)}{\Delta t}=s'(t)$;
(2) $\bar{v}=\frac{\Delta s}{\Delta t}=\frac{s(t+\Delta t)-s(t)}{\Delta t}=9+2\Delta t$, $v=9$. **2.** (1) $2x,2x_0,0,-2,\frac{4}{3}$; (2) $\frac{1}{2}$.

4. $y=\frac{1}{2}x+\frac{1}{2}$;$y=-2x+3$. **5.** (1) $-f'(x_0)$; (2) $2f'(x_0)$; (3) $3f'(x_0)$.

6. (B). **7.** (1) $-\frac{3}{16}$; (2) $9\ln 3$. **8.** (1) 连续且可导 $f'(0)=0$; (2) 连续且可导.

9. (1) $a=b=\mathrm{e}$; (2) $a=2,b=-1$.

习 题 2.2

1. (1) $4x^3-\frac{15}{x^4}+\frac{2}{x^2}+\frac{1}{2\sqrt{x}}$; (2) $15x^4-2^x\ln 2+2\mathrm{e}^x$; (3) $\frac{7}{8}x^{-\frac{1}{8}}$; (4) $-3\csc^2 x+\tan x\sec x$;
(5) $x^2(3\ln x+1)$; (6) $2\mathrm{e}^x(\cos x-\sin x)$; (7) $\frac{1-\ln x}{x^2}$; (8) $\frac{\mathrm{e}^x(x-2)}{x^3}$;
(9) $3^x(\ln 3\ln x\cos x+\frac{1}{x}\cos x-\ln x\sin x)$; (10) $\frac{-2}{x(1+\ln x)^2}$.

2. (1) $\frac{29}{5}$; (2) $1+\frac{\pi}{2}+\frac{\sqrt{2}}{6}$. **3.** 切线方程为$2x-y=0$;法线方程为$x+2y=0$.

4. (1) $20(2x+3)^9$； (2) $4\sin(3-4x)$； (3) $-\frac{1}{x^2}\cos\frac{1}{x}e^{\sin\frac{1}{x}}$； (4) $\frac{x}{1+x^2}$； (5) $-\sin 2x$；

(6) $\frac{x\sec^2 x+\sin x\sec^2 x-\tan x-\sin x}{(x+\sin x)^2}$； (7) $\frac{a^x\ln a}{1+a^{2x}}$； (8) $\frac{2\arcsin x}{\sqrt{1-x^2}}$； (9) $\frac{1}{x\ln x\ln\ln x}$； (10) $-\frac{2}{\sqrt{1+x^2}}$.

5. (1) $1-\frac{1}{2\sqrt{x}}$； (2) $-\sin x-\cos x$； (3) $\frac{e^{\arctan\sqrt{x}}}{2\sqrt{x}(1+x)}$； (4) $\frac{\cos x}{2\sqrt{\sin x-\sin^2 x}}$；

(5) $\frac{|x|}{x^2\sqrt{x^2-1}}$； (6) $\arctan\sqrt{x}+\frac{\sqrt{x}}{2(1+x)}$； (7) $\frac{1}{\sqrt{a^2+x^2}}$； (8) $-\frac{1}{2x\sqrt{x^2-1}}$；

(9) $\sec x$； (10) $2\sqrt{a^2-x^2}$； (11) $2(x+1)5^{x^2+2x}\cdot\ln 5$； (12) $\frac{1}{1+e^x}$；

(13) $\frac{2\sqrt{x}+1}{4\sqrt{x}\sqrt{x+\sqrt{x}}}$； (14) $x^{\frac{1}{x}}\left(\frac{1-\ln x}{x^2}\right)$； (15) $x^{\ln x-1}\ln x^2$ (16) $\frac{2a^3}{x^4-a^4}$.

6. (1) $\frac{1}{2\sqrt{x}}f'(1+\sqrt{x})$； (2) $e^{f(x)}[e^x f'(e^x)+f'(x)f(e^x)]$； (3) $\frac{3f'(3x)}{1+f^2(3x)}$； (4) $\frac{2f'(x)f(x)}{1+f^2(x)}$.

习 题 2.3

1. (1) $-\frac{2(1+x^2)}{(1-x^2)^2}$； (2) $e^{-x}(4\sin 2x-3\cos 2x)$； (3) $e^{\sin x}(\cos^2 x-\sin x)$； (4) $2\arctan x+\frac{2x}{1+x^2}$；

(5) $\frac{-x}{\sqrt{(1+x^2)^3}}$； (6) $\frac{4}{(1+x)^3}$； (7) $2xe^{x^2}(3+2x^2)$； (8) $\frac{6\ln x-5}{x^4}$.

2. (1) 6×10^3； (2) $44e^4$.

3. (1) $2[f'(x^2)+2x^2 f''(x^2)]$； (2) $\frac{f''(x)f(x)-[f'(x)]^2}{[f(x)]^2}$； (3) $\frac{2}{x^3}f'\left(\frac{1}{x}\right)+\frac{1}{x^4}f''\left(\frac{1}{x}\right)$.

5. (1) $2^{n-1}\sin[2x+(n-1)\frac{\pi}{2}]$； (2) $a^x(\ln a)^n$； (3) $(-1)^n\frac{n-2!}{x^{n-1}}(n\geqslant 2)$； (4) $e^x(x+n)$.

习 题 2.4

1. (1) $\frac{2x-y}{x-2y}$； (2) $-\frac{\sin(x+y)}{1+\sin(x+y)}$； (3) $\frac{y-e^{x+y}}{e^{x+y}-x}$； (4) $\frac{y^2-xy\ln y}{x^2-xy\ln x}$.

2. (1) 切线方程为 $x+y-\frac{\sqrt{2}}{2}a=0$,法线方程为 $x-y=0$；

(2) 切线方程为 $x+4y+2=0$,法线方程为 $4x-y-9=0$.

3. (1) $-\frac{b}{a}\cot t$； (2) $1-\frac{1}{2t}$； (3) $\frac{2t}{t^2-1}$.

4. (1) $-\frac{b^4}{a^2y^3}$； (2) $-\frac{2(x^2+y^2)}{(x+y)^3}$. **5.** (1) $-\csc^3 t$； (2) $\frac{1}{t^3}$； (3) $\frac{1}{f''(t)}$.

6. (1) $2\sqrt{2}x+y-2=0$, $\sqrt{2}x-4y-1=0$； (2) $4x+3y-12a=0$, $3x-4y+6a=0$.

习 题 2.5

1. (1) 当 $\Delta x=1$ 时,$\Delta y=18$, $dy=11$； (2) 当 $\Delta x=0.1$ 时,$\Delta y=1.161$, $dy=1.1$；

(3) 当 $\Delta x=0.01$ 时，$\Delta y=0.110601$，$\mathrm{d}y=0.11$.

2. (1) $(1+x-x^2+x^3)\mathrm{d}x$； (2) $x^{\alpha-1}(1+\alpha\ln x)\mathrm{d}x$； (3) $\dfrac{\mathrm{d}x}{4+x^2}$；

(4) $(1+x^2)^{-3/2}\mathrm{d}x$； (5) $\begin{cases}\dfrac{\mathrm{d}x}{\sqrt{1-x^2}}, & -1<x<0,\\ -\dfrac{\mathrm{d}x}{\sqrt{1-x^2}}, & 0<x<1;\end{cases}$ (6) $-\dfrac{2x}{1+x^4}\mathrm{d}x$；

(7) $\dfrac{\ln(1+\sqrt{x})}{\sqrt{x}+x}\mathrm{d}x$； (8) $\left(\dfrac{1}{\sqrt{x^2+1}}+\dfrac{2}{x^2+4}\right)\mathrm{d}x$.

3. (1) $12x$； (2) $\dfrac{5}{2}x^2$； (3) $-\dfrac{1}{2}\cos 2t$； (4) $-\dfrac{1}{3}\mathrm{e}^{-3x}$； (5) $\ln(1+x)$； (6) $2\sqrt{x}$.

4. (1) $-\dfrac{2x\sin 2x+xy\mathrm{e}^{xy}+y}{x^2\mathrm{e}^{xy}+x\ln x}\mathrm{d}x$； (2) $-\dfrac{y^2+\sin(x+y^2)}{\mathrm{e}^y+2xy+2y\sin(x+y^2)}\mathrm{d}x$.

6. (1) 0.5076； (2) -0.96509； (3) 1.0067； (4) 3.996； (5) 0.002.

7. (1) $\Delta s=4.04\pi\ \mathrm{m}^2$，$\mathrm{d}s=4\pi\ \mathrm{m}^2$； (2) $\Delta s=1.0025\pi\ \mathrm{cm}^2$，$\mathrm{d}s=\pi\ \mathrm{cm}^2$.

习 题 2.6

1. (1) $P_e=5, Q_e=7$； (2) $P_e=2, Q_e=3$.

2. $R(Q)=\begin{cases}200Q, & 0\leqslant Q\leqslant 500,\\ 100000+(200-20)(Q-500), & 500<Q\leqslant 700\\ 13600, & 700<Q\end{cases}$ (单位：元).

3. $C=m+nQ$(单位：万元)，$\mathrm{MC}=n$(单位：万元/吨).

4. $R(Q)=20Q-\dfrac{Q^2}{5}$，$R(15)=255$，$\overline{R}(15)=17$，$R'(15)=14$，$\dfrac{\Delta R}{\Delta Q}=13$.

5. (1) $\dfrac{ax}{ax+b}$； (2) $\dfrac{1}{\ln ax}$.

7. (1) $\dfrac{100P}{100P-400}$. (2) $P=1$，$\varepsilon_{QP}=-0.33$；$P=2$，$\varepsilon_{QP}=-1$；$P=3$，$\varepsilon_{QP}=-3$.

8. $\varepsilon_{QP}=-kP$. **9.** $\varepsilon_{QP}=\dfrac{2P^2+6P}{P^2+6P-18}$，$\varepsilon_{QP}\big|_{P=3}=4$.

10. **提示** 收益函数 $R(Q)=P^{-1}(Q)Q$，且 $P'(P)=\dfrac{1}{[P^{-1}(Q)]'}$.

复 习 题 二

1. (1) $(2t+1)\mathrm{e}^{2t}$； (2) $-f'(a)$； (3) $-f'(2)$； (4) $-\dfrac{1}{2}f'(2)$； (5) $n!$；

(6) $\mathrm{e}^{f(x)}\left[\dfrac{1}{x}f'(\ln x)+f(\ln x)f'(x)\right]\mathrm{d}x$； (7) 3. (8) $2y-x-2=0$，$y+2x-1=0$；

(9) $\dfrac{1}{2t}$； (10) $\dfrac{2(-1)^n n!}{(1+x)^{n+1}}$.

2. (1) (C); (2) (C); (3) (B); (4) (D); (5) (B); (6) (B); (7) (A); (8) (C).

3. 在 $x=0$ 处,不可导. **4.** $a=-1,b=1$. **5.** $a=5,b=-4;f'(0)=-4$. **6.** 不可导.

7. (1) $a^x x^a \ln a + a^{x+1} x^{a-1}$; (2) $f'[f(x)]f'(x)+f'(\sin^2 x)\sin 2x$; (3) $\dfrac{e^x}{\sqrt{1+e^{2x}}}$;

(4) $4x^3 f(x^2)f'(x^2)+2x[f(x^2)]^2$; (5) $\dfrac{\sqrt{x+2}(2-x)^3}{(1-x)^5}\left[\dfrac{1}{2(x+2)}-\dfrac{3}{2-x}+\dfrac{5}{1-x}\right]$;

(6) $\csc^2 x \ln(1+\sin x)+1$.

8. (1) $\dfrac{\ln\cos y - y\cot x}{\ln\sin x + x\tan y}$; (2) $-\dfrac{2e^{2x+y}+y\sin(xy)}{x\sin(xy)+e^{2x+y}}$.

9. 切线方程为 $y-x=\dfrac{\sqrt{2}}{2}$,法线方程为 $x+y=0$.

10. (1) $\begin{cases} C'(Q)=5+4Q, \\ R'(Q)=95+2Q, \\ L'(Q)=R'(Q)-C'(Q)=90-2Q; \end{cases}$ (2) $L'(45)=0$.

11. (1) $L'(Q)=40-\dfrac{Q}{500}$; (2) 收益从 50 万元增加 0.8%.

12. (1) -24 说明当价格为 6 时,再提高(下降)一个单位价格,需求将减少(增加)24 个单位商品量.

(2) 需求弹性 $E_\eta(6)=1.85$.这说明,价格上升(下降)1%,则需求减少(增加)1.85%.

(3) 当 $P=6$ 时,若价格下降 2%,总收益增加 1.692%.

13. $-Q^2+28Q-100$; 14. **14.** $\dfrac{bP}{a-bP}$; $P=\dfrac{a}{2b}$.

习 题 3.1

2. $f'(x)$有 3 个零点,$f''(x)$有 2 个零点. **3.** **提示** 考虑函数 $F(x)=x\sin x$.

4. **提示** 考虑函数 $F(x)=x^k f(x)$. **5.** $\xi=\dfrac{a+b}{2}$.

习 题 3.2

1. (1) $\dfrac{n(n+1)}{2}$; (2) $\dfrac{n(n+1)}{2}$; (3) $\dfrac{1}{2}$; (4) $\dfrac{1}{2}$; (5) 1;

(6) 1; (7) 0; (8) 1; (9) 0; (10) 3.

2. (1) $\dfrac{1}{2}$; (2) $\dfrac{1}{2}$; (3) $-\dfrac{2}{\pi}$; (4) 0; (5) 1;

(6) 1; (7) 1; (8) 1; (9) $e^{-1/2}$; (10) $\sqrt[3]{abc}$.

3. $f''(x_0)$.

习 题 3.3

1. (1) 单调增加区间为$(-\infty,-1]$,$(3,+\infty)$,单调减少区间为$[-1,3]$,

极大值为 $f(-1)=17$,极小值为 $f(3)=-47$;

(2) 单调减少区间为$(-\infty,-1]\cup\left[\frac{1}{2},5\right]$,单调增加区间为$\left[-1,\frac{1}{2}\right]\cup[5,+\infty)$,

极小值为$f(-1)=f(5)=0$,极大值为$f\left(\frac{1}{2}\right)=9\left(\frac{3}{2}\right)^{8/3}$;

(3) 单调增加区间为$\left(-\infty,\frac{1}{2}\right]$,单调减少区间为$\left[\frac{1}{2},+\infty\right)$,极大值为$f\left(\frac{1}{2}\right)=\frac{1}{2\mathrm{e}}$;

(4) 单调增加区间为$(0,\mathrm{e}]$,单调减少区间为$[\mathrm{e},+\infty)$,极大值为$f(\mathrm{e})=\frac{1}{\mathrm{e}}$;

(5) 单调增加区间为$\left[\frac{3}{2},+\infty\right)$,单调减少区间为$\left(-\infty,\frac{3}{2}\right]$,极大值为$f\left(\frac{3}{2}\right)=-\frac{11}{16}$;

(6) 单调增加区间为$(-\infty,-1]$,$[0,1]$,单调减少区间为$[-1,0]$,$[1,+\infty)$,

极小值为$f(0)=0$,极大值为$f(\pm1)=\frac{1}{\mathrm{e}}$.

2. (1) $M=f(1)=5,m=f(-2)=-4$; (2) $M=f(4)=\frac{3}{5},m=f(0)=-1$;

(3) $M=f(-1)=5,m=f(0)=0$; (4) $M=f\left(\frac{1}{\sqrt{2}}\right)=\frac{1}{\sqrt{2\mathrm{e}}},m=f\left(-\frac{1}{\sqrt{2}}\right)=-\frac{1}{\sqrt{2\mathrm{e}}}$.

5. $a=2$,极大值为$f\left(\frac{\pi}{3}\right)=\sqrt{3}$.

习 题 3.4

1. (1) 凹区间为$(-\infty,0]$,$[1,+\infty)$,凸区间为$[0,1]$,拐点为$(0,0)$和$(1,0)$;

(2) 凹区间为$[0,+\infty)$,凸区间为$(-\infty,0]$,拐点为$(0,0)$;

(3) 凹区间为$[\mathrm{e}^{3/2},+\infty)$,凸区间为$(0,\mathrm{e}^{3/2}]$,拐点为$\left(\mathrm{e}^{3/2},\frac{3}{2\mathrm{e}^{3/2}}\right)$;

(4) 凹区间为$(-1,1)$,凸区间为$(-\infty,-1)$,$(1,+\infty)$,拐点为$(-1,\ln2)$,$(1,\ln2)$;

(5) 凹区间为$\left(\frac{1}{\sqrt{2}},+\infty\right)$,凸区间为$\left(0,\frac{1}{\sqrt{2}}\right)$,拐点为$\left(\frac{1}{\sqrt{2}},2-\frac{1}{2}\ln2\right)$.

2. 2个拐点. **提示** 由$f'(x)$有3个零点,推出$f''(x)$和$f'''(x)$的零点个数.

习 题 3.5

1. (1) 水平渐近线$y=0$和垂直渐近线$x=-1$; (2) 斜渐近线$y=x\pm\frac{\pi}{2}$;

(3) 垂直渐近线$x=1$,斜渐近线$y=x+1$.

2. $a=1,b=-1/2$,曲线$y=\sqrt{x^2-x+1}$有斜渐近线$y=x-1/2$.

习 题 3.6

1. 20, 16, 16.

2. (1) $Q_t=10-2.5t$, $P_t=5+0.5t$, $T=10t-2.5t^2$; (2) $t=0$时, $Q_0=10$, $P_0=5$;

(3) 当$t=2$时,征税收益最大,此时$Q_t=5$, $P_t=6$, $T=10$.

3. 100 台.　　**4.** 5 批.

复 习 题 三

1. **提示**　考虑函数 $F(x)=\frac{a_0}{n+1}x^{n+1}+\frac{a_1}{n}x^n+\cdots+a_nx$.

2. (1) **提示**　考虑 $F(x)=xf(x)$；(2) **提示**　考虑 $F(x)=e^xf(x)$.

3. (1) $-\frac{1}{6}$；(2) 0；(3) 0；(4) 2e；(5) $1,-\frac{2}{3}$；(6) 0；(7) $-\frac{e}{2}$；(8) e^{-1}.

4. (2) **提示**　$x^y>y^x\Longleftrightarrow\frac{\ln x}{x}<\frac{\ln y}{y}$，考虑 $f(t)=\frac{\ln t}{t}$ 的单调性.

5. (1) $b^2-3ac<0$ 且 $a>0$；(2) $b^2-3ac>0$.

提示　对于方程 $f'(x)=3ax^2+2bx+c=0$，当 $\Delta<0$ 时，无实根；当 $\Delta>0$ 时，有相异两实根.

6. 4 个极值点，3 个拐点.　**提示**　考虑 $f'(x)$ 和 $f''(x)$ 的零点.

习　题　4.1

1. $f(x)=x^2-x$.　**2.** $f(x)=2x$.　**3.** $y=\frac{x^2}{2}-\cos x+1$.　**4.** $C(x)=x+e^x+1$.

5. (1) $\frac{3}{2}x^{\frac{2}{3}}+C$；(2) $\frac{2}{5}x^{\frac{5}{2}}-\frac{4}{3}x^{\frac{3}{2}}+2x^{\frac{1}{2}}+C$；(3) $\frac{4}{3}x^{\frac{3}{2}}-\frac{2}{5}x^{\frac{5}{2}}+C$；

(4) $\frac{1}{3}x^3+\frac{1}{2}x^2+x+C$；(5) $2x-\arctan x+C$；(6) $-\frac{1}{x}-\arctan x+C$；

(7) $\frac{1}{2}x+\frac{1}{2}\sin x+C$；(8) $\frac{1}{2}\tan x+C$；(9) $\sin x+\cos x+C$；

(10) $-\cos x-\sin x+C$；(11) $\frac{1}{\ln 2-\ln 5}\left(\frac{2}{5}\right)^x+\frac{1}{\ln 2}2^x+C$；(12) $e^x-\frac{1}{x}+C$.

习　题　4.2

1. (1) $\frac{1}{2}\ln(1+2x)+C$；(2) $-\frac{1}{100}(2-x)^{100}+C$；(3) $-\sqrt{2-x^2}+C$；

(4) $\frac{2}{3}(1+x)^{\frac{3}{2}}+2(1+x)^{\frac{1}{2}}+C$；(5) $\frac{1}{3}\arctan\frac{x}{3}+C$；(6) $\arctan(x+1)+C$.

(7) $\frac{1}{6}\ln\left|\frac{3+x}{3-x}\right|+C$；(8) $\frac{1}{3}\ln\left|\frac{x-2}{x+1}\right|+C$；(9) $\arcsin\frac{x}{3}+C$；

(10) $2\arcsin\sqrt{x}+C$；(11) $\arcsin\frac{e^x}{4}+C$；(12) $\arctan e^x+C$；

(13) $x-\ln(1+e^x)+C$；(14) $-\frac{1}{2}e^{2-x^2}+C$；(15) $-2\cos\sqrt{x}+C$；

(16) $2\arctan\sqrt{x}+C$；(17) $\frac{1}{4}(\ln x)^4+C$；(18) $-2\sqrt{1-\ln x}+C$；

(19) $-\frac{1}{m}\cos mx+C$；(20) $\frac{3}{8}x+\frac{1}{4}\sin 2x+\frac{1}{32}\sin 4x+C$；

(21) $-\cos x+\frac{1}{3}\cos^3 x+C$; (22) $\frac{1}{\cos x}+C$; (23) $\frac{1}{2}\cos x-\frac{1}{10}\cos 5x+C$;

(24) $\frac{1}{3}\tan^3 x-\tan x+x+C$; (25) $\frac{1}{2}\left[\frac{1}{\cos x}+\ln|\csc x-\cot x|\right]+C$;

(26) $\frac{1}{\sqrt{2}}\arctan\left(\frac{\tan x}{\sqrt{2}}\right)+C$; (27) $-\frac{1}{\sin x+\cos x}+C$; (28) $\ln|1+\sin x\cos x|+C$;

(29) $\frac{1}{4}\ln^2(1+x^2)+C$; (30) $\frac{1}{2}\arcsin(2x)-\frac{1}{4}\sqrt{1-4x^2}+C$;

(31) $\frac{1}{2}(\ln\tan x)^2+C$; (32) $(\arctan\sqrt{x})^2+C$.

2. (1) $2(\sqrt{x}-\arctan\sqrt{x})+C$; (2) $3\left[\frac{\sqrt[3]{(x-1)^2}}{2}-\sqrt[3]{x-1}+\ln\left|1+\sqrt[3]{x-1}\right|\right]+C$;

(3) $\ln\left|\frac{a-\sqrt{a^2-x^2}}{x}\right|+\sqrt{a^2-x^2}+C$; (4) $\frac{1}{2}\frac{\sqrt{x^2-2}}{x}+C$; (5) $\sqrt{4+x^2}+\frac{4}{\sqrt{4+x^2}}+C$;

(6) $-\frac{\sqrt{1+x^2}}{x}+C$; (7) $\arcsin x-\sqrt{1-x^2}+C$; (8) $\frac{1}{2}(\arcsin x+\ln\left|x+\sqrt{1-x^2}\right|)+C$.

习 题 4.3

1. (1) $-\frac{1}{2}x\cos 2x+\frac{1}{4}\sin 2x+C$; (2) $\frac{1}{4}x^2-\frac{1}{4}x\sin 2x-\frac{1}{8}\cos 2x+C$;

(3) $-x\cot x-\ln|\sin x|+C$; (4) $-\frac{x}{\sin x}+\ln|\csc x-\cot x|+C$;

(5) $-\frac{1}{2}xe^{-2x}-\frac{1}{4}e^{-2x}+C$; (6) $x^2e^x-2xe^x+2e^x+C$;

(7) $\frac{1}{2}x\ln x-\frac{1}{4}x^2+C$; (8) $-\frac{1}{x-1}\ln x-\ln\left|\frac{x-1}{x}\right|+C$;

(9) $x(\ln x)^2-2x\ln x+2x+C$; (10) $x\ln(1+x^2)-2x+2\arctan x+C$;

(11) $\frac{1}{2}x^2\arctan x-\frac{1}{2}x+\frac{1}{2}\arctan x+C$; (12) $x(\arcsin x)^2+2\sqrt{1-x^2}\arcsin x-2x+C$;

(13) $\left(x-\frac{1}{2}\right)\arcsin\sqrt{x}+\frac{1}{2}\sqrt{x-x^2}+C$; (14) $-\sqrt{1-x^2}\arcsin x+x+C$;

(15) $\frac{1}{2}(\cos\ln x+\sin\ln x)+C$; (16) $\frac{1}{2}e^{-x}(\sin x-\cos x)+C$;

(17) $x\ln(x+\sqrt{1+x^2})-\sqrt{1+x^2}+C$; (18) $\frac{1}{2}(x^2-1)\ln(x-1)-\frac{1}{4}x^2-\frac{1}{2}x+C$;

(19) $x\arctan x-\frac{1}{2}\ln(1+x^2)-\frac{1}{2}(\arctan x)^2+C$; (20) $-\frac{1}{2}x^2+x\tan x+\ln|\cos x|+C$;

(21) $-\frac{1}{x}\ln^2 x-\frac{2}{x}\ln x-\frac{2}{x}+C$; (22) $\tan x\ln\sin x-x+C$.

2. (1) $I_n=x(\ln x)^n-nI_{n-1}$; (2) $I_n=-\frac{1}{n}\cos x\sin^{n-1}x+\frac{n-1}{n}I_{n-2}$;

(3) $I_n=x(\arcsin x)^n+n\sqrt{1-x^2}(\arcsin x)^{n-1}-n(n-1)I_{n-2}$.

3. $xf'(x)-f(x)+C$.　　**4.** $\left(1-\dfrac{2}{x}\right)e^x+C$.

习　题　4.4

1. (1) $\ln\left|\dfrac{x}{1+2x}\right|+C$;　(2) $\ln\left|\dfrac{x-2}{x-1}\right|+C$;　(3) $\ln\left|\dfrac{x}{1+2x}\right|+\dfrac{1}{2}\cdot\dfrac{1}{1+2x}+C$;

(4) $\dfrac{3}{4}\ln|x+3|+\dfrac{5}{4}\ln|x-1|+C$;　(5) $\dfrac{1}{2}\ln(x^2-6x+13)+2\arctan\dfrac{x-3}{2}+C$;

(6) $-\dfrac{1}{8}(x-1)^{-8}-\dfrac{2}{7}(x-1)^{-7}-\dfrac{1}{6}(x-1)^{-6}+C$;　(7) $\dfrac{x^2}{2}+\dfrac{1}{2}\ln|x^2-1|+C$;

(8) $\ln|x|-\dfrac{1}{6}\ln|1+x^6|+C$;　(9) $\dfrac{1}{\sqrt{2}}\arctan\left(\dfrac{x^2-1}{\sqrt{2}x}\right)+C$;

(10) $-\dfrac{1}{9}x^{-9}+\dfrac{1}{7}x^{-7}-\dfrac{1}{5}x^{-5}+\dfrac{1}{3}x^{-3}+\arctan x+C$;

(11) $\dfrac{1}{\sqrt{2}}\arctan\left(\dfrac{x^2-1}{\sqrt{2}x}\right)-\dfrac{\sqrt{2}}{8}\ln\left|\dfrac{x^2+\sqrt{2}x+1}{x^2-\sqrt{2}x+1}\right|+C$;　(12) $\dfrac{1}{(x-1)^2}+\ln\left|\dfrac{x-1}{x+2}\right|+C$.

2. (1) $\tan\dfrac{x}{2}+\ln\sec^2\dfrac{x}{2}+C$;　(2) $\dfrac{x}{2}+\ln\left|\sec\dfrac{x}{2}\right|-\ln\left|1+\tan\dfrac{x}{2}\right|+C$.

复 习 题 四

1. (1) $-\dfrac{1}{2}(1-x^2)^2+C$;　(2) $x+\dfrac{1}{2}x^2+C$;　(3) $\cos x-2\dfrac{\sin x}{x}+C$;

(4) $2\tan\dfrac{x}{2}-x+C$;　(5) e^x-1;　(6) $-\dfrac{1}{b}F(a-bx)+C$.

2. (1) $-\arcsin\dfrac{1}{|x|}+C$;　(2) $\arctan\sqrt{x^2-1}+C$;　(3) $\arccos\dfrac{1}{x}+C$;　(4) $-2\arctan\sqrt{\dfrac{x+1}{x-1}}+C$.

3. (1) $x\tan\dfrac{x}{2}+C$;　(2) $\dfrac{1}{4(1+\cos x)}+\dfrac{1}{8}\ln\left|\dfrac{1-\cos x}{1+\cos x}\right|+C$;

(3) $2x\sqrt{e^x-1}-4\sqrt{e^x-1}+4\arctan\sqrt{e^x-1}+C$;　(4) $\dfrac{xe^x}{1+e^x}-\ln(1+e^x)+C$;

(5) $x-4\sqrt{1+x}+4\ln(1+\sqrt{x+1})+C$;　(6) $\dfrac{\arcsin x}{1-x}-\sqrt{\dfrac{1+x}{1-x}}+C$;

(7) $\dfrac{1}{2}(\arctan\sqrt{x^2-1})^2+C$;　(8) $\dfrac{1}{2}\left(\ln\dfrac{1+x}{1-x}\right)^2+C$;

(9) $2\sqrt{x}\arcsin\sqrt{x}+2\sqrt{1-x}+C$;　(10) $\dfrac{1}{3}x^3-\dfrac{1}{3}(x^2-1)^{\frac{3}{2}}+C$.

习　题　5.1

3. $\dfrac{9}{2}\pi$.　　**4.** $\displaystyle\int_0^1\dfrac{1}{1+x^2}dx$.

习　题　5.2

1. 1，$\sqrt{2}/2$.

2. (1) $\sqrt{1+x^2}$；(2) $2x\ln(1+x^2)$；(3) $-\sin^2 x$；(4) $\dfrac{2x}{\sqrt{1+x^2}}-\dfrac{1}{\sqrt{1+x}}$；(5) $-\int_0^x \sin t\mathrm{d}t$.

3. $x=0$.　　**4.** (1) $\dfrac{1}{2}$；(2) $\dfrac{1}{3}$；(3) $-\dfrac{1}{6}$.

5. (1) 2；(2) ln3；(3) $\dfrac{\pi}{8}$；(4) $\dfrac{\pi}{6}$；(5) $1-\dfrac{\pi}{4}$；(6) 2.　　**6.** 1/2.　　**8.** $x-\dfrac{1}{4}$.　　**9.** $\dfrac{\pi}{4-\pi}$

习　题　5.3

1. (1) $\dfrac{4}{15}$；(2) $\dfrac{1}{10}$；(3) $2-2\ln\dfrac{3}{2}$；(4) $\dfrac{\pi}{2}$；(5) $\dfrac{8}{3}$；(6) $2\sqrt{2}$；

(7) $\dfrac{\sqrt{2}}{8}\pi+\dfrac{\sqrt{2}}{2}-1$；(8) $-\dfrac{3\pi}{2}$；(9) $1-\dfrac{\pi}{4}$；(10) $\sqrt{2}-\dfrac{2\sqrt{3}}{3}$；(11) $\dfrac{1}{\sqrt{3}a^2}$；(12) ln2；

(13) $2(\sqrt{3}-1)$；(14) $\ln(2+\sqrt{3})-\dfrac{\sqrt{3}}{2}$；(15) $2+2\ln\dfrac{2}{3}$；(16) $\dfrac{\pi}{4}-\dfrac{1}{2}$.

6. (1) ln3；(2) 0.

7. (1) $\dfrac{\pi}{8}-\dfrac{1}{4}$；(2) $1-\dfrac{2}{\mathrm{e}}$；(3) $\dfrac{1}{4}(\mathrm{e}^2+1)$；(4) $\dfrac{\pi}{4}-\dfrac{1}{2}$；(5) $4(2\ln2-1)$；(6) $\ln(1+\mathrm{e})-\dfrac{\mathrm{e}}{1+\mathrm{e}}$；

(7) $\dfrac{1}{5}(\mathrm{e}^{\pi}-2)$；(8) $\dfrac{1}{2}(\mathrm{e}\sin1-\mathrm{e}\cos1+1)$；(9) $\dfrac{\pi}{8}-\dfrac{1}{4}\ln2$.

8. $\mathrm{e}^{-2}-1$.

习　题　5.4

1. (1) $\dfrac{1}{2}\ln2$；(2) $\dfrac{1}{2}$；(3) 2；(4) $\dfrac{1}{2}$；(5) 1；(6) π；

(7) $\dfrac{\pi}{4}+\dfrac{1}{2}\ln2$；(8) $\dfrac{\pi}{2}$；(9) $\dfrac{8}{3}$；(10) π；(11) $\dfrac{\pi}{4}$.

2. 当 $k>1$ 时，收敛；当 $k\leqslant 1$ 时，发散.　　**3.** (1) $\dfrac{\pi}{4}$；(2) $\dfrac{\pi}{2}$.　　**4.** **提示**　令 $x=\dfrac{1}{t}$.

习　题　5.5

1. (1) $\dfrac{1}{6}$；(2) $\mathrm{e}+\dfrac{1}{\mathrm{e}}-2$；(3) $\dfrac{32}{3}$；(4) $\dfrac{7}{6}$；(5) $6-4\ln2$.　　**2.** $\dfrac{9}{4}$.　　**3.** $-\dfrac{1}{2}+\ln3$.

4. (1) $V_x=\dfrac{64}{3}\pi$；(2) $V_x=\pi(\mathrm{e}-2)$，$V_y=\dfrac{\pi}{2}(\mathrm{e}^2+1)$；(3) $V_x=160\pi^2$.

5. (1) $y=\dfrac{1}{2}x+1$；(2) $S=\dfrac{4}{3}$.　　**6.** (1) (1,1)；(2) $y=2x-1$；(3) $V_x=\dfrac{1}{30}\pi$.

7. (1) 9987.5；(2) 19850.

复习题五

1. (1) $-\frac{2}{e}$； (2) 3； (3) $\frac{1}{2}$； (4) 2； (5) 15； (6) ln2； (7) $\frac{\pi^2}{8}$； (8) ln2.

2. (1) (D)； (2) (B)； (3) (A).

3. (1) $\frac{1}{2}-e^{-1}$； (2) $\frac{1}{4}\ln 17$； (3) $\frac{\pi}{2}$； (4) $\frac{\pi}{2\sqrt{2}}$；

(5) $2(\sqrt{2}-1)$； (6) $\frac{\pi}{4}$； (7) $\frac{\pi}{6}-\frac{\sqrt{3}}{8}$； (8) 4π；

(9) $\sqrt{3}-\ln(2+\sqrt{3})$； (10) $\frac{16}{3}\pi-2\sqrt{3}$； (11) $\frac{4}{9}$.

4. (1) $\cos x-\sin x$. (2) 3. (3) 2. (4) $\frac{1}{2}(\ln x)^2$.

(5) $\frac{\pi}{6}$. (6) ① $a=\frac{1}{\sqrt{2}}$, $S_{\min}=\frac{2-\sqrt{2}}{6}$； ② $V_x=\frac{\pi}{30}(1+\sqrt{2})$.

习 题 6.1

1. 见图 6-2.

2. 空间直角坐标系中各卦限中点的坐标符号见下表：

卦限	点(x,y,z)的坐标符号	卦限	点(x,y,z)的坐标符号
Ⅰ	(+,+,+)	Ⅴ	(+,+,−)
Ⅱ	(−,+,+)	Ⅵ	(−,+,−)
Ⅲ	(−,−,+)	Ⅶ	(−,−,−)
Ⅳ	(+,−,+)	Ⅷ	(+,−,−)

3. (1) 第Ⅱ卦限； (2) 第Ⅳ卦限； (3) 第Ⅶ卦限.

4. Oxy 坐标面上的点$(x,y,0)$；Oyz 坐标面上的点$(0,y,z)$；Ozx 坐标面上的点$(x,0,z)$；x 轴上的点$(x,0,0)$；y 轴上的点$(0,y,0)$；z 轴上的点$(0,0,z)$. A 在Oxy 坐标面上；B 在 Oyz 坐标面上；C 在 x 轴上；D 在 y 轴上.

5. 关于原点的对称点为$(-a,-b,-c)$；关于 x 轴的对称点为$(a,-b,-c)$；关于 y 轴的对称点为$(-a,b,-c)$；关于 z 轴的对称点为$(-a,-b,c)$；关于 Oxy 坐标面的对称点为$(a,b,-c)$；关于 Oyz 坐标面的对称点为$(-a,b,c)$；关于 Ozx 坐标面的对称点为$(a,-b,c)$.

6. **提示** 用两点间距离公式.

7. (1) 过原点，$Ax+By+Cz=0$. (2) x 轴，$By+Cz=0$；y 轴，$Ax+Cz=0$；z 轴，$Ax+By=0$.
(3) $z=c$，$x=c$，$y=c$. (4) $x=0$.

8. 6，2，−3. **9.** 以点$(1,-2,-1)$为球心，半径为$\sqrt{6}$的球面.

10. $y^2+z^2=3x$. **11.** 绕 x 轴：$4x^2-9(y^2+z^2)=36$；绕 y 轴：$4(x^2+z^2)-9y^2=36$.

习　题　6.2

1. (1) $\{(x,y)\mid x\geqslant 0,y\geqslant 0,x^2\geqslant y\}$； (2) $\{(x,y)\mid x+y>0,x-y>0\}$；
(3) $\{(x,y)\mid r^2\leqslant x^2+y^2<R^2\}$； (4) $\{(x,y)\mid 1\leqslant x^2+y^2\leqslant 4\}$.

2. (1) $(x^2+y^2)e^{xy}$； (2) $\dfrac{x^2(1-y)}{1+y}$.

3. $f(2,1)=\dfrac{5}{2},f(x,1)=\dfrac{x^2+1}{x},f(2,y)=\dfrac{4+y^2}{2y},f\left(1,\dfrac{x}{y}\right)=\dfrac{x^2+y^2}{xy}$.

4. (1) 1； (2) 2； (3) 0； (4) 0； (5) e^2.　　**5.** 不存在. **提示**　点(x,y)沿 $y=kx^2(k\neq 0)$趋于$(0,0)$.

6. (1) $y^2=2x$； (2) $\{(x,y)\mid x=n\pi,y\in\mathbf{R},n\in\mathbf{Z}\}\cup\{(x,y)\mid y=n\pi,x\in\mathbf{R},n\in\mathbf{Z}\}$.　　**7.** (1) 37500.

习　题　6.3

1. (1) $\dfrac{\partial z}{\partial x}=3x^2y^2-2xy^3,\ \dfrac{\partial z}{\partial y}=2x^3y-3x^2y^2$；

(2) $-\dfrac{y^2}{(x-y)^2},\ \dfrac{x^2}{(x-y)^2}$； (3) $\dfrac{2x}{y}\sec^2\left(\dfrac{x^2}{y}\right),\ -\dfrac{x^2}{y^2}\sec^2\left(\dfrac{x^2}{y}\right)$；

(4) $\dfrac{\partial z}{\partial x}=e^{xy}[\cos(x+y)+y\sin(x+y),\ \dfrac{\partial z}{\partial y}=e^{xy}[\cos(x+y)+x\sin(x+y)$；

(5) $\dfrac{\partial z}{\partial x}=\dfrac{x^2+y-2xy^2}{(x^2-y)^2+(y^2-x)^2},\ \dfrac{\partial z}{\partial y}=\dfrac{2x^2y-y^2-x}{(x^2-y)^2+(y^2-x)^2}$；

(6) $\dfrac{\partial z}{\partial x}=\cot(x-2y),\ \dfrac{\partial z}{\partial y}=-2\cot(x-2y)$；

(7) $\dfrac{\partial z}{\partial x}=(x+2y)^{x+2y}[1+\ln(x+2y)],\ \dfrac{\partial z}{\partial y}=2(x+2y)^{x+2y}[1+\ln(x+2y)]$；

(8) $\dfrac{\partial z}{\partial x}=\dfrac{(x)^{\frac{x}{y}}}{y}(1+\ln x),\ \dfrac{\partial z}{\partial y}=-\dfrac{(x)^{\frac{x}{y}}}{y^2}(x\ln x)$； (9) $\dfrac{\partial z}{\partial x}=-\left(\dfrac{y}{x}\right)^{y+1}$；$\dfrac{\partial z}{\partial y}=\left(\dfrac{y}{x}\right)^{y}\left(\ln\dfrac{y}{x}+1\right)$；

(10) $\dfrac{\partial u}{\partial x}=\dfrac{1}{x}e^{\frac{yz}{x}}\left(1-\dfrac{yz}{x}\ln x\right),\ \dfrac{\partial u}{\partial y}=\dfrac{z}{x}e^{\frac{yz}{x}}\ln x,\ \dfrac{\partial u}{\partial z}=\dfrac{y}{x}e^{\frac{yz}{x}}\ln x$.

3. (1) 1,0； (2) $f_x(x,1)=1$； (3) 0.

4. (1) $\dfrac{\partial^2 z}{\partial x\partial y}=\dfrac{x^2-y^2}{(x^2+y^2)^2}$；

(2) $z_{xx}=-\dfrac{4y}{(x-y)^3}\sin\dfrac{x+y}{x-y}-\dfrac{4y^2}{(x-y)^4}\cos\dfrac{x+y}{x-y},\ z_{yy}=-\dfrac{4x}{(x-y)^3}\sin\dfrac{x+y}{x-y}-\dfrac{4x^2}{(x-y)^4}\cos\dfrac{x+y}{x-y}$；

(3) $-\dfrac{2x}{(1+x^2)^2},\ -\dfrac{2y}{(1+y^2)^2},\ 0$.

5. $-\dfrac{2}{9}$.　　**6.** (1) $\dfrac{3}{8}x^{-\frac{5}{2}}y^2,\ 0,\ x^{-\frac{1}{2}},\ -\dfrac{1}{2}x^{-\frac{3}{2}}y$； (2) $-2x\sin(xy)-x^2y\cos(xy)$.

7. $(2a,a)$ (常数 $a>0$).

8. (1) $C_{q_1}(q_1,q_2)=2q_1+q_2+50,\ C_{q_2}(q_1,q_2)=2q_2+q_1+100$； (2) $C_{q_1}(3,6)=62,\ C_{q_2}(3,6)=115$.

9. $L_x(10,20)=10.\ L_y(10,20)=10$.　　**10.** $E_{11}=-4,\ E_{22}=-2$；$E_{12}=-3.4$；$E_{21}=-0.1$.

习　题　6.4

1. (1) $\mathrm{d}z=\left(y+\frac{1}{y}\right)\mathrm{d}x+x\left(1-\frac{1}{y^2}\right)\mathrm{d}y$； (2) $\mathrm{d}z=\frac{1}{1+y}\mathrm{d}x+\frac{1-x}{(1+y)^2}\mathrm{d}y$；

(3) $\mathrm{d}z=\frac{x\mathrm{d}x+y\mathrm{d}y}{x^2+y^2+\sqrt{x^2+y^2}}$； (4) $\mathrm{d}z=-\frac{x}{(x^2+y^2)^{\frac{3}{2}}}(y\mathrm{d}x-x\mathrm{d}y)$；

(5) $\mathrm{d}u=\frac{|y|z}{y\sqrt{y^2-x^2}}\mathrm{d}x-\frac{x|y|z}{y^2\sqrt{y^2-x^2}}\mathrm{d}y+\arcsin\frac{x}{y}\mathrm{d}z$； (6) $\mathrm{d}u=\mathrm{e}^{xy+2z}[(1+xy)\mathrm{d}x+x^2\mathrm{d}y+2x\mathrm{d}z]$.

2. (1) $\frac{3}{\sqrt{2\mathrm{e}}}(\mathrm{d}x+\mathrm{d}y)$； (2) $\mathrm{d}x-\mathrm{d}y$.　**3.** $0.25\mathrm{e}$.　**4.** (1) 2.95； (2) 108.908.

习　题　6.5

1. (1) $\mathrm{e}^x(\sin x+\cos x)$； (2) $\mathrm{e}^{ax}\sin x$；

(3) $\frac{2y^2}{x^3}\left[\frac{x^2}{x^2+y^2}-\ln(x^2+y^2)\right]$, $\frac{2y}{x^2}\left[\frac{y^2}{x^2+y^2}+\ln(x^2+y^2)\right]$； (4) $\frac{\partial z}{\partial x}=\frac{xv-yu}{x^2+y^2}\mathrm{e}^{uv}$, $\frac{\partial z}{\partial y}=\frac{xu+yv}{x^2+y^2}\mathrm{e}^{uv}$.

2. (1) $\frac{\partial z}{\partial x}=-\frac{2xyf'}{f^2}$, $\frac{\partial z}{\partial y}=\frac{f+2y^2f'}{f^2}$； (2) $\frac{\partial z}{\partial x}=y\mathrm{e}^{xy}f_1+2xf_2$；

(3) $\frac{\partial z}{\partial x}=\frac{y}{2\sqrt{xy}}f_1+f_2\cos x$, $\frac{\partial z}{\partial y}=\frac{x}{2\sqrt{xy}}f_1$；

(4) $\frac{\partial u}{\partial x}=f_1+yf_2+yzf_3$, $\frac{\partial u}{\partial y}=xf_2+xzf_3$, $\frac{\partial u}{\partial z}=xyf_3$； (5) $\frac{\partial z}{\partial x}=y\varphi'+\frac{1}{y}g'$, $\frac{\partial z}{\partial y}=x\varphi'-\frac{x}{y^2}g'$.

3. (1) $\frac{\partial^2 z}{\partial x^2}=y^2f_{11}$, $\frac{\partial^2 z}{\partial x\partial y}=f_1+y(xf_{11}+f_{12})$, $\frac{\partial^2 z}{\partial y^2}=x^2f_{11}+2xf_{12}+f_{22}$；

(2) $\frac{\partial^2 s}{\partial t^2}=f_{11}+2sf_{12}+s^2f_{22}$, $\frac{\partial^2 s}{\partial s\partial t}=f_{11}+(s+t)f_{12}+stf_{22}+f_2$；

4. (1) $\frac{\mathrm{d}y}{\mathrm{d}x}=-\frac{1+2xy\mathrm{e}^{-x^2y}}{1+x^2\mathrm{e}^{-x^2y}}$； (2) $\frac{\mathrm{d}y}{\mathrm{d}x}=-\frac{y}{x}$, $\frac{\mathrm{d}^2y}{\mathrm{d}x^2}=\frac{2y}{x^2}$； (3) $\frac{\partial z}{\partial x}=\frac{yz}{\cos z-xy}$, $\frac{\partial z}{\partial y}=\frac{xz}{\cos z-xy}$.

习　题　6.6

1. (1) 极大值为 $z(0,0)=0$； (2) 极小值 $f(1,1)=-1$； (3) 极小值 $f(1,1)=2$.

2. 极小值 $f(1,-2)=-2$,极大值 $f(1,-2)=8$.

3. (1) 极小值 $f(1/2,1/2)=1/2$； (2) 极小值 $f(3a,3a,3a)=27a^3$； (3) 极大值 $f(1,1)=1$.

复 习 题 六

1. (1) D； (2) C； (3) B； (4) B； (5) D； (6) D； (7) D.

2. (1) $\{(x,y)\mid 1\leqslant x^2+y^2\leqslant 4\}$； (2) 0； (3) $(xy+1)^x\left[\ln(xy+1)+\frac{xy}{xy+1}\right]$；

(4) $\frac{1}{\sqrt{(x+y)^2-z^2}}\left[-\frac{z}{|x+y|}(\mathrm{d}x+\mathrm{d}y)+\frac{|x+y|}{x+y}\mathrm{d}z\right]$； (5) $\frac{xz-y}{z-xy}$； (6) $\frac{z}{x+z}$；

(7) $xf_{12}+xzf_{13}+xyf_{22}+2xyzf_{23}+xyz^2f_{33}+f_2+zf_3$；

(8) $\mathrm{d}x-\sqrt{2}\mathrm{d}y$； (9) 极小值 $f(2,2)=4$.

3. (1) $-1/4$； (2) -2； (3) 0； (4) 0.

4. (1) $\frac{\partial z}{\partial x}=\frac{1}{y}\cos\frac{x}{y}+(1-xy)\mathrm{e}^{-xy}$，$\frac{\partial z}{\partial y}=-\frac{x}{y^2}\cos\frac{x}{y}-x^2\mathrm{e}^{-xy}$.

(2) $\frac{\partial z}{\partial x}=\frac{1}{\sqrt{x^2+y^2}}$，$\frac{\partial z}{\partial y}=\frac{y}{x^2+y^2+x\sqrt{x^2+y^2}}$.

(3) $\frac{\partial u}{\partial x}=\frac{z(x-y)^{z-1}}{1+(x-y)^{2z}}$，$\frac{\partial u}{\partial y}=\frac{-z(x-y)^{z-1}}{1+(x-y)^{2z}}$，$\frac{\partial u}{\partial z}=\frac{(x-y)^z\ln(x-y)}{1+(x-y)^{2z}}$.

(4) $\left.\frac{\partial u}{\partial x}\right|_{(2,2,1)}=4$，$\left.\frac{\partial u}{\partial y}\right|_{(2,2,1)}=4\ln 2$，$\left.\frac{\partial u}{\partial z}\right|_{(2,2,1)}=8(\ln 2)^2$.

(5) **提示** 先求出 $f(x,1)=(x-1)\arctan\sqrt{x}$，再对 x 求导数得 $f_x(1,1)=\frac{\pi}{4}$；同理得 $f_y(1,1)=-\pi\mathrm{e}$.

(6) $f_x(1,0)=1$，$f_y(1,0)=1+\mathrm{e}$. (7) $\frac{\partial u}{\partial x}=z\mathrm{e}^{x^2y^2}$，$\frac{\partial u}{\partial y}=-z\mathrm{e}^{y^2z^2}$，$\frac{\partial u}{\partial z}=x\mathrm{e}^{x^2z^2}-y\mathrm{e}^{y^2z}$.

5. (1) $\frac{\partial^2 z}{\partial x^2}=2\cos(x^2+2y)-4x^2\sin(x^2+2y)$，$\frac{\partial^2 z}{\partial x\partial y}=-4x\sin(x^2+2y)=\frac{\partial^2 z}{\partial y\partial x}$，$\frac{\partial^2 z}{\partial y^2}=-4\sin(x^2+2y)$；

(2) $\frac{\partial^2 z}{\partial x^2}=\frac{2xy}{(x^2+y^2)^2}$，$\frac{\partial^2 z}{\partial x\partial y}=\frac{y^2-x^2}{(x^2+y^2)^2}$，$\frac{\partial^2 z}{\partial y^2}=\frac{-2xy}{(x^2+y^2)^2}$；

(3) $\frac{\partial^2 z}{\partial x^2}=y^x(\ln y)^2$，$\frac{\partial^2 z}{\partial x\partial y}=y^{x-1}(1+x\ln y)$，$\frac{\partial^2 z}{\partial y^2}=x(x-1)y^{x-2}$；

(4) $\frac{\partial^2 z}{\partial x^2}=\frac{x+2y}{(x+y)^2}$，$\frac{\partial^2 z}{\partial x\partial y}=\frac{y}{(x+y)^2}$，$\frac{\partial^2 z}{\partial y^2}=\frac{-x}{(x+y)^2}$；

(5) $\frac{\partial^2 z}{\partial x^2}=\mathrm{e}^x\cos y$，$\frac{\partial^2 z}{\partial x\partial y}=-\mathrm{e}^x\sin y$，$\frac{\partial^2 z}{\partial y^2}=-\mathrm{e}^x\cos y$.

7. (1) $\frac{y\mathrm{d}x-x\mathrm{d}y}{|y|\sqrt{y^2-x^2}}$； (2) $\mathrm{e}^{xy}\left[y\ln y\mathrm{d}x+\left(x\ln y+\frac{1}{y}\right)\mathrm{d}y\right]$； (3) $2\mathrm{d}x+\left(z\mathrm{e}^{yz}+\frac{1}{y}\right)\mathrm{d}y+y\mathrm{e}^{yz}\mathrm{d}z$.

8. (1) $\frac{\mathrm{d}z}{\mathrm{d}t}=\frac{1}{1+\mathrm{e}^z}\left(\frac{\sec^2 t}{(1+x)\mathrm{e}^x}-\sin t\right)$；

(2) $\frac{\partial z}{\partial t}=3t^2\sin\theta\cos\theta(\cos\theta-\sin\theta)$，$\frac{\partial z}{\partial\theta}=t^3(\sin\theta+\cos\theta)(1-3\sin\theta\cos\theta)$；

(3) $\frac{\partial z}{\partial x}=\frac{v\cos v-u\sin v}{\mathrm{e}^u}$，$\frac{\partial z}{\partial y}=\frac{v\sin v+u\cos v}{\mathrm{e}^u}$；

(4) $\frac{\partial z}{\partial x}=\frac{2x}{y^2}\ln(3x-2y)+\frac{3x^2}{y^2(3x-2y)}$，$\frac{\partial z}{\partial y}=-\frac{2x^2}{y^3}\ln(3x-2y)-\frac{2x^2}{y^2(3x-2y)}$.

9. (1) $\frac{\partial z}{\partial x}=f_1+\frac{1}{y}f_2$，$\frac{\partial z}{\partial y}=-\frac{x}{y^2}f_2$； (2) $\frac{\partial z}{\partial x}=2xf-yf_1+x^2yf_2$；

(3) $\frac{\partial^2 z}{\partial y^2}=2f_2+f_{11}+4yf_{12}+4y^2f_{22}$； (4) $\frac{\partial^2 z}{\partial x^2}=\frac{2}{x^3}f-\frac{2y}{x^2}f'+\frac{y^2}{x}f''+y\varphi''$，$\frac{\partial^2 z}{\partial x\partial y}=y(f''+\varphi'')+\varphi'$.

10. (1) $\frac{\partial z}{\partial x}=\frac{yz}{z^2-xy}$，$\frac{\partial z}{\partial y}=\frac{xz}{z^2-xy}$； (2) $\frac{\partial z}{\partial x}=\frac{zF_1}{xF_1+yF_2}$，$\frac{\partial z}{\partial y}=\frac{zF_2}{xF_1+yF_2}$； (3) $\frac{\mathrm{d}z}{\mathrm{d}x}=f_x+\frac{\varphi'(t)}{1+\cos t}f_y$.

12. $f''(u)-f(u)=0$. **13.** (1) $z(0,0)=0$； (2) 最小值为 $f(0,0)=f(2,2)=0$，最大值为 $f(3,0)=9$.

14. 雇用 250 个劳动力及投入 50 单位资本时,可获得最大产量.

15. 设两种产品每批生产的批量分别为 x,y,则一年的库存费为

$$E_1=0.15\times\frac{x}{2}+0.15\times\frac{y}{2}=0.075(x+y),$$

一年的批次分别为$\frac{1200}{x}$和$\frac{2000}{y}$,于是一年的总生产准备费为

$$E_2=40\times\frac{1200}{x}+70\times\frac{2000}{y}=\frac{48000}{x}+\frac{140000}{y},$$

总的费用为
$$E=E_1+E_2=0.075(x+y)+\frac{48000}{x}+\frac{140000}{y}.$$

已知约束条件为 $x+y=1000$.引入拉格朗日函数

$$L(x,y,\lambda)=0.075(x+y)+\frac{48000}{x}+\frac{140000}{y}+\lambda(x+y-1000).$$

解方程组
$$\begin{cases}L_x=0.075-\dfrac{48000}{x^2}+\lambda=0,\\ L_y=0.075-\dfrac{140000}{y^2}+\lambda=0,\\ x+y=1000\end{cases}$$

得 $x=369$,$y=631$.

习　题　7.1

1. $\geqslant$.　　**2.** $\leqslant$.

习　题　7.2

1. (1) $13\frac{1}{3}$; (2) $\frac{1}{2}$; (3) $e-\frac{1}{e}$; (4) $\frac{9}{4}$; (5) $\frac{1}{20}$;

(6) $13\frac{3}{4}$; (7) $\frac{1}{2}$; (8) $2e^{\frac{1}{2}}-3$; (9) $\frac{32}{15}\sqrt{2}$; (10) $\frac{\pi}{2}-1$.

2. (1) $\int_a^b dy\int_y^b f(x,y)dx$; (2) $\int_0^2 dx\int_{\frac{x}{2}}^{3-x} f(x,y)dy$; (3) $\int_1^2 dx\int_{2-x}^{\sqrt{2x-x^2}} f(x,y)dy$;

(4) $\int_0^1 dy\int_{e^y}^{e} f(x,y)dx$; (5) $\int_0^1 dy\int_{\sqrt{1-y}}^{e^y} f(x,y)dx$.

习　题　7.3

1. (1) $\frac{8}{15}$; (2) $\frac{\pi}{2}$; (3) $\frac{\pi^2}{8}-\frac{\pi}{4}$; (4) $\frac{3}{64}\pi^2$; (5) $\ln\left(\frac{2+\sqrt{3}}{1+\sqrt{2}}\right)$.

2. (1) $\frac{2}{15}$; (2) $4-\frac{\pi}{2}$; (3) $\frac{9}{4}$; (4) $-6\pi^2$.

习　题　7.4

1. (1) $\frac{1}{3}$； (2) $\frac{1}{36}$； (3) 3π.　　**2.** (1) $\frac{1}{2}$； (2) π.

复 习 题 七

1. $1.96<I<2$.　**2.** $I=\frac{\pi}{4}a^4+4\pi a^2$.　**3.** $\frac{5}{2}\pi$.　**4.** 1.

5. 将已知等式两边作区域 D 上的二重积分有

$$\iint_D f(x,y)\mathrm{d}x\mathrm{d}y=\iint_D 1\mathrm{d}x\mathrm{d}y+\iint_D \sqrt{1-x^2-y^2}\mathrm{d}x\mathrm{d}y\cdot\iint_D f(u,v)\mathrm{d}u\mathrm{d}v,$$

化简后得

$$\iint_D f(u,v)\mathrm{d}u\mathrm{d}v=\frac{\pi}{1-\iint_D \sqrt{1-x^2-y^2}\mathrm{d}x\mathrm{d}y}=\frac{\pi}{1-\frac{2}{3}\pi}=\frac{3\pi}{3-2\pi}.$$

将上式代入已知等式可得 $f(x,y)$ 的表达式.

习　题　8.1

1. (1) $u_n=\frac{n+1}{n}$； (2) $u_n=\frac{2n-1}{n(n+1)(n+2)}$； (3) $u_n=n\tan\frac{1}{2^n}$.

2. (1) 发散； (2) 发散； (3) 收敛，和为 $\frac{1}{2}$； (4) 收敛，和为 $\frac{5}{3}$.

3. (1) 发散； (2) 发散； (3) 收敛； (4) 发散； (5) 发散； (6) 收敛； (7) 收敛； (8) 发散.

习　题　8.2

1. (1) 收敛； (2) 发散； (3) 发散； (4) 发散；
(5) 收敛； (6) 收敛； (7) 收敛； (8) $\alpha>1$ 时收敛，$\alpha\leqslant 1$ 时发散.

2. (1) 收敛； (2) 收敛； (3) 收敛； (4) 收敛； (5) 收敛； (6) 收敛； (7) 收敛； (8) 收敛.

3. (1) 发散； (2) 发散； (3) 收敛； (4) 发散； (5) 收敛； (6) 收敛.

习　题　8.3

(1) 发散. (2) 条件收敛. (3) 绝对收敛. (4) 绝对收敛.
(5) 条件收敛. (6) 绝对收敛.
(7) 当 $p>1$ 时，绝对收敛；当 $0<p\leqslant 1$ 时，条件收敛；当 $p\leqslant 0$ 时，发散.

习　题　8.4

1. (1) $R=0, x=0, x=0$； (2) $R=\frac{5}{2}, \left(-\frac{5}{2},\frac{5}{2}\right), \left[-\frac{5}{2},\frac{5}{2}\right)$； (3) $R=\infty, (-\infty,+\infty), (-\infty,+\infty)$；
(4) $R=\frac{1}{3}, \left(-\frac{1}{3},\frac{1}{3}\right), \left(-\frac{1}{3},\frac{1}{3}\right]$； (5) $R=2, (-2,2), [-2,2]$.

2. (1) $(-2,0]$； (2) $(0,4)$； (3) $[-\sqrt{3},\sqrt{3}]$.

3. (1) $s(x)=\dfrac{1}{(1-x)^2}$ $(-1<x<1)$； (2) $s(x)=\dfrac{2x}{(1-x^2)^2}$ $(-1<x<1)$；

(3) $s(x)=\begin{cases}\dfrac{-\ln(1-x)}{x}, & x\in[-1,0)\cup(0,1),\\ 1, & x=0;\end{cases}$ (4) $s(x)=\arctan x$ $(-1\leqslant x\leqslant 1)$.

4. $s(x)=\dfrac{x}{(1-x)^2}$ $(-1<x<1)$, 2.

5. 8. **提示** 令 $s(x)=\sum\limits_{n=1}^{\infty}n(n+1)x^n$，利用逐项积分求出 $s(x)=\dfrac{2x}{(1-x)^3}$，然后用 $x=\dfrac{1}{2}$ 代入得结果.

习 题 8.5

(1) $\sum\limits_{n=0}^{\infty}\dfrac{(-1)^n}{2^{n+1}}x^n$, $|x|<2$； (2) $\dfrac{1}{2}-\sum\limits_{n=0}^{\infty}(-1)^n\dfrac{2^{2n-1}}{(2n)!}x^{2n}$, $-\infty<x<+\infty$；

(3) $-\sum\limits_{n=0}^{\infty}\dfrac{1}{n+1}x^{n+1}$, $-1\leqslant x<1$； (4) $\sum\limits_{n=0}^{\infty}\dfrac{(-1)^n}{n!}x^{n+2}$, $-\infty<x<+\infty$；

(5) $\sum\limits_{n=0}^{\infty}\dfrac{1}{(2n)!}x^{2n}$, $-\infty<x<+\infty$； (6) $\sum\limits_{n=0}^{\infty}\left(-\dfrac{1}{4\cdot 3^{n+1}}+\dfrac{(-1)^{n+1}}{4}\right)x^n$, $|x|<1$.

复 习 题 八

1. (1) 0； (2) $\lim\limits_{n\to\infty}s_n$； (3) $|q|<1, |q|\geqslant 1$； (4) $p>1$, $p\leqslant 1$； (5) 收敛； (6) 发散； (7) 发散；(8) 发散； (9) 0； (10) $2R$.

2. (1) (C)； (2) (B)； (3) (B)； (4) (B)； (5) (B)；
(6) (D)； (7) (A)； (8) (C)； (9) (B)； (10) (A).

3. (1) 发散； (2) 发散； (3) 收敛.

4. (1) 绝对收敛； (2) 绝对收敛； (3) 条件收敛； (4) 绝对收敛； (5) 发散； (6) 条件收敛.

5. (1) $R=2,(-2,2),[-2,2]$； (2) $R=\infty,(-\infty,+\infty),(-\infty,+\infty)$；
(3) $R=\sqrt{2},(-\sqrt{2},\sqrt{2}),[-\sqrt{2},\sqrt{2})$； (4) $R=\sqrt{2},(-\sqrt{2},\sqrt{2}),(-\sqrt{2},\sqrt{2})$；
(5) $R=1,(4,6),[4,6)$； (6) $R=1,(-2,0),(-2,0]$.

6. (1) $s(x)=\dfrac{1}{1+x^2}$ $(-1<x<1)$； (2) $s(x)=\dfrac{2x}{(1-x^2)^2}$ $(-1<x<1)$；

(3) $s(x)=\dfrac{2x}{(1-x)^3}$ $(-1<x<1)$； (4) $s(x)=\begin{cases}(1-x)\ln(1-x)+x, & x\in[-1,1),\\ 1, & x=1;\end{cases}$

(5) $\ln 2$； (6) $\dfrac{9}{16}$.

7. (1) $\sum\limits_{n=0}^{\infty}(-1)^n x^{2n}$, $-1<x<1$； (2) $\sum\limits_{n=0}^{\infty}\dfrac{(-1)^n}{n!}x^{2n}$, $-\infty<x<+\infty$；

(3) $\sum\limits_{n=0}^{\infty}\dfrac{(-1)^n x^{2n+1}}{2^{2n+1}(2n+1)!}$, $-\infty<x<+\infty$； (4) $x+\sum\limits_{n=2}^{\infty}\dfrac{(-1)^n x^n}{n(n-1)}$, $-1<x\leqslant 1$；

(5) $\sum_{n=0}^{\infty}(-1)^n\frac{x^{2n+1}}{2n+1}$，$|x|\leqslant 1$；　　(6) $x+\sum_{n=1}^{\infty}\frac{2(2n)!}{(n!)^2(2n+1)}\left(\frac{x}{2}\right)^{2n+1}$，$x\in[-1,1]$.

习　题　9.1

1. (1) 不是； (2) 是,二阶； (3) 是,三阶； (4) 是,四阶.

2. 提示　求出 y',y''代入微分方程,验证左边≠右边.

3. 提示　求出 y''代入微分方程，验证左边=右边.

4. 提示　求出 y'代入微分方程，验证左边=右边,由 $y(0)=1$,确定 $C=1$,$y=e^x$为所求特解.

习　题　9.2

1. (1) $y=C\sin x$； (2) $\arcsin y=\arcsin x+C$； (3) $\ln^2 x+\ln^2 y=C$； (4) $\tan x\tan y=C$；

(5) $2x^2+y^2=1$； (6) $(e^x+1)(e^y-1)=0$.

2. (1) $\ln\frac{y}{x}-1=Cx$； (2) $y=x\arcsin Cx$； (3) $y^2=2x^2(\ln|x|+2)$； (4) $\arctan\frac{y}{2x}=2\ln|x|+\frac{\pi}{4}$.

3. (1) $y=\left(-\frac{1}{2}x^{-2}+C\right)x^3$； (2) $y=(-e^{-x}+C)e^{2x}=Ce^{2x}-e^x$； (3) $y=e^{-\sin x}(x+C)$；

(4) $y=\frac{1}{x}(-xe^x+e^x)$.

习　题　9.3

1. (1) $y=C_1e^{-x}+C_2e^{3x}$； (2) $y=4e^x+2e^{3x}$； (3) $y=(C_1+C_2x)e^{-2x}$；

(4) $y=(2+x)e^{-\frac{x}{2}}$； (5) $y=e^x(C_1\cos 2x+C_2\sin 2x)$； (6) $y=e^{2x}\sin 3x$；

(7) $y=C_1+C_2x+e^x(C_3\cos x+C_4\sin x)$； (8) $y=C_1+C_2x+(C_3+C_4x)e^{2x}$.

2. (1) $y^*=ax^2+bx+c$； (2) $y^*=e^{-x}x(ax+b)$； (3) $y^*=a\cos 2x+b\sin 2x$；

(4) $y^*=x(ax+b)e^{-4x}$； (5) $y^*=Ce^{-2x}+(a\cos x+b\sin x)$.

3. (1) $y=C_1+C_2e^{-x}+x\left(\frac{2}{3}x^2-2x+5\right)$； (2) $(C_1+C_2x)e^{3x}+e^{2x}(x+3)$；

(3) $y=C_1+C_2e^{-4x}+\left(\frac{2}{5}x-\frac{12}{25}\right)e^x$； (4) $y=C_1e^{-x}+C_2e^{-2x}+e^{-x}\left(-\frac{1}{2}\cos x+\frac{1}{2}\sin x\right)$；

(5) $y=C_1\cos x+C_2\sin x+x+\frac{1}{2}x\sin x$.

习　题　9.4

1. 6096.89 万.　　**2.** $L=\frac{k+1}{a}-x+\left(L_0-\frac{k+1}{a}\right)e^{-ax}$.

3. (1) $Q=1000e^{-\frac{3}{2}P^2}$； (2) $Q=1000e^{-\frac{3}{2}}$件=2231 件.

4. (1) $\frac{dW}{dt}=0.05W-30$. (2) $W=600+(W_0-600)e^{0.05t}$.

(3) $W_0=500$ 万元,净资产额单调递减,公司将在第 36 年破产；

$W_0=600$ 万元,公司收支平衡,净资产保持在 600 百万元不变；

$W_0=700$ 万元,公司净资产将按指数不断增长.

5. $y=\frac{3}{10}e^{\frac{1}{3}t}+5t-\frac{3}{10}$.　　**6.** $S=I=\frac{1}{2}e^{\frac{3}{10}t}$.

复 习 题 九

1. (1) 3； (2) 2； (3) $\frac{1}{2}e^{-2x}+x-\frac{1}{2}$； (4) $y=3-\frac{3}{x}$；

(5) $y^*=x(ax^2+bx+c)$； (6) $y^*=(ax+b)e^{3x}$； (7) $y^*=a\cos x+b\sin x$；

(8) $y=C_1e^{x^2}+C_2xe^{x^2}$； (9) $y_1^*=\frac{1}{4}x\sin 2x+\frac{x}{4}$； (10) $\frac{1}{2}(1+x^2)[\ln(1+x^2)-1]$.

2. (1) A； (2) B； (3) D； (4) C； (5) B； (6) C； (7) C； (8) D.

3. **提示**　求出 y' 代入微分方程,验证左边=右边.由 $y|_{x=0}=0$,确定 $C=-1$,$y=-e^{-3x}+e^{-2x}$ 是所求特解.

4. **提示**　求出 y',y'' 代入微分方程,验证左边=右边,判断 y_1,y_2 是两个线性无关的解,则 $C_1y_1+C_2y_2$ 即为方程的通解.

5. (1) $\frac{1}{2}\ln^2|y|=\ln|x|+C$； (2) $\frac{1}{2}y^2=\ln|x|-\frac{1}{2}x^2+C$； (3) $y^4=C\frac{x}{x-4}$；

(4) $\sqrt{1-y^2}+\sqrt{1-x^2}=C$； (5) $y+3=C\cos x$； (6) $\frac{1}{\sin^2 y}=\frac{1}{\cos^2 x}+C$.

6. (1) $y^2=2x^2(\ln|x|+1)$； (2) $x^2=y^2(\ln|x|+1)$； (3) $\sin\frac{y}{x}=\ln|x|+C$；

(4) $y^2=2x^2(\ln|x|+2)$.

7. (1) $y=(x+C)\cos x$； (2) $y=\frac{e^x}{x}-e^x$； (3) $y=\frac{1}{3}x\ln|x|-\frac{1}{9}x$； (4) $x=\frac{1}{y}(\ln|y|+C)$.

8. (1) $y=C_1e^{-x}+C_2e^{4x}$； (2) $y=-1+e^x$； (3) $y=(C_1+C_2x)e^{-4x}$； (4) $y=xe^{-5x}$；

(5) $y=e^{-x}(C_1\cos 2x+C_2\sin 2x)$； (6) $y=2\cos 5x+\sin 5x$；

(7) $y=C_1+(C_2+C_3x)e^x$； (8) $y=(C_1+C_2x+C_3x^2)e^x$.

9. (1) $y=C_1+C_2e^{-x}-x^2+2x$； (2) $y=(C_1+C_2x)e^{-2x}+\frac{1}{2}x^2e^{-2x}$；

(3) $y=C_1e^x+C_2e^{-3x}-\frac{1}{4}xe^{-3x}$； (4) $y=C_1e^x+C_2e^{2x}-\left(\frac{1}{2}x^2+x\right)e^x$；

(5) $y=e^x(C_1\cos 2x+C_2\sin 2x)+\frac{1}{3}e^x\cos x$； (6) $y=C_1\cos x+C_2\sin x+\frac{1}{2}e^x-\frac{1}{2}x\cos x$.

10. $Q=100-4P$.　　**11.** $y=10000e^{0.05t}$;当 $t=10$ 时,$y=10000e^{0.5}$.

12. $C=\frac{(ab-k)}{a^2}(1-e^{-aQ})+\frac{k}{a}Q$.　　**13.** $y(t)=\frac{1000}{1+9\cdot 3^{-\frac{t}{3}}}=\frac{1000}{9+3^{\frac{t}{3}}}3^{\frac{t}{3}}$, $y(6)=500$.

14. $t\approx 14$,即约 14 年后国民生产总值可翻两番.　　**15.** $Y=Y_0e^{\frac{\alpha}{\beta}t}$,$S(t)=I(t)=\alpha Y(t)=\alpha Y_0e^{\frac{\alpha}{\beta}t}$.

16. (1) 需求量=供给量,$P_e=\sqrt[3]{\frac{a}{b}}$； (2) $P=\left[\frac{a}{b}-\left(1-\frac{a}{b}\right)e^{-3bkt}\right]^{\frac{1}{3}}$； (3) $\lim\limits_{t\to+\infty}P(t)=P_e$.

习 题 10.1

1. (1) $2t+1,2$； (2) $2t-1,2$； (3) $2\cdot 3^t,4\cdot 3^t$； (4) $(a-1)a^t,(a-1)^2a^t$.

2. (1) $y_{t+2}-2y_{t+1}-2y_t=5$,二阶； (2) $y_{t+3}-3y_{t+2}=3$,一阶；

(3) $y_{t+2}+2y_t=t^2$，二阶； (4) $y_{t+2}-2y_{t+1}-y_t=3^t$，二阶.

习 题 10.2

1. (1) $y_t=C3^t+1$； (2) $y_t=C+t^2+2t$； (3) $y_t=C\left(\frac{1}{2}\right)^t+t^2-4t+8$；

(4) $y_t=Y+y^*=C+2^t$； (5) $y_t=C4^t+t4^{t-1}$； (6) $y_t=C+(t-2)2^t$；

(7) $y_t=4\left(\frac{1}{2}\right)^t+t=\frac{1}{2^{t-2}}+t$； (8) $y_t=(-1)^t+2^t$.

习 题 10.3

1. (1) $y_t=C_1 2^t+C_2(-1)^t$； (2) $y_t=C_1 3^t+C_2(-5)^t$；

(3) $y_t=(C_1+C_2t)\left(\frac{1}{2}\right)^t$； (4) $y_t=C_1+C_2t$；

(5) $y_t=(\sqrt{2})^t\left(C_1\cos\frac{\pi}{4}t+C_2\sin\frac{\pi}{4}t\right)$； (6) $y_t=\left(\frac{1}{3}\right)^t\left(C_1\cos\frac{\pi}{2}t+C_2\sin\frac{\pi}{2}t\right)$.

2. (1) $Y_t=-\frac{4}{3}+\frac{4}{3}(-2)^t+4t$； (2) $Y_t=C_1+C_2(-4)^t+\frac{3}{10}t^2-\frac{21}{50}t$；

(3) $y_t=1+2t+2t^2$； (4) $y_t=(C_1+C_2t)2^t+t+5$；

(5) $y^*(t)=\cos\frac{\pi}{2}t+\frac{1}{2}\sin\frac{\pi}{2}t+\frac{1}{2}t$； (6) $C_1(-1)^t+C_2(-4)^t+\frac{t}{10}-\frac{7}{100}$.

复 习 题 十

1. (1) $-\frac{1}{t(t+1)}$； (2) $\frac{1}{2}e^t(e-1)^2$； (3) 一阶； (4) 三阶.

2. (1) $y_t=C(-3)^t+\frac{1}{2}t-\frac{1}{8}$； (2) $y_t=C2^t-t^2-2t-4$ ； (3) $y_t=C(-5)^t+\frac{5}{12}t-\frac{5}{72}$；

(4) $y_t=\frac{3}{4}+\frac{1}{4}3^t$； (5) $y_t=\frac{1}{2}(-2)^t+\frac{1}{4}2^t$； (6) $y_t=C\left(\frac{1}{2}\right)^t+3t\left(\frac{1}{2}\right)^t$.

3. (1) $y_t=C_1(-3)^t+C_2$； (2) $y_t=(C_1+C_2t)(-5)^t$；

(3) $y_t=\left(C_1\cos\frac{\pi}{3}t+C_2\sin\frac{\pi}{3}t\right)$； (4) $y_t=C_1+C_2 2^t-4t$；

(5) $y_t=C_1+C_2t+4t^2$； (6) $y_t=(\sqrt{2})^t\left(C_1\cos\frac{\pi}{4}t+C_2\sin\frac{\pi}{4}t\right)+\frac{3}{17}\cdot 5^t$.

4. 由题意知 $W_t=(1+0.2)W_{t-1}+2$，W_t 满足的差分方程为 $W_t=1.2W_{t-1}+2$.